“十二五”普通高等教育本科国家级规划教材
高等教育安全科学与工程类系列教材

安全管理学

第2版

主　编　田水承　景国勋
副主编　程卫民　李红霞
　　　　杨振宏　邓　琼
参　编　段振伟　苗德俊　栗继祖
　　　　李　华　孙庆兰　沈　剑
　　　　王　莉　高瑞霞　邸鸿喜

机械工业出版社

本书为“十二五”普通高等教育本科国家级规划教材。

全书共14章，内容包括：绪论、安全管理学理论基础概述，安全文化，安全管理方法，安全目标管理、系统安全管理、安全行为管理、安全管理体系、安全信息管理、灾害事件与事故应急管理、事故统计及分析、事故调查与处理、事故预防与控制、现代安全管理方法的新发展，每章均附有复习思考题。

本书主要作为高等院校安全科学与工程类及相关专业的本科教材，同时可作为从事安全科学、安全管理及研究工作的专业人员的参考书，也可供政府部门或企业有关安全管理人员参考查阅。

图书在版编目（CIP）数据

安全管理学/田水承，景国勋主编. —2版. —北京：机械工业出版社，2016.8（2025.12重印）

“十二五”普通高等教育本科国家级规划教材 高等教育安全科学与工程类系列教材

ISBN 978-7-111-54173-8

Ⅰ.①安… Ⅱ.①田… ②景… Ⅲ.①安全管理学－高等学校－教材 Ⅳ.①X915.2

中国版本图书馆CIP数据核字（2016）第152004号

机械工业出版社（北京市百万庄大街22号 邮政编码100037）
策划编辑：冷 彬 责任编辑：冷 彬 马碧娟
责任校对：李新月 封面设计：张 静
责任印制：邓 博
三河市骏杰印刷有限公司印刷
2025年12月第2版第21次印刷
184mm×260mm · 20.5印张 · 507千字
标准书号：ISBN 978-7-111-54173-8
定价：59.00元

电话服务
客服电话：010-88361066
010-88379833
010-68326294

网络服务
机 工 官 网：www.cmpbook.com
机 工 官 博：weibo.com/cmp1952
金 书 网：www.golden-book.com
机工教育服务网：www.cmpedu.com

第2版前言

《安全管理学》的再版修订是多所高校安全科学与工程及管理学等相关专业学者共同探讨交流的结果，是教学实践、师生互动、教学相长的结果。本书第1版自2009年出版以来，已被中国矿业大学、西安科技大学、中南大学、西安建筑科技大学、西北工业大学、山东科技大学、辽宁工程技术大学、浙江工业大学、河南理工大学、南京工业大学、西安石油大学等90余所院校选用为本科教材，被50余所高校指定为研究生入学考试辅导教材。“十二五”期间，本书获评第一批“十二五”普通高等教育本科国家级规划教材，以及陕西省普通高等学校优秀教材一等奖。此外，本书还被西安交通大学、西安科技大学、西北大学等高校选为MBA/工程硕士教材或教学参考书，被国家安全生产监督管理总局选为安监局长、市长等政府官员的安全培训教材或主要参考书。

近年来，随着安全科学与工程学科的深入发展和普及，一方面新理论、新技术、新的政策法规不断涌现，推动着安全管理理论的进步，另一方面重大、特大事故依然时有发生。面对学科不断发展和社会需求的变化，我们感到有必要对《安全管理学》进行修订，以适应安全发展的新形势和新要求。因此，本书第2版教材修订时注重结合当前安全学科的新发展，依据最新的安全管理学术发展成果与实践经验及国家近几年颁布的法律法规等，同时收集了全国各地相关专家、教师的反馈意见，在第2版中及时反映安全管理科学研究的最新研究成果，理论联系实际，特别引入新理论、新思维、新知识、新技术、新法规“五新”安全工程学科前沿知识点，突出教材的理论性、基础性和实用性特点。此次修订，还按教育部对国家级规划教材的有关精神，结合当前安全科学与工程类专业教学的需求及教改、科研成果，对书中相关内容和编写体例进行了调整。

此次修订在第1版的基础上增加了安全管理标准化体系、风险预控体系、安全行为管理、煤矿事故应急管理等相关内容，删除了安全生产法规及安全系统概述等与其他主干课交叉重合较多的内容。本书第2版延续了第1版的几个特点：教材编写从“大安全”和面向行业需求的专业要求出发，基于安全科学、管理科学和行为科学的基本原理，遵循安全管理原理—安全管理方法—安全管理技术的编写思路；内容设计上，“重视基础，反映前沿，交叉综合”，突出安全管理原理、方法，注重安全学原理与管理学原理的整合、融汇，注重反映安全管理科学研究的最新研究成果；既注重前沿理论与具体实践的结合，又注重管理理论和方法与安全科学技术的融合；不仅反映本学科领域最新的发展，而且反映“安全管理学”本质规律性的内容。此次修订将安全文化、管理学理论基础、现代安全管理方法新进展、行为安全管理等概括纳入本书中，不仅体系完善，内容丰富，而且反映了近年安全管理研究与实践的新进展。

第2版的编写分工如下：第1章由田水承编写，第2章由李红霞编写，第3章由田水承、邸鸿喜共同编写，第4章由段振伟、李红霞、王莉共同编写，第5章由景国勋编写，第6章由段振伟编写，第7章由田水承、孙庆兰共同编写，第8章由李红霞、沈剑、栗继祖共同编写，第9章由李华、王莉、高瑞霞共同编写，第10章由杨振宏、田水承共同编写，第11章由程卫民、苗德俊共同编写，第12章由杨振宏编写，第13章由邓琼编写，第14章由田水承、杨振宏共同编写。

此外，在本书修订过程中，征求了全国各地多位安全管理领域专家的意见及建议，在此深表感谢。

编者

第1版前言

安全是人类最基本的需要之一，安全问题始终是人类生存与发展活动中永恒的主题。人类从开始研究安全工程技术手段到研究安全理论，逐渐认识到没有管理就不可能实现安全，进而逐步形成了安全科学和安全管理学。特别在知识经济的时代，人们对安全本身的需求以及对安全管理学知识的需求更加迫切。近年来，包括2008年9月8日267人遇难的山西襄汾县塔儿山铁矿尾矿库溃坝事故、以及同月发生的含三聚氰胺的“三鹿”牌毒奶粉事件在内的类似重大责任事故频繁发生，造成了严重的人员伤亡、巨大的经济损失和恶劣的社会影响。在对众多事故、事件的致因调查分析中，人们发现缺乏科学的安全管理往往是造成事故、事件频发和灾害扩大的主要原因。任何事故、灾害防治的深层问题，归根到底都是人、机、环境的“管理”及其相互之间的协调问题。因此，要实现持续稳定的安全生产、生活和生存，在关注技术工程层面问题的同时，还必须研究安全（效率、效益）与“组织因素”之间的矛盾运动规律，而要研究安全管理规律性问题，就必须研究安全管理学。

安全管理学是一门新兴的、学科渗透性和综合性很强的交叉科学课程，它是运用现代管理科学的理论、原理和方法，探讨、揭示安全管理活动的规律。

本书基于安全科学、管理科学和行为科学的基本原理，遵循安全管理原理—安全管理方法—安全管理技术的编写思路，在内容设计上，“重视基础，反映前沿，交叉综合”，突出安全管理原理、方法，将安全学原理与管理学原理整合、融会，注重管理理论和方法与安全科学技术以及前沿理论与具体实践的紧密结合，反映本学科领域最新的发展成果，介绍“安全管理学”本质规律性内容。全书涵盖了以下六大方面的内容：①安全管理原理；②安全文化、法规、安全管理方法、安全目标管理及系统安全管理；③安全管理体系及安全信息管理；④事故分析、处理及防控；⑤灾害事件与应急管理；⑥安全管理新方法简介。

本书由西安科技大学田水承教授和河南理工大学景国勋教授任主编，西安建筑科技大学杨振宏教授、西安科技大学李红霞教授、西北工业大学邓琼副教授和山东科技大学程卫民教授任副主编。

具体编写分工见下表：

作者	单　位	编写章节
田水承	西安科技大学	前言，第1章，第3章，第14章14.2节、14.3节
李红霞	西安科技大学	第2章，第8章8.1、8.2节，第8章8.3节（共同编写）
段振伟	河南理工大学	第4章（共同编写），第6章
王莉	西安科技大学	第4章（共同编写）
景国勋	河南理工大学	第5章
程卫民	山东科技大学	第7章（共同编写），第10章（共同编写）
苗德俊	山东科技大学	第7章（共同编写），第10章（共同编写）
贾文胜	西安科技大学	第8章8.3节（共同编写）
栗继祖	太原理工大学	第8章8.3节（共同编写）
李华	西安建筑科技大学	第9章
杨振宏	西安建筑科技大学	第11章，第13章13.1节、13.2节，第14章14.1节
邓琼	西北工业大学	第12章，第13章13.3节

全书主要由田水承教授统稿并定稿，参与全书统稿工作的还有西北工业大学邓琼副教授、西安科技大学李红霞教授和王莉博士。

本书的部分初稿曾在西安科技大学、西安石油大学、西北工业大学、山东科技大学、河南理工大学、西安建筑科技大学等校的教学中使用，后经教材编审委员会精心策划将其列为高等教育安全工程系列“十一五”教材之一[⊖]。进入正式编写前，教材编审委员会推荐的相关专家与本书的主编和副主编等曾就本书的提纲设计等相关问题进行了深入的讨论与交流，专家们提出建议并参与了修改工作。在后续的编写过程中，教材编审委员会还积极组织专家对本书的书稿进行审纲和审稿工作。其中，李红霞（管理学）教授作为西安科技大学安全管理研究所博士生导师、副所长，多年来坚持给研究生、本科生教授“管理学”等相关课程，并被邀请到西安石油大学等校讲授“安全管理学”等课程，她总结出自己的授课体会和感悟，供本书的编写人员参考，还从管理学角度，对本书的编写提出了很好的建议，使本书日臻完善。在本书出版之际，让我再次对给予本书支持的相关专家及教材编审委员会表示由衷的感谢！

本书从策划、撰写、统稿、审稿、修改到完善定稿，历时数载，凝结了教材编委会、全体编者及相关工作人员的心血和智慧，是所有参编高校支持及参编作者共同努力的结果，特别是得到了西安科技大学能源学院、安全管理研究所等领导、老师的支持，这些单位的博士研究生、硕士研究生积极参与了本书的编写，在此向本书出版的支持者、参与者表示由衷的感谢！

本书在编写过程中参阅了大量文献，在此对文献的作者表示感谢！

⊖ 自2012年更名为“高等教育安全科学与工程类系列教材”。

安全管理学是一门非常年轻、发展迅速的交叉综合性学科，尽管我们不懈追求，付出了艰辛的努力，但由于编写水平和时间有限，本书尚存不足之处，热切地希望读者批评指正并提出宝贵意见。

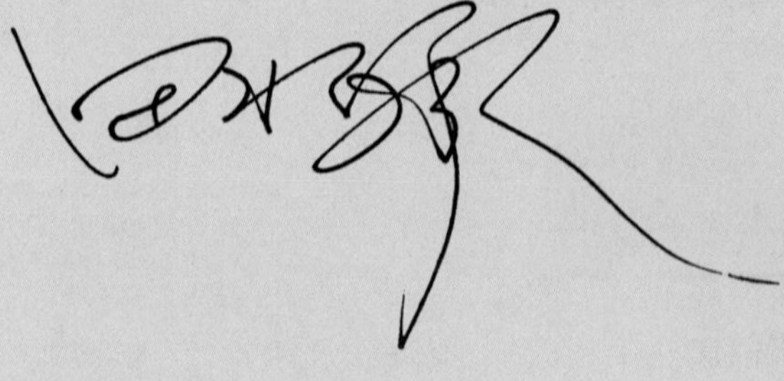

目 录

第1章

绪论

本章概要·学习要求

本章主要讲述了安全管理学的发展历程、研究对象，以及安全管理学的内容和特点。通过本章学习，要求学生了解安全管理学的研究对象和主要内容，掌握安全管理与安全管理学的定义。

1.1 安全形势严峻——安全管理面临前所未有的挑战

进入21世纪以来，全球安全形势依旧严峻，环境污染、重大事故与灾害频发等严重威胁人类生命与健康，同时也导致人类物质财富大量损失。2013年1月27日，巴西一家夜总会因违规燃放烟花点燃顶棚，引发大火，造成233人死亡，600多人受伤。2015年3月24日，德国一家航空公司的一架空客320客机在法国南部坠毁，机上148名人员全部遇难。近几年，我国因管理不善等原因直接或间接导致的重大伤亡事故也频繁发生。从2009年至今仅煤矿就发生56起重大事故、8起特大事故，其中2009年黑龙江龙煤集团鹤岗分公司新兴煤矿发生煤与瓦斯突出事故，造成108人遇难。2010年8月河南航空有限公司的一客运航班在黑龙江省伊春市林都机场30号跑道坠毁，部分乘客在坠毁时被甩出机舱，造成44人遇难，52人受伤。2013年6月吉林省德惠市宝源丰禽业有限公司发生特大火灾爆炸事故，共造成121人死亡、76人受伤。同年11月在山东省青岛经济技术开发区中国石油化工管道储运分公司东黄输油管道泄漏发生爆炸，造成62人死亡、136人受伤。泄漏原油由排水暗渠流入附近海域，造成胶州湾局部污染，损失巨大。2015年8月12日22时51分，位于天津市滨海新区天津港的瑞海国际物流有限公司危险品仓库发生火灾爆炸事故，造成165人遇难，8人失踪，798人受伤，304幢建筑物、12428辆商品汽车、7533个集装箱受损。这是一起特别重大生产安全责任事故，造成直接经济损失68.66亿元。

这些频发的责任事故为安全生产敲响了警钟：安全形势依然严峻，安全管理的研究及发展依然落后于社会的实际需要。另外，职业伤害也不容忽视，由此引发的死亡案例中25%是因为工人作业场暴露的危险物质所造成的。这些危险物质可以导致疾病，使神经等系统紊乱，并引发癌症等，从而使劳动者丧失工作能力甚至生命。据国际劳工组织（ILO）估计，到2020年全世界劳动疾病发病率将翻一番，发展中国家的情况更不容乐观。目前造成安全形势严峻的一个重要原因就是安全管理不科学、不到位，其主要表现为事故灾害后果依然严重，人因事故比例逐渐增大，重大责任事故仍然频发。

随着高新技术的不断涌现，信息化、数字化生产方式将会得以普及，硬件的安全化水平将得到进一步提高，安全监测监控技术等也将得到进一步推进。同时随着科学技术的发展，由单纯技术性、物的可靠性的原因导致事故的比例逐渐下降，而由人的错误操作、组织管理失误等原因导致事故的比例则居高不下。国内外大量统计资料显示，人因事故占事故总数的70%～90%以上。人因事故归根结底是组织管理失误造成的不良后果。人往往既是工业事故中的受害者，又是肇事者，同时也是预防事故、搞好工业安全生产的主力军。无论是在经济条件和现有技术水平受限的发展中国家，还是物的本质安全水平较高的发达国家，防范事故都应以人为本，都应着眼于事故前、事故中和事故后的人。另外，建立在一定物质基础上的安全技术和职业安全健康措施需要人们进行有效的安全管理活动——计划、组织、监督、控制，才能发挥它们应有的作用。“硬”技术的发挥依赖于“软”措施的实施。即使是自然灾害，如果安全管理和应急救援不到位、不及时、不科学，还会造成次生灾害，若管理措施得当，就会有奇迹发生，如2007年河南陕县支建煤矿“7·29”透水事故中有69名矿工，在井下被困75个多小时后全部生还。因此，安全管理在宏观层面上作为事故预防、安全生产的整体推动，在微观层面上作为3E对策[㊀]之一，将为21世纪人类的安全生产、安全生活和安全生存发挥重大作用。

在世纪之交召开的世界职业安全健康大会上，也进一步明确了加强安全管理及有关安全管理综合部门的功能对改善安全现状的重要作用。只有坚持安全与生产并重，倡导安全文化，强调安全教育与培训的重要性，鼓励多部门分工协作，融会贯通，落实综合安全管理，才有助于大安全目标的早日实现。我国专家提出的安全生产“五要素”[㊁]就是强调安全管理的综合性和多层面性，其中安全文化、安全法制、安全责任、安全投入等无一不与安全管理密切相关。此外，安全管理与经济管理互为依托、相伴而存，安全管理为经济发展保驾护航，产生并提供以间接形式为主的社会经济效益，其作用对于社会和经济的稳定发展是不可忽视的。因此，搞好安全管理工作具有十分重要的意义，概括起来主要有以下四个方面：

1）搞好安全管理是贯彻落实“安全第一，预防为主，综合治理”方针的基本保证。具体的安全相关工作、活动要由安全管理来组织、协调，安全管理水平的提高有利于国家安全生产管理体制的完善和执行。

2）搞好安全管理是防止伤亡事故和职业危害的根本对策。安全管理是减少、控制事故尤其是人因事故发生的有效屏障。科学的管理能够约束、减少人的不安全行为，减少或控制危险源，直接控制人因事故的发生。

3）安全技术和职业安全健康措施依靠有效的安全管理才能发挥应有的作用。建立在物质基础上的安全技术和职业安全健康措施需要人们进行有效的安全管理活动——计划、组

㊀ Engineering（工程技术），运用工程技术手段消除不安全因素，实现生产工艺、机械设备等生产条件的安全；Education（教育），利用各种形式的教育和训练，使职工树立“安全第一”的思想，掌握安全生产所必需的知识和技能；Enforcement（强制），借助于规章制度、法规等必要的行政乃至法律手段约束人们的行为。

㊁ 2005年2月28日，国家安全生产监督管理总局时任局长李毅中在“机关干部及在京单位干部会议”讲话中提出的安全生产“五要素”。

织、监督、控制，才能发挥它们应有的作用。

4）安全管理对社会经济发展起着保驾护航的作用。从微观层面上来讲，搞好安全管理，有助于改进企业管理，全面推进企业各方面工作的进步，促进经济效益的提高。从宏观层面上来讲，安全管理会产生并提供以间接形式为主的社会经济效益，其作用对于社会、经济的发展、稳定是不可或缺的。

鉴于安全管理对预防、控制事故及促进经济发展具有不可替代的巨大作用，同时安全管理学也是一门发展中的新兴学科，所以需要我们不断认识、继承、总结并发展安全管理学的原理和方法。只要人类掌握科学的安全管理原理与方法，充分发展并利用安全管理学这一强有力的武器，社会严峻的安全形势就会得到极大改善，重大事故的发生将会得到遏止，社会、经济的发展、稳定也必将基于更加坚固的基础之上，人民生活将更加平安、健康、快乐。这就是研究并推广安全管理学的根本目的及意义所在。

1.2 安全管理学概述

1.2.1 安全管理的定义及分类

安全是人的身心免受外界（不利）因素影响的存在状态（包括健康状态）及其保障条件。换言之，人的身心存在的安全状态及其事物保障的安全条件构成了安全的整体。安全不是瞬间的结果，而是对系统在某一时期、某一阶段过程状态的描述。

安全管理是管理者对安全生产进行的计划、组织、监督、协调和控制的一系列活动。其目的是保护职工在生产过程中的安全与健康，保护国家和集体的财产不受损失，促进企业改善管理，提高效益，保障事业的顺利发展。

安全管理按照主体和范围大小的不同，可分为宏观安全管理和微观安全管理。按照对象的不同又可分为狭义的安全管理和广义的安全管理。

宏观安全管理泛指国家从政治、经济、法律、体制、组织等各方面所采取的措施和进行的活动。

微观安全管理是将企业作为安全管理的主体。它是指经济和生产管理部门以及企事业单位所进行的具体安全管理活动。通俗地说就是关于企业安全管理的学问。

狭义的安全管理是直接以生产过程为对象的安全管理。它是指在生产过程或与生产有直接关系的活动中防止意外伤害和财产损失的管理活动。即安全生产管理。

广义的安全管理泛指一切保护劳动者安全健康、防止国家财产受到损失，不仅以生产经营活动为对象，而且包括服务、消费活动等涉及的安全管理活动。

1.2.2 安全管理学的研究对象

安全管理的研究对象涉及安全生产系统中人与人、人与物、人与环境之间在防止事故发生、避免人身伤害和财产损失方面存在的关系。安全管理学就是要认识并解决这些关系中的各种矛盾和问题。

安全管理学是研究安全管理活动规律的一门科学。它运用现代管理科学的理论、原理和方法，探讨并揭示安全管理活动的规律，为安全生产法治建设、安全管理体制和规章制度的建立提供指导和帮助，以达到防止生产事故，提高管理效益，实现安全生产的目的。安全管理学既是安全科学的一个分支，也是管理学的一个分支，又是安全科学技术体系中重要和实用的二级学科，其内涵既涉及管理学的一般问题又涉及安全科学与工程的特殊现象，是管理学的方法论在安全领域的具体应用。通俗地说，安全管理学就是研究应用于重大事故、职业危害预防和协调安全生产的包括安全管理的理论和原理、组织机构和体制、管理方法、安全法规等一系列学问的科学。

安全管理学就是以社会、人、机系统中的人、物、信息、环境等要素之间的安全关系为研究对象，通过合理、有效地配置诸要素及其之间的关系，从而保证系统中安全状况的持续实现，保证人类社会活动中的安全生存、安全生活、安全生产。管理追求效率，强调目的；而安全管理则是在保证安全目标实现的前提下，对达到安全所需的人、物、信息、环境、时间等要素进行科学有效地协调和配置。效率、效益一般是管理追求的目标，效率与效益之间也是对立统一的关系。在安全、效率、效益三者中，任意两者之间既有相同影响因素也有各自影响因素。这些因素不仅取决于一般性管理，更取决于具有特殊性安全管理活动的协调，而归根到底管理活动的进行是由组织协调的。因此，通过开展安全管理学学科建设、理论研究和实践，探讨科学的安全管理模式、方法和技术，不断总结并认识安全管理活动规律，可为进行科学安全管理、重大事故预防、安全水平提升提供指导和参考。

没有科学的管理，就不可能实现持续的安全。安全问题、管理问题无时无处不在。任何一个组织、任何一种活动都存在安全问题，也存在管理问题，从这个意义上说，安全管理学研究的是一种普遍现象，是人类活动中的一个普遍性问题。安全管理学与其他管理学科的不同之处主要在于安全管理学是专门研究协调安全生产系统中人与人、人与物、人与环境之间关系的管理问题，而其他管理学科则是研究各自领域中特有的管理现象，例如，一般管理学研究管理共性问题，而企业管理学侧重于研究企业经营活动中的管理问题。当然，一个企业（组织）的整体活动中也存在大量安全管理问题，不能缺少安全管理，只不过传统企业（组织）管理学及其教材通常对安全问题不展开讨论，或一带而过而已。

1.2.3　安全管理学的主要任务

从微观安全管理学的角度看，安全管理学的基本任务是运用现代管理科学的理论和原理，探讨、揭示企业（组织）安全管理活动的规律，建立健全企业（组织）安全管理机构体制，研究推行安全管理的科学方法，以达到提高安全管理效益、实现安全生产的目的。具体地说，安全管理学的研究任务包括理论和实践两个方面。

1）理论方面。研究安全管理学的本质规律，形成既体现个体人的不安全行为和物的不安全状态控制，又体现组织的不安全行为控制的安全管理学。研究安全管理学自身发展的学科理论，为总结、发展安全管理方法、措施、手段提供理论依据。

2）实践方面。研究安全管理的决策、对策、系统科学的方法、控制论的方法、信息的开发和使用，以及研究安全法规、安全教育、安全监察等一系列管理方法和安全检查的技术等。

对于一个合格的安全科学与工程专业学生而言，在学习安全管理学之后，应该达到如下要求：

1）掌握安全管理原理，能熟练地运用这些安全管理原理和方法，分析、认识实际生产中的各种隐患、危害、事故及其产生的原因，为制定预防、控制事故的管理和技术对策提供依据。

2）正确认识并分析安全管理现象背后的本质规律，分析确定合理的安全管理措施和对策。

3）掌握安全管理对策的实施原则，对各个环节上存在和出现的各种安全问题事先能做出准确的判断，分析问题的症结所在，找出解决问题的方法或能够提出改善意见，预防事故的发生。

4）熟悉各种安全管理的方法，能针对不同情况，灵活采取不同方法、对策，提高自己和组织的安全管理能力。

安全管理学的任务，简单地说，就是提炼、开发并传播安全管理理论与方法，提高未来安全工程师和管理者的安全管理能力，达到学以致用、防范事故及危害的目的。

1.3 安全管理学的主要内容和特点

1.3.1 安全管理学的主要内容

安全管理学的研究内容包括安全管理学的理论基础、安全管理方法、事故管理、安全文化等。安全管理学的内容体系如图1-1所示。

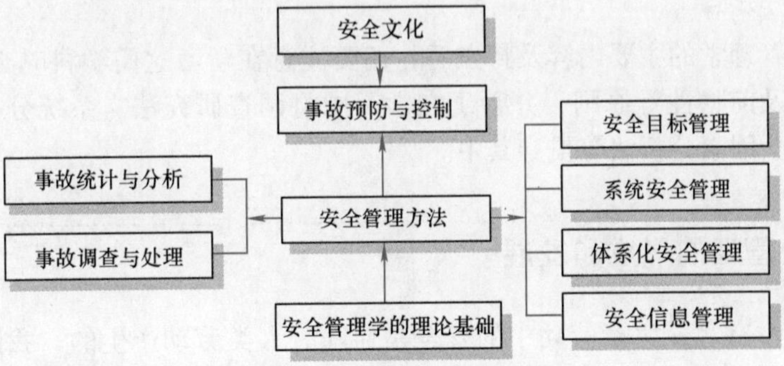

图1-1 安全管理学的内容体系

安全管理学的理论基础包括各种有关的管理学理论基础、事故致因理论、安全管理学的基本原理等。

安全管理方法包括安全目标管理、系统安全管理、体系化安全管理、安全信息管理、事故统计与分析和事故调查与处理。前四种属于系统科学方法论范畴，它们是在不同历史发展时期诞生的不同安全管理手段和方法。后两种方法则主要通过事故案例剖析、相关事故发生原因和特征的统计与分析，反映事故发生的规律，积累安全管理经验。其宏观表现是统计分析，微观表现是调查处理，配合应用应急管理措施，最终目的是实现事故预防与控制。

事故管理包括事故统计与分析、事故调查与处理和事故预防与控制。其中，前两项属于安全管理中事故管理的方法，事故预防与控制也是安全管理要达到的主要目标之一。通过各种安全管理方法的实施最终达到事故预防与控制的目的。

安全文化是实现系统安全不可或缺的辅助手段。其从文化、理念层面研究如何使人自主自觉约束不安全行为，实现个体人的安全，继而实现组织系统安全，是自主管理的基础。

1.3.2　安全管理学的特点

安全管理学是以安全生产和重大事故控制为应用领域，综合运用管理学与安全学理论和方法的实用性交叉学科，从研究方法上讲强调系统性、决策性和前瞻性，从学科本质上讲具有交叉性和实用性。

1）系统性。安全与管理具有的一个共同属性即系统性。安全管理需要着眼于宏观，既要见树木又要见森林，考虑系统的目标和整体功能，统筹人、机、环境，因此具有系统性。

2）决策性。面对安全管理的种种复杂状况和多种方案选择，安全管理活动应建立在对安全管理理论及方法的科学认知的基础上，实现科学的安全管理决策，不断优化安全管理方案和对策。

3）前瞻性。安全管理活动对系统未来的变化应保持足够的敏感性和预见性，要随着变化发展的新情况不断进行更新，要与时俱进，勇于接受新思想、尝试新方法。

4）交叉性。安全管理学集成安全科学和管理科学的基本原理和方法，兼具工程应用和理论研究的双重特点，具有学科交叉融合的特性。

5）实用性。安全管理学所研究的内容带有较强的技术性和实用性，为安全管理实践活动提供技术和方法指导。

明确了安全管理学的主要内容及特点后，还要注意在学习这门学科时必须掌握客观性、实践性、系统性及前瞻性等原则，并善于在学习中将调查研究法、系统分析法、数学模型法、目标决策法、因素分析法等贯穿其中。

1.4　安全管理的形成和发展

安全问题自古有之，生产劳动中的安全是伴随着人类劳动产生的。我国古代在生产中就积累了一些安全防护的经验。明代科学家宋应星所著《天工开物》中记述了采煤时防止瓦斯中毒的方法："深至丈许，方始得煤，初见煤端时，毒气灼人，有将巨竹凿去中节，尖锐其末，插入炭中，其毒烟从竹中透上。"在国外，公元前27世纪，古埃及第三王朝在建造金字塔时，组织10万人花20年的时间开凿地下甬道和墓穴及建造地面塔体，如此庞大的工程，离不开安全管理；在古希腊和古罗马时期，就设立了以维持社会治安和救火为主要任务的近卫军和值班团；12世纪，英国颁布了《防火法令》，17世纪颁了《人身保护法》。

有组织的安全管理是伴随着社会化大生产发展的需要而产生的。18世纪中叶的工业革命时期，机器的大规模使用极大提高了生产率，也大大增加了伤害的可能，资本家出于自身的利益，被迫改善劳动条件，例如在机器上安装防护装置，要求研究防止事故和职业危害的方法等，促进了安全科学和技术的发展。例如，英国化学家戴维（Humphry Davy，1778—1829）发明了矿坑安全灯；19世纪初，英国、法国、比利时等国相继颁布了安全法令，对安全法制管理进行了有益的尝试。

到20世纪初，随着现代工业的兴起及发展，重大生产事故和环境污染相继发生，造成了大量的人员伤亡和巨大的财产损失，给社会带来了极大危害，人们不得不在一些企业设置专职安全人员，对工人进行安全教育。到了20世纪30年代，很多国家设立了生产安全管理的政府机构，发布了劳动安全卫生的法律法规，逐步建立了较完善的安全教育、管理、技术体系，现代生产安全管理初具雏形。

进入20世纪50年代，经济的快速增长，使人们生活水平迅速提高，创造就业机会、改进工作条件、公平分配国民生产总值等问题，引起了越来越多经济学家、管理学家、安全工程专家和政治家的注意。工人强烈要求不仅要有工作机会，还要有安全与健康的工作环境。一些工业化国家，进一步加强了生产安全法律法规体系建设，在生产安全方面投入大量的资金进行科学研究，加强企业安全生产管理的制度化建设，产生了一些生产安全管理原理、事故致因理论和事故预防原理等风险管理理论，以系统安全理论为核心的现代安全管理方法、模式、思想、理论基本形成。

1.4.1 国外安全管理发展概况

美国、日本是当今的工业经济大国，它们有组织的安全管理也是伴随着经济的发展而发展的，且处于世界领先的地位。下面以美国和日本为例介绍国外先进的安全管理发展情况。

1. 美国安全管理的发展

美国在工业发展的早期，主要依靠大量外国移民作为劳动力的来源，工人的安全健康丝毫得不到关怀，劳动条件恶劣，事故恶性膨胀，死伤无人过问。19世纪末到20世纪初，由于工人们的斗争和社会公众的关切支持，迫使资本家不得不改善安全卫生状况。安全立法、组织建设以及科学研究等逐渐得到了发展。譬如，1867年，美国马萨诸塞州建立了国内第一个工厂检查部门。1880年之后的几年间，陆续出现了200多种有关职业病的刊物。1908年，建立了匹兹堡采矿与安全研究所。1910年，为减少煤矿事故，成立了煤矿管理局。1911年，威斯康星州通过了第一个有效的对工人进行赔偿的法案。1913年，成立了劳工部和全国工业安全委员会（不久，改名为全国安全委员会）。1915年，成立了美国安全工程师协会等。

20世纪50年代，美国很多企业采用了实行工程技术教育为基础的安全管理，这标志着美国现代安全管理的起步。美国政府正规地介入职业安全卫生领域的时间较晚，直到20世纪60年代以后才开始发挥主导作用。1969年，美国颁布了《联邦煤矿安全与卫生法》，这是美国第一个有关职业安全卫生的具体立法。1970年12月29日，美国国会通过并由尼克松总统签署颁布了《职业安全与卫生法》（OSHAct），于1974年4月28日生效。这是美国第一个全国性的安全卫生基本法，极大地推动了职业安全卫生工作的进展。

1971年，美国劳工部职业安全卫生管理局（以下简称OSHA）成立，确定其工作目标是通过与雇主和工人的共同努力，营造更好的工作环境，以确保美国工人的安全和健康。OSHA自成立以来，因工死亡人数下降幅度超过60%，职业伤害和职业病发病率下降了40%。总结美国的职业安全卫生工作，有如下几个特点：

1）改善劳动条件，防止工伤事故，这主要依靠企业实施。政府主要依靠立法和监督检查来推进这方面的工作。

2）重视安全卫生教育。

3）重视开发新技术，使用新设备，开展安全科学研究工作。

2. 日本安全管理的发展过程

日本在第二次世界大战以后处于经济复兴时期，工伤事故状况十分严重，每年死亡人数基本在6000人以上，1961年达历史最高纪录，因工伤事故死亡6712人。当时，日本提出了“安全运动要赶上美国，工伤事故发生的概率也要降低到美国水平之下”的口号，并相应采取了一系列对策。日本政府制定了《劳动安全卫生法》《矿山安全法》《劳动灾难防止团体法》等一系列法律法规。由于法律健全、措施得当、各方重视，日本的安全生产问题基本得到了有效控制。

日本建立了一整套独立的矿山安全监察体系，实施高效的监督管理。监察人员严格按照有关法律，对安全业务、设施状况、应急机制等进行检查，发现问题立即彻底解决。还设立了“中央劳动安全卫生委员会”“中央劳动灾难防止协会”等，提供安全卫生信息，开展安全生产教育，推动“零灾难”运动，组织安全生产技术交流，以及对生产安全管理人员进行培训等。经过努力，日本安全工作成效已经超过了美国，居世界领先地位。例如，1984年，美国的伤害率（百万工时伤亡人数）为10.75，而日本仅为2.77。

日本政府为减少工伤事故和职业病所采取的主要对策总结如下：①建立劳动安全卫生的组织领导和监督体制；②加强立法，建立劳动安全卫生法规体系；③制订劳动灾害防治计划；④加强对企业的安全卫生行政管理和监督指导；⑤推进安全卫生教育；⑥重视新技术的引进和设备的更新，积极发展劳动安全与卫生的科学研究工作；⑦重视发挥团体的作用，防止工伤事故；⑧开展群众性的安全卫生运动。

1.4.2 我国安全管理发展概况

我国的安全管理相对于工业发达国家而言起步较晚，解放前虽然国民党政府颁布过一些安全法规，但由于局势动荡而形同虚设，未能得到贯彻执行。现代生产安全管理理论、方法、模式是20世纪50年代进入我国的。在20世纪60~70年代，我国开始吸收并研究事故致因理论、事故预防理论和现代生产安全管理思想。20世纪80~90年代，开始研究企业生产安全风险评价、危险源辨识和监控，我国一些企业管理者尝试生产安全风险管理。在20世纪末，我国几乎与世界工业化国家同步，研究并推行了职业安全健康管理体系。进入21世纪以来，我国提出了系统化企业生产安全风险管理的理论雏形。总之，新中国成立以来，我国的安全管理工作经历了动荡曲折的螺旋式发展过程，大致分为四个阶段，如表1-1所示。

表1-1 我国安全管理发展阶段

阶段		主要特征
1. 建立和发展阶段	三年国民经济恢复时期（1949~1952年）	1）树立了“搞生产必须注意安全”的思想，批判了“重视机器不重视人”的错误观念 2）发动群众，开展安全大检查 3）积极组建安全职能机构，开展安全干部培训 4）确定安全生产方针，开始法规建设。召开了两次全国劳动保护工作会议，确定了“安全生产”的方针

（续）

阶 段		主要特征
1. 建立和发展阶段	第一个五年计划时期（1953～1957年）	1）在劳动保护工作座谈会上确定了“管生产必须同时管安全”的原则，明确提出企业领导人必须贯彻此原则 2）建立了专职安全管理机构，配备了专职的安全管理人员，使安全工作在组织上得到了保证 3）1954年8月11日，劳动部（现为人力资源和社会保障部）发布了《关于进一步加强安全技术教育的规定》，建立了安全教育制度并制定了安全操作规程，对新工人进行三级教育，特殊工种（现改称特种作业）教育，从事新方法、新设备、新产品作业的教育，以及干部的安全教育 4）颁布了许多重要的安全法规，国家颁布的有15种，加上中央各产业部门和地方制定的指示、决议和规定等，共达300多种，其中最重要的是在1956年5月25日由国务院正式颁布的《工厂安全卫生规程》《建筑安装工程安全技术规程》《工人职员伤亡事故报告规程》，简称为“三大规程” 5）1956年9月21日，劳动部、中华全国总工会联合发布了《安全技术措施计划的项目总名称表》，明确规定了安全技术措施计划项目40项内容 6）国家规定了产业部门的企业在编制生产技术财务计划的同时，必须编制安全技术措施计划，对安全的投入资金也逐年增加。这一时期安全工作发展顺利，措施得力，安全生产达到了新中国成立以来的最佳水平
2. 停顿和倒退阶段	受挫阶段（1958～1960年）	1）“大跃进”期间，拼体力、拼设备、浮夸冒进之风盛行，生产秩序遭到破坏 2）伤亡事故大幅度上升，出现了新中国成立以来的第一次伤亡事故高峰
	探索阶段（1961～1965年）	1）总结经验教训，实行了“调整、巩固、充实、提高”的方针，健全规章制度，加强安全管理，重建安全生产秩序，开展“十防一灭”活动（防撞压、防坍塌、防爆炸、防触电、防中毒、防粉尘、防水灾、防水淹、防浇烫、防坠落、消灭工伤和死亡事故） 2）发布了一系列的安全卫生法规。其中最重要的是1963年3月30日国务院发布的《关于加强企业生产中安全工作的几项规定》 3）1962年7月发布《工业企业设计卫生标准》，同年12月召开全国第二次防止矽尘危害工作会议。安全生产状况有了较大好转，伤亡事故迅速减少
	动荡和徘徊阶段（1966～1977年）	1）“文化大革命”期间，国民经济遭受严重的挫折，安全工作也受到了严重的破坏，出现了又一次大倒退。行之有效的规章制度被推翻，被斥之为“管、卡、压”。安全管理专业队伍被解散。伤亡事故和职业病再次大幅度上升，出现了新中国成立以来的第二次事故高峰 2）1976年，随着党和国家工作重点的转移，国家经济开始恢复，为安全工作的恢复和发展创造了一定条件。但是由于“左”的思想提出严重脱离实际以及急躁冒进的口号，一些部门与企业的领导人只抓生产，不顾安全，甚至有恶劣的官僚主义作风，以致伤亡事故频发，还发生了一些恶性事故，例如“渤海二号”的翻沉。出现第三次事故高峰，安全工作呈徘徊不前的局面

（续）

阶　段	主要特征
3. 恢复与提高阶段（1978～1992年）	1）1978年，中共中央发布了《关于认真做好劳动保护工作的通知》；1979年，国务院批准国家劳动总局、卫生部发布《关于加强厂矿企业防尘防毒工作的报告》。这两个文件对扭转当时安全卫生状况严重不良的局面，起到了关键性作用，成为安全工作的指导性文件和依据 2）这一阶段中，立法工作进展得很快，先后颁布了150多项安全卫生标准。1983年，确定了国家监察、行政管理、群众监督的安全管理体制，我国安全管理工作从行政管理开始跨入法制管理阶段 3）1987年将原来“安全生产”的方针确定为“安全第一，预防为主”的安全生产方针，把安全工作的重点放在了预防上。伤亡事故基本上控制在一定的范围内
4. 市场经济下的高速发展阶段（1993年至今）	1）1993年开始，经济体制改革又带来一系列新的问题，事故、职业病又骤然上升，进入了第四次事故高峰期。为了适应政府转变职能、企业转换机制的新形势，国发［1993］50号文提出“企业负责、行政管理、国家监察、群众监督”的安全生产管理体制 2）出台了较多综合的、全面的、适用范围广泛的基本法，如《中华人民共和国矿山法》（1993年）、《中华人民共和国劳动法》（1995年）、《中华人民共和国刑法》（1997年，先后8次修正，最后一次为2011年）、《中华人民共和国消防法》（1998年）、《中华人民共和国安全生产法》（2002年，2014年修正）、《中华人民共和国职业病防治法》（2002年，2011年修正）等，使我国逐渐形成了一个较为完整的职业安全卫生法律法规体系 3）2000年以来，国家机构体制进行了改革，先后成立了国家安全生产监督管理局（2005年更名为国家安全生产监督管理总局，安全生产方针改为“安全第一，预防为主，综合治理”）、煤矿安全监察局以及国务院安全生产委员会并直属国务院领导。国家安全生产监督管理实行分级管理，在各级地方政府设置专门机构，具体承担安全生产监督管理和综合协调职能。煤矿安全监察实行垂直管理体制，下设办事机构，专司煤矿安全监察执法。国务院安全生产委员会主要负责协调安全生产监督管理中的重大问题

复习思考题

1. 研究安全管理学有什么重要意义？
2. 简述安全管理及安全管理学的定义。
3. 简述安全管理学的研究对象及主要内容。
4. 试述我国安全管理的发展历程、启示及其未来的发展趋势。

第2章

安全管理学理论基础概述

本章概要·学习要求

本章主要讲述了管理学、安全学和安全管理学基础，其中重点介绍了事故致因理论。通过本章学习，要求学生了解管理学理论基础，理解安全管理学的基本原理，掌握典型的事故致因理论。

安全管理学基本原理是对管理学基本原理的继承和发展，是进行安全管理应当遵循的基本原则。理解并掌握安全管理基本原理是学习安全管理学的首要环节。研究和实践表明：安全管理应遵循管理和安全的普遍规律，服从管理和安全的基本原理。因此，本章从安全管理学的视野和需要来辨识和梳理，在管理学的理论基础、事故致因理论的基础上，简要介绍安全管理学的基本原理。

2.1 管理学的理论基础

管理一词的英文是 manage，它是从意大利文 manegiare 和法文 manage 演变而来的，原意是指“训练和驾驭马匹”，最早是由美国人将这个词用于管理学中的。顾名思义，管理中的“管”是指约束，“理”是指调理、协调，其概念本身具有多义性，它不仅有广义和狭义之分，而且随着时代的不同产生不同的解释和理解。多年来，许多管理学家根据自己的理解给管理下了许多意义相异的定义，形成了众多的管理学流派。总结这些观点，本书认为管理就是管理者经济、有效地运用组织的各种资源，通过计划、组织、指挥、协调和控制等一系列行为活动使组织成功达到某种目的的过程。本节根据管理学的发展历程，从科学管理理论、行为科学理论和现代管理理论的角度介绍管理学的理论基础。

2.1.1 科学管理理论

科学管理理论又称古典管理理论，其核心代表有美国泰勒的科学管理理论、法国法约尔的一般管理理论和德国韦伯的理想行政组织体系理论。

1. 泰勒的科学管理理论

泰勒（Taylor，1859—1915）的科学管理理论的主要内容包括以下几点：

（1）科学管理的中心问题是提高劳动生产率

泰勒认为，提高劳动生产率就是要制定出有科学依据的工作量定额，即所谓的“合理的日工作量”。为此，泰勒对时间和动作进行了研究。

时间研究就是研究人们在工作期间各种活动的时间构成。然后对此加以分析整理，从而得出完成该项工作的总时间。所谓动作研究，就是研究工人干活时动作的合理性。经过比较分析之后，去掉多余动作，改善必要动作。根据时间研究和动作研究而确定的“合理的日工作量”，就是工作定额原理。

（2）必须为每项工作选择“第一流的工人”

第一流的工人包括两个方面：一方面是该工人的能力最适合做这项工作；另一方面是该工人必须愿意做这项工作。就是说，人具有不同的天赋和才能，只要工作对这个人合适，而他又愿意努力去干，他就能成为第一流的工人。泰勒认为，健全的人事管理的基本原则是使工人的能力与工作相匹配。企业管理当局的责任在于为雇员找到最适合的工作，并培训他们成为第一流的工人，激励他们尽最大的努力去工作。

（3）标准化管理

为使每位作业人员能达到一定的作业标准，就要从作业方法、材料、工具、设备和作业环境实施标准化管理。很多工人的作业方法和使用工具是根据自己或师傅的经验和习惯确定的。泰勒认为，必须用科学的方法对工人的作业方法、使用的工具、设备的摆放及作业环境的布置等进行分析，消除各种不合理的因素，把各种最好的因素结合起来，形成一种最好的作业方式。

（4）实行“差别计件工资制”

泰勒认为，工人“磨洋工”的重要原因之一是付酬制度的不合理。计时工资不能体现按劳分配，干多干少在时间上无法确切地体现出来。他在分析了原有的付酬制度之后提出，要在科学地制定劳动定额的前提下，采用差别计件工资激励工人完成或超额完成定额，并且根据工人完成工作定额的不同，支付不同的工资。泰勒认为，根据工人的实际工作表现而不是根据工作类别支付工资，实际上等于是按工人做出的贡献付酬，而不是按工人的工作等级付酬，这样能大大促使工人工作积极性的提高。

（5）强调雇主与工人合作的“精神革命”

泰勒认为，雇主与工人之间必须建立良好的合作关系。双方都必须认识到提高劳动生产率对双方都是有利的，因此，雇主和工人都必须进行一次“精神革命”，即相互协作，共同为提高劳动生产率而努力。

（6）主张计划与执行相分离

泰勒认为应该用科学的工作方法取代经验工作法。工人凭经验很难找到科学的工作方法，而且他们没时间研究这方面的问题。所以应该把计划同执行分离开。计划由管理当局负责，执行由工长和工人负责，这样有助于采用科学的工作方法。管理当局的主要任务有：①进行调查研究，为定额和操作方法提供科学依据；②制定有科学依据的定额和标准化操作方法、工具；③拟订出计划并发布指示和命令；④比较“标准”和“实际情况”，进行有效的控制。

以上几点是泰勒科学管理理论的主要内容，除此之外，泰勒还提倡实行职能制，其用意在于摆脱直线制分工不明确的缺点，使工厂管理高度专业化；强调例外管理，即企业的高级管理人员为了减轻处理纷乱烦琐事物的负担，把一般的日常事物授权给下级管理人员处理，而自己只保留对重要事项的决策权和控制权。

2. 法约尔的一般管理理论

亨利·法约尔（H. Fayol，1841—1925），法国人，古典管理理论的主要代表人之一，被后人尊称为管理理论之父。法约尔的管理理论是以企业整体作为研究对象。他认为，管理理论是指有关管理的、得到普遍认可的理论，是经过普遍经验检验并得到论证的一套有关原则、标准、方法、程序等内容的完整体系。有关管理的理论和方法不仅适用于公私企业，也适用于军政机关和社会团体，这些是其一般管理理论的基石。他最主要的贡献在于三个方面：①从经营职能中独立出管理活动；②教育的必要性；③管理活动所需的五大管理职能和十四项管理原则。这三个方面也是其一般管理理论的核心。

（1）从经营职能中独立出管理活动

法约尔通过对企业全部活动的分析，将管理活动从经营职能（包括技术、商业、财务、安全和会计等五大职能）中提炼出来，称为经营的第六项职能。他认为管理是普遍的一种单独活动，有一套独立的知识体系，由各种职能构成，管理是管理者通过完成各种职能来实现目标的一个过程。企业中的每组活动都对应一种专门的能力，如技术能力、商业能力、财务能力、管理能力等。而随着企业由小到大、职位由低到高，管理能力在管理者必要能力中的相对重要性不断增强，而其他诸如技术、商业、财务、安全、会计等能力的重要性则会相对减弱。

（2）教育的必要性

法约尔认为管理能力可以通过教育获得，缺少管理教育是由于没有管理理论，每一个管理者都按照他自己的方法、原则和个人的经验行事，但是谁也不曾设法使那些被人们接受的规则和经验变成普遍的管理理论。

（3）管理活动所需的五大管理职能和十四项管理原则

法约尔将管理活动分为计划、组织、指挥、协调和控制五大管理职能，并进行了相应的分析和讨论。

法约尔认为十四项管理原则有：①劳动分工；②权力与责任；③纪律；④统一指挥；⑤统一领导；⑥个人利益服从整体利益；⑦人员的报酬；⑧集中；⑨等级制度；⑩秩序；⑪公平；⑫人员的稳定；⑬首创精神；⑭人员的团结。

法约尔的一般管理理论是古典管理思想的重要代表，后来成为管理过程学派的理论基础，也是以后各种管理理论和管理实践的重要依据，对管理理论的发展和企业管理的历程均有深刻影响。其中某些原则甚至以“公理”的形式被人们接受和使用。因此，继泰勒的科学管理理论之后，一般管理理论被誉为管理史上的第二座丰碑。

3. 韦伯的理想行政组织体系理论

马克斯·韦伯（Max Weber，1864—1920）是德国著名的社会学家，他在管理理论上的研究主要集中在组织理论方面，主要贡献是提出了理想的行政组织体系理论。这集中反映在他的代表作《社会组织与经济组织》一书中。这一理论的核心是组织活动要通过职务或职位而不是通过个人或世袭地位来管理。他也认识到个人魅力对领导作用的重要性。他所讲的“理想的”，不是指最合乎需要的，而是指现代社会最有效和最合理的组织形式。之所以是“理想的”，是因为它具有如下特点：

1）明确的分工。即每个职位的权利和义务都应有明确的规定，人员按职业专业化进行分工。

2）自上而下的等级系统。组织内的各个职位，按照等级原则进行法定安排，形成自上而下的等级系统。

3）人员的任用。人员的任用要完全根据职务的要求，通过正式考试和教育训练实行。

4）职业管理人员。管理人员有固定的薪金和明文规定的升迁制度，是一种职业管理人员。

5）遵守规则和纪律。管理人员必须严格遵守组织中规定的规则、纪律和办事程序。

6）组织中人员之间的关系。组织中人员之间的关系完全以理性准则为指导，只是职位关系不受个人情感的影响。不仅应适用于组织内部，而且适用于组织与外界之间的关系。

韦伯认为，这种高度结构的、正式的、非人格化的理想行政组织体系是人们进行强制控制的合理手段，是达到目标、提高效率的有效形式。这种组织形式在精确性、稳定性、纪律性和可靠性方面都优于其他组织形式，能适用于当时所有的管理工作及当时日益增多的各种大型组织，如教会、国家机构、军队、政党、经济企业和各种团体。韦伯的这一理论对泰勒、法约尔的理论是一种补充，对后来的管理学家们，尤其是对组织理论学家有很大的影响，他被称为“组织理论之父”。

2.1.2　行为科学理论

行为科学理论是管理理论的第二个阶段，是20世纪20年代开始的“人际关系学说”的理论。行为科学认为，只有从人的行为本质中激发动力，才能提高效率。其研究目的是对工人在生产中的行为以及这些行为产生的原因进行分析研究，以调节企业中的人际关系，提高生产率。它研究的内容包括：人的本性和需要、行为动机、人际关系。

1. 梅奥的霍桑实验

1924～1932年，美国国家研究委员会和美国西方电气公司合作进行了有关工作条件、社会因素与生产效率之间关系的实验。由于该项研究是在西方电气公司的霍桑工厂进行的，因此，后人称之为霍桑实验，代表人物是梅奥（Myao，1880—1949）。

1）实验的四个阶段。①工厂照明实验；②继电器装配实验；③谈话研究；④观察实验。

2）发现的现象。①工人们之间似乎有一个“合理的日工作量”；②“树大招风”；③在工人中形成的一些非正式团体。

3）得出的三条结论。①人是社会人，不仅仅是“经济人”；②企业中不但存在正式组织，而且存在非正式组织；③新的领导能力在于提高职工的满意度，在于通过提高职工的满意度来鼓舞职工的士气。

这三条结论构成了早期人际关系学说的主要内容，也是后期行为科学的基本理论基础。

2. 人际关系学说

在霍桑实验的基础上，梅奥创立了人际关系学说，提出了与古典管理理论不同的新观点、新思想。其主要内容有：

1）职工是“社会人”。

2）满足工人的社会欲望，提高工人的士气，是提高生产率的关键。

3）企业存在“非正式组织”。“正式组织”与“非正式组织”有较大的区别，在“正式组织”中以效率的逻辑为重要标准，而在“非正式组织”中则以情感的逻辑为重要标准。“非正式组织”与“正式组织”相互依存，对生产效率的提高有很大的影响。

人际关系学说的出现，开辟了管理理论研究的新领域，弥补了古典管理理论忽视人的社会性的不足。同时，人际关系学说也为以后的行为科学的发展奠定了基础。

3. 有关行为科学的理论

行为科学开始于20世纪20年代末、30年代初的霍桑实验，创始人是美国哈佛大学教授、管理学家梅奥。1949年，在美国芝加哥召开的一次跨学科的会议上，第一次提出了行为科学这一名称。1953年在美国福特基金会召开的各大学科学家参加的会议上，正式定名为行为科学。

行为科学的含义有广义和狭义两种。广义的行为科学是指运用类似自然科学的试验和观察方法，研究在自然和社会环境中人的行为的科学。已经公认的属于行为科学的学科有心理学、社会学、社会人类学等。狭义的行为科学是指有关对工作环境中个人和群体行为研究的一门综合性学科。进入20世纪60年代，为了避免同广义的行为科学相混淆，出现了组织行为学这一名称，专指管理学中的行为科学。目前，组织行为学从其研究对象和所涉及的范围来看，可分成三个层次，即个体行为、团体行为和组织行为。

（1）个体行为理论

个体行为理论主要包括两大方面的内容。

1）有关人的需要、动机和激励方面的理论，可分为三类：①内容型激励理论，包括需要层次论、双因素理论、成就激励理论等；②过程型激励理论，包括期望理论、公平理论等；③行为改造型激励理论，包括强化理论、归因理论等。

2）有关人性的理论，主要包括X—Y理论、不成熟—成熟理论。

（2）团体行为理论

团体行为理论包括正式团体和非正式团体，松散团体、合作团体和集体团体等。主要是研究团体发展动向的各种因素以及这些因素之间相互作用和相互依存的关系，如团体的目标、团体的结构、团体的规模、团体的规范、信息沟通和团体意见冲突理论等。

（3）组织行为理论

组织行为理论主要包括领导理论和组织变革、组织发展理论。领导理论又包括三大类，即领导性格理论、领导行为理论和领导权变理论等。

2.1.3 现代管理理论

第二次世界大战以来，随着现代自然科学和技术的日新月异，生产和组织规模急剧扩大，生产力迅速发展，生产社会化程度不断提高，管理理论引起了人们的普遍重视。随着管理思想的丰富和发展，出现了许多新的管理理论和管理学说，并形成众多的学派。这些理论和学派，被孔茨（Harold Koontz，1908—1984）称之为“管理理论丛林”。尽管各学派相互独立，但它们的基本目的是相同的。

1. 管理过程学派

该学派的基本观点有：

1）管理是一个过程，即让他人和自己去实现既定目标的过程。

2）管理过程的五大职能：计划工作、组织工作、人员配备、指挥、控制。

3）管理职能具有普遍性，即各级管理人员都执行管理职能，但侧重点则因管理级别的不同而不同。

4）管理应具有灵活性，要因地制宜，灵活应用。

该学派主张按管理职能建立一个作为研究管理问题的概念框架。法约尔被认为是这个学派的创始人。孔茨（Harold koontz，1908—1984）和奥唐奈（Cyril O'Donnell，1900—1976）合著的《管理学》是第二次世界大战后这一学派的代表作。

2. 社会合作学派

该学派认为，人与人之间的相互关系就是一个社会系统，它是人们在意见、力量、愿望以及思想等方面的一种合作关系。管理人员的作用就是要围绕着物质的、生物的和社会的因素适应总的合作系统。

社会学是这个学派的一个重要理论基础。最早从社会学角度系统研究管理问题的代表人物之一是巴纳德（Barnard，1886—1961），他的著作《经理的职能》对该学派有很大影响。怀特·贝克（Bake）从社会学角度提出“组织结合力”的概念，认为企业中的组织结合力包括职能规范系统、职位系统、沟通联络系统、奖惩制度和组织规程。

3. 经验学派

该学派主张通过分析经验（通常是一些案例）来研究管理学问题。该学派认为，通过分析、比较和研究各种各样成功和失败的管理经验，就可以抽象出某些一般性的结论或原理，以有助于学生和从事实际工作的管理者理解管理原理，并使之有效地从事管理工作。

很多学者认为，该学派的主张实质上是传授管理学知识的一种方法，称为“案例教学”。实践证明，这是培养学生分析问题和解决问题的一种有效途径。

4. 人际关系行为学派

该学派主张以人与人之间的关系为中心来研究管理问题。该学派把社会科学方面已有的和新近提出的有关理论、方法和技术用来研究人与人之间以及个人的各种现象，从个人的个性特点到文化关系，范围广泛，无所不容。该学派注重个人、注重人的动因，把人的动因看作是一种社会心理现象。

5. 群体行为学派

该学派同人际关系行为学派密切相关，但它关心的主要是一定群体中的人的行为，而不是一般的人际关系和个人行为；它以社会学、人类文化学和社会心理学为基础，而不是以个人心理学为基础。该学派着重研究各种群体的行为方式，从小群体的文化和行为方式到大群体的行为特点均在研究之列。该学派的最早代表人物和研究活动是梅奥和霍桑实验。20世纪50年代，阿吉里斯（Argyris）提出了“不成熟—成熟交替循环的模式”。

6. 社会技术系统学派

这是较新出现的学派，其创始人是英国的特里斯特（Trist）。该学派认为，要解决管理问题，仅分析社会合作系统是不够的，还必须分析研究技术系统对于社会系统的影响，以及对个人心理的影响。该学派认为，组织的绩效以至管理的绩效，不仅取决于人们的行为态度及其相互影响，而且取决于人们工作所处的技术环境。管理者的主要任务之一就是确保社会合作系统与技术系统的相互协调。该学派特别注重于工业工程、人机工程等方面问题的研究。

7. 决策理论学派

该学派的基本观点是，由于决策是管理者的主要任务，因而应该集中研究决策问题，而管理又是以决策为特征的，所以应该围绕决策这一核心来形成管理理论。该学派的代表人物是曾获诺贝尔经济学奖的西蒙（Simon，1916—2001），其代表作是《管理决策新科学》。

当代决策理论学派的视野已大大超出关于评价比较方案过程的范围。他们把评价方案仅仅当作考查整个企业活动领域的出发点，决策理论不再单纯地局限于某项具体决策上，而是把企业当做一个“小社会”予以系统地、广泛地考查，因而又涉及社会学、心理学、社会心理学等多种学科。

8. 沟通（信息）中心学派

该学派同决策理论学派关系密切，主张把管理人员看作一个信息中心，并围绕这一概念形成管理理论。该学派认为，管理人员的作用是接收信息、储存信息和传递信息，每一位管理人员的岗位犹如一台电话交换台。该学派强调计算机技术在管理活动和决策中的应用，强调计算机科学与管理思想和行为的结合。该学派的代表人物有李维特（Leavitt）、纽曼（Newman）、香农（Shannon）、韦弗（Weaver）和巴法（Buffa）。

9. 数学（“管理科学”）学派

第二次世界大战期间，运筹学的方法在组织和管理大规模的军事活动，特别是军事后勤活动中，取得了巨大成功。运筹学家们认为，管理基本上是一种数学程序、概念、符号以及模型等的演算和推导。他们自称为“管理科学家”。这样，就出现了管理科学学派。该学派认为，如果管理工作、制定决策是一个合乎逻辑的过程，就可以利用数学符号或关系式来描述；在研究和解决管理问题（包括决策）时，要着重强调合理性、定量分析和准确衡量。

10. 权变理论学派

该学派是在经验主义学说的基础上进一步发展起来的，但不局限于研究个别案例，提出个别解决方法，而是试图提出适应特定情况的管理组织方案和管理系统方案。权变理论学派认为，由于组织内部各个部分之间的相互作用和外界环境的影响，组织的管理并没有绝对正确的方法，也不存在普遍适用的理论，任何理论和方法都不见得绝对有效，也不见得绝对无效，采用哪种理论和方法，要视组织的实际情况和所处的环境而定。

11. 新管理思想

此外，近年来伴随着社会的发展形成了一些新的管理思想，具有代表性的有人本管理、知识管理、学习型组织、危机管理等。

（1）人本管理

人本管理就是以人为本的管理，即把人视为管理的主要对象及组织的重要资源，通过激励，调动和发挥员工的积极性和创造性，引导员工去实现预订的目标。其目的就是运用一切手段，发挥并应用好组织中特殊的要素——人的作用。在安全管理中，“安全第一”方针的实行必须以人为本，遵循人本管理的思想。

（2）知识管理

知识管理就是为实现显性知识和隐性知识共享寻找新的知识。它突出体现在知识的创造和利用上，其根本目标就是通过知识共享，运用集体智慧提高组织的应变能力和创新能力。

（3）学习型组织

学习型组织作为一种管理思想，指的是充分发挥每位成员创造性的能力，努力形成一种弥漫于群体与组织的学习氛围，凭借有效地持续学习，使个体价值得到体现，组织绩效得以大幅度提高。

（4）危机管理

危机管理是指个人或组织为防范危机、预测危机、规避危机、化解危机、渡过危机、减轻危机损害，或有意识利用危机等，所采取的管理行为的总称。危机管理的目的在于减少乃至消除危机可能带来的危害。危机管理在安全生产管理中得到了广泛的应用。

2.2 安全学的理论基础

2.2.1 事故概述

1. 事故的定义

对于事故（Accident），从不同的角度出发对其有不同的描述。关于事故的定义有如下几种。

《辞海》中事故定义是“意外的变故或灾祸”。

美国人海因里希（Heinrich）认为：“事故是非计划的、失去控制的事件。”

一般认为，事故是人（个人或集体）在为实现某一意图而进行活动的过程中，突然发生的、违反人的意志的、迫使行动暂时地或永久地停止的事件。

我国安全生产界认为：“事故是指在生产活动过程中发生的一个或一系列非计划的（即意外的），可导致人员伤亡、设备损坏、财产损失以及环境危害的事件（Incident）。”

可见，事故是在人们的行动过程中发生的，如果以人为中心来考查事故后果，大致有伤亡事故和一般事故两种。

（1）伤亡事故

伤亡事故简称伤害，是个人或集体在行动过程中，接触了与周围条件有关的外来能量，该能量作用于人体，致使人体生理机能部分或全部损伤的现象。在生产区域中发生的和生产有关的伤亡事故，称为工伤事故。

（2）一般事故

一般事故也称无伤害事故，是指人身没有受到伤害或只受微伤，停工短暂或与人的生理机能障碍无关的未遂事故。统计表明，事故之中无伤害的一般事故占90%以上；它比伤亡事故的发生概率大十到几十倍。伤亡事故寓于一般事故中，要消灭伤亡事故，必须先消灭或控制一般事故。

美国的海因里希早在20世纪30年代就研究了事故发生频率与事故后果严重程度之间的关系。海因里希统计了55万起机械事故，其中死亡、重伤事故1666件，轻伤48334件，其余则为无伤害事故。从而得出一个重要结论，即在机械事故中，死亡、重伤、轻伤和无伤害事故的比例为1:29:300，这就是著名的海因里希法则。这个法则说明，在机械生产过程中，每发生330起意外事件，就有300起未产生人员伤害，29起造成人员轻伤，1起导致人员重伤或死亡。

对于不同的生产过程、不同类型的事故，上述比例关系不一定完全相同，但这个统计规律说明了在进行同一项活动中，无数次意外事件，必然导致重大伤亡事故的发生。而要防止重大事故的发生必须减少和消除无伤害事故，要重视事故的苗头和未遂事故，否则终会酿成大祸。例如，某机械师企图用手将传送带挂到正在旋转的带轮上，因未使用拨杆，且站在摇晃的梯板上，又穿了一件宽大长袖的工作服，结果被带轮绞入碾死。事故调查结果表明，他这种安装传送带的方法已使用数年。查阅该机械师 4 年病历，发现他有 33 次手臂擦伤后治疗处理的记录，他手下工人均佩服他手法高明，结果还是因不安全操作导致死亡。这一事例说明，重伤和死亡事故虽有偶然性，但是不安全因素或动作在事故发生之前已暴露过许多次，如果在事故发生之前，抓住时机，及时消除不安全因素，许多重大伤亡事故是完全可以避免的。

海因里希法则反映了事故发生频率与事故后果严重程度之间的一般规律，即事故发生后带来严重伤害的情况是很少的，造成轻微伤害的情况稍多，而事故后无伤害的情况是大量的。

德国飞机涡轮机的发明者德国人帕布斯·海恩提出了一个在航空界关于飞行安全的法则，即事故三角形法则。事故三角形法则指出：每一起严重事故的背后，必然有 29 起轻微事故和 300 起未遂险兆事件以及 1000 起事故隐患。事故三角形法则示意图如图 2-1 所示。

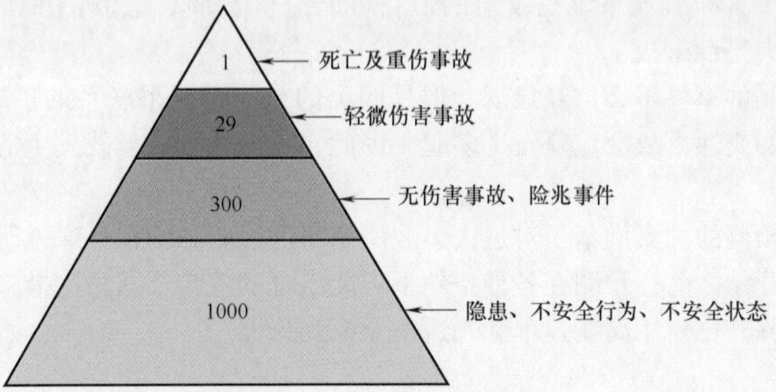

图 2-1　事故三角形法则示意图

2. 事故的基本特征

通过调查、统计、分析发现，事故有其自身的特性。深入地研究和掌握这些特征，对指导人们认识事故、了解事故和预防事故具有重要的意义。事故的主要特征如下：

(1) 事故的因果性

因果性是某一现象作为另一现象发生的依据的两种现象的关联性。

事故是相互联系的各种原因的结果。事故这一现象和其他现象有着直接或间接的联系。在这一关系上看来是“因”的现象，在另一关系上却是“果”的现象，反之亦然。

给人造成伤害的直接原因易于掌握，然而，要寻找出究竟是何种间接原因又是经过何种过程而造成事故后果却非易事。因为随着时间的推移，会有种种因素同时存在，有时多种因素之间的关系相当复杂，还有某种偶然机会存在。例如，某矿工违章在井下使用明火，造成材料燃烧火灾，火灾又引发了瓦斯爆炸事故。瓦斯爆炸事故的直接原因是井下使用明火，间接原因则有安全管理松散、培训不到位等。因此，在制定事故预防措施时，应尽最大努力掌握造成事故的直接和间接原因，深入剖析事故根源，防止同类事故重演。

（2）事故的偶然性、必然性和规律性

从发生机率讲，事故属于在一定条件下可能发生，也可能不发生的随机事件。事故的发生包含着偶然因素。事故的偶然性是客观存在的，与是否洞悉现象的原因不相干。例如，人在路上突然被天上落下的物体击中，具有偶然因素。

在人们生活、生产中，危险、有害因素是客观存在的，而且是绝对的。因此，事故具有必然性，只不过事故发生的概率的大小、人员伤亡的多少和财产损失的严重程度不同而已。人们能延长事故发生的时间间隔，降低事故发生概率，但是不能完全杜绝事故。

事故虽然具有一定的偶然性，但因其存在必然性，所以在一定范围内，用一定的科学仪器或手段，可以找出近似规律。例如，应用偶然性定律，采用概率论和系统分析方法，收集尽可能多的事例进行统计分析，可找出危险的分布情况，认识事故发生的规律性，将事故消除在萌芽状态，化险为夷。

（3）事故的潜伏性、再现性和可预测性

在生产活动中，导致事故发生的不安全隐患是潜在的，条件成熟时在特有的时间、场所就会显现为事故。事故的发生是系统内部参数由量变到质变的过程。系统在很长一段时间内没有发生事故并不意味着该系统是安全的，它可能潜伏着事故隐患，并往往会麻痹人的思想，从而酿成重大恶性事故。

虽然完全相同的事件不会重复显现。但是同类的或同种因果联系的事故则会重复发生。例如，每年相似的交通事故会重复发生多起。因此，充分地分析事故发生的原因有助于事故的预防与控制。

事故是可以预测的。人们基于对过去事故所积累的经验和知识，通过研究构思出预测模型，在生产活动开始之前，预测在各种条件下可能出现的危险及其防治措施。为提高预测的可靠性必须发展并开拓使用高新技术和先进安全探测仪器。

2.2.2　事故致因理论

事故致因理论是从大量典型事故的本质原因的分析中所提炼出的事故机理和事故模型。这些机理和模型反映了事故发生的规律性，能够为事故原因的定性、定量分析，为事故的预测预防和改进安全管理工作，从理论上提供科学的、完整的依据。随着科学技术和生产的发展，事故发生的类型、规律在不断变化，人们对事故原因的认识和研究也不断深入，因此先后出现了十几种具有代表性的事故致因理论和事故模型。下面介绍几种有代表性的事故致因理论。

1. 事故因果连锁理论

（1）海因里希事故因果连锁理论

海因里希最早提出了事故因果连锁理论，又称为海因里希模型或多米诺骨牌理论，他用该理论形象地描述了事故的因果连锁关系。该理论的核心思想是：伤亡事故的发生不是一个孤立的事件，而是一系列原因事件相继发生的结果，即伤害与各原因相互之间具有连锁关系。海因里希因果连锁理论如图 2-2 所示。

海因里希提出的事故因果连锁过程包括如下五种因素：

1）遗传及社会环境（M）。遗传及社会环境是造成人的缺点的原因。遗传因素可能使人具有鲁莽、固执、粗心等不良的性格特征；社会环境可能妨碍人的安全素质的培养，助长

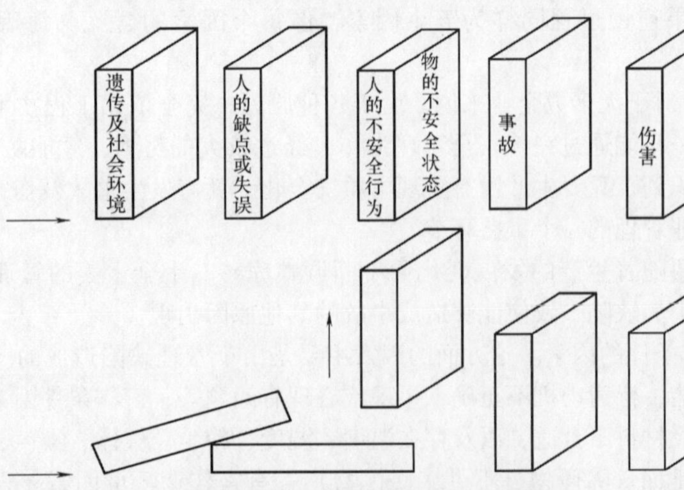

图 2-2 海因里希事故因果连锁理论

不良性格的发展。这种因素是因果链上最基本的因素。

2）人的缺点或失误（P）。人的缺点或失误即由于遗传和社会环境因素所造成的人的缺点。人的缺点是使人产生不安全行为或造成物的不安全状态的原因。这些缺点既包括诸如鲁莽、固执、易过激、神经质、轻率等性格上的先天缺陷，也包括诸如缺乏安全生产知识和技能等的后天不足。

3）人的不安全行为或物的不安全状态（H）。这两者是造成事故的直接原因。海因里希认为，人的不安全行为是由于人的缺点而产生的，是造成事故的主要原因。

4）事故（D）。事故是一种由于物体、物质或放射线等对人体发生作用，使人员受到伤害或可能受到伤害的、出乎意料的、失去控制的事件。

5）伤害（A）。伤害即直接由事故产生的人身伤害。

上述 M—P—H—D—A 构成了事故因果连锁关系，可以用 5 块多米诺骨牌形象地加以描述。如果第一块骨牌倒下（即第一个原因 M 出现），则发生连锁反应，后面的骨牌相继被碰倒，即骨牌代表的事件相继发生。

该理论积极的意义就在于，如果移去因果连锁中的任一块骨牌，则连锁被破坏，事故过程被中止。海因里希认为，企业安全工作的中心就是要移去中间的骨牌——防止人的不安全行为或消除物的不安全状态，从而中断事故连锁的进程，避免伤害的发生。

海因里希的事故因果连锁理论毕竟是 20 世纪 30 年代的理论，有明显的不足之处，如对事故致因连锁关系的描述过于绝对化、简单化、“单链条”化。事实上，事故灾难往往是多链条因素交叉综合作用的结果；各个骨牌（因素）之间的连锁关系是复杂的、随机的。前面的牌倒下，后面的牌可能倒下，也可能不倒下。事故并不是全都造成伤害，不安全行为或不安全状态也并不是必然造成事故等。尽管如此，海因里希“直观化”的事故因果连锁理论关注了事故形成中的人与物，开创了事故系统观的先河，促进了事故致因理论的发展，成为事故研究科学化的先导，具有重要的历史地位。

（2）博德事故因果连锁理论

博德（Frank Bird）在海因里希事故因果连锁理论的基础上，提出了与现代安全观点更加吻合的事故因果连锁理论。

博德的事故因果连锁过程同样为五个因素，但每个因素的含义与海因里希的都有所不同。

1）管理缺陷。对于大多数企业来说，由于各种原因，完全依靠工程技术措施预防事故既不经济也不现实，只能通过完善安全管理工作，经过较大的努力，才能防止事故的发生。企业管理者必须认识到，只要生产没有实现本质安全化，就有发生事故及伤害的可能性，因此，安全管理是企业管理的一个重要环节。

安全管理系统要随着生产的发展变化而不断调整完善，十全十美的管理系统不可能存在。由于安全管理上的缺陷，致使能够造成事故的其他原因出现。

2）个人及工作条件的因素。这方面的因素主要是由于管理缺陷造成的。个人因素包括缺乏安全知识或技能，行为动机不正确，生理或心理有问题等；工作条件因素包括安全操作规程不健全，设备、材料不合适，以及存在温度、湿度、粉尘、气体、噪声、照明、工作场地状况（如打滑的地面、障碍物、不可靠支撑物）等有害作业环境因素。只有找出并控制这些因素，才能有效地防止后续原因的发生，从而防止事故的发生。

3）直接原因。人的不安全行为或物的不安全状态是事故的直接原因。这种原因是安全管理中必须重点加以追究的原因。但是，直接原因只是一种表面现象，是深层次原因的表征。在实际工作中，不能停留在这种表面现象上，而要追究其背后隐藏的管理上的缺陷因素，并采取有效的控制措施，从根本上杜绝事故的发生。

4）事故。这里的事故被看作是人体或物体与超过其承受阈值的能量接触，或人体与妨碍正常生理活动的物质的接触的过程。因此，防止事故就是防止接触。可以通过对装置、材料、工艺等的改进来防止能量的释放，或者操作者提高识别和回避危险的能力，佩戴个人防护用具等来防止接触。

5）损失。人员伤害及财物损坏统称为损失。人员伤害包括工伤、职业病、精神创伤等。

在许多情况下，可以采取恰当的措施使事故造成的损失最大限度地减小。例如，对受伤人员迅速进行正确地抢救，对设备进行抢修以及平时对有关人员进行应急训练等。

（3）亚当斯事故因果连锁理论

亚当斯（Adams）提出了一种与博德事故因果连锁理论类似的因果连锁模型，该模型以表格的形式给出，如表2-1所示。

表2-1　亚当斯事故因果连锁模型

管理体系	管理失误		现场失误	事　故	伤害或损坏
目标 组织 机能	领导者在下述方面决策失误或未做决策： 方针政策 目标 规范 责任 职级 考核 权限授予	安全技术人员在下述方面管理失误或疏忽： 行为 责任 权限范围 规则 指导 主动性 积极性 业务活动	不安全行为 不安全状态	伤亡事故 损坏事故 无伤害事故	对人 对物

在该理论中，事故和损失因素与博德事故因果连锁理论相似。这里把人的不安全行为和物的不安全状态称为现场失误，其目的在于提醒人们注意不安全行为和不安全状态的性质。

亚当斯事故因果连锁理论的核心在于对现场失误的背后原因进行深入研究。操作者的不安全行为及生产作业中的不安全状态等现场失误是由于企业领导和安全技术人员的管理失误造成的。管理人员在管理工作中的差错或疏忽，以及企业领导人的决策失误，对企业经营管理及安全工作具有决定性的影响。管理失误又是由企业管理体系中的问题所导致，这些问题包括：如何有组织地进行管理工作，确定怎样的管理目标，如何计划、如何实施等。管理体系反映了作为决策中心的领导人的信念、目标及规范，它决定各级管理人员安排工作的轻重缓急、工作基准及指导方针等重大问题。

（4）北川彻三事故因果连锁理论

前面几种事故因果连锁理论把考查的范围局限于企业内部。实际上，工业伤害事故发生的原因是复杂的，一个国家或地区的政治、经济、文化、教育、科技水平等诸多社会因素，对伤害事故的发生和预防都有着重要的影响。

日本人北川彻三正是基于这种考虑，对海因里希的理论进行了一定修正，提出了另一种事故因果连锁理论，如表 2-2 所示。

表 2-2　北川彻三事故因果连锁理论

基本原因	间接原因	直接原因		
学校教育的原因 社会的原因 历史的原因	技术的原因 教育的原因 身体的原因 精神的原因 管理的原因	不安全行为 不安全状态	事故	伤害

在北川彻三事故因果连锁理论中，基本原因中的各个因素，已经超出了企业安全工作的范围，考虑了导致事故发生的社会因素。但是，充分认识这些基本原因中的因素，对综合利用相关的科学技术、管理手段改善间接原因因素，达到预防伤害事故发生的目的，是十分重要的。

2. 能量意外转移理论

在生产过程中人类利用能量做功以实现生产目的。在正常生产过程中，能量在各种约束和限制条件下，按照人们的意志流动、转换并做功。如果由于某种原因能量失去了控制，发生了异常或意外释放，则称发生了事故。

如果意外释放的能量转移到人体，并且其能量超过了人体的承受能力，则人体将受到伤害。吉布森（Gibson）和哈登（Harden）从能量的观点出发，曾经指出：人受伤害的原因只能是某种能量向人体转移，而事故则是一种能量的异常或意外的释放。

能量的种类有许多，如动能、势能、电能、热能、化学能、原子能、辐射能、声能和生物能等。人受到伤害都可以归结为上述一种或若干种能量的异常或意外转移。麦克法兰特（Mc Farland）认为，所有的伤害事故（或损坏事故）都是因为：①接触了超过机体组织（或结构）抵抗力的某种形式的过量的能量；②机体组织与周围环境的正常能量交换受到了干扰（如窒息、淹溺等）。因而，各种形式的能量构成了伤害的直接原因。根据此观点，可以将能量引起的伤害分为两大类：

第一类伤害是由于转移到人体的能量超过了局部或全身性损伤阈值而产生的。例如，球形弹丸以4.9N的冲击力打击人体时，最多轻微地擦伤皮肤，而重物以68.9N的冲击力打击人的头部时，会造成头骨骨折。

第二类伤害则是由于影响局部或全身性能量交换引起的。例如，因物理因素或化学因素引起的窒息（如溺水、一氧化碳中毒等），因体温调节障碍引起的生理损害、局部组织损坏或死亡（如冻伤、冻死等）。

能量意外转移理论的另一个重要概念是：在一定条件下，某种形式的能量能否导致人员伤害，除了与能量大小有关以外，还与人体接触能量的时间和频率、能量的集中程度、身体接触能量的部位等有关。

用能量转移的观点分析事故致因的基本步骤是：首先确认某个系统内的所有能量源；然后确定可能遭受该能量伤害的人员，伤害的严重程度；进而确定控制该类能量异常或意外转移的方法。

能量意外转移理论与其他事故致因理论相比，具有两个主要优点：一是把各种能量对人体的伤害归结为伤亡事故的直接原因，从而决定了以对能量源及能量传送装置加以控制作为防止或减少伤害发生的最佳手段这一原则；二是根据该理论建立的对伤亡事故的统计分类，是一种可以全面概括、阐明伤亡事故类型和性质的统计分类方法。

能量意外转移理论的不足之处是：由于意外转移的机械能（动能和势能）是造成工业伤害的主要能量形式，这就使按能量转移观点对伤亡事故进行统计分类的方法尽管具有理论上的优越性，然而在实际应用上却存在困难，尚有待于对机械能的分类做更加深入细致的研究，以便对机械能造成的伤害进行分类。

3. 基于人体信息处理的人失误事故模型

这类事故理论有一个基本观点，即人失误会导致事故，而人失误的发生是由于人对外界刺激（信息）反应的失误造成的。

（1）威格尔斯沃思事故模型

威格尔斯沃思（Wiggles Worth）在1972年提出，人失误构成了所有类型事故的基础。他把人失误定义为“（人）错误地或不适当地响应一个外界刺激”。他认为：在生产操作过程中，各种各样的信息不断地作用于操作者的感官，给操作者以“刺激”。若操作者能对刺激做出正确的反应，事故就不会发生；反之，如果错误或不恰当地响应了一个刺激（人失误），就有可能出现危险。危险是否会带来伤害事故，则取决于一些随机因素。

威格尔斯沃思事故模型如图2-3所示。该模型绘出了人失误导致事故的一般模型。

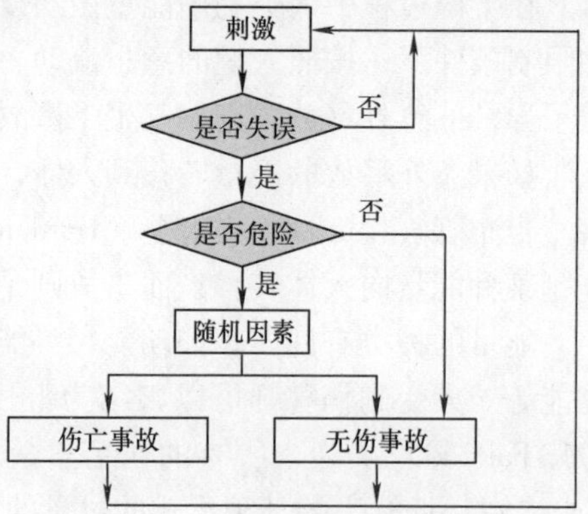

图2-3 威格尔斯沃思事故模型

（2）瑟利事故模型

瑟利（Thiele）把事故的发生过程分为危险出现和危险释放两个阶段，这两个阶段各自包括一组类似人的信息处理过程，即感觉、认识和行为响应过程。在危险出现阶段，如果人的信息处理的每个环节都正确，危险就能够被消除或得到控制；反之，只要任何一个环节出现问题，就会使操作者直接面临危险。在危险释放阶段，如果人的信息处理过程的各个环节都是正确的，则虽然面临着已经显现出来的危险，但仍然可以避免危险释放出来，不会带来伤害或损害；反之，只要任何一个环节出错，危险就会转化成伤害或损害。瑟利事故模型如图 2-4 所示。

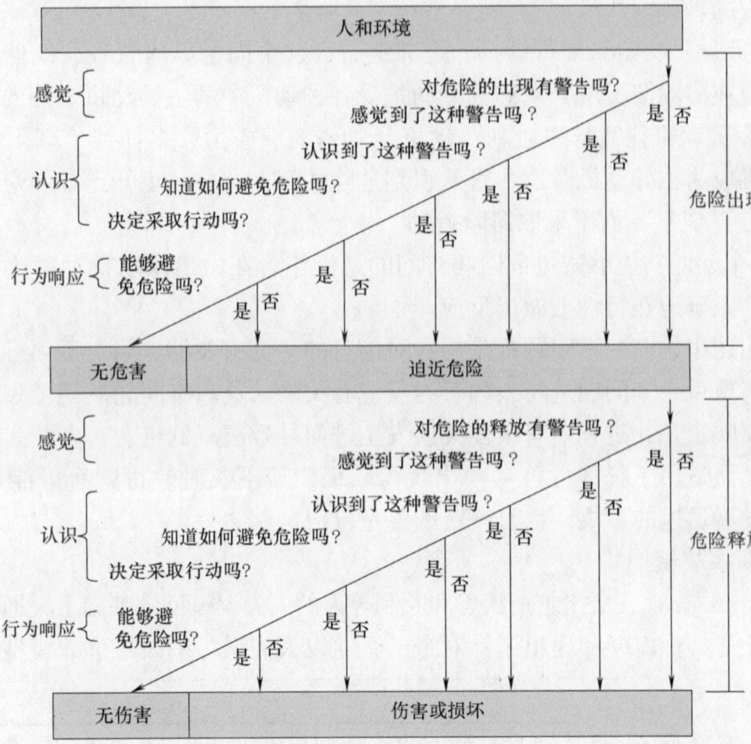

图 2-4 瑟利事故模型

由图 2-4 可以看出，两个阶段具有类似的信息处理过程，每个过程均可被分解成六个方面的问题。下面以危险出现阶段为例，分别介绍这六个方面问题的含义。

1）第一个问题：对危险的出现有警告吗？这里警告的意思是指工作环境中是否存在安全运行状态和危险状态之间可被感觉到的差异。如果危险没有带来可被感知的差异，则会使人直接面临该危险。在实际生产中，危险即使存在，也并不一定直接显现出来。这一问题的启示，就是要让不明显的危险状态充分显示出来，这往往要采用一定的技术手段和方法来实现。

2）第二个问题：感觉到了这种警告吗？这个问题有两个方面的含义：一是人的感觉能力如何，如果人的感觉能力差，或者注意力在别处，那么即使有足够明显的警告信号，也可能未被察觉；二是环境对警告信号的“干扰”如何，如果干扰严重，则可能妨碍对危险信息的察觉和接受。根据这个问题得到的启示是：感觉能力存在个体差异，提高感觉能力要依靠经验和训练，同时训练也可以提高操作者抗干扰的能力；在干扰严重的场合，要采用能避开干扰的警告方式（如在噪声大的场所使用光信号或与噪声频率差别较大的声信号）或加大警告信号的强度。

3）第三个问题：认识到了这种警告吗？这个问题问的是操作者在感觉到警告之后，是否理解了警告所包含的意义，即操作者将警告信息与自己头脑中已有的知识进行对比，从而识别出危险的存在。

4）第四个问题：知道如何避免危险吗？问的是操作者是否具备避免危险的行为响应的知识和技能。为了使这种知识和技能变得完善和系统，从而更有利于采取正确的行动，操作者应该接受相应的训练。

5）第五个问题：决定采取行动吗？表面上看，这个问题毋庸置疑，既然有危险，当然要采取行动。但在实际情况下，人们的行动是受各种动机中的主导动机驱使的，采取行动回避风险的“避险”动机往往与“趋利”动机（如省时、省力、多挣钱、享乐等）交织在一起。当趋利动机成为主导动机时，尽管认识到危险的存在，并且也知道如何避免危险，但操作者仍然会“心存侥幸”而不采取避险行动。

6）最后一个问题：能够避免危险吗？问的是操作者在做出采取行动的决定后，是否能够迅速、敏捷、正确地在行动上做出反应。

上述六个问题中，前两个问题都是与人对信息的感觉有关的，第三至第五个问题是与人的认识有关的，最后一个问题是与人的行为反应有关的。这六个问题涵盖了人对信息处理的全过程，并且反映了在此过程中有很多失误发生进而导致事故的机会。

瑟利事故模型适用于描述危险局面出现得较慢，如不及时改正则有可能发生事故的情况。对于描述发展迅速的事故，也有一定的参考价值。

（3）劳伦斯事故模型

劳伦斯（Lawrence）在威格尔斯沃思和瑟利等人的人失误模型的基础上，通过对南非金矿中发生事故的研究，于1974年提出了针对金矿企业以人失误为主因的事故模型，如图2-5所

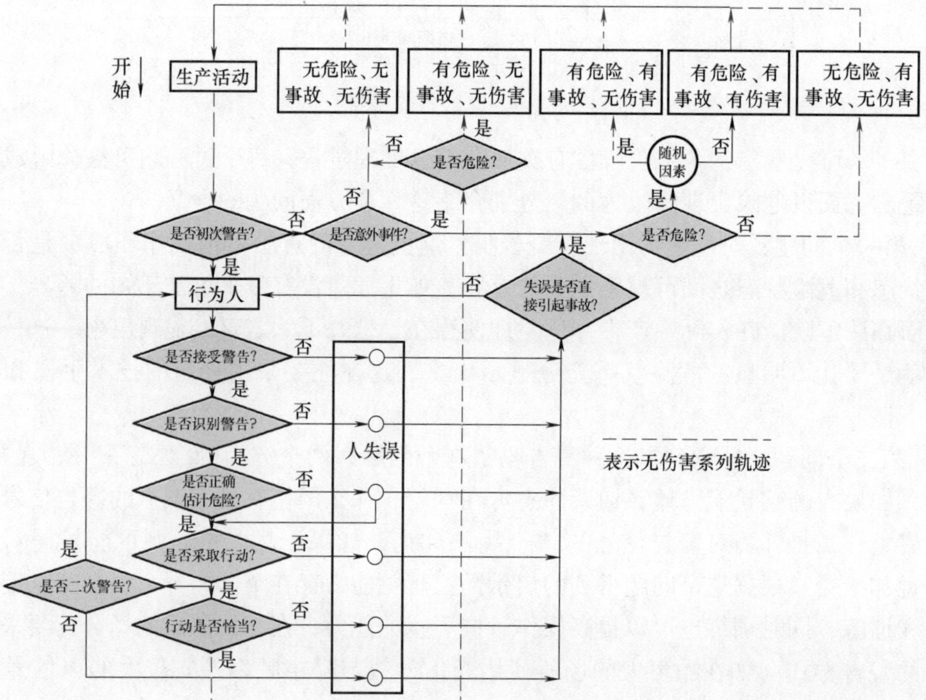

图2-5　劳伦斯事故模型

示，该模型对一般矿山企业和其他企业中比较复杂的事故情况也普遍适用。

在生产过程中，当危险出现时，往往会产生某种形式的信息，向人们发出警告，如突然出现或不断扩大的裂缝、异常的声响、刺激性的烟气等。这种警告信息叫做初期警告。初期警告还包括各种安全监测设施发出的报警信号。如果没有初期警告就发生了事故，则往往是由于缺乏有效的监测手段，或者管理人员事先没有提醒人们存在着危险因素，行为人在不知道危险存在的情况下发生了事故，这是管理失误造成的。

在发出了初期警告的情况下，行为人在接受、识别警告，或对警告做出反应等方面的失误都可能导致事故。当行为人发生对危险估计不足的失误时，如果他还是采取了相应的行动，则仍然有可能避免事故；反之，如果他麻痹大意，既对危险估计不足，又不采取行动，则会导致事故的发生。如果行为人是管理人员或指挥人员，则低估危险的后果将更加严重。

矿山生产作业往往是多人作业、连续作业。行为人在接受了初期警告、识别了警告并正确地估计了危险性之后，除了自己采取恰当的行动避免伤害事故外，还应该向其他人员发出警告，提醒他们采取防止事故的措施。这种警告叫做二次警告。其他人接到二次警告后，也应该按照正确的程序对警告加以响应。

劳伦斯事故模型适用于类似矿山生产的多人作业生产方式。在这种生产方式下，危险主要来自于自然环境，而人的控制能力相对有限，在许多情况下，人们唯一的对策是迅速撤离危险区域。因此，为了避免发生伤害事故，人们必须及时发现、正确评估危险，并采取恰当的行动。

4. 动态变化理论

世界是在不断运动、变化着的，工业生产过程也在不断变化之中。针对客观世界的变化，安全工作也要随之改进，以适应这种变化。如果管理者不能或没有及时地适应变化，则将发生管理失误；操作者不能或没有及时地适应变化，也将发生操作失误。外界条件的变化也会导致机械、设备等的故障，进而导致事故的发生。

（1）扰动理论

本尼尔（Benner）认为，事故过程包含着一组相继发生的事件。这里，事件是指生产活动中某种发生了的事情，如一次瞬间或重大情况的变化，一次已经被避免的或导致另一事件发生的偶然事件等。因而，可以将生产活动看作一个自觉或不自觉地指向某种预期的或意外的结果的事件链，它包含生产系统元素间的相互作用和变化着的外界的影响。由事件链组成的正常生产活动，是在一种自动调节的动态平衡中进行的，在事件的稳定运行中向预期的结果发展。

事件的发生必然是某人或某物引起的，如果把引起事件的人或物称为“行为者”，而其动作或运动称为“行为”，则可以用行为者及其行为来描述一个事件。在生产活动中，如果行为者的行为得当，则可以维持事件过程稳定地进行；否则，可能中断生产，甚至造成伤害事故。

生产系统的外界影响是经常变化的，可能偏离正常的或预期的情况。这里称外界影响的变化为“扰动”。扰动将作用于行为者。产生扰动的事件称为起源事件。

当行为者能够适应不超过其承受能力的扰动时，生产活动可以维持动态平衡而不发生事故。如果其中的一个行为者不能适应这种扰动，则自动平衡过程被破坏，开始一个新的事件过程，即事故过程。该事件过程可能使某一行为者承受不了过量的能量而发生伤害或损害，这些伤害或损害事件可能依次引起其他变化或能量释放，作用于下一个行为者并使其承受过量的能量，发生连续的伤害或损害。当然，如果行为者能够承受冲击而不发生伤害或损害，则事件过程将继续进行。

综上所述，可以将事故看作由事件链中的扰动开始，以伤害或损害为结束的过程。这种事故理论也叫做P理论（Perturbation理论，即扰动理论）。扰动理论示意图如图2-6所示。

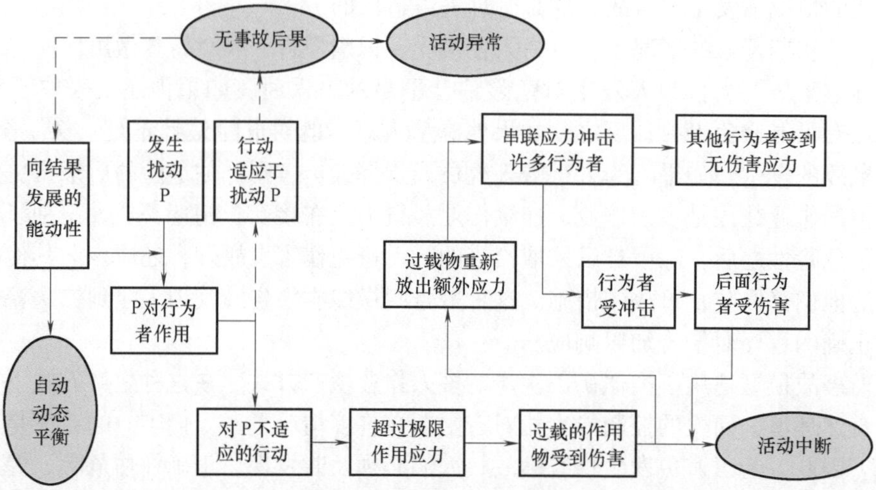

图2-6　扰动理论示意图

（2）变化—失误理论

约翰逊（Johnson）认为：事故是由意外的能量释放引起的，这种能量释放的发生是由于管理者或操作者没有适应生产过程中物的或人的因素的变化，产生了计划错误或人为失误，从而导致不安全行为或不安全状态，破坏了对能量的屏蔽或控制，即发生了事故，由事故造成生产过程中人员伤亡或财产损失。约翰逊的变化—失误理论示意图如图2-7所示。

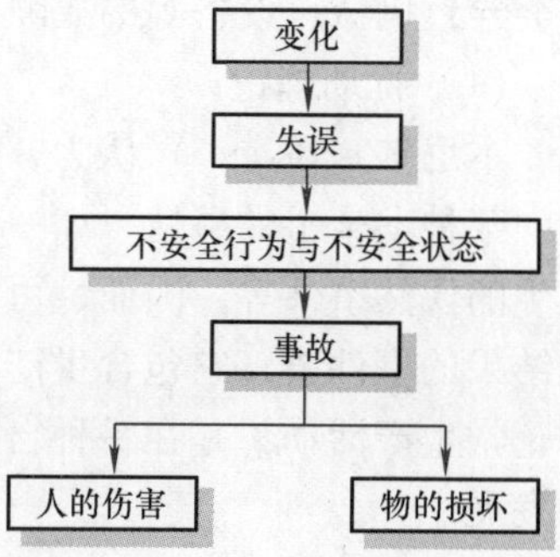

图2-7　变化—失误理论示意图

按照变化的观点，变化可引起人失误和物的故障，因此，变化被看作是一种潜在的事故致因，应该被尽早发现并采取相应的措施。作为安全管理人员，应该对下述的一些变化给予足够的重视：

1）企业外部社会环境的变化。企业外部社会环境，特别是国家政治或经济方针、政策的变化，对企业的经营理念、管理体制及员工心理等有较大影响，必然也会对安全管理造成影响。例如，从对新中国成立以后全国工业伤害事故发生状况的分析可以发现，在“大跃进”和“文化大革命”两次大的社会变化时期，企业内部秩序被打乱，伤害事故均大幅度上升。

2）企业内部的宏观变化和微观变化。宏观变化是指企业总体上的变化，如领导人的变更，经营目标的调整，职工大范围的调整、录用，生产计划的较大改变等。微观变化是指一些具体事物的改变，如供应商的变化，机器设备的工艺调整、维护等。

3）计划内与计划外的变化。对于计划内的变化，应事先进行安全分析并采取安全措施；

对于计划外的变化，一是要及时发现变化，二是要根据发现的变化采取正确的措施。

4）实际的变化和潜在的变化。通过检查和观测可以发现实际存在的变化；潜在的变化却不易被发现，往往需要靠经验和分析研究才能被发现。

5）时间的变化。随着时间的流逝，人员对危险的戒备会逐渐松弛，设备、装置性能会逐渐劣化，这些变化与其他方面的变化相互作用，引起新的变化。

6）技术上的变化。采用新工艺、新技术或开始新工程、新项目时发生的变化，人们由于不熟悉而易发生失误。

7）人员的变化。这里主要指员工心理、生理上的变化。人员的变化往往不易被掌握，因素也较复杂，需要认真观察和分析。

8）劳动组织的变化。当劳动组织发生变化时，可能引起组织过程的混乱，如项目交接不好，造成工作不衔接或配合不良，进而导致操作失误和不安全行为的发生。

9）操作规程的变化。新规程替换旧规程以后，往往要有一个逐渐适应和习惯的过程。

需要指出的是，在安全管理实践中，变化是不可避免的，也并不一定都是有害的，关键在于管理是否能够适应客观情况的变化。要及时发现和预测变化，并采取恰当的对策，做到顺应有利的变化，克服不利的变化。

约翰逊认为，事故的发生一般是多重原因造成的，包含着一系列的变化—失误连锁。从管理层次上看，有企业领导者的失误、计划者的失误、监督者的失误及执行者的失误等。变化—失误连锁模型如图 2-8 所示。

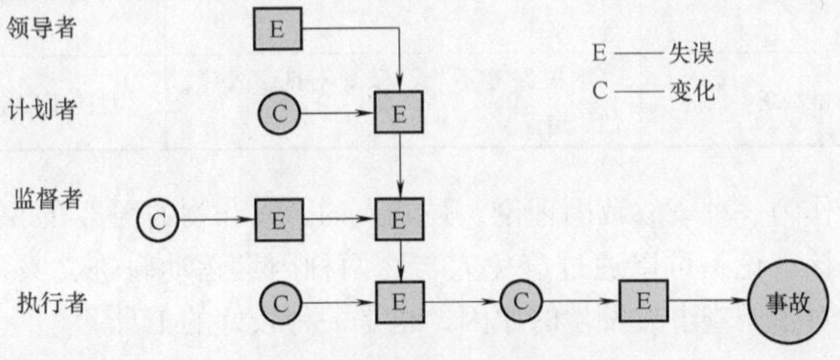

图 2-8 变化—失误连锁模型

5. 轨迹交叉理论

轨迹交叉理论的基本思想是：伤害事故是许多相互联系的事件顺序发展的结果。这些事件概括起来不外乎人和物（包括环境）两大发展系列。当人的不安全行为和物的不安全状态在各自发展过程中（轨迹），在一定时间、空间发生了接触（交叉），能量转移于人体时，伤害事故就会发生。而人的不安全行为和物的不安全状态之所以产生和发展，又是因为受多种因素作用的结果。

轨迹交叉事故模型如图 2-9 所示。图 2-9 中，起因物与致害物可能是不同的物体，也可能是同一个物体；同样，肇事者和受害者可能是不同的人，也可能是同一个人。轨迹交叉理论反映了绝大多数事故的情况。在实际生产过程中，只有少数事故仅仅由人的不安全行为或物的不安全状态引起，绝大多数的事故是两者同时作用的。例如，日本劳动省通过对 50 万起工伤事故调查发现，只有约 4% 的事故与人的不安全行为无关，而只有约 9% 的事故与物的不安全状态无关。

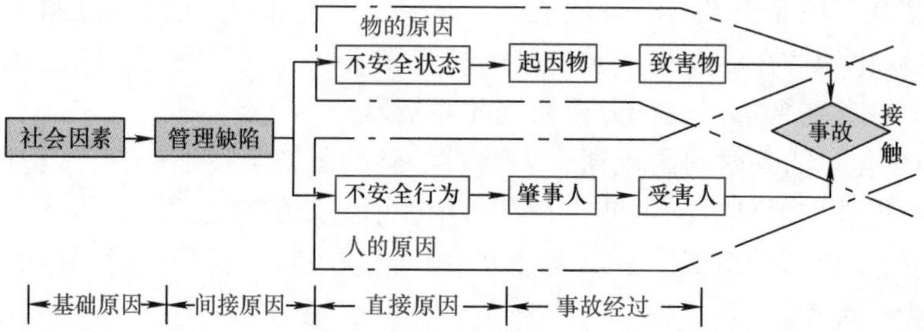

图 2-9 轨迹交叉事故模型

在人和物两大系列的运动中，两者往往是相互关联、互为因果、相互转化的。有时人的不安全行为促进了物的不安全状态的发展，或导致新的不安全状态的出现；而物的不安全状态可以诱发人的不安全行为。因此，事故的发生可能并不是如图 2-9 所示的那样简单地按照人、物两条轨迹独立地运行，而是呈现较为复杂的因果关系。

人的不安全行为和物的不安全状态是造成事故的直接原因，如果对它们进行进一步的考虑，则可以挖掘出两者背后深层次的原因。这些深层次原因的示例如表 2-3 所示。

表 2-3 事故发生的原因

基础原因（社会原因）	间接原因（管理缺陷）	直接原因
遗传、经济、文化、教育培训、民族习惯、社会历史、法律	生理和心理状态、知识技能情况、工作态度、规章制度、人际关系、领导水平	人的不安全行为
设计、制造缺陷，标准缺乏	维护保养不当、保管不良、故障、使用错误	物的不安全状态

轨迹交叉理论作为一种事故致因理论，强调人的因素和物的因素在事故致因中占有同等重要的地位。按照该理论，可以通过避免人与物两种因素运动轨迹交叉，来预防事故的发生。同时，该理论对于调查事故发生的原因，也是一种较好的工具。

2.3 安全管理学的理论基础

安全管理是以安全为目的，通过管理的职能，进行有关安全方面的决策、计划、组织、指挥、协调、控制等工作，从而有效地发现、分析生产过程中的各种不安全因素，预防各种意外事故，避免各种损失，保障员工的安全健康，推动企业安全生产的顺利发展，为提高经济效益和社会效益服务。安全管理基本原理是对管理学基本原理的继承和发展，主要包括系统原理、人本原理、预防原理、强制原理和责任原理。

2.3.1 系统原理

系统是指由两个或两个以上相互联系、相互作用的要素所组成的具有特定结构和功能的整体。

系统原理是指人们在从事管理工作时，运用系统的观点、理论和方法对管理活动进行充分的系统分析，以达到安全管理的优化目标，即从系统论的角度来认识和处理企业管理中出现的问题。

在管理活动中运用系统原理应遵循以下原则。

1. 动态相关性原则

动态相关性原则是指任何安全管理系统的正常运转，不仅受到系统自身条件和因素的制约，而且还受到其他有关系统的影响，并随着时间、地点以及人们的不同努力程度而发生变化。因此，要提高管理的效果，必须掌握各个管理对象要素之间的动态相关特征，充分利用各要素之间的相互作用。

对安全管理来说，动态相关性原则可以从以下两个角度考虑：

1）系统内各要素之间的动态相关性是事故发生的根本原因。正因为构成管理系统的各要素处于动态变化之中，并相互联系、相互制约，才使事故有发生的可能性。

2）为搞好安全管理，掌握与安全有关的所有对象要素之间的动态相关特征，必须要有良好的信息反馈手段，能够随时随地掌握企业安全生产的动态情况，且处理各种问题时要考虑各种事物之间的动态联系性。例如，当有员工发生违章时，不能只考虑员工的自身问题，而要同时考虑物和环境的状态、劳动作业安排、管理制度、教育培训等问题，甚至考虑员工的家庭和社会生活的影响。

2. 整分合原则

所谓整分合原则，是指为了实现高效的管理，必须在整体规划下明确分工，在分工基础上进行有效的综合。即在管理活动中，首先要从整体上把握系统的环境，分析系统的整体性质、功能，确定系统的总体目标；然后围绕总体目标，进行多方面的合理分解和分工，以构成系统的结构与体系；最后要在分工的基础上，对各要素、环节、部分及其活动进行系统综合，协调管理，以实现系统的总目标。

在整分合原则中，整体把握是前提，科学分工是关键，组织综合是保证。没有整体目标的指导，分工就会盲目而混乱；离开分工，整体目标就难以高效实现。如果只有分工，而无综合与协作，就会出现分工各环节脱节以及横向协作困难等现象，不能形成“凝聚力”等众多问题。因此，管理必须有分有合，先分后合，这是整分合原则的基本要求。

在安全管理领域运用该原则，要求企业高层管理者在制定整体目标和进行宏观决策时，必须将安全纳入其中，作为一项重要内容加以考虑；然后在此基础上对安全管理活动进行有效分工，明确每个员工的安全责任和目标；最后加强专职安全部门的职能，保证强有力的协调控制，实现有效的组织综合。

3. 弹性原则

在对系统外部环境和内部情况的不确定性给予事先考虑，并对发展变化的各种可能性及其概率分布进行较充分认识、推断的基础上，在制定目标、计划、策略等方面，相适应地留有余地，有所准备，以增强组织系统的可靠性和管理对未来态势的应变能力，这就是管理的弹性原则。

管理的弹性就是当系统面临各种变化的情况下，管理能机动灵活地做出反应以适应变化的环境，使系统得以生存并求得发展。卓有成效的管理追求积极弹性，即在对变化的未来做科学预测的基础上，组织系统应当备有多种方案和预防措施，目的在于一旦态势有重大变故，能够不乱方寸、有备无患地做出灵活的应变反应，从而能保证系统的可靠性。

弹性原则对于安全管理具有十分重要的意义。安全管理所面临的是错综复杂的环境和条件，尤其事故致因是很难被完全预测和掌握的，因此安全管理必须尽可能保持良好的、积极的弹性。一方面，要不断地推进安全管理的科学化、现代化，加强系统安全分析和危险性评价，尽可能做到对危险因素的识别、消除和控制；另一方面，要采取全方位、多层次的事故预防措施，实现全面、全员、全过程的安全管理。

4. 反馈原则

反馈是指被控制过程对控制机构的反作用，即由控制系统把信息输送出去，又把其作用结果返送回来，并对信息的再输出发生影响，起到控制作用，以达到预定的目的。

现代企业管理是一项复杂的系统工程，其内部条件和外部环境都在不断变化。因此，要发挥出组织系统的积极弹性作用并最终导向优化目标的实现，就必须对环境变化和每一步行动结果不断进行跟踪，及时准确地掌握变动中的态势，进行“再认识、再确定”。一方面，一旦发现原计划、目标与客观情况发展有较大出入，要及时做出调整；另一方面，将行动结果情况与原来的目标要求相比较，如有“偏差”，则采取及时有效的纠偏措施，以确保组织目标的实现。这种为了实现系统目标，把行为结果传回决策机构，使因果关系相互作用，实行动态控制的行为准则，就是管理的反馈原则。

反馈原则对于安全控制领域有着重要的意义。一个正常运转的系统，当它指向安全目标的运动受到任何不安全因素及不安全行为的干扰时，其运动状态就会偏离既定目标，甚至遭到破坏，导致事故和损失的发生。为了维护系统的正常和稳定运转，应及时准确地捕捉、反馈不安全信息，及时采取有效的调整措施，消除或控制不安全因素，使系统的运动态势回到安全的轨道上，从而达到安全管理的目的。

5. 封闭原则

封闭原则是指在任何一个管理系统内部，管理手段、管理过程等必须构成一个连续封闭的回路，才能形成有效的管理活动。尽管任何系统都与外部进行着物质、能量、信息交换，但在系统内部却是一个相对封闭的回路，这样，物质、能量、信息才能在系统内部实现自律化与合理流通。

封闭原则有其相对性。从空间上讲，封闭系统不是孤立存在的，在运行中与周围发生多种联系，其客观干扰在所难免；从时间上讲，执行指令的后果难以预测，需要时间的验证。因此，管理活动需要根据事物发展的客观需要，不断地完善封闭办法，理顺封闭渠道，排除封闭干扰，保持管理运行与控制的畅通、灵敏、及时和准确。

封闭原则应用到安全管理领域中，要求安全管理机构之间、安全管理制度和方法之间，必须具有紧密的联系，形成相互制约的回路，保证安全管理活动的有效进行。首先，为保证安全管理执行机构准确无误地贯彻安全指挥中心的命令，在系统中应建立有效的安全监督机构。没有正确的执行，就没有正确的输出，也无从正确的反馈，反馈原则也就无法实现。其次，贯彻封闭原理，建立安全管理规章制度，即建立尽可能完整的执行法、监督法和反馈法，构成一个封闭的制度网，使安全管理活动高效正常运行。

2.3.2　人本原理

现代管理学的人本原理是指管理者要达到组织目标，一切管理活动都必须以人为中心，以人的积极性、主动性、创造性的发挥为核心和动力来进行。人本原理的前提是：人不是单纯的“经济人”，而是具有多种需要的、复杂的“社会人”。

人本原理要求管理者研究人的行为规律，理解认知、需要、动机、能力、人格、群体和组织行为；掌握激励、沟通、领导规律，改善人力资源管理；了解人、关心人、尊重人、激励人，努力开发和利用人的创造力，实现人的社会价值；努力满足员工的合理需要，开发人的潜能，实现人的自我价值。

在现实管理活动中，人本原理可以具体化、规范化为若干相应的管理原则，其中主要有管理的动力原则、能级原则和激励原则。

1. 动力原则

动力原则是指管理必须要有能够激发人的工作能力的动力，才能使管理运动持续、有效地进行下去。对于管理系统而言，基本动力有三类，即物质动力、精神动力和信息动力。物质动力是指物质待遇及经济效益的刺激与鼓励；精神动力主要是来自理想、道德、信念、荣誉等方面的鼓励和激励；信息动力是通过信息的获取与交流产生奋起直追或超越他人的动力。

2. 能级原则

现代管理认为，单位和个人都具有一定的能量，并且可按照能量的大小顺序排列，形成管理的能级，就像原子中电子的能级一样。在管理系统中，建立一套合理能级，根据单位和个人能量的大小安排其工作，发挥不同能级的能量，保证结构的稳定性和管理的有效性，这就是能级原则。

3. 激励原则

激励原则就是利用某种外部诱因的刺激，调动人的积极性和创造性，以科学的手段，激发人的内在潜力，使其充分发挥积极性、主动性和创造性。

人的工作动力来源于三个方面：一是内在动力，指人本身具有的奋斗精神；二是外部压力，指外部施加于人的某种力量；三是吸引力，指那些能够使人产生兴趣和爱好的某种力量。这三种动力相互联系、相互作用，管理者要善于体察和引导，采用有效的措施和手段，因人而异、科学合理地运用各种激励方法和激励强度，最大限度地发挥员工的内在潜力。

人本原理应用在企业安全管理中，具体表现在对“以人为本”的安全理念的贯彻上。要实现“以人为本”的安全管理，首先应加强企业安全文化建设，严格执行安全生产相关法律法规，使“以人为本”的安全理念在安全生产意识形态领域中得到普及和加强。其次要不断改善和提高客观生产条件，加大安全投入，以保障“以人为本”的安全理念在安全生产实践中得到落实。

2.3.3　预防原理

我国安全生产的方针是“安全第一，预防为主，综合治理”。通过有效的管理和技术手段，减少并防止人的不安全行为和物的不安全状态，从而使事故发生的概率降到最低，这就是预防原理。运用预防原理应遵循以下原则。

1. 偶然损失原则

事故后果以及后果的严重程度都是随机的、难以预测的。反复发生的同类事故，并不一定产生完全相同的后果，这就是事故损失的偶然性。海因里希法则（1∶29∶300 法则）的重要意义在于指出事故与伤害后果之间存在着偶然性的概率关系。偶然损失原则说明：在安全管理实践中，一定要重视各类事故，包括险兆事故，而且不管事故是否造成了损失，都必须做好预防工作。

2. 因果关系原则

因果关系原则是指事故的发生是许多因素互为因果连续发生的最终结果，只要诱发事故的因素存在，发生事故是必然的，只是时间或迟或早而已。从因果关系原则中认识事故发生的必然性和规律性，要重视事故的原因，切断事故因素的因果关系链环，消除事故发生的必然性，从而将事故消灭在萌芽状态。

3. 3E 原则

造成人的不安全行为和物的不安全状态的原因可归结为四个方面，技术原因、教育原因、身体和态度原因以及管理原因。针对这四个方面的原因，可以采取三种预防事故的对策，即工程技术（Engineering）对策、教育（Education）对策和法制（Enforcement）对策，即 3E 原则。

4. 3P 原则

基于事故防范战略的思维，提出了事故预防的 3P 原则，即事前预防（Prevention）、事中应急（Pacification）和事后教训（Precept）。事前预防包括两层含义：一是事故的预防工作，即通过安全管理和安全技术等手段，尽可能地防止事故的发生，实现本质安全；二是在假定事故必然发生的前提下，通过预先采取的预防措施，来达到降低或减缓事故的影响或后果的严重程度。事中应急包括三方面的内容，即应急准备、应急响应和应急恢复。事后教训是基于事故案例的安全策略，通过分析事故致因，制定改进措施，实施整改，坚持“四不放过”的原则，做到同类事故不再发生。

5. 本质安全化原则

本质安全化是指设备、设施或技术工艺含有内在的能够从根本上防止事故发生的功能。本质安全化包括：①失误—安全（Fool-Proof）功能；②故障—安全（Fail-Safe）功能。这两种安全功能应在设备、设施规划设计阶段就被纳入其中，而不是事后补偿，包括在设计阶段就采用无害的工艺、材料等。遵循这样的原则可以从根本上消除事故发生的可能性，从而达到预防事故发生的目的。本质安全化是安全管理预防原理的根本体现，是安全管理的最高境界。

要想做好安全管理工作就必须把握预防原则，在完善各项安全规章制度、开展安全教育、落实安全责任的同时，多举措做好安全管理工作的全过程控制，使事故发生率降低到最小，真正使安全工作做到“防微杜渐”。

2.3.4 强制原理

强制就是绝对服从，无需经被管理者同意便可采取控制行动。因此，采取强制管理的手段控制人的意愿和行为，使个人的活动、行为等受到管理要求的约束，从而有效地实现管理目标，就是强制原理。

一般来说，管理均带有一定的强制性。管理是管理者对被管理者施加作用和影响，并要求被管理者服从其意志，满足其要求，完成其规定的任务。不强制便不能有效地抑制被管理者的无拘个性，将其调动到符合整体安全利益和目的的轨道上来。

安全管理需要强制性是由事故损失的偶然性、人的“冒险”心理以及事故损失的不可挽回性决定的。安全强制性管理的实现，离不开严格合理的法律、法规、标准和各级规章制度，这些法规、制度构成了安全行为的规范。同时，还要有强有力的管理和监督体系，以保证被管理者始终按照行为规范进行活动，一旦其行为超出规范的约束，就要有严厉的惩处措施。因此，在安全管理活动中应用强制原理时应遵循以下原则：

1. 安全第一原则

安全第一就是要求在进行生产和其他活动时把安全工作放在一切工作的首要位置。当生产和其他工作与安全发生矛盾时，要以安全为主，生产和其他工作要服从安全，这就是安全第一原则。贯彻安全第一原则，要求在计划、布置、实施各项工作时首先想到安全，预先采取措施，防止事故发生。需要指出的是，安全第一要落到实处，必须要有经济基础、文化理念、法规制度等的支撑。

2. 监督原则

监督原则是指在安全工作中，为了落实安全生产法律法规，必须授权专门的部门和人员行使监督、检查和惩罚的职责，对企业生产中的守法和执法情况进行监督，追究和惩戒违章失职行为，这就是安全管理的监督原则。

2.3.5　责任原理

各级组织和个人负责任，履行职责，是实现安全的基石。责任是指责任主体方对客体方承担必须承担的任务，完成必须完成的使命，做好必须做好的工作。在管理活动中，责任原理是指管理工作必须在合理分工的基础上，明确规定组织各级部门和个人必须完成的工作任务和相应的责任。

在安全管理、事故预防中，责任原理体现在很多地方，例如，安全生产责任制的制定和落实、事故责任问责制，以及越来越被国际社会推行的SA8000：2014社会责任标准等。在安全管理活动中，运用责任原理，大力强化安全管理责任建设，建立健全安全管理责任制，构建落实安全管理责任的保障机制，促使安全管理责任主体到位，且强制性地安全问责、奖罚分明，才能推动企业履行应有的社会责任，提高安全监管部门的监管力度和效果，激发和引导广大社会成员的责任心。

复习思考题

1. 简述典型的事故致因理论。
2. 思考经典管理理论对安全管理工作的启示。
3. 管理新理论对安全管理研究和实践具有哪些新作用和影响？

第3章

安全文化

本章概要·学习要求

本章主要讲述了安全文化概念，安全文化和安全管理的关系，以及安全文化的建设。通过本章学习，要求学生了解安全文化，理解安全文化在安全管理中的作用，掌握安全文化建设的核心内容。

安全文化是持续实现安全生产的不可或缺的软支撑。随着社会实践和生产实践的发展，人们发现仅靠科技手段往往达不到生产的本质安全化，需要有文化和科学管理手段的补充和支撑；而管理制度等虽然有一定的效果，但是安全管理的有效性很大程度上依赖于管理者和被管理者对事故原因与对策是否达成一致性认识，取决于对被管理者的监督和反馈是否科学，取决于是否形成了有利于预防事故的安全文化。在安全管理上，时时处处监督企业每一位员工遵章守纪的情况，是一件困难的事情，有时是不可能的，甚至出现这样的结果：要么矫枉过正导致安全管理失灵，要么忽视约束和协调出现安全管理的漏洞。优秀的安全文化应体现在人们处理安全问题有利的机制和方式上，不仅有利于弥补安全管理的漏洞和不足，而且对预防事故、实现安全生产的长治久安具有整体的支撑。因为倡导、培育安全文化可以使人们对安全事物产生兴趣，树立正确的安全观和安全理念，使被管理者在内心深处认识到安全是自己所需要的，而非别人所强加的；使管理者认识到不能以牺牲劳动者的生命和健康来发展生产，从而使“以人为本”落到实处，安全生产工作变外部约束为主体自律，以达到减少事故、提升安全水平的目的。

3.1 安全文化概述

文化是人类群体带有传统、时代和地域特点的、明显的或隐含的处理问题的方式和机制。安全文化反映的就是一定时期和地域条件下，组织和个人明显的或隐含的处理安全问题的方式和机制。显然，好的安全文化有利于安全管理，有利于事故预防；不好的安全文化阻碍安全管理甚至导致其失灵，容易造成事故的发生。

3.1.1 安全文化的起源与发展

安全文化伴随着人类的产生而产生、伴随着人类社会的进步而发展。但是，人类有意识地发展安全文化，还仅仅是近20年的事情。1986年，国际原子能机构核安全咨询组织（INSAG）在其提交的《关于切尔诺贝利核电厂事故后的审评总结报告》中首次使用了“安全文化”一词，标志着核安全文化概念被正式引入核安全领域。同年，美国国家航空航天局（NASA）也将安全文化的理念应用到航空航天的安全管理工作中。1988年，国际原子能机构又在其《核电厂基本安全原则》中将安全文化理念作为一种重要的管理原则予以落实，并渗透到核电厂以及核能相关领域中。随后，国际原子能机构在1991年出版的安全丛书（即INSAG-4报告）中，首次提出了对核安全文化的定义：“核安全文化是存在于组织和个人中的种种特性和态度的总和，它建立了一种超出一切之上的观念，即核电厂的安全问题由于它的重要性要保证得到应有的重视。”

我国核工业总公司紧随国际核工业安全的发展趋势，不失时机地把国际原子能机构的研究成果和安全理念介绍到我国，于1992年引进出版了国际原子能机构的《核安全文化》一书的中文版。1993年，时任劳动部部长李伯勇同志指出：“要把安全工作提高到安全文化的高度来认识。”在这一认识基础上，我国的安全科学界把这一高技术领域的思想引入到传统产业，把核安全文化深化到一般安全生产与安全生活领域，从而形成了一般意义上的安全文化。安全文化从核安全文化、航空航天安全文化到企业安全文化，逐渐拓宽到全民安全文化。

伴随着人类的生存与发展，人类的安全文化可分为四大发展阶段：

1）17世纪前，人类的安全观念是宿命论，行为特征是被动承受型，这是人类古代安全文化的特征。

2）17世纪末期至20世纪初，人类的安全观念提高到经验论水平，行为方式有了“事后弥补”的特征，这种由被动的行为方式变为主动的行为方式，由无意识变为有意识的安全观念，不能不说是一种进步。

3）20世纪50年代，随着工业社会的发展和技术的进步，人类的安全认识论进入到系统论阶段，从而在方法论上能够推行安全生产与安全生活的综合型对策，进入了近代的安全文化阶段。

4）20世纪50年代以来，人类对高新技术的不断应用，如宇航技术的利用、核技术的利用、信息化社会的出现，人类的安全认识论进入到本质论阶段，超前预防型成为现代安全文化的主要特征，这种高技术领域的安全思想和方法论推进了传统产业和技术领域的安全手段和对策的进步。

由此，可归纳人类安全文化的发展脉络如表3-1所示。

表3-1 人类安全文化的发展脉络

各时代的安全文化	观念特征	行为特征
古代安全文化	宿命论	被动承受型
近代安全文化	经验论	事后型，亡羊补牢
现代安全文化	系统论	综合型，人、机、环境对策
发展的安全文化	本质论	超前预防型

安全文化理论与实践的认识和研究是一项长期的任务，随着人们对安全文化的理解、运用和实践的不断深入，人类安全文化的内涵必定会丰富起来；社会安全文化的整体水平也会不断提高；企业也将通过安全文化的建设，使员工安全素质得以提高、事故预防的人文氛围和物化条件得以实现。

通过对安全文化的研究，人类已经初步认识到：发展安全文化的方向定位是面向现代化，面向新技术，面向社会和企业的未来，面向决策者和社会大众；发展安全文化的基本要求是要体现社会性、科学性、大众性和实践性；发展建设安全文化的最终目的是为人类生活的安康和生产的安全提供精神动力、智力支持、人文氛围和物态环境。

3.1.2　安全文化的定义

要对安全文化下定义，首先需要引用文化的概念。目前对于文化的定义有100余种。显然，从不同的角度，在不同的领域，为了不同的应用目的，对文化的理解和定义是不同的。本书赞同这样的定义和理解：文化是明显的或隐含的处理问题的方式和机制；在一种不断满足需要的试图中，观念、习惯、习俗和传说在一个群体中被确立并在一定程度上规范化；文化是一种生活方式，它产生于人类群体，并被有意识或无意识地传给下一代。

在安全生产领域，一般从广义角度来理解文化的含义，这里的文化不仅仅是通常的“学历”“文艺”“文学”“知识”的代名词，从广义的概念来认识，“文化是人类活动所创造的精神财富和物质财富的总和”。由于对文化的不同理解，就会产生对安全文化的不同定义。归纳关于安全文化定义的论述，一般有“狭义说”和“广义说”两类。

“狭义说”的定义强调文化或安全内涵的某一层面，例如，人的素质、企业文化范畴等。西南交通大学曹琦教授在分析了企业各层次人员的本质安全素质结构的基础上，提出了安全文化的定义：安全文化是安全价值观和安全行为准则的总和。安全价值观是指安全文化的内层结构，安全行为准则是指安全文化的表层结构。他还指出了我国安全文化产生的背景具有现代工业社会生活、现代工业生产和企业现代管理的特点。上述两种定义都具有强调人文素质的特征。其次还有定义认为：安全文化是社会文化和企业文化的一部分，特别是以企业安全生产为研究领域，以事故预防为主要目标。或者认为：安全文化就是运用安全宣传、安全教育、安全文艺、安全文学等文化手段开展的安全活动。这两种定义主要强调了安全文化应用领域和安全文化的手段方面。

“广义说”把“安全”和“文化”两个概念都做广义解，安全不仅包括生产安全，还扩展到生活、娱乐等领域，文化的概念不仅包含了观念文化、行为文化、管理文化等人文方面，还包括物态文化、环境文化等硬件方面。广义的定义有如下几种：

1）英国保健安全委员会核设施安全咨询委员会（HSCASNI）认为，国际原子能机构核安全咨询组织的安全文化定义是一个理想化的概念，定义中没有强调能力和精通等必要成分，并对安全文化提出了修正的定义：一个单位的安全文化是个人和集体的价值观、态度、能力和行为方式的综合产物，它决定于保健安全管理上的承诺、工作作风和精通程度。具有良好安全文化的单位有如下特征：在相互信任基础上的信息交流；共享安全是重要的想法；对预防措施效能的信任。

2）美国学者道格拉斯·韦格曼（Douglas Wegman）等人，在2002年5月向美国联邦管理局提交的一份对安全文化研究的总结报告中对安全文化的定义是：安全文化是由一个组织的各层次、各群体中的每一个人所长期保持的，对职工安全和公众安全的价值及优先性的认识。它涉及每个人对安全承担的责任，保持、加强和交流对安全关注的行动，主动从失误中吸取教训，努力学习、调整并修正个人和组织的行为，并且从坚持这些有价值的行为模式中获得奖励等。道格拉斯·韦格曼等人的论述提供了对安全文化表征的认识，即安全文化的通用性表征至少有五个方面：组织的承诺、管理的参与程度、员工授权、奖惩系统和报告系统。

3）国内研究者的定义是：在人类生存、繁衍和发展的历程中，在其从事生产、生活乃至实践的一切领域内，为保障人类身心安全（含健康）并使其能安全、舒适、高效地从事一切活动，预防、避免、控制和消除意外事故和灾害（自然的或人为的）；为建立起安全、可靠、和谐、协调的环境和匹配运行的安全体系；为使人类变得更加安全、康乐、长寿，使世界变得友爱、和平、繁荣而创造的安全物质财富和安全精神财富的总和。还有的学者认为：安全文化是人类安全活动所创造的安全生产、安全生活的精神、观念、行为与物态的总和。这种定义是建立在大安全观和大文化观的概念基础上，安全观方面包括企业安全文化、全民安全文化、家庭安全文化等，文化观方面既包括精神、观念等意识形态的内容，也包括行为、环境、物态等实践和物质的内容。

上述定义有如下共同点：①文化是观念、行为、物态的总和，既包括主观内涵，也包括客观存在；②安全文化强调人的安全素质，要提高人的安全素质需要综合的系统工程；③安全文化是以具体的形式、制度和实体表现出来的，并具有层次性；④安全文化具有社会文化的属性和特点，是社会文化的组成部分，属于文化的范畴；⑤安全文化最重要的领域是企业的安全文化，发展并建设安全文化，最终要建设好企业安全文化。

上述定义的不同点在于：①内涵不同，广义的定义既包括了安全物质层又包括了安全精神层，狭义的定义主要强调精神层面；②外延不同，广义的定义既涵盖企业，还涵盖公共社会、家庭、大众等领域，狭义的定义则局限于文化或安全的某一层面。

3.1.3 安全文化的研究对象和范围

1. 安全文化的研究对象

安全文化的研究对象，是以辩证、历史、唯物的文化观，研究人类在生存、繁衍和发展的历程中，在生产及实践活动的一切领域内，为保障人类身心安全与健康并使其能安全、健康、舒适、高效地从事一切活动，预防、避免或控制、减轻灾害（自然灾害及人为灾害）和风险，所创造的安全物质财富和安全精神财富。其重中之重是研究如何在自然环境（生产、生活与生存）和社会环境（人文）中保护人民的身心安全与健康。

研究对象突出了人的身心安全与健康，其内涵包括了为此目标的实现而创造的安全物质及精神范畴的一切财富、一切环境，即一切为之服务和提供保障条件的安全“硬件”和安全“软件”；突出了“以人为本”“人命关天”“安全第一”的思想，也是生存权、劳动权、珍惜生命、关爱人民、尊重人权的重要体现。我国的专家、学者倡导和弘扬的安全文化，是珍爱人民身心安全与健康的文化；是推进社会物质文明和精神文明，保障社会安宁与稳定发展的文化；是促进安全生产、安康文明生活、保护人与环境和谐的大众安全文化；也是为民众和社会积善积德、功德无量的安全伦理文化。安全文化的研究强调大安全文化观，即广义安全文化观研究的对象和范围。

2. 安全文化的研究范围

安全文化涉及人类生存、繁衍和发展历程中人类所从事生产、生活乃至生存活动的一切领域。随着社会的发展，安全文化研究的范围，已从安全技术的范围拓展到非技术的安全领域，从自然科学领域拓展到社会科学领域，发展到安全经济学、安全心理学、安全行为学、安全思维学、安全法学、安全人机工效学、安全教育学、安全社会学、安全减灾学、安全风险学、安全宇航学、安全系统学等领域。

当代人的身心安全与健康，在任何时候、任何地方、任何活动空间都必须有可靠的安全保障以及和谐安全的社会环境。而在不同时候、不同地方和不同的空间就会形成各有特点的安全文化领域。例如，从安全科技文化的角度考虑，就可以给出很多的分支，科学仅是一种特殊的文化过程，因为科学是文化的一种载体，文化是科学的基础和母体。在一定的社会时代、一定的经济基础、一定的文化背景下，有什么样的文化，就有可能出现与之相应的文化领域。

从安全文化与安全科学的关系、安全文化研究的对象，以及安全文化活动所涉及的一切领域，可以看出，研究安全问题，探讨人类从事一切活动的身心安全与健康问题，必须树立大安全观。大安全观作为一个永恒发展着的安全哲学观和安全科技观，其涉及的范围必然是无尽的人类生产、生活和生存的各个领域。

3.1.4 安全文化的范畴、功能及作用

1. 安全文化的范畴

“防为上，救次之，戒为下”。安全文化统筹兼顾“防”“救”“戒”，突出“防”。安全文化是具有一定模糊性的一个大概念，它包含的对象、领域、范围是广泛的。安全文化的范畴可从如下三个方面来理解：

（1）安全文化的形态体系

从文化的形态来说，安全文化的范畴包含安全观念文化、安全行为文化、安全管理文化和安全物态文化。安全观念文化是安全文化的精神层，也是安全文化的核心层；安全行为文化和安全管理文化是中层部分；安全物态文化是表层部分，或称为安全文化的物质层。安全文化的层次结构如图3-1所示。

1）安全观念文化。安全观念文化主要是指决策者和大众共同接受的安全意识、安全理念、安全价值标准。安全观念文化是安全文化的核心和灵魂，是形成和提高安全行为文化、制度文化和物态文化的基础和原因。目前需要建立的安全观念文化主要有：预防为主的观念；安全也是生产力的观念；安全第一、以人为本的观念；安全就是效益的观念；安全性是生活质量的观念；风险最小化的观念；最适安全性的观念；安全超前的观念；安全管理科学化的观念

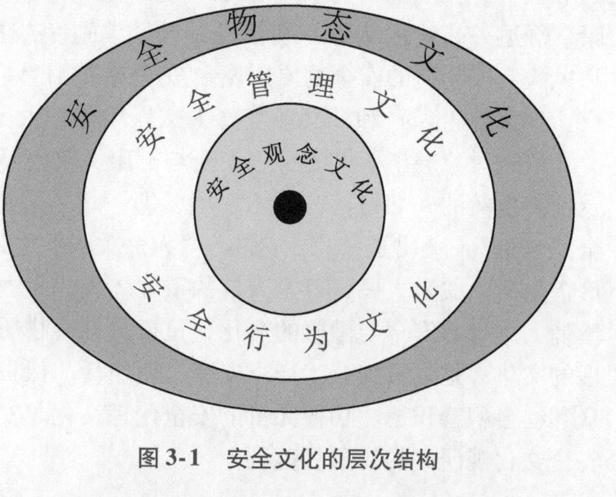

图3-1 安全文化的层次结构

等。同时还要有自我保护的意识、保险防范的意识、防患于未然的意识等。

2）安全行为文化。安全行为文化是指在安全观念文化指导下，人们在生产和生活过程中所表现出的安全行为准则、思维方式、行为模式等。行为文化既是观念文化的反映，同时又作用并改变观念文化。现代工业化社会需要发展的安全行为文化进行科学的安全思维、强化高质量的安全学习、执行严格的安全规范、进行科学的安全领导和指挥、掌握必需的应急自救技能、进行合理的安全操作等。

3）安全管理（制度）文化。管理文化对社会组织（或企业）和组织人员的行为产生规范性、约束性影响和作用，它集中体现观念文化和物态文化对领导和员工的要求。安全管理文化的建设包括建立法制观念、强化法制意识、端正法制态度，科学地制定法规、标准和规章，严格的执法程序和自觉地守法行为等。同时，安全管理文化建设还包括行政手段的改善和合理化、经济手段的建立与强化等。

4）安全物态文化。安全物态文化是安全文化的表层部分，它是形成观念文化和行为文化的条件。从安全物态文化中往往能体现出组织或企业领导的安全认识和态度，反映出企业安全管理的理念和哲学，折射出安全行为文化的成效。所以说物质既是文化的体现，又是文化发展的基础。对于企业来说，安全物态文化主要体现在：①人类技术和生活方式与生产工艺的本质安全性；②生产和生活中所使用的技术和工具等人造物及与自然相适应有关的安全装置、仪器、工具等物态本身的安全条件和安全可靠性。

（2）安全文化的对象体系

从安全文化的作用对象来说，文化是针对具体的人而言的，面对不同的对象，即使是同一种文化也会有所区别。因此，针对不同的对象，安全文化所要求的内涵、层次、水平也是不同的，这就是安全文化对象体系的内容。

以企业安全文化为例，其对象一般有五种：企业法人代表或企业决策者、企业生产各级领导（职能处室领导、车间主任、班组长等）、企业安全专职人员、企业职工、职工家属。例如，企业法人代表的安全文化素质强调的是安全观念、态度、安全法规，对其不强调安全的技能和安全的操作知识；企业决策者应该建立的安全观念文化有安全第一的哲学观、尊重人的生命与健康的情感观、安全就是效益的经济观、预防为主的科学观等。

显然，不同的对象要求具有不同的安全文化素质，其具体的知识体系需要通过安全教育和培训建立。

（3）安全文化的领域体系

从安全文化建设的空间来讲，有安全文化的领域体系问题，即行业、地区、企业由于生产方式、作业特点、人员素质、区域环境等因素，造成的安全文化内涵和特点的差异性及典型性。以企业安全文化为例，安全文化既包括企业内部领域的安全文化，即厂区、车间、岗位等领域的安全文化，也包括企业外部社会领域的安全文化，如家庭、社区、生活娱乐场所等方面的安全文化。

从整体上认清安全文化的范畴，对建设安全文化能起到重要的指导作用。

2. 安全文化的功能及作用

文化具有实践性、人本性、民族性、开放性、时代性。在生活和生产过程中，保障安全的因素有很多，如环境的安全条件，生产设施、设备和机械等生产工具的安全可靠性，安全管理的制度等，但归根结底是人的安全素质，人的安全意识、态度、知识、技能等。安全文化的建设对提高人的安全素质可以发挥重要的作用。人们常说文化是一种力，那么这个“力”有多大？这个“力”表现在哪些方面？从国内外安全生产搞得比较好的企业来看，文化力第一表现为影响力，第二表现为激励力，第三表现为约束力，第四表现为导向力。这四种“力”也可称为四种功能。

1）影响力是通过观念文化的建设影响决策者、管理者和员工对安全的态度和观念，进而强化企业员工乃至社会成员的安全意识。

2）激励力是通过观念文化和行为文化的建设，激励每个人安全行为的自觉性，具体对于企业决策者就是要对安全生产投入足够的重视度和积极的管理态度；对于员工则是激励其更加重视安全，自觉遵章守纪。

3）约束力是通过强化政府行政的安全责任意识，约束其审批权；通过强化安全管理，提高企业决策者的安全管理能力和水平，规范其管理行为；通过安全生产制度文化的建设，约束员工的安全生产施工行为，消除违法违章现象。

4）导向力是对全体社会成员的安全意识、观念、态度、行为的引导。对于不同层次、不同生产或生活领域、不同社会角色和社会责任的人，安全文化的导向作用既有相同之处，也有不同之处。例如，对于安全意识和态度，无论什么人都应是一致的；而对于安全的观念和具体的行为方式，则会随具体的层次、角色、环境和责任的不同而不同。

随着工业的发展和社会的进步，安全文化的影响、激励、约束和导向四种功能对安全生产的保障作用将越来越明显地表现出来。这一点在人类的安全科技发展史中已得到充分的证明，即早期的工业安全主要靠安全技术的手段（物化的条件）；在安全技术达标的前提下，进一步提高系统安全性，需要安全管理的手段；要加强管理的力度，人类需应用安全法规的手段；在依靠技术、管理和制度手段等常规方法，还难以控制或消灭事故的前提下，必须从文化氛围和文化熏陶的角度展开对人们安全观念的更新和改造，以弥补常规方法的不足，人类便需要筑起一道安全文化防线，依靠文化的功能和力量，预防事故，保障安全生产。

3.2 安全文化与安全管理

3.2.1 安全文化与安全管理的关系

随着安全管理理论与技术的不断发展深化，安全文化也必将随之而得到升华。为了实现持久的生产、生活与生存安全，需要深入研究安全文化，进一步探索安全文化与安全管理的关系，力争实现两者的互为支撑与相互促进，为安全生产保驾护航。

根据安全文化的定义可以看出，安全文化具有意识和现实两种形态，这两种形态在安全管理中都得到了很好的体现。安全文化与安全管理有内在的联系，但不可相互取代，两者相辅相成，又互相促进。

首先，安全文化对安全管理有影响和决定作用，安全文化的水平影响安全管理的机制和方法，安全文化的氛围和特征决定安全管理模式。尤其是对企业来说，安全文化是企业安全生产的灵魂，贯穿于企业的日常安全管理工作的全方位、全过程之中。企业的安全文化对企业搞好安全管理工作的意义重大。

其次，安全文化是安全管理的软手段，在日常安全管理工作中，起着提高人的安全意识、规范人的行为的作用；同时文化管理也是一种新的管理方式，运用灵活、全面、能动的手段，充分发挥安全文化在安全管理中的信仰凝聚、行为激励、行为规范、认识导向等作用。

再次，安全管理是安全文化的一种表现形式，是以往安全文化思想与成果在现实形态中的体现，其进步与发展，虽然具有一定的相对独立性，却也丰富了安全文化，为塑造、培育安全文化提供了必要手段。作为安全工作中的管理者，既要懂得如何利用已形成的安全文化去引领、约束并规范人们的安全行为，又要知道如何运用管理的手段去塑造并构建安全文化。

最后，管理活动作为人类发展的重要组成部分，广泛体现在社会文化活动中，并带有不同时期的文化特征。安全管理便是安全文化理念及层次水平的反映，有什么样的安全文化就会形成什么样的安全管理，安全管理模式的创新，需要安全文化的不断创新与发展。

总之，安全文化能够促进安全管理的理论与机制创新，安全管理的改进与提高反过来又能激励安全文化的传承与发扬。正确处理安全文化与安全管理的关系，无论是对安全文化的培育、优良安全文化氛围的营造，还是对搞好日常安全管理工作，实现安全的生产、生活与生存，都有十分深远的意义。

3.2.2 安全“三双手”与安全生产“五要素”

我国安全专家提出了实现安全“三双手”[㊀]和安全生产“五要素”。

实现安全“三双手”是指既看得见又摸得着的手——安全机器装备、工程设施等，看不见但摸得着的手——安全法规、制度等，既看不见又摸不着的手——安全文化、习俗等；其中安全文化是最重要的手。

安全生产“五要素”是指安全文化、安全法制、安全责任、安全科技、安全投入。根据“五要素”的内容、排序和对安全生产发挥的作用，不难看出搞好企业安全文化建设对企业的安全生产有重要的作用。安全文化作为安全生产的第一要素，是企业安全生产的核心，是安全生产的灵魂。特别在当前市场经济发展的社会主义初级阶段，社会处于转型期，伤亡事故出现了频发高涨的趋势，探索新的应对方法，树立新的理念，是非常必要的。相关调查统计显示，80%乃至更多的事故都与人的不安全行为有关。因此，提升决策者、管理者及劳动者的安全文化理念和科技素质，是预防事故、提升安全生产水平的重要举措。只有把安全生产工作提高到安全文化的高度来认识，并不断提升全社会成员的安全文化及科技素质，安全生产形势才会有根本性的好转。

倡导、弘扬、创新和塑造具有企业特色的安全文化，让劳动者和生产经营者都理解安全生产，具有安全价值观、安全生命观，坚定不移地树立“安全第一、人命关天，珍惜生命、尊重人权”的理念，同时给员工创造培训、深造的机会，使企业员工的安全科技文化素质达到同当代工业发展与时俱进的水平。通过安全文化的物质层面、制度层面、行为层面及价值观念层面潜移默化的影响，使企业员工形成现代工业生产所需的安全意识、安全思维、安全价值观、安全行为规范及安全哲学观。通过安全文化功能与作用的发挥及氛围的熏陶，才能培养并塑造适应市场经济发展、具有安全文化素质的劳动者。安全文化作为“五要素”

㊀ 田水承，冯长根，李红霞等，对安全科学体系及其与相关学科关系的探讨，煤炭学报，1999年12月第24卷第6期，第663～668页。

之首，是安全生产的基础、核心与灵魂。

3.3 安全文化的建设和发展

3.3.1 安全文化建设的核心内容与目标

1. 核心内容

安全文化建设的问题，归根结底是安全价值观念塑造的问题。因此，安全文化建设的核心内容就是安全观念文化的建设。安全观念文化是人们在长期的生产实践活动过程中所形成的一切反映人们安全价值取向、安全意识形态、安全思维方式、安全道德观等精神因素的统称。安全观念文化是安全文化发展的最深层次；是指导和明确企业安全管理工作方向和目标的指南；是激发全体员工积极参与、主动配合企业安全管理的动力。有关安全生产的哲学、艺术、伦理、道德、价值观、风俗和习惯等都是它的具体表现。

安全管理的实践经验表明，受科学技术发展水平的限制，百分之百地保证系统、设备或元件的绝对安全是不可能的，而依靠严格的安全管理、完善的法规制度、健全的监管网络，仍然无法杜绝事故的发生。面对这样的形势及安全发展的要求，只有超越传统的常规方法，通过安全观念文化的培养与熏陶，使员工从内心深处形成“关注安全、关爱生命”、自发自觉保安全的本能意识，才能最终实现本质安全。安全观念文化无疑是企业安全文化建设的核心内容。

海尔集团董事局主席兼首席执行官张瑞敏在分析海尔经验时曾说过：“海尔过去的成功是观念和思维方式的成功。企业发展的灵魂是企业文化，而企业文化的核心内容是价值观。”对企业来说，企业安全价值观是企业安全观念文化的集中体现，而安全观念文化是人们关于安全工作以及安全管理的思想、认识、观念、意识等，这种思想、认识、观念、意识将时时处处指导和影响员工的行动方向和行动效果。

无论是高危企业还是其他任何在经营、生产行为中都有可能出现安全事故的单位，都应该明确企业安全文化建设的核心内容，科学系统地建立、健全企业全体员工能认同、理解、接受、执行的先进安全价值观念，并倡导全体员工乃至企业外部人员认同、理解、接受、执行这种安全价值观念。

2. 目标

（1）全面提高企业全员安全文化素质

企业安全文化建设应以培养员工安全价值观念为首要目标，分层次、有重点、全面地提高企业职工的安全文化素质。对决策层的要求起点要高，不但要树立“安全第一、预防为主”“安全就是效益”“关爱生命、以人为本”等基本安全理念，还要了解安全生产相关法律法规，勇于承担安全责任；企业管理层应掌握安全生产方面的管理知识，熟悉安全生产相关法规和技术标准，做好企业安全生产教育、培训和宣传等工作；企业操作层即基层职工不但要自觉培养安全生产的意识，还应主动掌握必需的生产安全技能。

（2）提高企业安全管理的水平和层次

管理活动是人类发展的重要组成部分，它广泛体现在社会文化活动中。企业安全文化建设的目标之一是提升企业安全管理水平和层次。传统安全管理必须向现代安全管理转变，无论是管理思想、管理理念，还是管理方法、管理模式等都需要进一步改进。企业应建立健全职业安全健康管理体系，建立富有自身特色的安全管理体系，针对企业自身风险特点和类型实施超前预防管理。

（3）营造浓厚的安全生产氛围

通过丰富多彩的企业安全文化活动，在企业内部营造一种“关注安全，关爱生命”的良好氛围，促使企业更多的人和群体对安全有新的、正确的认识和理解，将全体员工的安全需要转化为具体的愿景、目标、信条和行为准则，成为员工安全生产的精神动力，并为企业的安全生产目标而努力。

（4）树立企业良好的外部形象

企业文化作为企业的商誉资源，是企业核心竞争力的一个重要体现。企业安全文化建设目标之一是树立企业良好的外部形象，提升企业核心竞争力中的“软”实力，在企业投标、信贷、寻求合作、占有市场、吸引人才等方面，发挥出巨大的作用。

3.3.2 安全文化的建设与实践

1. 安全文化建设的模式

模式是研究和表现事物规律的一种方式，它具有系统化、规范化、功能化的特点。它能简洁、明了地反映事物的过程、逻辑、功能、要素及其关系，是一种科学的方法论。研究安全文化建设的模式，就是期望用一种直观、简明的概念模式把安全文化建设的规律表现出来，以有效而清晰的形式指导安全文化建设实践。根据安全文化的理论体系与层次结构，可从观念文化、管理与法制文化、行为文化和物态文化四个方面构建安全文化建设的层次模式，以企业安全文化建设的层次结构模式为例，如图3-2所示。

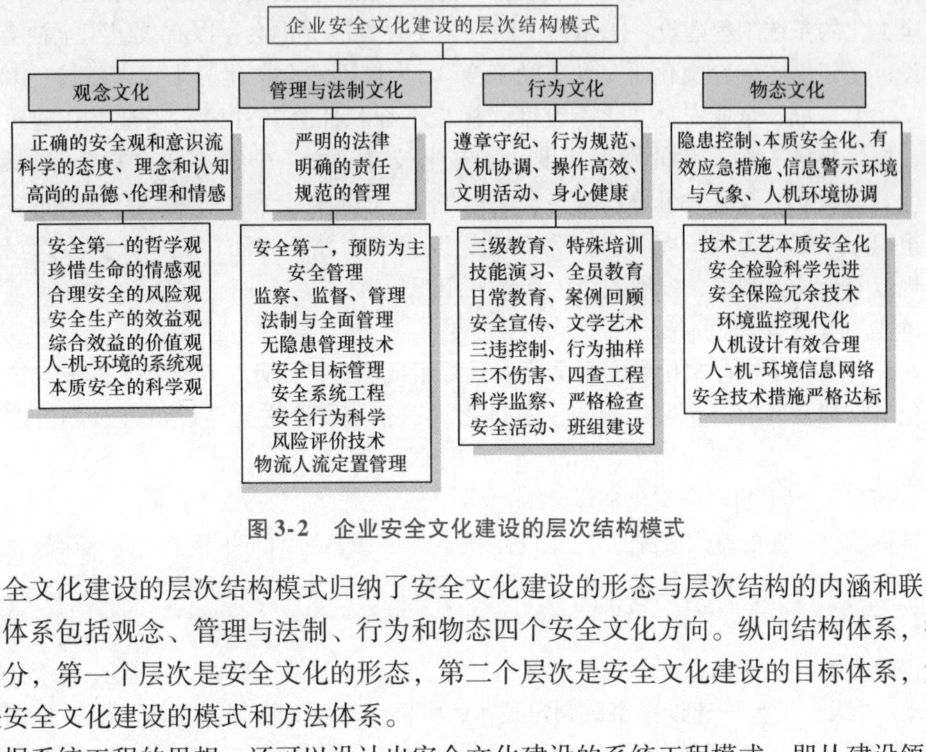

图3-2 企业安全文化建设的层次结构模式

安全文化建设的层次结构模式归纳了安全文化建设的形态与层次结构的内涵和联系。横向结构体系包括观念、管理与法制、行为和物态四个安全文化方向。纵向结构体系，按层次系统划分，第一个层次是安全文化的形态，第二个层次是安全文化建设的目标体系，第三个层次是安全文化建设的模式和方法体系。

根据系统工程的思想，还可以设计出安全文化建设的系统工程模式。即从建设领域、建设对象、建设目标、建设方法四个层次的系统出发，将一个企业安全文化建设所涉及的系统分为企业内部和企业外部。只有全面进行系统建设，企业的安全生产才有文化的基础和保障。不同行业的安全文化建设情况不同。例如，交通、民航、石油化工、商业与娱乐行业，安全文化建设就不能仅仅只考虑在企业或行业内部进行，必须考虑外部或社会系统建设问题。

因此，企业安全文化建设系统工程如图3-3所示。

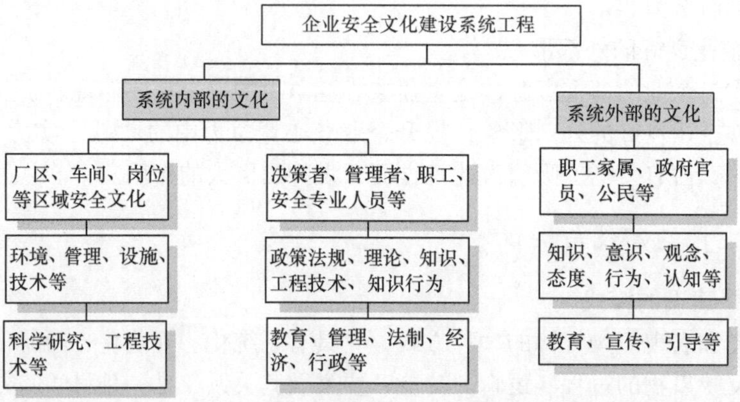

图3-3　企业安全文化建设系统工程

上述安全文化建设的模式主要是针对企业或行业行为而言的。如果从政府推动安全文化的建设与发展角度，则应考虑全社会的文化建设，把建设安全文化，提升全民素质，作为开拓我国安全生产新纪元重大战略发展来认识。为此，在社会层面可从以下方面开展工作，以加强安全文化的系统工程建设：①组建中国安全文化发展促进会，以有效组织全社会的安全文化建设；②建立“安全文化研究和奖励基金”，为推进安全文化进步提供支持；③在研究试点的基础上，推广企业安全文化建设模式样板工程和社会（社区）安全文化建设模式样板工程，加快我国安全文化的发展速度；④在学校（小学、中学）开设安全知识辅导课，提高学生安全素质；⑤有效组织发展安全文化产业，即向社会和企业提供高质量的安全宣教产品，组织和办好安全生产周（月）等活动，改善安全教育方法、统一安全生产培训教育模式，规范安全认证制度，发展安全生产中介组织等。

2. 企业安全文化建设

企业安全文化是企业文化和安全文化的重要组成部分。因此，企业应当将安全文化作为企业文化培育和发展的一个突出重点。具体来说，企业安全文化建设可通过如下四种方式进行：

（1）班组及职工的安全文化建设

倡导科学、有效的基层安全文化建设手段，如三级教育（333模式）、特殊教育、检修前教育、开停车教育、日常教育、持证上岗、班前安全活动、标准化岗位和班组建设、技能演练和三不伤害活动等。

推行现代的安全文化建设手段，主要有：“三群”（群策、群力、群管）对策；班组建小家活动；“绿色工程”建设；事故判定技术；危险预知活动；风险报告机制；家属安全教育；“仿真”（应急）演习等。

（2）管理层及决策者的安全文化建设

运用传统有效的安全文化建设手段，如全面安全管理、“四全”安全活动、责任制体系、三同时、定期检查制、有效的行政管理、经济奖惩、岗位责任制大检查等。

推行现代的安全文化建设手段，主要有三同步原则、目标管理法、无隐患管理法、系统科学管理、系统安全评价、动态风险预警模式、应急救援预案、事故保险对策等。

（3）生产现场的安全文化建设

运用传统的安全文化建设手段，如安全标语、安全标志（禁止标志、警告标志、指令标志等）、事故警示牌等。

推行现代的安全文化建设手段，主要有技术及工艺的本质安全化、安全标准化建设、车间安全生产工作日计时、三防管理（尘、毒、烟）、四查工程（岗位、班组、车间、厂区）、三点控制（事故多发点、危险点、危害点）等。

（4）企业人文环境的安全文化建设

运用传统的安全文化建设手段，如安全宣传墙报、安全生产周（日、月）、安全竞赛活动、安全演讲比赛、事故报告会等。

推行现代的安全文化建设手段，主要有安全文艺（晚会、电影、电视）活动、安全文化月（周、日）、事故祭日（或建事故警示碑）、安全贺年活动、安全宣传的“三个一工程”（一场晚会、一幅新标语、一块墙报）、青年职工的“六个一工程”（查一个事故隐患、提一条安全建议、创一条安全警示语、讲一件事故教训、当一周安全监督员、献一笔安全经费）等。

3. 企业安全文化建设实例——杜邦安全文化

18 世纪末，杜邦（DuPont）家族为躲避战乱，从法国迁居到美国东岸。1802 年，杜邦公司成立，以制造火药为主，在其发展的第一个百年里，公司的安全记录是不良的，发生了很多事故，其中最大的事故发生在 1818 年，当时杜邦 100 多名员工有 40 多名在事故中受伤甚至丧生，企业濒临破产。杜邦公司在沉沦中崛起后得出一个结论：安全是公司的核心利益，安全管理是公司事业的一个组成部分，安全具有压倒一切的优先权。从事的高危行业成就了杜邦公司对安全的特殊重视，世界上最早制定出安全条例的公司便是杜邦公司。1812 年公司就明确规定：进入工场区的马匹不得钉铁掌，马蹄都要用棉布包裹着，以免马蹄碰撞其他物品产生明火引起火药爆炸；任何一道新的工序在没有经过杜邦家庭成员试验以前，其他员工不得进行操作等。杜邦公司经过 200 多年的发展，已经形成了自己的企业安全文化，并把安全、健康和环境作为企业的核心价值之一。杜邦公司对安全的理解有：安全具有显而易见的价值，而不仅仅是一个项目、制度或培训课程；安全与企业的绩效息息相关；安全是习惯化、制度化的行为。

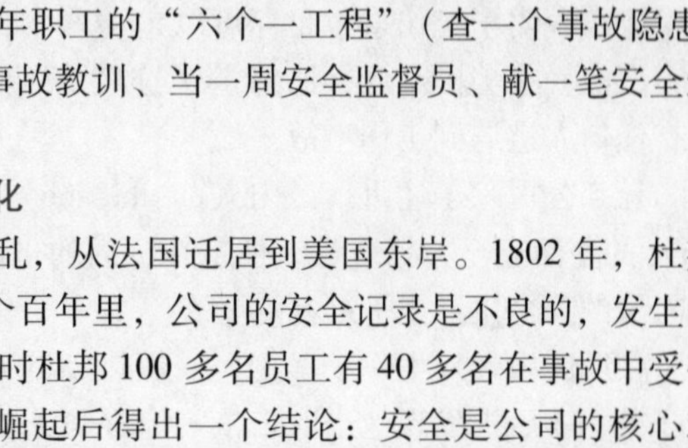

图 3-4 杜邦公司企业安全文化建设四阶段示意图

杜邦公司将企业安全文化建设描述为四个阶段，如图 3-4 所示。第一阶段是自然本能反应。处在该阶段的企业和员工对安全的重视仅仅是一种自然本能保护的反应，员工对安全是一种被动的服从；安全缺少高级管理层的参与。这一阶段的事故率很高。第二阶段是严格监督阶段。该阶段的特征是：各级管理层对安全责任做出承诺；员工执行安全规章制度仍是被动的，因害怕被纪律处分而遵守规章制度，此阶段，安全绩效会有提高，但事故率仍较高。第三阶段是自主管理阶段，事故率较低。企业已具有良好的安全管理及体系，员工具备良好的安全意识，视安全为自身生存的需要和价值的实现。进入第四阶段，事故率更低甚至趋于零，员工不但自己遵守各项规章制度，而且有意帮助别人；不但观察自己岗位上的不安全行为和条件，而且能留心观察其他岗位；员工将自己的安全知识和经验分享给其他同事等。杜邦公司现在已经发展到团队管理阶段。

杜邦公司建立了一整套适合自己的安全管理体系，要求每一位员工都严守十大安全信念：①一切事故都可以防治；②管理层要抓安全工作，同时对安全负责任；③所有危害因素都可以控制；④安全工作是雇佣的一个条件；⑤所有员工都必须经过安全培训；⑥管理层必须进行安全检查；⑦所有不良因素都必须立即纠正；⑧工作之外的安全也很重要；⑨良好的安全创造良好的业务；⑩员工是安全工作的关键。杜邦公司坚持安全管理以人为本的信念，并制定了一套十分严格、苛刻的安全防范措施。但是正是这些苛刻的措施，令杜邦公司的员工感到十分安全。

杜邦公司的工伤事故目标是“零”（杜邦公司的“零事故”是指零“失能事故”，即无丧失工作能力事故，而非任何小事故），对这个目标，常人一般都难以相信。但是，杜邦公司以业绩说明了工伤事故目标可以是“零”。台湾杜邦观音工业园工厂员工 269 人已连续 5 年零事故，在美国某厂，已缔造了连续 27 年无事故纪录，所有员工在厂内工作直到退休，没有任何人遭遇到工伤事故。

杜邦公司除了注重厂区内（on-the-job）的工作安全，同样也注重员工离厂后（off-the-job）的生活安全，据统计，员工在厂内的事故数量仅为离厂后的1/19，可见，杜邦公司企业内部的安全生产水平之高。

在厂区内曾发生一个案例，一位热心员工主动帮正在准备电气作业的同事关掉分电盘上的开关，事后被发现他当时未依规定穿防护衣，也未将电闸锁住以防他人误开。最终公司决定对其施以开除处分，因为他违反了公司的核心价值之一“安全”。

每周二是杜邦公司的“工厂安全日”，主管会检讨最近工伤状况，各部门也会派人员宣传工作安全的重要性。杜邦公司的主管有一半的时间在做“安全”相关业务，他们不只口头上强调重视安全，在实际作为上也表现出对安全的关注。

杜邦公司的配合厂商，一定要先符合各种安全规定，才可以进一步参与各种招标案，有些承包商嫌麻烦会先知难而退，其余留下来的，都能符合要求。因此，很少发生生产事故。

在杜邦公司全球所有的机构中，均设有独立的安全管理部门和专业管理人员。这些专业人员与在各部门中经过严格培训的合格安全协调员，共同组成完整的安全管理网络，保证各类信息和管理功能畅通无阻地到达各个环节。同时，杜邦公司有一整套完善的安全管理方案和操作规程，全体员工均参与危险的识别和消除工作，保证将隐患消灭在萌芽状态。

在 200 多年后的今天，杜邦公司形成九大安全观：①所有的伤害及职业疾病皆可避免；②安全是每一位员工的职责；③所有操作上的危害暴露都可以避免；④必须训练所有的员工能够安全地工作；⑤安全是员工雇佣的条件；⑥不断稽核是必要的；⑦所有的缺失必须立即改善；⑧员工是安全计划中最重要的一环；⑨厂外安全与厂内安全同样重要。

杜邦公司的安全业绩是惊人的，它的安全业绩有两个10倍：一是杜邦公司的安全记录优于其他企业10倍；二是杜邦公司员工上班时比下班后还要安全10倍。杜邦深圳独资厂从1991年起，因无工伤事故而连续获得杜邦公司总部颁发的安全奖；1993年，上海杜邦农化有限公司创下160万工时无意外，成为世界最佳安全纪录之一；1996年，东莞杜邦电子材料有限公司，荣获杜邦公司总部的董事会安全奖。美国职业安全局2003年嘉奖的“最安全公司”中，有50%以上的公司接受了杜邦公司的安全咨询服务。

3.3.3 企业安全文化评价

2008年，国家安全生产监督管理总局（以下简称国家安全监管总局）发布了《企业安全文化建设评价准则》（AQ/T 9005—2008），提出了11个一级指标、42个二级指标、147个三级指标。2012年，在全国安全文化建设示范企业评选活动中提出了《全国安全文化建设示范企业评价标准（修订版）》。

1. 企业安全文化评价的目的与意义

安全文化评价既是对企业安全文化现状的一种描述性评估，也可以为提高企业安全文化水平提供科学依据。通过安全文化评价，分析初评结果，可了解企业接受测试的员工对企业安全文化的感受程度，进行不同管理层人员和不同部门的工作人员对安全文化敏感性的分析，同时，也可初步了解企业在安全文化上的薄弱环节，实现持续改进。

通过对企业安全文化的评价，可以把企业安全文化这样一个较为抽象的概念，具体到每一个部门及每一位成员的身上，将软的、难以把握的安全价值观转变为硬的技术经济约束。企业安全文化一旦与生产实践结合起来就转变为经济，这种结合的技术手段之一就是评价。因此安全文化评价不单是为了取得结论性的评语，评价过程本身就是对企业安全文化进行系统建设的过程，也就是企业安全文化转变为生产力的过程。

2. 企业安全文化的评价因素

对企业安全文化进行评价首先要确定从哪些方面对安全文化进行衡量，每一个衡量的方面可看成一个因素，一个因素应该代表安全文化的一个特征。目前，对安全文化进行衡量的因素还不统一。亚洲地区核安全文化项目研讨会提出衡量安全文化的因素有六个。道格拉斯·韦格曼等人在分析了大量评价系统的基础上，总结出安全文化至少要包括组织承诺、管理参与、员工授权、奖惩系统和报告系统等几种评价因素。

（1）组织承诺

组织承诺即企业组织的高层管理者对安全所表明的态度。组织高层领导应信守对安全的承诺，而且应将安全视作组织的核心价值和指导原则。因此，这种承诺也能反映出高层管理者始终积极地向更高的安全目标前进的态度，以及有效激发全体员工持续改善安全的能力。只有高层管理者做出安全承诺，才会提供足够的资源并支持安全活动的开展和实施。

（2）管理参与

高层和中层管理者亲自积极参与企业各项安全活动。高层和中层管理者通过参加安全工作，与一般员工交流注重安全的理念，表明自己对安全重视的态度，这将会在很大程度上促使员工自觉遵守安全操作规程。

（3）员工授权

组织有一个“良好的”授权于员工的安全文化，并且确信员工十分明确自己在改进安全方面所起的关键作用。授权就是将高层管理者的职责和权力以下级员工的个人行为、观念或态度表现出来。在组织内部，失误可以发生在任何层次的管理者身上，然而，一线员工常常是防止这些失误的最后屏障。授权的文化可以使员工不断增加改变现状的积极性，这种积极性可能超出了个人职责的要求，但是为了确保组织的安全而会主动承担责任。根据安全文化的含义，员工授权意味着员工在安全决策上有充分的发言权，可以发起并实施对安全的改进，为了自己和他人的安全对自己的行为负责。

(4) 奖惩系统

组织需要建立一个公正的评价和奖惩系统，以促进安全行为，抑制或改正不安全行为。一个组织的安全文化的重要组成部分，是其内部所建立的一种行为准则，在这个准则之下，安全和不安全行为均被评价，并且按照评价结果给予公平一致的奖励或惩罚。因此，一个组织用于强化安全行为、抑制或改正不安全行为的奖惩系统，可以反映出该组织安全文化的情况。但是，一个组织的奖惩系统并不等同于安全文化或安全文化的一部分，从文化的角度说，奖惩系统是否被正式文件化、奖惩政策是否稳定、是否传达到全体员工和被全体员工所理解等才属于文化的范畴。

(5) 报告系统

安全文化的报告系统是指组织内部所建立的，能够有效地对安全管理上存在的薄弱环节，在事故发生之前就被识别，并由员工向管理者报告的系统。有人认为，一个真正的安全文化要建立在“报告文化”的基础之上，有效的报告系统是安全文化的中流砥柱。一个组织在工伤事故发生之前，就能积极有效地通过意外事件和险兆事件取得经验并改正自己的运作。一个良好的“报告文化”的重要性还体现在对安全问题可以自愿地、不受约束地向上级报告，可增加员工在日常工作中对安全问题的关注。需注意的是，要保证员工不能因为反映问题而遭受报复或其他负面影响；另外，要有一个反馈系统告诉员工他们的建议或关注的问题已经被处理，同时告诉员工应该如何去做以帮助其自己解决问题。总之，一个具有良好安全文化的组织应该建立一个正式的报告系统，并且该系统被员工积极地使用，同时要向员工反馈必要的信息。

(6) 培训教育

除了上述五种评价因素外，还有一种评价安全文化的重要因素，就是培训教育。安全文化所指的培训教育，既包括培训教育的内容和形式，也包括安全培训教育在企业重视的程度、参与的主动性和广泛性，以及员工在工作中通过“传、帮、带”自觉传递安全知识和技能的状况等。

以上所介绍的几种因素可以用来全面衡量企业安全文化的状况。

3. 安全文化评价测评指标设计

企业安全文化涉及企业的人、物、环境的各个方面，与企业的理念、价值观、氛围、行为模式等深层次的人文内容密切相关，客观地分析和评价一个组织机构的安全文化水平需要科学地设计测评指标。

(1) 测评指标体系构建

企业安全文化测评指标具有可测性、全面性、科学性、合理性的属性。

1) 三级测评指标。

企业安全文化测评系统最主要的基础是测评指标的设计，根据安全文化学的相关理论，安全文化指标体系的一级指标设计为：安全观念文化指标、安全行为文化指标、安全管理文化指标和安全文化建设指标四个子体系。

在一级指标基础上，再细分出二级、三级指标，也就是分三个层次构建完整的指标体系。其中，一级、二级测评指标如图 3-5 所示。

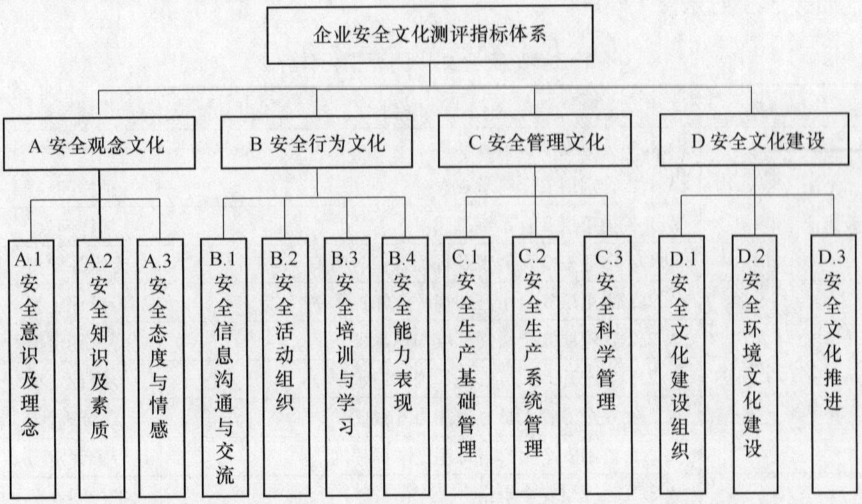

图 3-5　安全文化测评指标体系（一级、二级）框图

2）指标属性体系分类及测评工具。

从测定方式的角度，测评安全文化的指标属性体系分为三种类型：

① 统计确认型。由安全专业管理人员对测评对象的实际数据进行统计确认得出所需结果的指标。

② 专家评定型。通过组织专家测评小组，进行问卷调查打分，综合统计分析获得所需结果的指标。

③ 抽样问卷型。通过对抽样员工提出问题测试，运用数学分析模型求得测评所需结果的指标。

对上述指标的测评需要 3 个工具：①统计确认型指标——测评分级标准表；②专家评定型指标——专家调查表；③抽样问卷型指标——员工问卷表。

3）各级指标数量。一级指标包括 4 个方面，二级指标 13 个维度，三级指标共 74 个。各类指标的数量如表 3-2 所示。

表 3-2　安全文化测评指标综合统计

指 标 分 级			指标属性统计		
一级指标	二级指标数	三级指标数	统计确认型	专家评定型	抽样问卷型
安全观念文化	3	15	1	7	7
安全行为文化	4	26	5	12	9
安全管理文化	3	21	5	16	0
安全文化建设	3	12	2	10	0

（2）测评指标权重

在确定的设计原则和设计思路的基础上，按照安全文化相关理论，最终设计出74个三级指标，第三级指标按三个等级设计权重。考虑各指标在整个指标体系中的重要程度，给出相应的分值，即重要指标得2分，比较重要的指标得1.5分，一般指标得1分。安全文化测评指标体系如表3-3所示。

表3-3 安全文化测评指标体系

一级指标	二级指标	三级指标	指标属性	分值/分
A. 安全观念文化	A.1 安全意识及理念	A.1.1 员工安全价值观	抽样问卷	2.0
		A.1.2 管理层安全科学观念	抽样问卷	1.0
		A.1.3 决策层安全系统思想	抽样问卷	1.0
		A.1.4 企业安全发展观及目标认识与明确	专家评定型	1.5
	A.2 安全知识及素质	A.2.1 决策层安全生产法规政策知识水平	专家评定型	1.5
		A.2.2 管理层安全法规标准知识水平	专家评定型	1.5
		A.2.3 生产管理人员安全管理知识水平	专家评定型	1.5
		A.2.4 安全专管人员专业能力及素质	统计确认	2.0
		A.2.5 员工安全生产规章制度掌握程度	专家评定型	1.5
	A.3 安全态度与情感	A.3.1 管理层安全承诺	抽样问卷型	2.0
		A.3.2 执行层安全态度	抽样问卷型	2.0
		A.3.3 决策层对安全生产的重视程度	抽样问卷型	2.0
		A.3.4 管理层对生命安全健康的情感	抽样问卷型	1.0
		A.3.5 员工对安全生产的荣誉感与责任感	专家评定型	1.0
		A.3.6 执行层安全生产知识水平	专家评定型	1.0
B. 安全行为文化	B.1 安全信息沟通与交流	B.1.1 管理层安全信息交流	抽样问卷型	1.0
		B.1.2 执行层作业安全沟通	抽样问卷型	2.0
		B.1.3 企业内部安全信息交流	抽样问卷型	1.0
		B.1.4 企业外部安全信息交流与沟通	抽样问卷型	1.0
		B.1.5 员工安全建议方式及通道	专家评定型	1.0
	B.2 安全活动组织	B.2.1 企业安全文化活动的频率	统计确认型	1.0
		B.2.2 员工参与安全活动的积极性	专家评定型	2.0
		B.2.3 各类安全活动的效果	抽样问卷型	1.5
		B.2.4 安全生产先进典型引领作用	专家评定型	1.5
		B.2.5 员工安全生产满意度	抽样问卷型	1.0
		B.2.6 管理层安全生产满意度	抽样问卷型	1.0
	B.3 安全培训与学习	B.3.1 企业学习型组织的建设	抽样问卷型	2.0
		B.3.2 决策层安全培训考试成绩	统计确认型	1.0
		B.3.3 管理层安全培训考试成绩	统计确认型	1.0
		B.3.4 执行层安全培训考试成绩	统计确认型	1.0
		B.3.5 各种安全培训效果	抽样问卷型	2.0
		B.3.6 员工安全培训形式的多样化程度	专家评定型	1.5
		B.3.7 对国家安全政策法规标准的跟踪及更新	专家评定型	1.0
		B.3.8 激励员工进行安全生产创新的程度	专家评定型	1.0

（续）

一级指标	二级指标	三级指标	指标属性	分值/分
B. 安全行为文化	B.4 安全能力表现	B.4.1 决策层履行安全职责的状况	专家评定型	1.5
		B.4.2 管理层履行安全职责的状况	专家评定型	1.5
		B.4.3 安全专管人员安全职责履行状况	专家评定型	2.0
		B.4.4 企业安全科技与管理创新能力表现	专家评定型	1.5
		B.4.5 企业突发事件及紧急情况处置能力表现	统计确认型	1.0
		B.4.6 现场员工劳动防护用品配备与使用状况	专家评定型	1.0
		B.4.7 现场员工事故预防及隐患发现能力	专家评定型	1.0
C. 安全管理文化	C.1 安全生产基础管理	C.1.1 安全生产规章制度与操作规程的制定与执行	专家评定型	2.0
		C.1.2 安全生产责任制的建立及效果	专家评定型	1.5
		C.1.3 安全生产检查制度的建立与实施	专家评定型	1.5
		C.1.4 安全生产监督机构的设立与作用发挥	专家评定型	1.5
		C.1.5 安全专职人员配备率	统计确定型	1.0
		C.1.6 事故应急救援预案完善程度	专家评定型	1.0
		C.1.7 工伤保险参保率与认定率	统计确认型	1.0
		C.1.8 临时工安全管理制度的建立与执行	专家评定型	1.0
	C.2 安全生产系统管理	C.2.1 职业安全健康管理体系的建立	统计确认型	1.5
		C.2.2 职业安全健康管理体系持续改进效果	专家评定型	2.0
		C.2.3 合作单位安全管理制度的建立	专家评定型	1.0
		C.2.4 消防管理制度的建立与效能	专家评定型	1.0
		C.2.5 交通管理制度的建立与效能	专家评定型	1.0
		C.2.6 特种设备安全管理制度的建立与效能	专家评定型	1.0
		C.2.7 危险化学品安全管理制度的建立与效能	专家评定型	1.0
	C.3 安全科学管理	C.3.1 危险源与隐患管理制度与效能	专家评定型	1.5
		C.3.2 安全生产现状评价工作实施与效果	专家评定型	2.0
		C.3.3 安全风险预警制度的建立与实施	专家评定型	1.0
		C.3.4 现代企业安全管理发展与创新	专家评定型	1.5
		C.3.5 安全监管全员参与的程度	统计确认型	1.0
		C.3.6 安全监管家庭参与的程度	统计确认型	1.0
D. 安全文化建设	D.1 安全文化建设组织实施	D.1.1 安全文化建设规划的制定与落实	专家评定型	1.0
		D.1.2 安全文化活动的多样性与生动性	专家评定型	1.5
		D.1.3 全员安全文化活动的参与度	统计确认型	1.5
		D.1.4 安全文化建设活动的质量与效果	专家评定型	2.0
		D.1.5 安全文化建设活动的组织能力	专家评定型	1.0
	D.2 安全环境文化建设	D.2.1 厂区安全文化氛围	专家评定型	1.0
		D.2.2 车间安全文化氛围	专家评定型	1.0
		D.2.3 安全生产信息平台的建设与作用	专家评定型	2.0

（续）

一级指标	二级指标	三级指标	指标属性	分值/分
D. 安全文化建设	D. 3 安全文化推进	D. 3. 1 安全文化测评制度的建立	专家评定型	1. 5
		D. 3. 2 安全文化的创新性	专家评定型	2. 0
		D. 3. 3 安全文化建设奖励机制与效果	专家评定型	1. 0
		D. 3. 4 安全生产先进性表现	统计确认型	1. 0

4. 安全文化评价实施程序

企业安全文化评价过程一般遵循九个步骤，最终形成正式的《企业安全文化建设评价报告》，为企业安全文化建设提供相应的参考，企业安全文化评价的主要实施程序如图3-6所示。

（1）成立评价组织机构

企业开展安全文化评价工作时，首先应成立评价组织机构，并由其确定评价工作的实施机构。

企业实施评价时，由评价组织机构负责确定测评工作人员并成立安全文化评价工作组。必要时可选聘有关咨询专家或咨询专家组。咨询专家（组）的工作任务和工作要求由评价组织机构明确指出。

安全文化评价人员应具备以下基本条件：①熟悉企业安全文化评价相关业务，有较强的综合分析判断能力与沟通能力；②具有较丰富的企业安全文化建设与实施专业知识；③在安全文化评价工作中坚持原则、秉公办事；④企业安全文化评价的负责人应有丰富的企业安全文化建设经验，熟悉评价指标及评价模型。

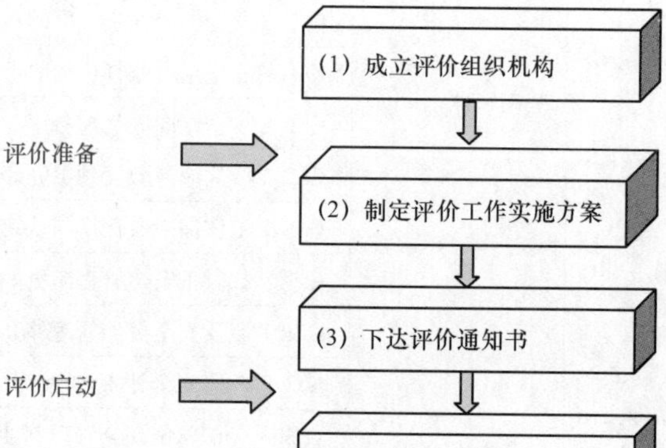

图3-6　企业安全文化评价的主要实施程序

（2）制定评价工作实施方案

评价工作实施机构应参照相应的安全文化评价标准与体系制定评价工作实施方案。方案中应包括所用的安全文化评价方法、安全文化评价样本、访谈提纲、测评问卷、实施计划等内容，并应报送评价组织机构批准。

（3）下达评价通知书

在实施评价前，由评价组织机构向选定的单位下达评价通知书。评价通知书中应当明确：①评价的目的、用途、要求；②应提供的资料及对所提供资料应负的责任；③其他需在评价通知书中明确的事项。

（4）收集评价资料

根据前述评价标准设计评价调研问卷，根据评价工作实施方案收集整理评价基础数据和基础资料。资料收集采取访谈、问卷调查、召开座谈会、专家现场观测、查阅有关资料和档案等形式进行。安全文化评价人员要对评价基础数据和基础资料进行认真检查、整理，确保评价基础资料的系统性和完整性。评价工作人员应对接触的资料内容履行保密义务。

（5）评价数据统计分析

对调研结果和基础数据核实无误后，可借助 Excel、SPSS、SAS 等统计软件进行数据统计，然后根据评价标准建立的数学模型和实际选用的调研分析方法，对统计数据进行分析。

（6）撰写评价报告

统计分析完成后，安全文化评价工作组应按照规范的格式，撰写《企业安全文化建设评价报告》，报告评价结果。

（7）反馈企业征求意见

评价报告提出后，应反馈企业征求意见并做出必要修改。

（8）提交评价报告

评价工作组修改完成评价报告后，经测评项目负责人签字，报送评价组织机构审核确认。

（9）进行评价工作总结

评价项目完成后，评价工作组要进行评价工作总结，将工作背景、实施过程、存在的问题和建议等形成书面报告，报送评价组织机构，同时建立评价工作档案。

企业的安全文化是企业文化的重要组成部分，与企业文化的总目标、内容、层次性、功能相一致。企业在生产的过程中，形成安全文化，同时，安全文化的形成又作用于安全生产，是企业可持续发展的有效保障。企业安全文化的评价是企业安全文化的内涵、外在反映以及可持续发展的综合评价。通过安全文化的评价，可以为企业的安全文化建设提供方向，为企业安全文化的进一步发展奠定基础，从而实现建设和谐社会的目标。

5. 企业安全文化建设实例——神南红柳林“挽手贴心”特色安全文化

神南红柳林矿业公司红柳林矿井（以下简称红柳林公司）是国家在神府南区总体规划确定的四对大型矿井之一，也是陕煤集团公司与榆林市、神木县合作开发的重点项目。公司从开发起步阶段就将创建“世界领先、中国一流”的煤炭企业作为坚定不移的战略目标，以科学发展观为引领，坚持走“文化治企、文化强企、文化兴企”之路；努力把企业做大、做强、做精，着力把企业打造成为矿井安全、生产高效、管理科学、环境优雅、环保节能、形象美好的塞北明珠。企业以创建国家级安全文化示范企业为动力，以先进文化为指导，以制度为保障，以行为为依托，始终把文化建设作为企业安全管理的有效手段，狠抓安全管理制度落实，不断完善安全文化建设内容。

红柳林公司“挽手贴心”安全文化是指手挽手，心贴心，心手相应，想到做到，知行合一，齐心协力达到安全智能化。

（1）理念导入、思维养成，提升安全文化引领力

红柳林公司认真贯彻落实“安全第一，预防为主，综合治理”的安全生产方针，把理念导入作为落实安全生产方针的唯一标准，始终用创新的理念持续推进人的安全思维养成，提出“零轻伤、零伤害”安全目标，树立了“‘三违’和隐患就是事故”“思想的

隐患是最大的隐患”“事故是可以避免和预防的”等安全理念，为企业安全发展注入了灵魂。

工作中，通过把理念渗透给每个员工、渗透到制度标准的每个条款中，让理念发挥渗透辐射作用。例如，85条“双危”辨识标准经过13天100多个小时的集中讨论，再经过全员范围的反复征求意见和推敲，让企业所有员工都深刻地理解“事故是可以避免和预防的”理念，并在践行中自我觉悟、自我反省，达到理念和行动高度的融合统一，提高了全员安全意识。

按照“‘三违’和隐患就是事故”的理念，在生产与安全出现碰撞时，高层和中层领导都能把安全生产方针落到实处，遵守国家的安全法律法规，坚决给安全让路，让安全理念始终为生产服务，做到不安全不生产。

（2）强化预防、用心融情，提升安全文化软实力

红柳林公司始终把人的生命安全摆在首位，进一步强化过程控制预防机制，建立了划“红线”预防、亲情感化理解预防和生活圈认同预防的三位一体预防体系，强化了超前预防管理。

落实国家“双七条”规定，强化“红线”意识，实现重大灾害预防；结合现场危险源辨识、风险评估、预测预想，运用“双七条”的管理思路，总结出了22条环境危险状态和63条人的危险操作，创造性地出台了85条“双危”辨识标准，有效预防了零敲碎打事故的发生。

把亲情感化融入“8+6”三违亲情帮教程序中，要求管理人员把“三违”人员当兄弟、当亲人，在执行“8+6”三违亲情帮教程序的谈心、再谈心环节中，要晓之以理，动之以情，做好“三违”人员的心理疏导工作，让“三违”人员心服口服；同时，在“让座→倒水→拉家常→讲事故案例→分析当事人违章危害→做当事人思想工作”的“6”大程序中，要求做到让座要起立微笑，倒水要热情真诚，拉家常要亲切随和，做思想工作要以理服人等，真正让“三违”人员感受到公司的亲情化管理，实现刚性管理和亲情感化的有机结合，让管理的艺术为严格的制度管理保驾护航。

通过领导重视安全、会议强调安全、标语宣传安全、家属共同帮安全等形式，加强安全源头治理，形成群策群力抓安全的机制。积极开展家属为员工送叮咛语和员工家属一日游活动，每月由父母、岳父母、妻子、儿女、兄弟姐妹、好友用手机给员工发送安全叮咛语短信，发动一切力量来重视员工的生命安全、呵护安全，营造了自觉自愿抓安全、群策群力保安全的良好安全文化氛围。领导用心、员工用情、家属用爱，把务实做事、用情做事、用心做事、用爱做事落到了实处，传递真情取得了良好效果。

（3）规范行为、知行合一，提升安全文化硬实力

红柳林公司按照员工安全行为习惯化、安全管理自主化、流程程序规范化的要求，规范了安全行为，实现了安全管理。

开展“双述”“双危”辨识标准达标考核活动，所有员工都能熟练背诵2700多字的安全应知应会内容、3000字以上的岗位应知应会内容，掌握5～20个事故案例，提升了全员安全素质。

通过“军礼制、报告制、指挥制、复命制、列队制”的“五制”准军事化管理、班前礼仪、现场菜单式确认、互保联保、三三整理等，把安全文化有机地融入安全管理之中，解

决现场安全风险的瓶颈问题，做到上安全岗，干放心活。

把规范程序、优化流程作为控制安全的切入点，建立了包括23个一级流程、107个二级流程、322个三级流程在内的流程体系，通过把制度、流程程序渗透到每个岗位，做到每道程序有标准，每个流程有标准，每个环节有标准。

（4）落实责任、层次分明，提升安全文化管控力

红柳林公司以落实安全责任为抓手，建立“人、事、物”三维立体化的安全责任体系，落实主体责任，强化各层级的安全管理责任。公司制定了“三违”、隐患管理和管理干部工资挂钩的考核机制，管理干部人人头上有“双危”指标，员工个个牢记“双危”标准，落实了“人与人”的责任；按照“六序”“八制”对每项工作的安排和执行进行跟踪闭环管理，将“人与事”的安全责任落到实处；实施过程精细控制，对生产要素全过程、全周期跟踪管理，实现了每台设备、每个系统都有人负责、有人检查、有人考核，落实了“人与物”的责任。“人、事、物”三维立体责任的落实，有效提升了员工的执行力，保证了制度的执行。

复习思考题

1. 安全文化的定义是什么？
2. 思考“安全文化”在安全生产五要素中的地位和作用。
3. 企业安全文化建设的核心内容是什么？
4. 企业安全文化评价的实施程序是什么？

第4章

安全管理方法

本章概要·学习要求

本章从安全管理的计划、组织、领导、控制等方面出发，分别阐述了这几种职能对应的管理方法。通过本章学习，要求学生了解安全管理的各职能的含义，掌握安全管理各职能的实现方法。

安全管理在实施过程中除了有安全管理学理论基础的指导外，还需要一定的方法。根据管理的职能——计划、组织、领导、控制等，一系列相应的管理方法应运而生。这些方法在安全管理中同样适用。本章从安全管理的计划、组织、领导、控制等职能出发，分别阐述了这几种职能对应的管理方法。

4.1 安全管理计划方法

在安全管理决策层确定了安全管理活动的目标之后，就要通过安全管理计划来使之具体化，并谋求安全管理系统的外部环境、内部条件、决策目标三者之间在动态上的平衡，实现安全管理决策所确定的各项安全目标。因此，计划职能在企业安全管理活动中具有十分重要的地位，它是企业安全管理活动的中心环节。

4.1.1 安全管理计划的含义和作用

1. 安全管理计划的含义

一般来说，计划就是指未来行动的方案。它具有以下三个明显的特征：①必须与未来有关；②必须与行动有关；③必须由某个机构负责实施。这就是说，计划就是人们对行动及目的的“谋划”。我国古代所说的“凡事预则立，不预则废”“运筹帷幄之中，决胜千里之外”，说的就是这种计划。当今社会，人们为了纷繁复杂的社会生产、生活的正常进行，需要制订各种各样的计划，大至国家的政治方针，小至某项工作、某个工程、某个战役的策划。然而，这里要研究的并不是这种分门别类的具体计划，而是作为安全管理范畴的计划和计划性，或者说是安全管理计划的一般原理。

安全管理计划成为一种安全管理职能是因为：首先，安全生产活动作为人类改造自然的一种有目的的活动，需要在安全工作开始前就确定安全工作的目标；其次，安全活动必须以一定的方式消耗一定质量和数量的人力、物力和财力资源，这就要求在进行安全活动前对所需资源的数量、质量和消耗方式做出相应的安排；再次，企业安全活动本质上是一种社会协作活动，为了有效地进行协作，必须事先按需要安排好人力资源，并把人们实现安全目标的行动相互协调起来；最后，安全活动需要在一定的时间和空间中展开，如果没有明确的安全管理计划，安全生产活动就没有方向，人、财、物就不能合理组合，各种安全活动的进行就会出现混乱，活动结果的优劣也没有评价的标准。

2. 安全管理计划的作用

安全管理计划在安全管理中的作用主要表现在以下三个方面：

1）安全管理计划是安全决策目标实现的保证。安全管理计划是为了具体实现既定的安全决策目标，而将整个安全目标进行分解，计算并筹划人力、财力、物力，拟订实施步骤、方法，同时制定相应的策略、政策等一系列安全管理活动。任何安全管理计划都是为了促使某一个安全决策目标的实现而制订并执行的。如果没有计划，实现安全目标的行动就会成为杂乱无章的活动，安全决策目标就很难实现。

2）安全管理计划是安全工作的实施纲领。任何安全管理都是安全管理者为了达到一定的安全目标对被管理对象实施的一系列的影响和控制活动。安全管理计划是安全工作中一切实施活动的纲领。只有通过计划，才能使安全管理活动按时间、有步骤地顺利进行。因此，离开了计划，安全管理的其他职能作用就会减弱甚至不能发挥，当然也就难以进行有效的安全管理。

3）安全管理计划能够协调、合理利用一切资源，使安全管理活动取得最佳效益。当今时代，各行业的生产呈现出高度社会化。在这种情况下，如果每一项活动中任何一个环节出了问题，就可能影响到整个系统的有效运行。安全管理计划工作能够通过统筹安排、经济核算，合理地利用企业人力、物力和财力资源，有效地防止可能出现的盲目性和紊乱，使企业安全管理活动取得最佳的效益。

4.1.2 安全管理计划的内容和形式

1. 安全管理计划的内容

安全管理计划必须具备以下三个要素：

（1）目标

安全工作目标是安全管理计划产生的原因，也是安全管理计划的奋斗方向。因此，制订安全管理计划前，要分析研究安全工作现状，并准确无误地提出安全工作的目的和要求，以及提出这些要求的根据，使安全管理计划的执行者事先了解到安全工作未来的结果。

（2）措施

安全措施和方法是实现安全管理计划的保证。措施和方法主要是指达到既定安全目标需要什么手段、动员哪些力量、创造什么条件、排除哪些困难，如果是集体的计划，还要写明某项安全任务的责任者，便于检查监督，以确保安全管理计划的实施。

（3）步骤

步骤也就是工作的程序和时间的安排。在制订安全管理计划时，有了总时限以后，还必须有每一阶段的时间要求，以及人力、物力、财力的分配使用，使有关单位和人员知道在一定的时间内、一定的条件下，把工作做到什么程度，以争取主动协调进行。

安全管理计划的三个要素在具体制订时，首先要说明安全任务指标。至于措施、步骤、责任者等，应根据具体情况而定，可分开说明，也可在一起综合说明。但是，不论哪种编制方法，都必须体现出这三个要素。三要素是安全管理计划的主体部分。

除此以外，每份计划还要包括以下内容：一是确切的、一目了然的标题，把安全管理计划的内容和执行计划的有效期限体现出来；二是安全管理计划的制订者和制订计划的日期；三是有些内容需要用图表来表示，或者需要用文字说明的，还可以把图表或说明附在计划正文后面，作为安全管理计划的一个组成部分。

2. 安全管理计划的形式

安全管理计划的形式是多种多样的。按时间顺序划分，可分为长期计划、中期计划和短期计划；按计划的层级划分，可分为高层计划、中层计划和基层计划；按计划管理形式和调节控制程度划分，可分为指令性计划、指导性计划等；按计划的内容划分，可分为安全生产发展计划、安全文化建设计划、安全教育发展计划、隐患整改措施计划、班组安全建设计划等；按计划的性质划分，可分为安全战略计划、安全战术计划；按计划的具体化程度划分，可分为安全目标、安全策略、安全规划、安全预算等。

（1）长期、中期和短期计划

1）长期计划。它的期限一般在10年以上，又可称为长远规划或远景规划。其确定主要考虑以下因素：①为实现一定的安全生产战略任务大体需要的时间；②人们认识客观事物及其规律性的能力、预见程度，制订科学的计划所需要的资料、手段、方法等条件具备的情况；③科技的发展及其在生产上的运用程度等。长期计划一般只是纲领性、轮廓性的计划，以综合性指标和重大项目为主，还必须有中期、短期计划来补充，将计划目标加以具体化。

2）中期计划。它的期限一般为5年左右，由于期限较短，可以比较准确地衡量计划期各种因素的变动及其影响。所以在一个较大系统中，中期计划是实现安全管理计划的基本形式。它一方面可以把长期的安全生产战略任务分阶段具体化，另一方面又可为年度安全管理计划的编制提供基本框架。5年计划也应列出分年度的指标，但它不能代替年度计划的编制。

3）短期计划。短期计划包括年度计划和季度计划，以年度计划为主要形式。它是中期、长期计划的具体实施计划和行动计划。它根据中期计划具体限定本年度的安全生产任务和有关措施，内容比较具体、细致、准确；有执行单位，有相应的人力、物力、财力的分配，为检查计划的执行情况提供了依据。

（2）高层、中层和基层计划

1）高层计划。高层计划是由高层领导机构制订并下达到整个组织执行和负责检查的计划。高层计划一般是战略性的计划，它是对本组织事关重大的、全局性的、时间较长的安全工作任务的筹划。例如，远景规划，就是对较大范围、较长时间、较大规模的工作的总方向、大目标、主要步骤和重大措施的设想蓝图。

2）中层计划。中层计划是由中层管理机构制订、颁布，并下达到有关基层执行并负责检查的计划。中层计划一般是战术或业务计划。战术或业务计划是实现战略计划的具体安排，它规定基层组织和组织内部各部门在一定时期需要完成什么安全工作任务，如何完成，并筹划出人力、物力和财力资源等。

3）基层计划。基层计划是由基层执行机构制订、颁布和负责检查的计划。基层计划一般是执行性的计划，主要有安全作业计划、安全作业程序和规定等。

（3）指令性计划和指导性计划

1）指令性计划。指令性计划是由上级计划单位按隶属关系下达，要求执行计划的单位和个人必须完成的计划。其特点如下：

① 强制性。凡是指令性计划，都是必须坚决执行的，具有行政和法律的强制性。

② 权威性。只要以指令形式下达的计划，在执行中就不得自行更改变换，必须保证完成。

③ 行政性。指令性计划主要是靠行政方法下达指标完成。

④ 间接市场性。指令性计划也要运用市场机制，但是，市场机制是间接发生作用的。由此可见，指令性计划只局限于重要的安全生产领域和重要的任务，范围不能过宽。

2）指导性计划。指导性计划是上级计划单位只规定方向、要求或一定幅度的指标，下达隶属部门和单位参考执行的一种计划形式。其特点如下：

① 约束性。指导性计划不像指令性计划那样具有强制性，只有号召、引导和一定的约束作用，并不强制下属接受和执行。

② 灵活性。指导性计划指标是粗线条的、有弹性的，给下属单位以灵活活动的余地。

③ 间接调节性。间接调节性是指主要通过经济杠杆、沟通信息等手段来实现上级计划目标。

4.1.3　安全管理计划指标和指标体系

1. 安全管理计划指标的概念和基本要求

安全管理计划规定的各项发展任务和目标，除了做必要的文字说明外，主要是通过一系列有机联系的计划指标体系表现的。

计划指标是指计划任务的具体化，是计划任务的数字表现。一定的计划指标通常是由指标名称和指标数值两部分组成的，如煤炭企业年平均重伤人数、百万吨重伤率等。计划指标的数字有绝对数和相对数之分。以绝对数表示的计划指标，要有计量单位；而以相对数表示的计划指标，通常用百分比等表示。

由于社会现象和过程是一个有机的整体，因此，表示计划任务的各项指标也是相互联系、相互依存的，从而构成一个完整的指标体系。进行计划管理，搞好综合平衡，都要求有一个完整、科学的计划指标体系。一般来说，计划指标体系的设计应遵循系统性、科学性、统一性、政策性以及相对稳定性的基本要求。

2. 安全管理计划指标体系的分类

安全管理计划指标体系是由不同类型的指标构成的，而每一类指标，又包括许多具体指标，这些指标从不同的角度进行划分，大致可以分为以下几类：

（1）数量指标和质量指标

计划任务的实现既表现为数量的变化，又表现为质量的变化，计划指标按其反映的内容不同，可分为数量指标和质量指标。

1）数量指标。数量指标是以数量来表现计划任务，用以反映计划对象的发展水平和规模，一般用绝对数表示，如企业的总产量、安全生产总投入、劳动工资总额等。

2）质量指标。质量指标是以深度、程度来表现计划任务，用以反映计划对象的素质、效率和效益，一般用相对数或平均数表示，如企业的劳动生产率、成本降低率、设备利用率、隐患整改率等。

（2）实物指标和价值指标

1）实物指标。实物指标是指用质量、容积、长度、件数等实物计量单位来表现使用价值量的指标。运用实物指标，可以具体确定各生产单位的生产任务，确定各种实物产品的生产与安全的平衡关系。

2）价值指标。价值指标又称为价格指标或货币指标，它是以货币作为计量单位来表现产品价值、安全投入及伤亡事故损失关系的指标。价值指标是进行综合平衡和考核的重要指标。在实际工作中，通常使用的价值指标有两种：一是按不变价格计算的，可以消除价格变动的影响，反映不同时期产出量的变化；二是按现行价格计算的，可以大体反映产品价值量的变动，用于核算分析产出量，安全投入、事故损失间的综合平衡关系。

（3）考核指标和核算指标

1）考核指标。考核指标是考核安全管理计划任务执行情况的指标，如考核安全学习情况的指标——职工安全学习成绩及格率，考核安全检查质量的指标——隐患整改率。考核指标既可以是实物指标，也可以是价值指标；既可以是数量指标，又可以是质量指标。

2）核算指标。核算指标是指在编制安全管理计划过程中供分析研究用的指标，只作为计划的依据，如企业中安全生产装备、安全控制能力利用情况，安全生产投入的使用金额，安全生产产生的收益额等。

（4）指令性指标和指导性指标

与前面所述指令性计划和指导性计划相对应，指令性指标是企业用指令下达的执行单位必须完成的安全生产指标，具有权威性和强制性。指导性指标对企业安全工作只起指导作用，不具有强制性。

（5）单项指标和综合指标

单项指标是指安全工作中单项任务完成情况的指标，如某台设备的检修安全任务完成情况指标、某项工程的安全控制情况指标等。

综合指标则是反映安全管理计划任务综合情况的指标。综合指标往往是由多项具体安全工作任务指标组合而成的。

总之，企业安全管理计划指标应随着客观情况的发展、体制的变动、计划水平的提高而不断地进行调整、充实和完善，这是企业安全管理计划科学化的重要内容。

4.1.4 安全管理计划的编制和修订

1. 安全管理计划编制的原则

安全管理计划具有主观性，计划制订的好坏，取决于它和客观相符合的程度。为此，在安全管理计划的编制过程中，必须遵循一系列的原则，这些原则如下：

（1）科学性原则

科学性原则是指企业所制订的安全管理计划必须符合安全生产的客观规律，符合企业的实际情况。这就要求安全管理计划编制人员必须从企业安全生产的实际出发，深入调查研究、掌握客观规律，使每一项计划都建立在科学的基础之上。

（2）统筹兼顾原则

统筹兼顾原则是指在制订安全管理计划时，不仅要考虑到计划对象系统中各个构成部分及其相互关系，而且还要考虑到计划对象和相关系统的关系，进行统一筹划。

首先，要处理好重点和一般的关系；其次，要处理好简单再生产和扩大再生产与安全生产的关系；再次，要处理好国家、地方、企业和职工个人之间的关系。一方面要保证国家的整体安全和长远安全需要，强调局部利益服从整体利益，眼前利益服从长远利益；另一方面又要照顾到地方、企业和职工个人的安全需要。

（3）积极可靠原则

积极可靠原则即制订安全管理计划一是要积极，凡是经过努力可以办到的事，要尽力安排，努力争取办到；二是要可靠，计划要落到实处，而确定的安全管理计划指标，必须要有资源条件做保证，不能留有缺口。

（4）留有余地原则

留有余地原则即弹性原则，是安全管理计划在实际安全管理活动中的适应性、应变能力和动态的安全管理对象要一致。计划留有余地包括两方面的内容：一是指标不能定得太高，否则经过努力也达不到，既挫伤计划执行者的积极性，又容易使计划落空；二是资金和物资的安排、使用要留有一定的后备，否则难以应对突发事件、自然灾害等不测情况。

（5）瞻前顾后原则

在制订安全管理计划时，必须有远见，能够预测到未来发展变化的方向；同时又要参考历史情况，保持计划的连续性。从系统论的角度来说，也就是保持系统内部结构的有序和合理。

（6）群众性原则

群众性原则是指在制订和执行计划的过程中，必须依靠群众、发动群众、广泛听取群众意见。只有依靠职工群众的安全生产经验和安全工作聪明才智，才能制订出科学、可行的安全管理计划，也才能激发职工的安全积极性，自觉为安全目标的实现而奋斗。

2. 安全管理计划编制的程序

（1）调查研究

编制安全管理计划，必须弄清计划对象的客观情况，这样才能做到目标明确，有的放矢。为此，在计划编制之前，必须先按照计划编制的目的要求，对计划对象中的有关方面进行现状和历史的调查，全面积累数据，充分掌握资料。从获得资料的方式来看，调查分为亲自调查、委托调查、重点调查、典型调查、抽样调查和专项调查等。

（2）安全预测

进行科学的安全预测是安全管理计划制订的依据和前提。安全预测的内容十分丰富，主要包括工艺安全状况预测、设备可靠性预测、隐患发展趋势预测、事故发生的可能性预测等；而从预测的期限来看，则有长期、中期和短期预测等。

（3）拟订计划方案

计划机关或计划者应根据充分的调查研究和科学的安全预测得到数据和资料，审慎地提出安全生产的发展战略目标和阶段目标，以及安全工作主要任务、有关安全生产指标和实施步骤的设想，并附上必要的说明。通常情况下要拟订几种不同的方案以供决策者选择之用。

（4）论证和择定计划方案

这一阶段是安全管理计划编制的最后阶段，主要工作大致可归纳为以下几个方向：

1）通过各种形式和渠道，召集有准备的各方面安全专家的评议会进行科学论证，同时，也可召集职工座谈会，广泛听取意见。

2）修改、补充计划草案，拟出修订稿，再次通过各种渠道征集意见和建议。

3）比较选择各个可行方案的合理性与效益性，从中选择一个满意的安全管理计划，然后由企业权力机关批准实行。

3. 安全管理计划编制的方法

安全管理计划编制不仅要按照一定原则和步骤进行，而且要采用能够正确核算和确定各项安全指标的科学方法。在实际工作中，常用的安全管理计划编制方法主要有以下几种：

（1）定额法

定额是通过经济、安全统计资料和安全技术手段测定而提出的完成一定安全生产任务的资源消耗标准，或一定的资源消耗所要完成安全生产任务的标准。它是安全管理计划的基础，对计划核算有决定性影响。

（2）系数法

系数是两个变量之间比较稳定的依存关系的数量表现，主要有比例系数和弹性系数两种形式。比例系数是两个变量的绝对量之比。例如，企业安装一台消声器的工作量一般占基建投资总额的比例为25%，那么，这里的0.25就是两者的比例系数。弹性系数是两个变量的变化率之比。例如，企业产量增长速度和企业总的经济增长速度之比假设为0.2:1，那么，这里的0.2就是产量增长的弹性系数。系数法就是运用这些系数从某些计划指标推算其他相关计划指标的方法。系数法一般用于计划编制的匡算阶段和远景规划。

（3）动态法

动态法就是按照某项安全指标在过去几年的发展动态来推算该指标在计划期的发展水平的方法。假设根据历年情况，某企业集团人身伤害事故每年大约减少5%。假定计划期内安全生产条件没有较大变化，那么就可以按减少5%来考虑。这种方法常见于确定安全管理计划目标的最初阶段。

（4）比较法

比较法就是对同一计划指标在不同时间或不同空间所呈现的结果进行比较，以便研究确定该项计划指标水平的方法。这种方法常用于进行安全管理计划分析和论证。在运用该方法时，要注意同一指标诸多因素的可比性问题，简单的类比是不科学的。

（5）因素分析法

因素分析法是指通过分析影响某个安全指标的具体因素以及每个因素变化对该指标的影响程度来确定安全管理计划指标的方法。例如，在生产资料供应充足的条件下，企业生产水平取决于投入生产领域的活劳动量和单位活劳动的生产率以及企业安全生产的水平。为确定企业产量计划，可以分别求出计划期由于劳动力增加可能增加的产量以及由于劳动生产率提高可能增加的产量和安全生产的平稳运行可能增加的产量，然后把三者相加。

(6) 综合平衡法

综合平衡是从整个企业安全管理计划全局出发，对计划的各个构成部分、各个主要因素、整个安全管理计划指标体系全面进行平衡，寻求系统整体的最优化。因此，它是进行计划平衡的基本方法。综合平衡法的具体形式很多，主要有编制各种平衡表、建立便于计算的计划图解模型或数学模型等。

4. 安全管理计划的检查与修订

制订安全管理计划并不是计划管理的全部，只是计划管理的开始，在整个安全管理计划的制订、贯彻、执行和反馈的过程中，计划的检查与修订，占十分重要的地位，起着不可忽视的作用。

1）计划的检查是监督计划贯彻落实情况，推动计划顺利实施的需要。通过计划检查，可以及时了解各个子系统内或每一个环节安全管理计划任务的落实情况，各部门、各单位完成计划的进度情况，以便研究和提出保证完成计划的有力措施。

2）计划的检查还可以检验计划编制是否符合客观实际，以便修订和补充计划。计划的编制力求做到从实际出发，使其尽量符合客观实际。但是，由于受到人的认识和客观过程的发展的限制，可能会经常出现计划局部变更的情况。当发现计划与实际执行情况不符时，应具体分析其原因，如果是由于计划本身不符合实际情况，或在执行过程中出现了没有预测到的问题，如重大突发事件、突发重大事故等，就应修订原计划。但修订计划必须按一定程序进行，必须经原批准机关审查批准。

3）计划的检查要贯穿于计划执行的全过程。从安全管理计划的下达开始，直到计划执行结束，计划检查要做到全面而深入。检查的主要内容有：计划的执行是否偏离目标；计划指标的完成程度；计划执行中的经验和潜在的问题；计划是否符合执行中的实际情况，有无必要做修改和补充等。

检查的方法有分项检查和综合检查、数量检查和质量检查、定期检查和不定期检查、全面检查、重点检查、抽样检查、统计报表检查、深入基层检查等。

4.2 安全管理组织方法

组织有两种含义：一方面，组织代表某一实体本身，如工厂企业、公司财团、学校等；另一方面，组织是管理的一大职能，是人与人之间或人与物之间资源配置的活动过程。安全管理组织是安全管理职能之一，完善的安全管理组织应具备：①有各自明确的保障生产安全、人与财物不受损失的目的；②由一定的承担安全管理职能的人群组成；③有相应的系统性结构，用以控制和规范安全管理组织内成员的行为。例如，制定安全管理规章制度、建立职业安全健康管理体系、编写生产岗位安全职责与职权等。

在企业具体的应用主要体现在安全管理组织机构的设立和职业安全健康管理体系的实施上。职业安全健康管理体系系统化、结构化、程序化的管理方法详见本书第8章。本节主要从安全管理组织的构成与设计、安全专业人员的配备和职责、安全管理组织的运行三方面对安全管理组织方法进行阐述。

4.2.1　安全管理组织的构成与设计

要完成具有一定功能目标的活动，都必须有相应的组织作为保障。建立合理的安全管理组织机构是有效地进行安全生产指挥、检查、监督的组织保证。安全管理组织机构是否健全、安全管理组织中各级人员的职责与权限界定是否明确、安全管理的体制是否协调高效，直接关系到安全工作能否全面开展和职业安全健康管理体系是否有效运行。

1. 安全管理组织的基本要求

事故预防是有计划、有组织的行为。为了实现安全生产，必须制订安全工作计划，确定安全工作目标，并组织企业员工为实现确定的安全工作目标努力。因此，企业必须建立安全管理体系，而安全管理体系的一个基本要素就是安全管理组织。由于安全工作涉及面广，因此合理的安全管理组织应形成网络结构，其纵向要形成一个从上而下指挥自如的、统一的安全生产指挥系统；横向要使企业的安全工作按专业部门分系统归口管理，层层展开。建立安全管理组织的基本要求如下：

（1）合理的组织结构

为了形成“横向到边、纵向到底”的安全工作体系，要合理地设置横向安全管理部门，科学地划分纵向安全管理层次。

（2）明确责任和权利

组织机构内各部门、各层次乃至各工作岗位都要明确安全工作责任，并对各级授予相应的权利。这样有利于组织内部各部门、各层次为实现安全生产目标而协同工作。

（3）人员选择与配备

根据组织机构内不同部门、不同层次、不同岗位的责任情况，选择和配备人员。特别是专业安全技术人员和专业安全管理人员应该具备相应的专业知识和能力。

（4）制定和落实规章制度

制定和落实各种规章制度以保证工作安全有效地运转。

（5）信息沟通

组织内部要建立有效的信息沟通模式，使信息沟通渠道畅通，保证安全信息及时、准确地传达。

（6）与外界协调

企业存在于社会环境中，其安全工作不仅受到外界环境的影响，而且要接受政府的指导和监督等。因此安全组织机构与外界的协调非常重要。

安全管理组织的建立是有法律依据的。《中华人民共和国安全生产法》（以下简称《安全生产法》）第二十一条对安全管理组织机构的建立和安全管理人员的配备专门做了规范。

1）对矿山、建筑施工单位、道路运输企业和危险物品的生产、经营、储存单位的要求。矿山、建筑施工单位、道路运输企业和危险物品的生产、经营、储存单位，都属于高危险行业，容易发生安全事故。因此，不管其生产规模如何，都应当设置安全生产管理机构或者配备专职安全生产管理人员，以确保生产经营过程中的安全。

2）对其他生产经营单位的要求。对于矿山、金属冶炼、建筑施工单位、道路运输企业和危险物品的生产、经营、储存单位以外的其他生产经营单位，《安全生产法》规定，凡是从业人员超过100人的，应当设置安全生产管理机构或者配备专职安全生产管理人员；从业人员在100人以下的，应当配备专职或者兼职的安全生产管理人员。

2. 安全管理组织的构成

不同行业、不同规模的企业，安全工作组织形式也不完全相同。应根据上述安全工作组织要求，结合本企业的规模和性质，建立安全管理组织。企业安全管理组织的构成模式如图4-1所示，它主要由安全工作指挥系统、安全检查系统和安全监督系统三大系统构成管理网络。

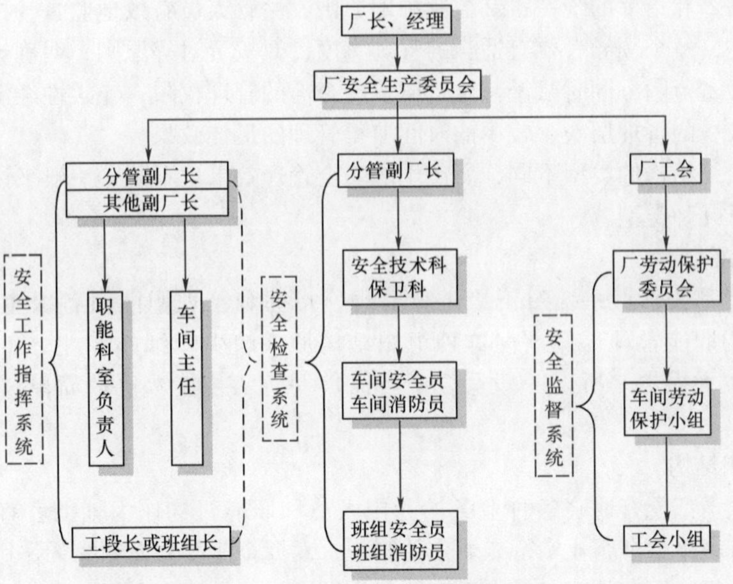

图4-1　企业安全管理组织的构成模式

（1）安全工作指挥系统

该系统由厂长或经理委托一名副厂长或副经理（通常为分管生产的负责人）负责，对职能科室负责人、车间主任、工段长或班组长实行纵向领导，确保企业职业安全健康计划、目标的有效落实与实施。

（2）安全检查系统

安全检查系统是具体负责实施职业安全健康管理体系中“检查与纠正措施”环节各项任务的重要组织，该系统的主体是由分管副厂长、安全技术科、保卫科、车间安全员、车间消防员、班组安全员、班组消防员组成。另外，安全工作指挥系统也兼有安全检查的职责。实际工作中，一些职能部门兼具双重职责。

（3）安全监督系统

安全监督系统主要是由工会、党、政、工、团组成的安全防线。例如，有些单位的工会生产保护部门负责筑起“工会抓网”安全防线，发动组织职工开展安全生产劳动竞赛，抓好班组劳动保护监督检查员职责的落实；组织部门负责筑起“党组织抓党”安全防线，把安全生产列为对所属党组织政绩考核和对党员教育、评议及目标管理考核的指标之一；厂长办公室负责筑起“行政抓长”安全防线，各级行政正职必须是本单位安全生产的第一责任者，在安全管理上实行分级负责，层层签订安全生产承包责任状；团委负责筑起“共青团抓岗”安全防线，动员广大团员青年积极参与安全生产管理及安全生产活动；由企业工会女工部门负责筑起“妇女抓帮”安全防线，组织教育妇女不断提高安全意识，围绕安全生产目标，在女工中开展各种类型的妻子帮助丈夫安全生产竞赛活动。

3. 安全管理组织的设计

安全管理组织设计的任务是设计清晰的安全管理组织结构，规划和设计组织各部门的职能和职权，确定组织中安全管理职能、职权的活动范围并编制职务说明书。

安全管理组织设计的原则有：①统一指挥原则，各级机构以及个人必须服从上级的命令和指挥，保证命令和指挥的统一；②控制幅度原则，主管人员有效地监督、指挥其直接下属的人数是有限的，每个领导者要有适当的管理宽度；③权责对等原则，明确规定每一管理层次和各部门的职责范围，同时赋予其履行职责所必需的管理权限；④柔性经济原则，努力以较少的人员、较少的管理层次、较少的时间取得管理的最佳效果。

安全管理组织结构的类型不同，所产生的安全管理效果也不同。一般来说，安全管理组织结构分为以下几种类型：

（1）直线制结构

各级管理者都按垂直系统对下级进行管理，指挥和管理职能由各级主管领导直接行使，不设专门的职能管理部门。但这种组织结构形式缺少较细的专业分工，管理者决策失误就会造成较大损失。所以一般适合于产品单一、工艺技术比较简单、业务规模较小的企业。

（2）职能制结构

各级主管人员都配有通晓各种业务的专门人员和职能机构作为辅助者直接向下发号施令。这种形式有利于整个企业实行专业化的管理，发挥企业各方面专家的作用，减轻各级主管领导的工作负担。而它的缺点是由于实行多头领导，往往政出多门，易出现指挥和命令不统一的现象，造成管理混乱。因此，在实际中应用较少。

（3）直线职能型结构

直线职能型结构以直线制为基础，既设置了直线主管领导，又在各级主管人员之下设置了相应的职能部门，分别从事职责范围内的专业管理。既保证了命令的统一，又发挥了职能专家的作用，有利于优化行政管理者的决策。因此，这种形式在企业组织中被广泛采用。其主要缺点有：①各职能部门在面临共同问题时，往往易从本位出发，从而导致意见和建议的不一致甚至冲突，加大了上级管理者对各职能部门之间的协调负担；②职能部门的作用受到了较大的限制，一些下级业务部门经常忽视职能部门的指导性意见和建议。

（4）矩阵制结构

矩阵制结构便于讨论和应对一些意外的问题，在中等规模和若干种产品的组织中效果最为显著。当环境具有很高的不确定性，而目标反映了双重要求时，矩阵制结构是最佳选择。其优势在于它能够使组织满足环境的双重要求。资源可以在不同产品之间灵活分配，适应不断变化的外界要求。其劣势在于一些员工要受双重职权领导，容易使人感到阻力和困惑。

（5）网格结构

网格结构是指依靠其他组织的合同进行制造、分销、营销或其他关键业务经营活动的结构。这种形式具有更大的适应性和应变能力但是难以监管和控制。

企业可根据自身的不同情况、不同规模，根据危险源、事故隐患的性质、范围、规模等选择适合的安全管理组织结构类型。

4.2.2 安全专业人员的配备和职责

安全专业人员的配备是安全管理组织实施的人员保障。要发展学历教育和设置安全工程师职业制度，对安全专业人员要有具体严格的任职要求。企业内部的安全管理系统要合理配制相关的安全管理人员，合理界定组织中各部门、各层次的职责；建立兼职人员网络，企业内部从上到下（班组）设置全面、系统、有效的安全管理组织和人员网络等。

1. 安全专业人员的配备

根据行业的不同，在企业职能部门中设专门的安全管理部门，如安检处、安全科等，或设兼有安全管理与其他某方面管理职能的部门，如安全环保部、质量安全部等。在车间、班组设专职或兼职安全员。安全管理人员的配备比例可根据企业生产性质、生产规模来定，《注册安全工程师管理规定》第六条规定："从业人员 300 人以上的煤矿、非煤矿矿山、建筑施工单位和危险物品生产、经营单位，应当按照不少于安全生产管理人员 15% 的比例配备注册安全工程师；安全生产管理人员在 7 人以下的，至少配备 1 名。前款规定以外的其他生产经营单位，应当配备注册安全工程师或者委托安全生产中介机构选派注册安全工程师提供安全生产服务。安全生产中介机构应当按照不少于安全生产专业服务人员 30% 的比例配备注册安全工程师。"

安全工程师作为安全专业人员，在安全管理中发挥着重要作用。2002 年 9 月，我国人事部、国家安全生产监督管理局颁布了《注册安全工程师执业资格制度暂行规定》和《注册安全工程师执业资格认定办法》，建立了我国注册安全工程师（Certified Safety Engineer）制度，对其执业资格范围、享有的权利和义务等做了详细的规定。《注册安全工程师管理规定》第十七条规定，注册安全工程师的执业范围包括：安全生产管理，安全生产检查，安全评价或者安全评估，安全检测检验，安全生产技术咨询、服务，安全生产教育和培训，法律、法规规定的其他安全生产技术服务。

2. 安全专业人员的职责

安全管理组织及专业人员主要负责企业安全管理的日常工作，但是不能代替企业法人代表或负责人承担安全生产法律责任。安全专业人员的主要职责有以下五个方面：

1）定期向企业法人代表或负责人提交安全生产书面意见，针对本企业安全状况编制企业的职业安全健康方针、目标、计划，以及有关安全技术措施及经费的开支计划。

2）参与制定防止伤亡事故、火灾等事故和职业危害的措施，组织重大危险源管理、应急管理、工伤保险管理等及本企业危险岗位、危险设备的安全操作规程，提出防范措施、隐患整改方案，并负责监督实施，以及各种预案的编制等。

3）组织定期或不定期的安全检查，及时处理发现的事故隐患；组织调查和定期检测尘毒作业点，制定防止职业中毒和职业病发生的措施，搞好职业劳动健康及建档工作；督促检查企业职业安全健康法规和各项安全规章制度的执行情况。

4）一旦发生事故，应该积极组织现场抢救，参与伤亡事故的调查、处理和统计工作，会同有关部门提出防范措施。

5）组织、指导员工的安全生产宣传、教育和培训工作，开展安全竞赛、评比活动等。

对安全管理组织中各部门、层次的职责与权限必须界定明确，否则管理组织就不可能发挥作用。应结合安全生产责任制的建立，对各部门、各层次、岗位应承担的安全职责以及应具有的权限、考核要求与标准做出明确的规定。

对安全管理人员素质的要求为：①品德素质好，坚持原则，热爱职业安全健康管理工作，身体健康；②掌握职业安全健康技术专业知识和劳动保护业务知识；③懂得企业的生产流程、工艺技术，了解企业生产中的危险因素和危险源，熟悉现有的防护措施；④具有一定的文化水平，有较强的组织管理能力与协调能力。

4.2.3 安全管理组织的运行

经过对安全管理组织的设计，确定其结构、流程，以及安全专业人员的配置后，进一步的工作就是安全管理组织的运行。安全管理组织的运行情况直接影响着事故预防的效果、安全目标的实现情况，以及安全资源配置的合理程度等，具有重要的作用。安全管理组织的运行过程，需要以有关的规章制度，进而以更深层次的安全文化进行约束；同时需要以完善和合适的绩效考核，以及合理、充足的安全投入作为保障。

1. 安全管理组织运行的约束

（1）安全规章制度约束

安全管理组织的有效运行需要对各个方面的规章制度进行设计和规范，这是长期积累的结果。有关规章制度的制定范围应当包括安全管理组织结构、安全管理组织所承担的任务、安全管理组织运行的流程、安全管理组织人事、安全管理组织运行规范、安全管理决策权的分配等方面。在有关安全生产法律法规体系的指导下，通过安全规章制度的约束作用，把安全管理组织中的职位、组织承担的任务和组织中的人很好地协调起来。

（2）安全文化约束

保证安全管理组织的通畅运行及其效率，除了有关规章制度的约束作用外，更深层次的约束作用在于企业的安全文化。企业安全文化体现在企业安全生产方面的价值观以及由此培养的全体员工安全行为等方面。它是培养共同职业安全健康目标和一致安全行为的基础。安全文化具有自动纠偏的功能，从而使企业能够自我约束，安全管理组织得以通畅运行。

2. 安全管理组织运行的保障

（1）绩效考核保障

安全管理组织运行保障中一个重要的内容是建立完善和合适的绩效考核，通过较为详细、明确、合理的考核指标指导和协调组织中人的行为。企业制定了战略发展的职业安全健康目标，需要把目标分阶段分解到各部门各人员身上。绩效考核就是对企业安全管理人员以及各承担安全目标的人员完成目标情况的跟踪、记录、考评。通过绩效考核的方式以增强安全管理组织的运行效率，推动安全管理组织有效、顺利地运行。

（2）安全经济投入保障

安全管理组织的完善需要合理、充足的安全经济投入作为保障。正确认识预防性投入与事后整改投入的等价关系，就需要了解安全经济的基本定量规律——安全效益金字塔的关系，即设计时考虑1分的安全性，相当于加工和制造时的10分安全性效果，而能达到运行或投产时的1000分安全性效果。这一规律指导人们考虑安全问题要具有前瞻性；要研究和掌握安全措施投资政策和立法，遵循“谁需要、谁受益、谁投资”的原则，建立国家、企业、个人协调的投资保障系统；要进行科学的安全技术经济评价、有效的风险辨识及控制、事故损失测算、保险与事故预防的机制，推行安全经济奖励与惩罚、安全经济（风险）抵押等方法，最终使安全管理组织的建立和运行得到安全经济投入的保障。有了充足的安全投入，安全管理组织才能有足够的资金、人力、物力等资源，才能保证安全管理组织活动的顺利开展和实施。

4.3 安全管理领导方法

企业的安全生产工作涉及全体人员，从工作性质的角度看，这些人员大致可分为以下三个层面：操作层面、管理层面和领导层面。不同层面的人员在安全工作中的角色、作用和任务是不同的。企业对安全生产的重视与否、保障条件的好坏等，均与领导层面的人员密切相关。企业安全管理层面的人员从事安全管理工作，离不开领导者的作用。

4.3.1 安全领导的含义和作用

1. 安全领导的含义

"领导"一词是外来语，在汉语中使用时，该词有两层含义，即"领导者（人）"和"领导者的领导行为（活动）"，英文相应为"Leader"和"Leadership"。显然，领导者与领导行为是两个不同的概念。在这里，安全领导仅指"安全领导者的领导行为"。

关于"领导"的含义，目前中外专家的认识还不尽一致。在经典管理学和领导学中比较具有代表性的观点有以下几种：

1）美国管理学家孔茨等对领导的界定是："领导为影响力，这是影响人们心甘情愿地和满怀热情地为实现群体的目标而努力的艺术或过程。"

2）坦南鲍姆（R. Tannenbaum）认为："领导就是在某种情况下，为了达到某个目标或某些目标，通过信息沟通过程所实现的一种人际影响力。"

3）泰瑞（G. R. Terry）认为："领导是影响人们自动为达成群体目标而努力的一种行为。"

4）施考特（W. Scott）认为："领导是一项程序，使人得以选择目标以及在完成目标过程中接受指挥、导向及影响。"

5）阿吉里斯认为："领导即有效的影响。为了施加有效的影响，领导者需要对自己的影响进行实地的了解 。"

6）我国学者认为："所谓'领导'，就是在一定的社会组织或群体内，其牵头或为首者为了实现预定目标，运用其法定的职权和自身的影响力，采用一定的形式和方法，率领、引导、组织、指挥、协调、控制其下属，为完成预定的总任务——主要是解放和发展生产力，增强事业发展的实力，促进事业不断发展的活动过程。"

本书认为领导应具备以下特征：

1）领导是一个过程。

2）领导包含一种影响。

3）领导出现在一个群体的环境中。

4）领导包含某种要实现的目标。

安全领导的含义，即安全领导是某个人指引和影响其他个人或群体，在完成组织任务时，实现安全目标的活动过程。安全领导是一个动态的过程，该过程包含了安全领导者、被领导者（个人或群体）及其所处环境（一定的存在条件）三个因素所组成的复合关系。安全领导是安全管理的基本职能，它贯穿于安全管理活动的整个过程，是安全领导者运用权力或威信对被领导者进行引导或施加影响，以使被领导者自觉地与领导者一起去实现群体安全目标的过程。对他人实施影响、致力于实现安全领导过程的人，即为安全领导者。安全领导者是组织中那些有影响力的人员，他们可以是组织中拥有合法职位的、对各类安全管理活动具有决定权的主管人员，也可以是一些没有确定职位的权威人士或非正式群体中的“头领”。

2. 安全领导的作用

安全领导者在安全领导活动中所表现出来的行为就是安全领导行为，安全领导行为的影响和作用是以安全领导的功能来体现的。安全领导的作用可表现在企业组织安全运行行为的许多方面，可简单地分为组织作用和激励作用两个方面。

（1）安全领导的组织作用

实现组织的安全运行目标是安全领导过程的最终目的。围绕这个目的，生产企业的安全领导者必须根据企业的内、外部危险因素和生产条件，安全法规和技术要求，可利用资源等，制定企业的安全目标与决策，建立安全组织管理机构，科学合理地组织使用人力、物力、财力，实现最终安全生产目标。

安全领导者在实施安全领导的过程中，只有通过有效的组织，提供合适的安全工作环境和条件，才能引导和影响被管理者实现安全目标，最终实现企业的效益目标。

为了发挥组织功能，保证安全运营，实现安全目标，安全领导者必须做到：

1）对企业的生产环境进行科学分析，根据企业或组织危险因素与安全隐患状况、安全生产的要求与可能性，制定与设置组织安全总目标，进行重要的安全决策。

2）根据企业组织的安全总目标，分解二级、三级或四级安全目标，根据安全决策及安全原则考虑安全策略规划，包括安全信息分析、执行方案思考、预期结果设定等。

3）为实现企业组织的安全目标及安全决策，安全领导者应合理地安排落实和监督使用人力、物力、财力。

4）通过企业的组织结构对安全生产活动过程进行有效的控制与及时的信息反馈。

5）确保建立健全科学的安全管理体系，如安全组织机构和人员、安全管理制度、安全规章方法、安全信息系统、安全教育系统等。

（2）安全领导的激励作用

激励就是调动被管理者的主动性、积极性、创造性的过程。激励是任何领导的主要作用之一，安全领导也不例外。对于安全领导者而言，组织作用尚可借助他人的知识与能力实现，而激励作用则不能借助于他人能力实现。任何一个真正想开创企业安全生产工作新局面的安全领导者，若不能发挥好安全领导的激励作用，则安全目标制定得再好、安全决策再正确、组织机构再合理、安全管理再科学化，也不能很好地实现企业的安全目标。

安全领导的激励作用主要体现在以下方面：

1）提高被领导者接受和执行安全目标的自觉程度。

2）激发被领导者实现企业安全目标的热情。

3）增强被领导者的安全行为，削弱以致消除被领导者的不安全行为。

4.3.2 安全领导理论的内容和形式

1. 安全领导理论的内容

安全领导是由安全领导者指引和影响个人、团体或组织，在一定条件下，实现所期望的安全目标的行为过程，主要内容包括以下方面：

1）安全领导要研究企业安全生产中带全局性、宏观性或战略性的问题，强调的是确定安全方针、阐明安全形势、构建安全远景规划、制定安全生产战略等。

2）安全领导者的任务是解决单位或组织中安全与生产之间带方向性的、战略性的、全局性的问题。

3）企业的安全领导者与一般领导者是融为一体的，是在组织或团体中具有权力、地位（职务）或相当影响力的人物，一般是企业的最高领导者或由其委托的其他高层领导者，而安全管理者除专门从事安全管理工作职能的人员外，还包括各个基层的领导者。

4）安全领导侧重激励和鼓励员工、授权给员工，鼓励他们通过满足自己的需求实现安全生产。

5）安全领导者一般是带着情感进行活动，他们探索的是形成安全的思维和安全文化，而不是做出反应，他们的活动是为企业长期的、高水平的安全发展问题提供更多可供选择的解决方案。

2. 安全领导理论的形式

安全领导的概念和理论研究来源于安全管理，安全领导与安全管理在形式上有着密切的联系。

首先，安全领导与安全管理在理念层次上是一致的。其表现在以下方面：①两者的目标都是有效地实现组织安全目标；②两者目标的实现均需要特定的要素，要素之间的组合方式是优化的、理性的；③衡量两者的标准均是安全的效果和企业的整体效益；④两者都是企业安全组织过程的基础；⑤两者均遵循主客体模式，在一定环境中对他人施加作用，以达到企业安全目标。

其次，安全领导与安全管理在工具层面上有一部分是一致的，如群体动力模型、激励手段等。这是因为安全领导与安全管理的目标是一致的，职能上存在部分重合。

再次，被上层安全领导者视作安全管理的内容，往往成为下层安全管理者实施领导的内容。上层安全领导者从宏观上确定企业的安全目标，制定企业在安全上的基本价值取向，这些成为下层安全管理者制订安全计划，进行人力、财力、物力的组织、指挥、协调、控制的依据。上层安全领导者重在对下层的动员、鼓动、激励，形成群体的合力，以期望他们的管理工作朝向既定的安全目标。

4.3.3 安全激励手段

企业安全领导者常采用的激励手段包括：

1）职工“参与”激励，即将组织安全目标与职工的个人目标（利益、需要、方向）统一起来，实行参与式的民主管理，发动职工参与制定安全目标和安全决策过程，增加企业安全目标与安全决策的透明度，提高职工接受和执行企业安全目标的自觉性与积极性。

2）安全领导者“榜样”激励，即安全领导者以身作则，表现出对安全问题的一贯重视和对安全价值的认识，这对于调动职工的安全生产积极性是至关重要的。

3）职工需要“满足”激励，即合理地满足职工的各层次的多种需要，激发职工实现组织安全目标的热情。

4）职工安全素质“提高”激励，即在安全领导者的支持、帮助、关心下，职工通过自身素质和安全技能的增强，提高实现组织目标的期望水平，从而激励职工以更安全的方式从事各项工作，甚至将这种安全素质保持到日常生活中。

4.4 安全管理控制方法

4.4.1 安全管理系统的控制方式

1. 安全系统的控制特性

安全系统的控制虽然服从控制论的一般规律，但也有它自己的特殊性。安全系统的控制有以下几个特点：

（1）安全系统状态的触发性和不可逆性

如果将安全系统出事故时的状态值定为1，无事故时状态值为0，即系统输出只有0和1两种状态。虽然事故隐患往往隐藏于系统安全状态之中，系统的状态常表现为0至1的突然跃变，这种状态的突然改变称为状态触发。此外，系统状态从0变化到1后，状态是不可逆的，即系统不可能从事故状态自动恢复到事故前状态。

（2）系统的随机性

在安全控制中发生事故具有极大的偶然性：什么人、在什么时间、在什么地点、发生什么样的事故，这些问题一般都是无法确定的随机事件。但是对一个安全控制系统来说，可以通过统计分析方法找出某些变量的统计规律。

（3）系统的自组织性

自组织性就是在系统状态发生异常情况时，在没有外部指令情况下，管理机构和系统内部各子系统能够审时度势按某种原则自行或联合有关子系统采取措施，以控制危险的能力。由于事故发生的突然性和巨大破坏作用，因而要求安全控制系统具有一定的自组织性。这就要求采用开放的系统结构，有充分的信息保障，有强有力的管理核心，各子系统之间有很好的协调关系。

2. 安全系统的控制原则

（1）首选前馈控制方式

由于安全控制系统状态的触发性和安全决策的复杂性，宏观安全控制系统的控制方式应首选前馈控制方式。

前馈控制是指对系统的输入进行检测，以消除有害输入或针对不同情况采取相应的控制措施，以保证系统的安全。前馈控制系统的工作模式如图4-2所示。

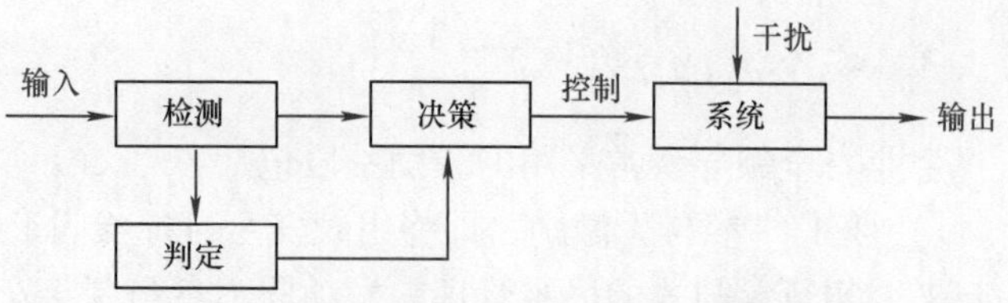

图4-2 前馈控制系统的工作模式

（2）合理使用各种反馈控制方式

反馈控制是控制系统中使用最为广泛的控制方式。安全系统的反馈控制有以下几种不同形式：

1）局部状态反馈。对安全系统的各种状态信息进行实时检测，及时发现事故隐患，迅速采取控制措施防止事故的发生是事故预防的手段。

2）事故后的反馈。在事故发生后，应运用系统分析方法，找出事故发生的原因，将信息及时反馈到各相关系统，并采取必要措施以防止类似事故的重复发生。

3）负反馈控制。发现某个职工或部门在安全工作上的缺点错误，对其进行批评、惩罚，是一种负反馈控制。合理、适度使用负反馈控制，可以收到较好的效果，但若使用不当，有可能适得其反。

4）正反馈控制。对安全上表现好的职工或部门进行了表扬、奖励，是一种正反馈控制。使用恰当时可以激励全体职工的积极性，提高整体安全水平，收到巨大的效益。

（3）建立多级递阶控制体系

安全控制系统属于大系统的范畴，必须建立较完善的安全多级递阶控制体系。各控制层次之间除了督促下层贯彻执行有关方针、政策、规程和决定外，还要提高下属层次的自组织能力。各级管理层的自组织能力主要体现在：①了解下层危险源的有关事故结构信息，如事故模式、严重度、发生频率、防治措施等；②掌握危险源的动态信息，如已接近临界状态的重大危险源、目前存在的缺陷、职工安全素质、隐患整改情况等；③熟悉危险分析技术，善于用其解决实际问题；④经验丰富，应变能力较强。

（4）力争实现闭环控制

闭环控制是自动控制的核心。安全管理工作部署应当设法形成一种自动反馈机制，以提高工作效率。应制定合理的工作程序和规章制度，使信息处理和传递线路通畅。

4.4.2　安全系统控制模型

宏观安全控制系统的结构复杂，一般采用系统方框图的形式建立系统结构模型。其数学模型一般都是采用“黑箱”原理，应用数理统计方法找出系统输出变量与控制变量间的关系式，以此为系统控制的基础。下面介绍在宏观安全管理中的一种安全控制系统模型。

1. 安全控制系统状态方程

取系统在年度 k 的输出变量为年度千人负伤率，记为 $Y(k)$，系统输入变量为危险指数 $H(k)$ 和控制作用 $C(k)$，它们之间存在如下关系：

$$\Delta Y(k)=Y(k)-Y(k-1)=-C(k)Y(k-1)+H(k) \tag{4-1}$$

对式(4-1)进一步整理得：

$$Y(k)=[1-C(k)]Y(k-1)+H(k) \tag{4-2}$$

式(4-2)即为简单宏观安全控制系统的状态方程。

2. 安全控制系统参数辨识

式(4-2)中的 $Y(k)$ 是一个统计变量，每年度的值均可统计得到。$C(k)$ 和 $H(k)$ 是反映系统内部安全特性的参数，它们本身无法通过直接测定或计算得到。因此必须根据系统的输出反推系统参数，这就是所谓参数辨识问题。

当系统的输出比较平稳时，根据历史数据，运用最小二乘法或其他统计分析方法，即可

求得 $C(k)$ 和 $H(k)$ 的数值。

安全系统由于受到社会政治、经济的干扰较大，当政治经济形势发生重大变化时，其输出变量也会发生大幅度的变化，因此采样时只能选取社会政治经济形势相对稳定的一个时期的数据进行分析，从统计学角度看属于小子样大噪声问题。

为消除状态变量中所包含的干扰，可运用卡尔曼滤波器进行过滤，得到新的数据，然后采用最小二乘法进行参数估计，对参数估计结果的误差再做判断，如果误差太大则重复上述过程。这一方法简称为LKL法，其中L指最小二乘法，K指卡尔曼滤波器。

例如，某单位11年来的千人负伤率 $Y(k)$ 经初步处理后如表4-1中第2列 $Y_0(k)$ 所列。参数的初步估计值为 $C=0.4576$，$H=1.735$。经7次迭代得中间结果 $Y_1(k)\sim Y_7(k)$，最后结果为 $Y(k)$。各次迭代后 C、H 及其均方差的变化如表4-2所示。由表4-1可知，经几次迭代后 C 和 H 的均方差均有显著降低，干扰可基本排除。最后得到参数估计值 $C=0.478$，$H=0.343$。

表4-1 系统输出计算结果表

k	$Y_0(k)$	$Y_1(k)$	$Y_2(k)$	$Y_3(k)$	$Y_4(k)$	$Y_5(k)$	$Y_6(k)$	$Y_7(k)$	$Y(k)$
0	47.5	52.86	53.34	52.72	52.32	52.04	51.77	51.61	51.61
1	28.14	26.39	26.01	26.31	26.60	26.83	26.98	27.11	27.26
2	13.33	13.45	13.31	13.61	13.92	14.15	14.31	14.44	14.56
3	5.92	7.21	7.40	7.54	7.67	7.77	7.84	7.89	7.94
4	4.44	4.61	4.67	4.62	4.59	4.56	4.53	4.50	4.48
5	1.48	3.05	3.40	3.23	3.07	2.94	2.84	2.75	2.68
6	1.38	2.66	2.83	2.56	2.32	2.13	1.97	1.84	1.74
7	2.96	2.97	2.59	2.24	1.96	1.72	1.53	1.37	1.25
8	2.96	3.17	2.49	2.09	1.78	1.52	1.31	1.13	0.99
9	4.44	3.52	2.44	2.02	1.69	1.42	1.20	1.01	0.86

表4-2 状态方程参数计算表

k	C	σ_C	H	σ_H
0	0.4567	0.02	1.735	
1	0.5260	0.01	1.271	0.28
2	0.5200	0.01	1.009	0.17
3	0.5070	0.01	0.812	0.14
4	0.4970	<0.01	0.655	0.11
5	0.4890	<0.01	0.527	0.08
6	0.4830	<0.01	0.427	0.06
7	0.4780	<0.01	0.343	0.05

3. 状态方程的解

若在一段时间内 C、H 保持不变，对式(4-1)用Z变换法可求得其通解为：

$$Y(k)=\frac{H}{C}+\left[Y(0)-\frac{H}{C}\right](1-C)^k \tag{4-3}$$

由于一般 $C<1$，为了便于分析讨论，可令 $1-C=e^{-b}$，则式(4-3)可化为

$$Y(k)=Y(0)e^{-bk}+\frac{H}{C}(1-e^{-bk}) \tag{4-4}$$

由上述两式可知：

$$\lim_{k\to\infty} Y(k) = \frac{H}{C} \qquad (4\text{-}5)$$

因此，安全系统输出的企业千人负伤率随着控制能力 C 的增加和危险指数 H 的减少而降低，但当系统稳定运行相当多年后，会趋向一个稳定值，而不是零。

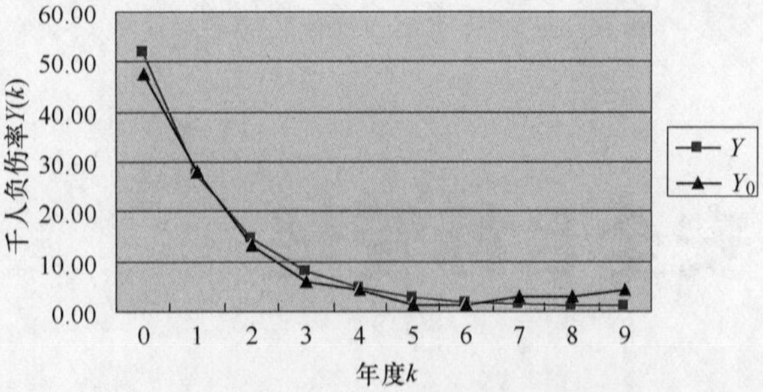

图 4-3 企业千人负伤率变化曲线

图 4-3 所示为前面所举例的企业千人负伤率 $Y(k)$ 随年度 k 变化的规律，随着时间的推移，在安全控制能力 C 的作用下，企业千人负伤率不断减少，最终将稳定在 $H/C = 0.718$ 左右。

复习思考题

1. 与企业的其他管理计划相比安全管理计划有哪些特点？在企业生产的过程有何作用？
2. 对企业安全专业人员的配备有哪些要求？
3. 安全领导理论与传统的安全管理有什么不同？
4. 常用的安全管理系统控制方式有哪些？

第5章

安全目标管理

本章概要·学习要求

本章主要讲述了安全目标管理的概念及安全目标管理的实施过程。通过本章学习，要求学生了解安全目标管理的概念，理解安全目标管理的内容，掌握在管理过程中如何科学地制定安全目标。

安全目标管理是目标管理在安全管理方面的应用。它是指企业内部各个部门以至每位职工，从上到下围绕企业安全生产的总目标，层层展开各自的目标，确定行动方针，安排安全工作进度，制定、实施有效的组织措施，并对安全成果严格考核的一种管理制度。安全目标管理是“参与管理”的一种形式，是根据企业安全工作目标来控制企业安全管理的一种民主、科学、有效的管理方法，是企业实行安全管理的一项重要内容。本章在安全目标管理概述的基础上，详细阐述了安全目标管理的实施过程。

5.1 安全目标管理概述

5.1.1 安全目标管理的概念

安全目标管理就是在一定的时期内（通常为一年），根据企业经营管理的总目标，从上到下地确定安全工作目标，并为达到这一目标制定一系列对策、措施，开展一系列的计划、组织、协调、指导、激励和控制活动。

安全目标管理的基本内容是：年初，企业的安全部门在高层管理者的领导下，根据企业经营管理的总目标，制定安全管理的总目标，然后经过协商，自上而下层层分解，制定各级、各部门直到每个职工的安全目标和为达到目标的对策、措施。在制定和分解目标时，要把安全目标和经济发展指标捆在一起同时制定和分解，还要把责、权、利也逐级分解，做到目标与责、权、利的统一。通过开展一系列计划、组织、协调、指导、激励、控制活动，依靠全体职工自下而上的努力，保证各自目标的实现，最终保证企业总安全目标的实现。年末，对实现目标的情况进行考核，给予相应的奖惩，并在此基础上进行总结分析，再制定新的安全目标，进入下一年度的循环。

安全目标管理是企业目标管理的一个组成部分，安全管理的总目标应该符合企业经营管理总目标的要求，并以实现自己的目标来促进、保证企业经营管理总目标的实现。

为了有效地实行安全目标管理，必须深刻理解它的实质，为此应准确把握它的以下特点：

（1）安全目标管理是重视人、激励人、充分调动人的主观能动性的管理

管理以人为本体，管理的主客体都是人，有效的管理必须充分调动人的主观能动性。传统的安全管理是命令指示型的管理，上级要求下级搞好安全生产，但没有明确的指标要求，也缺乏具体的指导帮助；下级被动地接受指令，上级叫怎样干就怎样干，干什么样算什么样，干好干坏也没有准确评价的依据。往往积极努力可能因一起重大事故而前功尽弃；而不费力气的却因侥幸平安而立功受奖。这样的管理不仅挫伤人的积极性，也造成安全管理效率的日益低下。

安全目标管理是信任指导型的管理，它在管理思想上实现了根本的变革。所谓“目标”就是想要达到的境地和指标，设定目标并使之内化（不是外部加强，而是内在要求）就会激励人产生强大的动力，为实现既定目标而奋斗。实行安全目标管理，依靠目标的激励作用，就可以把消极被动地接受任务，变为积极主动地追求目标的实现，从而极大地调动人们的主观能动性，充分发挥创造精神，全心全意地搞好安全工作，大大增强安全管理工作的效能。

安全目标管理的激励作用不但应体现在“目标”本身，还应贯彻在管理的全部过程和所有环节中。譬如安全目标要与经济发展指标挂钩，使之提高到同等地位；要做到安全目标、责、权、利的统一，安全目标与奖惩挂钩，实现管理的封闭；要把安全指标作为否定性的指标，达不到目标的不能晋级调档、不能评先进等。简言之，既然安全目标管理是基于激励原理的管理，就要充分利用一切激励的手段，才能充分发挥它的优越性，取得最好的效果。

根据上述理由，在实行安全目标管理时，要强调充分重视人的因素。上级对下级和每位职工要信任和尊重。在制定目标时要进行民主协商，让下级和职工参与制定；在目标实施时要权限下放，强调自我管理和自我控制，要以追求目标的实现作为各项安全管理活动的指南；以实现目标成果的优劣来评价各级组织和每个职工对安全工作贡献的大小。只有这样，才能真正体现安全目标管理的精髓。

（2）安全目标管理是系统的、动态的管理

安全目标管理的“目标”，不仅是激励的手段，而且是管理的目的。毫无疑问，安全目标管理的最终目的是实现系统（如一个企业）整体安全的最优化，即安全的最佳整体效应。这一最佳整体效应具体体现在系统的整体安全目标上。因此，安全目标管理的所有活动都是围绕着实现系统的安全目标进行的。

为了实现系统的整体安全目标，必须做好以下工作：

第一，要制定一个既先进又可行的整体安全目标，即安全管理的总体目标。这个总目标应该全面反映安全管理工作应该达到的要求，即它不是一个孤立的目标，而是能够全面反映安全工作的若干指标，体现安全工作综合水平的目标体系。只有按照这样的要求所确定的总目标才能全面推动企业安全工作的发展，真正反映出安全工作的优劣，起到充分调动工作积极性的作用。

第二，总目标要自上而下地层层分解，制定各级、各部门直到每位职工的安全目标。纵向到底，横向到边，形成一个纵横交错、全方位覆盖的系统安全目标网络。这是因为企业的安全总目标要依靠所有部门全体人员步调一致的共同努力才能实现。这就要求每个部门的每位成员都应该在总目标下设置自己的分目标、子目标，自下而上地实现自己的目标，从而保证总目标的实现。子目标、分目标、总目标之间是局部和整体的关系，必须自下而上，一级服从一级，一级保证一级。每个部门、每个成员都应该清醒地意识到自己在整体中的地位，在保证实现上一级目标和总目标的前提下，追求自己目标的实现。总之，安全目标管理的目标不仅仅是单一层次的总目标，而是一个以实现总目标为宗旨的高度协调统一的目标系统。

第三，要重视对目标成果的考核与评价。安全目标管理以制定目标为起点，以实现目标为归宿，只有圆满地实现了目标，才能取得最佳的整体效应，达到安全管理的目的。为了了解目标达到的程度，就要进行目标成果的考核、评价。通过对目标成果的考核与评价，可以总结成绩，找出存在的问题，为进入下一周期的管理奠定基础；可以明确优劣，奖优罚劣，使目标激励的作用真正落到实处。重视目标成果，就是重视实效，认真考核、评价目标成果也有助于克服形式主义，培养和发扬踏实、细致的工作作风。

第四，要重视目标实施过程的管理和控制。安全目标管理强调重视人、激励人，充分调动每个部门、每位成员的积极性，但这并不等于各自为政，放任自流。实现最佳的整体安全目标要求进行有组织的管理活动，要把所有的积极性集中统一起来，沿着指向目标的轨道向前运动。如果发现偏离，就应及时纠正。为此，要重视信息的收集和反馈，进行有效的指导和帮助，以及必要的协调、控制。总之，安全目标管理的目标不是一个静止的靶子，而是为击中这个靶子所进行的一系列的动态安全管理控制过程。

5.1.2　安全目标管理的分类

由于任何安全管理活动都要确定自己的安全管理目标，所以安全目标管理必然有丰富的外延，可按各种标准进行分类。以下仅列举几种主要类型：

1）按安全目标管理的领域分类。安全目标管理可分为安全生产目标管理、安全教育目标管理、安全检查目标管理和安全文化目标管理等。在实际安全管理过程中，以上类型还可细分，如安全生产目标管理又可分为公共安全技术目标管理、设备安全技术目标管理、电气安全技术目标管理等。

2）按安全目标管理的职能分类。安全目标管理可分为安全目标决策、安全目标计划、安全目标组织、安全目标协调、安全目标监督、安全目标控制等。上述各种安全目标管理职能，就一项安全管理的全过程来说，它们是一致的，但就各项安全管理职能的具体行使阶段和行使部门来说，在内容的侧重点上又有所区别。

3）按安全目标管理的层次分类。安全目标管理可分为高层安全目标管理、中层安全目标管理和基层安全目标管理。上述三类目标是相对而言的。例如，从全国范围来说，国家安全监管总局的安全目标管理是高层安全目标管理，各企业的安全目标管理是基层安全目标管理，而就一个企业来说，企业的安全目标管理则是高层安全目标管理，车间和班组的安全目标管理是中层和基层安全目标管理。

4）按安全目标管理的实现期限分类。安全目标管理可分为长期安全目标管理、中期安全目标管理和短期安全目标管理。一般来说，期限在5~10年的为长期安全目标，期限在2~3年的为中期安全目标，期限在1年以内的为短期安全目标。

5.1.3 实施安全目标管理的意义

1）有利于从根本上调动各级领导者和广大职工搞好安全生产的积极性。安全目标管理依靠目标和其他一切可能的激励手段，通过建立全方位的安全目标体系，可以最有效地调动系统的所有组织。各级领导者和全体职工，围绕着追求实现既定的目标，充分地发挥聪明才智，奋发努力。安全目标管理以安全目标作为起点和归宿，贯穿于管理活动的全过程中。安全目标管理可以全面地、全过程地调动各级领导者和所有职工搞好安全生产的积极性，它在这方面的优越性是其他任何管理方法都不可比拟的。

2）有利于贯彻落实安全生产责任制。安全生产责任制规定了各级、各部门组织、各级领导者和全体职工为实现安全生产所应履行的职责，而安全目标则体现了履行职责后所达到的效果。因此可以说确定安全目标是对安全生产责任制的补充和完善，它使得安全生产所应承担的责任更加明确和具体。实行安全目标管理的实质就是把承担安全生产责任转化成了对实现安全目标的追求。为了实现安全目标，必须圆满地履行责任。实现了目标，就是履行了责任；而没有实现目标，就要承担未履行责任的后果。安全目标管理实行权限下放，强调自我管理和自我控制，以及对目标成果的考评和奖惩，从而把责、权、利紧密地联系在一起。所有这些都可以极大地增强人们履行安全生产责任的自觉性，有效地使安全生产责任制落到实处。

3）有利于改善职工的素质，提高企业安全管理水平。安全目标管理的强大激励作用可以有效地调动系统的所有组织和全体成员从制定目标到实现目标，始终保持强烈的进取精神。由于在制定目标时要进行深入细致的科学分析并确定有效的事故防治对策，在实施过程中要进行大量、具体的组织工作，对所遇到的困难要充分利用被授予的权利，主观能动地去加以克服，所有这些必将促进各级领导者和广大职工自觉加强学习、增长知识、提高能力，从而改善职工的素质和提高安全管理水平。

4）有利于安全管理工作的全面展开及现代安全管理方法的推广和应用。在实行安全目标管理时，为了保证目标的实现，必须贯彻实行一系列有效的安全管理措施，这必将带动各方面安全管理工作的全面展开。例如，建立健全安全生产责任制，贯彻安全生产规章制度，进行安全教育、安全检查，实施安全技术措施，组织安全竞赛、评比，进行安全工作的考核、评价等。为了准确地分析情况，有效地采取对策，做到预防为主，实现既定目标，必须积极推广应用各种现代的安全管理方法，如系统安全分析、危险性评价、人机工程、计算机辅助管理等。

安全目标管理属于宏观的管理理论和方法，与其他安全管理方法的关系是总体与局部的关系。安全目标管理通过设定目标，全面、全过程地激励、推动和控制整个安全管理活动，对其他现代安全管理方法的运用具有指导意义。它能充分接纳其他现代安全管理方法并有利于它们充分发挥各自的作用；同时它也需要依靠一切行之有效的安全管理方法来实现既定的安全目标，推进安全管理的现代化、科学化。每一种现代安全管理方法相对安全目标管理而言，都是从某个方面、某个角度发挥作用，以提高安全管理的效果。如果没有安全目标的指导和控制，它们就难以把握准确的方向，不能充分发挥自己的效能，甚至由于彼此不协调而使力量互相抵消。由此可见，安全目标管理与其他现代安全管理方法是紧密联系、不可分割的。安全目标管理有利于一切现代安全管理方法的推广和应用，而所有的现代安全管理方法都是从不同方面、不同角度，围绕着安全目标管理协调配合展开活动，推动安全目标的实现。

综上所述，安全目标管理是一种高层次的、综合的科学管理方法。它能有效地调动各级组织、各个部门、各级领导者和全体人员搞好安全生产的积极性；能充分发挥一切现代安全管理方法的积极作用；能充分体现全员、全面、全过程的现代管理思想。它的实行可以全面推进安全管理水平的提高，有效地促进安全生产状况的改善。所有这些，已经在实践中得到证明。

5.2 安全目标的制定

制定目标是目标管理的第一步工作。目标是目标管理的依据，因此制定既先进又可行的安全目标是安全目标管理的关键环节。

5.2.1 制定安全目标的原则

安全目标的制定，必须坚持正确的原则，主要原则如下：

1）科学预测原则。安全目标的制定，必须以科学的预测为前提。只有进行科学的预测，才能准确地掌握安全管理系统内部和外部的信息，才能预见事物的未来发展趋势，从而为安全目标的确定提供科学而可靠的依据。因此，在制定安全目标时，不仅要进行深入实际的调查研究，还要运用先进预测手段，做到定性预测与定量预测相结合，从而保证安全目标的科学性和可行性。

2）职工参与原则。安全目标的制定，不应只是企业领导者、安全管理者的事，还应当广泛发动职工共同参与安全目标的制定。发动职工参与目标的制定，不仅可以听取职工要求与建议，集中职工智慧，增强安全目标的科学性，而且有利于安全目标的贯彻和执行。

3）方案选优原则。安全目标的制定，必须坚持方案选优原则。这一原则要求在安全目标的制定过程中，首先要有多个选择方案，然后通过科学决策和可行性研究，从多个方案中选出一个满意的方案。满意主要有以下三个标准：①目标要有较高的效益性，其中包括有较高的安全效益、经济效益和社会效益；②目标要有先进性，有一定的创新，有一定的难度；③目标要有可行性，切合实际，通过努力能够实现。

4）信息反馈原则。在坚持上述原则的基础上所确定的安全目标，并不能保证有足够的科学性、先进性和可行性。这主要是因为：首先，人们的认知能力和知识水平是有限的，有些见解在当时看来是科学的、合理的，但随着时间的推移和人们认知能力的提高，事后就会发现其不足之处；其次，企业内部环境和外部环境是不断变化的。条件的不断改变，会使原定的安全目标出现偏差。因此，制定安全目标必须坚持信息反馈原则，不断收集反馈各种有关信息，及时纠正偏差。

5.2.2 安全目标的内容

制定安全目标包括企业安全目标方针、总体目标以及实现目标的对策措施三方面内容。

1. 企业安全目标方针

企业安全目标方针即用简明扼要、激励人心的文字、数字对企业安全目标进行的高度概括。它反映了企业安全工作的奋斗方向和行动纲领。企业安全目标方针应根据上级的要求和企业的主客观条件，经过科学分析和充分论证后加以确定。譬如某厂某年制定的安全目标方针是：“加强基础抓管理，减少轻伤无死亡，改善条件除隐患，齐心协力展宏图。”

2. 总体目标（企业总安全目标）

总体目标是目标方针的具体化。它具体规定了为实现目标方针在各主要方面应达到的要求和水平。只有目标方针而没有总体目标，目标方针就成了一句空话；也只有根据目标方针确定总体目标，总体目标才有正确的方向，才能保证目标方针的实现。目标方针与总体目标是紧密联系、不可分割的。

总体目标由若干目标项目所组成。这些目标项目应既能全面反映安全工作在各个方面的要求，又能适用于国家和企业的实际情况。每一个目标项目都应规定达到的标准，而且达到的标准必须数值化，即一定要有定量的目标值。因为只有这样才能使职工的行动方向明确具体，在实施过程中便于检查控制，在考核评比时有准确的依据。一般来说，目标项目可以包括下列各个方面：

1）各类工伤事故指标。根据《企业职工伤亡事故分类标准》，主要工伤事故指标有千人死亡率、千人重伤率、伤害频率、伤害严重率。根据行业特点，也可选用按产品、产量计算的死亡率，如百万吨死亡率、万立方米木材死亡率。

2）工伤事故造成的经济损失指标。根据《企业职工伤亡事故经济损失统计标准》，这类指标有千人经济损失率和百万元产值经济损失率。根据企业的实际情况，为了便于统计计算，也可以只考虑直接经济损失，即以直接经济损失率作为控制目标。

3）粉尘、毒气、噪声等职业危害作业点合格率。

4）日常安全管理工作指标。对于安全管理的组织机构、安全生产责任制、安全生产规章制度、安全技术措施计划、安全教育、安全检查、文明生产、隐患整改、安全档案、班组安全建设、经济承包中的安全保障以及“三同时”“五同时”等日常安全管理工作的各个方面均应设定目标并确定目标值。

3. 对策措施

为了保证安全目标的实现，在制定目标时必须制定相应的对策措施。对策措施的制定要避免面面俱到或“蜻蜓点水”，应该抓住影响全局的关键项目，针对薄弱环节，集中力量有效解决问题。对策措施应规定时限，落实责任，并尽可能有定量的指标要求。从这些意义上来说，对策措施也可以看做是为实现总体目标而确定的具体工作目标。

5.2.3 确定安全目标值的依据和要求

确定安全目标值的主要依据是企业自身的安全状况、上级要求达到的目标值以及历年特别是近期各项目标的统计数据。同时也要参照同行业，特别是先进企业的安全目标值。

安全目标值应具有先进性、可行性和科学性。目标值设得过高，努力也不可能达到，会打击安全工作者与工人的积极性；目标值设得过低，无需努力就能达到，则无法调动安全工作者与工人的积极性和创造性。由此可见，目标值过高或过低均不能对组织的安全工作起推动作用，达不到目标管理的作用。因此目标值的确定应建立在科学分析论证的基础上，充分了解自身的条件和状况，并对未来进行科学的预测和决策，做到先进性和可行性的正确结合。

企业安全目标值设定的依据主要有：

1）党和国家的安全生产方针、政策，上级部门的重视和要求。

2）本系统本企业安全生产的中、长期规划。

3）工伤事故和职业病统计数据。

4）企业长远规划和安全工作的现状。

5）企业的经济技术条件。

5.2.4 制定安全目标的程序

制定安全目标一般分为三步，即调查分析评价、确定目标、制定对策措施，具体内容如下。

1. 对企业安全状况的调查分析评价

这是制定安全目标的基础，要应用系统安全分析与危险性评价的原理和方法对企业的安全状况进行系统、全面地调查、分析、评价，重点掌握如下情况：

1）企业的生产、技术状况。

2）由企业发展、改革开放带来的新情况、新问题。

3）技术装备的安全程度。

4）人员的素质。

5）主要的危险因素及危险程度。

6）安全管理的薄弱环节。

7）曾经发生过的重大事故情况及对事故的原因分析和统计分析。

8）历年有关安全目标指标的统计数据。

通过调查分析评价，还应确定出需要重点控制的对象，一般有如下几个方面：

1）危险点。危险点是指可能发生事故，并能造成人员重大伤亡、设备系统重大损失的现场。

2）危害点。危害点是指粉尘、毒气、噪声等物理、化学有害因素严重，容易产生职业病和恶性中毒的场所。

3）危险作业。

4）特种作业。特种作业是指容易发生人员伤亡事故，对操作者本人、他人及周围设施的安全有重大危险因素的作业。国家规定特种作业及人员范围包括（见《特种作业人员安全技术培训考核管理规定》）：①电工作业；②压力焊作业；③高处作业；④制冷与空调作业；⑤煤矿安全作业；⑥金属非金属矿山安全作业；⑦石油天然气安全作业；⑧冶金（有色）生产安全作业；⑨危险化学品安全作业；⑩烟花爆竹安全作业；⑪国家安全监管总局认定的其他作业。

5）特殊人员。特殊人员是指心理、生理素质较差，容易产生不安全行为，造成危险的人员。

2. 确定目标

关于确定安全目标方针和目标项目如前所述，这里主要介绍目标值的确定。

确定目标值要根据上级下达的指标，比照同行业其他企业的情况。但不应简单地就以此作为自己企业的安全目标值，而应主要立足于对企业安全状况的分析评价，并以历年来有关目标指标的统计数据为基础，对目标值加以预测，再进行综合考虑后确定。对于不同的目标项目，在确定目标值时可以有三种不同的情况。

1）只有近几年统计数据的目标项目，可以以其平均值作为起点目标值。如经济损失率的统计近几年才开始受到重视，过去的数据很不准确，不能作为确定目标值的依据。

2）对于统计数据比较齐全的目标项目（如千人死亡率、千人重伤率等），可以利用回归分析等数理统计方法进行定量预测。

3）对于日常安全管理工作的目标值，可以结合对安全工作的考核评价加以确定，也就是把安全工作考核评价的指标作为安全管理工作的目标值。具体来说，就是根据企业的实际情况确定考核的项目、内容、达到的标准，给出达到标准值应得的分数。所有项目标准分的总和就是日常安全管理工作的最高目标值，以此为基础结合实际情况确定一个适当的低于此值的分数值作为实际目标值。这样把安全目标管理和对安全工作的考核评价有机地结合起来，就能更加有效地推动安全管理工作，促进安全生产的发展。

3. 制定对策措施

如上所述，制定对策措施应该抓住重点，针对影响实现目标的关键问题，集中力量加以解决。一般来说，可以从下列各方面进行考虑：①组织、制度；②安全技术；③安全教育；④安全检查；⑤隐患整改；⑥班组建设；⑦信息管理；⑧竞赛评比、考核评价；⑨奖惩；⑩其他。

制定对策措施要重视研究新情况、新问题，如企业承包经营的安全对策，采用新技术的安全对策等；要积极开拓先进的管理方法和技术，如危险点控制管理、安全性评价、安全生产标准化达标等；制定出的对策措施要逐项列出规定措施内容、完成日期，并落实实施责任。

5.3 安全目标的展开

根据整分合原理，制定目标先要整体规划，还应该明确分工，即在企业的总安全目标制定以后，应该自上而下层层展开，将安全目标分解落实到各科室、车间、班组和个人，纵向到底，横向到边，使每个组织每位职工都确定自己的目标，明确自己的责任，形成一个人人保班组、班组保车间、车间保厂部，层层互保的目标连锁体系。安全目标体系如图 5-1 所示。

5.3.1 目标展开的过程和要求

1）上级在制定总安全目标时要发扬民主，在征求下级意见并充分协商后才正式确定。与此同时，下级也应参照制定企业总安全目标的原则和方法初步酝酿本级的安全目标和对策措施。

2）上级宣布企业安全目标和保证对策措施，并向下级分解，提出明确要求，下级根据上级的要求制定自己的安全目标。在制定目标时，上下级要充分协商，取得一致。上级对下

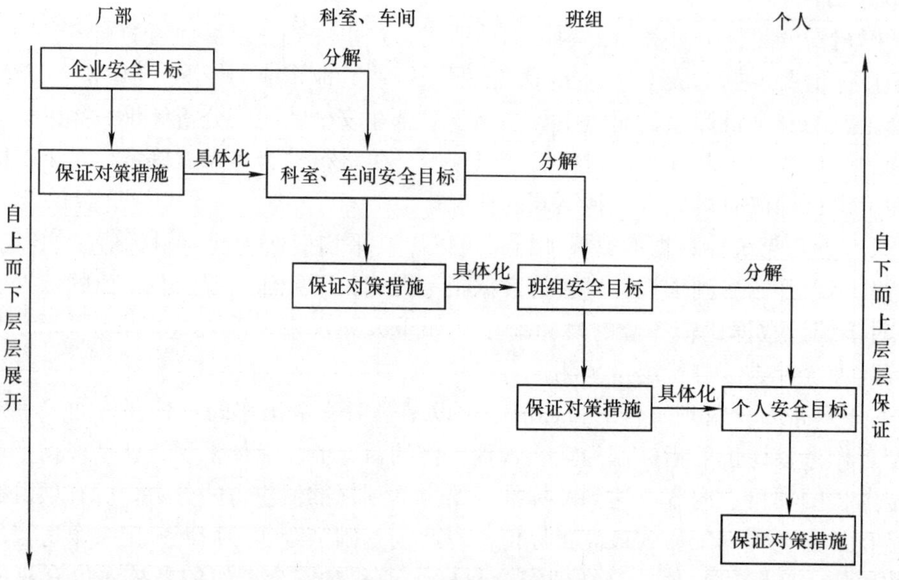

图 5-1　安全目标体系

级要充分信任并加以具体指导；下级要紧紧围绕上级目标来制定自己的目标，必须做到自己的目标能保证上级目标的实现，并得到上级的认可。

3）按照同样的方法和原则将目标逐级展开，纵向到底，横向到边，不应存在哪个部门和个人被遗漏的情况。

4）目标展开要紧密结合落实安全生产责任制，在目标展开的同时要逐级签订安全生产责任状，把目标内容纳入其中，确保目标责任的落实。

5.3.2　目标的协调与调整

由于企业的安全目标要依靠各级领导者和所有职工共同努力才能实现，因此在制定目标时，不但上下级之间要充分协商，各部门、各单位之间也必须协调一致，彼此取得平衡。如果做不到这一点，则上级应该加以组织和指导，并进行适当的调整，以取得协调和平衡。譬如，在不同的车间、部门，任务不同，危险因素的程度不同，达到目标的难易不同，那么目标值就应有所区别，与各自的具体情况相一致。

除了安全目标要协调、平衡外，为了保证目标的对策措施，在各部门、各单位之间也要取得协调配合。因为这些对策措施往往要许多部门协调配合才能实现。譬如，为了完成某一项安全技术措施，需要设计部门设计，财务部门拨款，计划部门下达计划，工艺部门和车间实施等。

5.3.3　目标展开图

为了直观、形象、简明地显示目标和目标对策，明确目标责任，应该编制目标展开图。目标展开图的格式没有统一的规定。不同的企业、不同的管理层都可以根据自己的实际情况自行编制目标展开图。但无论采用什么格式，都应该体现有效、综合的原则，要在展开图中明确显示目标内容、目标责任、目标协调以及实施的进度等方面内容和要求。这样做的好处如下：

1）使全体职工能一目了然地明确本单位的安全生产总目标和自己的分目标，从而起到振奋人心、加强团结的作用。

2）使各岗位上的职工都能知道与自己有关的其他岗位在什么时间要做什么事情，便于取得联系，协调工作。

3）有利于掌握下级人员安全目标的完成情况，便于从整体上对众多安全目标项目进行调整和平衡。

4）把安全目标展开图张贴在显眼的地方，能起到互相提醒、互相促进和互相鼓舞的作用。

5.4 安全目标的实施

在制定和展开安全目标后就转入了目标实施阶段。安全目标的实施是指在落实保障措施，促使安全目标实现的过程中所进行的管理活动。安全目标实施的效果如何，对安全目标管理的成效起决定性作用。在这个阶段中要着重做好自我管理、自我控制、必要的监督与协调、有效的信息交流等方面的工作，现分述如下。

5.4.1 自我管理、自我控制

这是目标实施阶段的主要原则。在这个阶段，企业从上到下的各级领导者、各级组织，直到每一位职工都应该充分发挥自己的主观能动性和创造精神，围绕着追求实现自己的目标，独立自主地开展活动，抓紧落实，实现所制定的对策措施。要把实现对策措施与开展日常安全管理和采用各种现代化安全管理方法结合起来，以目标管理带动日常安全管理，促进现代安全管理方法的推广和应用。要及时进行自我检查、自我分析，及时把握目标实施的进度，发现存在的问题，并积极采取行动，自行纠正偏差。在这个阶段，上级对下级要注意权限下放，充分给予信任，要放手让下级独立去实现目标，对下级权限内的事，不要随意进行干预。

为了搞好这一阶段的自我管理、自我控制，可以采取以下两项措施：

1）编制安全目标实施计划表。安全目标实施计划表可以按照PDCA循环的方式进行编制，其格式如表5-1所示。在具体实施过程中，还应进一步展开，使每项对策措施更加详细具体。对PDCA循环过程也应加以详细记录，以取得更好的效果，同时为成果评价阶段奠定基础。

表5-1 安全目标实施计划表

安全目标	对策措施（P）	实施（D）						检查（C）						处理（A）			
		单位	负责人	实施进度/月				单位	负责人	检查结果/月				单位	负责人	处理结果	遗留问题
				1	2	……	12			1	2	……	12				

2）旗帜管理法。旗帜管理法即对实施安全目标的各级组织分别画出类似旗帜的管理控制图，彼此连锁，形成一个管理控制图体系，并据此来进行动态管理控制。当某级发现管理

失控时，即可沿着图示的线索逐级往下寻找哪里出了问题，以便及时采取措施恢复控制。

5.4.2 监督与协调

安全目标的实施除了依靠各级组织和广大职工的自我管理、自我控制，还需要上级对下级的工作进行有效的监督、指导、协调和控制。

首先，实行必要的监督和检查。通过监督检查，对目标实施中好的典型要加以表扬和宣传；对偏离既定目标的情况要及时指出并纠正；对目标实施中遇到的困难要采取措施给予关心和帮助。使上下级两方面的积极性有机地结合起来，从而提高工作效率，保证所有目标的圆满实现。

其次，安全目标的实施需要各部门各级人员的共同努力、协作配合。通过有效的协调可以消除实施过程中各阶段、各部门之间的矛盾，保证目标按计划顺利实施。目标实施过程中的协调方式大致有以下三种：

1）指导型协调。它是管理中上下级之间的一种纵向协调方式。采取的方式主要有指导、建议、劝说、激励、引导等。该方式的特点是不干预目标责任者的行动，按上级意图进行协调。这种协调方式主要应用于：①需要调整原计划时；②下级执行上级指示出现偏差，需要纠正时；③同一层次的部门或人员工作中出现矛盾时。

2）自愿型协调。它是横向部门之间或人员之间自愿寻找配合措施和协作方法的协调方式。其目的在于相互协作、避免冲突，更好地实现目标。这种方式充分体现了企业的凝聚力和职工的集体荣誉感。

3）促进型协调。它是各职能部门、专业小组或个人，相互合作，充分发挥各自的特长和优势，为实现目标而共同努力的协调方式。

5.4.3 信息交流

企业组织中的信息交流是企业经营管理中一个不可忽视的重要过程，所有的组织活动都必须依赖信息的传递与交流来进行，包括计划、组织、领导、控制等各个方面。企业是否具备高效、畅通的信息交流机制在很大程度上决定着企业本身的效率和服务的质量。

安全目标的有效实施要注重信息交流，建立健全信息管理系统，使上情能及时下达，下情能及时反馈，从而便于上级及时、有效地对下级进行指导和协调，下级及时掌握不断变化的情况，及时做出判断和采取对策，实现自我管理和自我控制。

5.5 目标成果的考评

目标成果的考评是安全目标管理的最后一个阶段。在这个阶段要对实际取得的目标成果做出客观的评价，对达到目标的给予奖励，对未达目标的给予惩罚，从而使先进的受到鼓舞，使后进的得到激励，进一步调动全体职工追求更高目标的积极性。通过考评还可以总结经验和教训，发扬优势、克服缺点，明确前进的方向，为下期安全目标管理奠定基础。

5.5.1 目标考评的原则

1）考评要公开、公正。考评标准、考评过程、考评内容、考评结果及奖惩办法要公开，以增加考评的透明度。考评要有统一的标准，标准要定量化，无法定量的要尽可能细化，使考评便于操作，也要避免因领导者或被考评人的不同，而有不同的考评标准。

2）自我评价与上级评定相结合。目标成果考评要充分体现自我激励的原则。要以自我评价为主，即在各个层次的评价中，首先进行自我评价。个人在班组内，班组在车间内，车间在全厂内，对照自己的目标，总结自己的工作。本着严格要求自己的精神，实事求是地对实现目标的情况做出评价。

在自我评价的基础上还要结合上级领导的评价，而且要以领导的评定结果作为最终的结果。这是由于上级领导能够统筹全局，保证评定结果的协调平衡；防止自我评价中可能出现的偏颇与疏漏。上级评定也要注意民主协商和具体指导，即在下级进行自我评价时要给予同志式的指导和帮助，启发下级客观地评价自己，正确地总结经验教训；在领导评定时要与下级充分交换意见，产生分歧时要认真听取和考虑下级的申诉，力求使最后评定的结果公正、准确。

3）重视成果与综合评价相结合。目标成果评价应重视成果，以目标值的实现程度作为主要的依据，要用事实和数据说话，切忌表面印象。但同时也要考虑不同组织和个人实现目标的复杂困难程度和在达标过程中的主观努力程度，还要参考目标实施措施的有效性和单位之间的协作情况，应该对所有这些方面的内容区别主次，综合评价，力求得出客观公正的结果。

4）考评标准简化、优化。考评涉及的因素较多，考评结果应最大限度表明目标结果的成效。首先，标准尽量简化，避免项目过多，引起考评工作的烦琐和复杂；其次，考评标准要优化，要抓住反映目标成果的主要问题，评定等级要客观。

5.5.2 目标考评的方法

目标考评一般采用打分法，其步骤如下：

1）确定各目标项目得分比例。把完成全部目标项目得分定为100分，再按各个项目的重要程度，分别规定其比例。例如，工伤事故指标:经济损失指标:尘毒合格率指标:日常安全管理指标=4:1:2:3。

2）给各目标项目打分。对每个目标项目，根据其达标程度、目标复杂困难程度、达标过程努力程度等方面分别打分，同时确定各方面内容的比例，把每一方面内容的得分乘以相应的比例数值后相加，得到每个目标项目的总分。例如，达标程度:目标复杂困难程度:达标过程努力程度=5:3:2，则

目标项目得分=达标程度得分×50%+目标复杂困难程度得分×30%+达标过程努力程度得分×20%

比例的分配是人工设定的，可根据需要适当加以调整。譬如，当强调要求下级发挥能力时，则可把达标过程努力程度得分的比例提高。

3）综合评价。把每个目标项目的得分乘以它的比例后，逐项相加就可得到所有目标项目的得分和，以此为基础，再考虑目标实施措施的有效性和协作情况，就可得到目标成果的总分值。即

目标成果总分=各目标项目得分之和+实施措施有效性分+协作分

式中后两项的得分均以各目标项目得分之和乘以系数得到，两项的系数之和以不超过

20%为宜。例如，设目标项目得分之和为90分，实施措施有效性和协作情况的系数均为5%，则：目标成果总分=90分+90分×5%+90分×5%=99分。

根据我国的实际情况，安全目标管理的成果考评有与安全工作的考核评价结合起来进行的趋势。如前所述，在制定安全目标时，对于日常安全管理工作的目标可以取安全工作考核评价的指标。实际上，有些企业不仅把这两者统一起来，还把其他目标项目也纳入了安全工作考核评价的范围，把这些目标项目的目标值作为安全工作的考评指标，并给出标准分数，确定评分标准。在考核评价时，根据实际达标情况逐项打分，所有项目得分的总和，就是安全工作考评的得分，也即目标成果的总分。

这种考评方法是切实可行的，且有利于安全目标管理的持久开展，使之制度化和标准化，也有利于安全目标管理与贯彻落实安全生产责任制的紧密结合。但这种方法的考评结果只考虑了达标程度一个因素，忽略了目标复杂困难程度和达标过程努力程度等因素，因此，还有待在实践中加以研究改进，使目标成果的考评更加趋于完善。

5.5.3 奖惩与总结

在综合评定的基础上要根据预先制定的奖惩办法进行奖惩，使先进的受到鼓励，落后的受到鞭策。既要有经济上的奖惩，也要注意精神上的表彰，使达标者获得精神追求的满足，也使未达标者受到精神上的激励。

对待奖惩，上级领导一定要兑现诺言，严格遵循奖惩规定。不能言而无信，也不能搞“照顾情绪”“平衡关系”。否则失信于民，给下期安全目标管理造成困难。

目标考评不但应得出正确的评定结果，还应达到改进提高的目的。为此，在目标考评的全过程中要注意引导全体职工认真总结经验教训，发扬优势，克服缺点，明确前进的方向。

总之要以鼓励为主，即使对未达标者也应充分肯定其达到的目标成果和为达标所做出的努力，同时热情地帮助他们分析研究存在的问题，提出改进的措施。

5.5.4 注意事项

为了搞好目标成果考评，应注意做好下列事项：

1）建立好评价组织。在统一领导下建立企业、车间、班组三级评价小组。选作风正、懂业务、会管理、有威信的人参加，使之具有权威性。各级领导者是评价小组的成员。

2）在民主协商的基础上，预先制定好考核细则、评价标准和奖惩办法，并在安全目标管理开始时就向全体职工明确宣布。

复习思考题

1. 如何理解安全目标管理与目标管理之间的联系与区别?
2. 如何科学制定安全目标?
3. 目标成果的考评对于有效实施安全目标管理有何作用?
4. 进行目标成果考评时需注意哪些主要问题?

第6章

系统安全管理

本章概要·学习要求

本章主要讲述了系统安全管理的概念、系统安全管理实施方法以及全寿命周期的系统安全工作。通过本章学习，要求学生了解系统安全管理的概念，理解系统安全管理与传统安全管理的区别，掌握系统安全管理的实施方法。

无论安全管理规章制度有多严格，人的安全素质有多高，都不可避免地存在人为失误的可能性。随着系统或产品的复杂化、大型化，这一问题将越来越严峻，而且通过严格的管理和制度束缚人的行为，也不是现代安全管理追求的目标。系统安全管理通过在系统设计阶段对系统的安全问题进行系统、全面、深入地分析和研究，并合理地采取相应措施，既提高了系统的安全性，也降低了对人行为的约束和限制，用较低的代价取得了较好的安全效果。

6.1 系统安全管理概述

6.1.1 系统安全的定义与特点

1. 系统安全的定义

系统安全是指在系统寿命周期的所有阶段，以使用效能、时间为条件，应用工程和管理的原理、准则、技术，使系统获得最佳的安全性。上述定义包括以下三点含义：

1）提高系统的安全性，并不是不计代价。在考虑产品成本、性能及应用时，还应尽可能通过设计提高系统的安全性，才能使产品或系统获得最大收益。

2）追求产品的安全性，应当考虑产品全寿命周期的安全性，即力争产品在其寿命周期的各个阶段，保持最佳的安全性能。

3）实现产品的最佳安全性能，不但要尽可能提高其子系统的安全可靠性，关键是要保证各个子系统的最佳耦合。

2. 系统安全的主要特点

1）早。系统安全问题在系统的设计和构思阶段就应予以分析考虑。

2）快。在系统寿命周期的早期阶段，发现安全问题要比在试验甚至使用阶段发现问题后再采取措施快得多。

3）省。如果在构思、设计阶段发现问题，只需对设计方案或设计图加以修改，这要比在试验、生产甚至使用阶段发现问题后再进行弥补节约得多。

4）好。尽量提高产品或系统自身的本质安全性，安全效果要比在产品或系统投入使用后再因安全问题而增加安全装置更好。

5）接口。产品的构成元件或系统各要素（子系统）之间是分工协作的关系。单一元件或子系统的最佳安全并不一定能保证整个产品或系统达到最佳的安全性。只有所有元件或子系统实现最佳耦合，才会使系统的总体安全性能达到最佳，因此，产品或系统内的接口（也称界面）是实现系统安全的关键。

系统安全是从根本上提高产品或系统安全水平的有效技术工作方法，它是在传统安全技术工作基础上发展起来的，也是人们对安全问题深化认识的产物。事故的经验教训促使人们去预防事故，也就是查找事故原因，采取措施，防止事故重复发生。措施的内容通常包括：在生产和使用部门设立专职机构，如技术安全处、科；颁布安全法规；设置安全防护设备及用具；安全生产宣传和教育等。这种工作方式虽然在防止事故中起到了重大作用，但总是事故后的管理，很难做到防患于未然。特别是其事故预防的方法，很难跟上产品、系统技术的迅猛发展。面对日益复杂化、大型化的产品和系统及其伴生的事故隐患，传统的技术安全显得力不从心，很难适应现代生产和现代化产品系统发展的需要。而且只有发生一次甚至多次事故后才能找出防止事故的措施和方法，绝大多数情况下，在经济上付出的代价也是企业难以承受的。

系统安全与传统的技术安全的目的虽然都是实现系统的安全，但它们的工作范围和实施方法却有较大区别，具体体现在以下五个方面：

1）技术安全的工作范围主要是在生产和使用场所，其目的是保证操作人员和设备不受到伤害和损坏，它并不直接涉及产品或系统的设计。而系统安全则主要研究产品的全寿命周期，包括方案论证、设计、试验、制造、使用直至报废处理等各方面的安全问题，并且把重点放在研制阶段。

2）传统的技术安全工作大多凭经验和直觉来处理安全问题，而且较少由表及里深入分析，因而难以彻底改善安全状态。而系统安全正是利用系统工程的方法，从系统、子系统和环境影响以及它们之间的相互关系来研究安全问题，从而能比较深入、全面地找到潜在危险，预防事故的发生。

3）传统的技术安全主要从定性方面进行研究，一般只提出“安全”或“不安全”的概念，对安全性没有定量的描述，因而难以做出准确的判断和评价，也不利于控制和管理。而系统安全利用危险严重性、可能性等参数和指标来定量评价安全的程度，从而使预防事故的措施有了客观的度量，安全程度更加明确。

4）传统的技术安全是从局部，或处于被动状态来解决安全问题的，因而不能从根本上提高系统的安全水平。而系统安全从产品或系统论证设计起就开始进行系统的安全分析，它考虑到产品全系统中所有可能的危险，如危险源、各子系统接口、软件对安全的影响等，并随着研制工作的进展，逐步细化安全分析的内容，使安全主动而全面地得以实现。

5）传统的技术安全目标值不明确、不具体。究竟到什么程度才算安全问题解决得好，才能控制重大事故的发生，这个目标值不明确，则工作盲目性较大。而系统安全通过安全分析、试验、评价和优化技术的应用，可以找出最佳的减少和控制危险的措施，使产品或系统的各子系统之间，设计、制造和使用之间达到最佳配合，用最少投资获得最佳的安全效果，从而在最大程度上提高产品的安全水平。

6.1.2 系统安全管理的定义

系统安全管理是确定系统安全大纲要求，保证系统安全工作项目和活动的计划和完成，与整个项目的要求相一致的一门管理学科。

任何管理工作都是由计划、组织、协调、控制四部分工作组成。而系统安全管理，实际上就是对产品全寿命周期的安全问题的计划、组织、协调与控制。也就是说，通过管理的手段，合理选择风险控制方法，合理分配风险到产品寿命周期的各个阶段，使产品在满足性能、成本、时间等约束条件的前提下，取得最佳的安全性。因此可以说，系统安全管理是产品或系统寿命周期工程管理的组成部分，其主要任务是在系统寿命周期内计划、组织、协调和控制应进行的全部系统安全工作。系统安全管理的核心是建立并实施系统安全大纲。

6.1.3 系统安全管理与系统安全工程

系统安全工程是应用科学和工程的原理、准则和技术，识别并消除危险，以减少有关风险所需的专门业务知识和技能的一门工程学科。

从系统安全工程和系统安全管理各自的定义可以看出，系统安全工程与系统安全管理是系统安全的两个组成部分。它们一个是工程学科，一个是管理学科，两者相辅相成；前者为后者提供各类危险分析、风险评价的理论与方法及消除或减少风险的专门知识和技能，而后者则选择合适的危险分析与风险评价的方法，确定分析的对象和分析深入的程度，并根据前者分析评价的结果做出决策，要求前者对危险进行相应的消除或控制。因而要想使系统达到全寿命周期最佳的安全性，两者缺一不可，而且还应有机地结合在一起。

6.1.4 系统安全管理与传统安全管理

传统安全管理方法基本上是纵向分科，单向业务保安，事后追查处理，侧重操作者责任安全，凭经验和感觉处理安全问题，从宏观方面查找危险因素，其特点主要是依靠方针、政策、法规、制度，凭经验，靠人治，以“事后”为主。这种管理方法虽然能总结事故教训，防止同类事故重复发生，促进安全生产，但有局限性、事后性和表面性缺陷。

系统安全管理方法是把系统科学和系统工程理论引入安全工作领域，从性能、费用、时间等整体出发，针对系统寿命周期的所有阶段，实施综合性安全分析、评价、预测事故，并采取措施，以获得最佳的安全性。其主要特点是注重系列化、整体化、横向综合化，运用现代新科技和系统工程原理、方法进行安全管理工作，以“事前”为主。系统安全管理是从风险识别入手，通过对系统风险的分析、预测、评价去认识问题，从而采取相应措施，消除、控制危险因素，使系统优化，达到最佳安全程度。

区别系统安全管理与传统安全管理可从以下几点入手：

1）从安全的属性看。一些传统的管理思想认为“安全附属于生产”，这就导致无安全保障下进行生产的情况经常发生。产量、质量为主，安全为辅的思想普遍存在，而对安全规定、作业规程要求却知之甚少或一无所知。系统安全管理则特别强调“安全指导生产，安全第一”，它要求一切经济部门必须高度重视安全，把“安全第一”作为一切工作的指导思想和每个人的行为准则，并要求将安全贯穿于生产全过程。

2）从管理类型看。传统安全管理方法的主要类型是事后追查型——事故分析型。等到事故发生之后，才对事故加以分析，找出原因，采取措施防止类似事故再次发生，属于被动管理型。而系统安全管理方法是事先预测型——安全评价型。从系统工程的观点分析，查找事故影响因素，并通过风险评估、分析，制定消除或控制风险的管理措施。

3）从管理实质看。传统安全管理方法的实质是“强制安全—被动的事故管理—治标之策”。在这种管理方式下，事故没有从根本上得到遏制，属于典型的“头痛医头，脚痛医脚”做法。而现代系统安全管理方法则追求“本质安全化—主动的条件管理—治本之道”。通过实施全员、全方位、全过程的风险预控管理，形成有机协调、自我控制、自我完善的安全管理运行模式，有效控制危险源，消除人的不安全行为、物的不安全状态，保证系统的安全运行。

4）从工作重点看。传统安全管理的重点是对已发生事故的统计分析，及同类事故的预防。系统安全管理的主要内容是风险因素的分析、评价、预测，并采取预防措施，杜绝事故的发生或尽可能把事故损失降到最低限度。

6.2 系统安全管理的实施

系统安全管理的实施过程，实际上就是通过管理的手段，将系统安全要求结合到系统全寿命周期的过程。系统安全要求一般来说分为两类，一类为一般要求，即产品设计应满足的基本系统安全要求，也就是必须满足的必要条件；另一类则为详细要求，即产品的承制方和订购方经讨论协商认为有必要满足的条件或要求。这类条件或要求随产品的复杂性、危险性、成本、使用环境等多种因素的变化而变化，是可选择的要求。但当双方经协商达成一致，形成系统安全要求后，两类要求同样都必须得以满足，才有可能保证产品的安全性达到订购方期望的水平。

6.2.1 系统安全一般要求

1. 系统安全大纲

为了保证及时、有效地达到系统安全的目标，产品承制方必须建立并实施一个系统安全大纲。该大纲的主要内容应包括管理系统和关键的系统安全人员两个部分。

1）管理系统。产品承制方应建立一个系统安全管理系统，旨在保证产品的安全性能符合有关要求。在该管理系统中，应由承制方主要负责建立、控制、结合、指导和实施系统安全大纲，并应保证将事故风险消除或控制在已建立的可接受风险范围内。此外，该系统中还应设有事故及与安全有关的事件，包括尚未发生事故或与安全相关事件的潜在危险条件的报告、调查、处理程序。

2）关键的系统安全人员。为保证所建立的系统安全大纲达到上述目标，在管理系统中应选择合适的人员负责系统安全大纲的建立及实施管理过程，并在产品安全性方面直接对承制方主要负责人负责。该人员即为关键系统安全人员，通常限制为对系统安全工作有管理职责和技术认可权的人员。为保证该类关键人员能够胜任这一重要角色，根据产品或系统复杂性的高低，对该产品安全负责人的资质要求也有所差异。关键系统安全人员的资质要求如表6-1所示。

表6-1 关键系统安全人员的资质要求

项目复杂性	教育	经历	证书
高	工程、自然科学或其他学科理工类学士①	系统安全或相关学科4年以上	要求为CSP②或专业工程师
中	学士加系统安全训练	系统安全或相关学科2年以上	最好为CSP②或专业工程师
低	高中毕业证书加系统安全训练	系统安全1年以上	无

① 管理部门可能在工作说明中规定其他学位或证书。

② 通过美国全国性的专业资格认证的安全专业人员。

2. 系统安全大纲目标

1）及时、经济地将符合任务要求的安全性设计到系统中。

2）在系统全寿命周期内识别、跟踪、评价和消除系统中的危险，将危险减少到可接受的水平。

3）考虑并应用以往的安全资料，包括其他系统的经验、教训。

4）在采纳和使用新的工艺、材料、设计和新的生产、试验和操作技术时，寻求最小风险。

5）将消除危险或将风险减少到管理部门可接受水平所采取的措施记录成文。

6）在系统的研究、研制和订购中及时地考虑安全特性，尽量减少为改善安全性而进行的改装。

7）在设计、建造中或任务要求发生更改时，所采用的方法应使风险保持在管理部门可接受的水平。

8）在寿命周期内尽早考虑与系统有关的任何有害材料的安全性，并使之易于报废和退役处理。应采取措施尽可能少地使用有害材料，使与使用有害材料有关的风险和寿命周期费用减到最少。

9）把重要的安全数据作为经验记录下来，并记入数据库，或用作更改设计手册和说明书的建议。

3. 系统安全设计要求

为实现系统安全大纲目标，产品承制方必须在设计过程中满足系统安全设计要求，即满足核心目标需要的一般设计要求。这类要求是在具备了系统设计所采用的有关标准、规范、条例、设计手册、安全设计检查表和其他设计指南等资料后确定的。产品承制方应依据所有可使用的资料，包括初步危险分析（PHA）建立安全设计准则，并以该准则作为编制系统规范中安全要求的基础，同时在其后的研制阶段、研制规范中继续扩充该准则和要求。

一般的系统安全设计要求具体如下：

1）通过设计，包括原材料的选择和代用，消除已识别的危险或减少相关的风险。若必须使用有潜在危险的原材料，则应选择那些在系统寿命周期内风险最小的原材料。

2）将有害物质、零部件和操作与其他活动、区域、人员及不相容的原材料相隔离。

3）设备的位置安排应使工作人员在使用、保养、维护、修理和调整过程中较少地暴露于危险环境中，如危险的化学药品、高压电、电磁辐射、切削刃口或尖锐部位等。

4）将因为恶劣的环境条件所导致的风险最小化，如温度、压力、噪声、毒性、加速度和振动等。

5）系统设计应使在系统使用和保障中由于人的差错所导致的风险最小。

6）考虑采取补偿措施，把不能消除的危险所导致的风险降到最低程度。这类措施包括联锁、冗余、故障安全设计、系统防护、灭火设备和防护服装、设备、装置和规程等。

7）用物理隔离、屏蔽等方法，保护冗余子系统的电源、控制装置和关键零部件。

8）当各种补偿设计措施都不能消除危险时，应提供安全和报警装置，并在装配、使用、维护和修理说明书中给出适当的警告和注意事项，在危险零部件、原材料、设备和设施上标出醒目标记，以确保人员和设备得到保护。对于已有的标准尚未顾及的问题，通常应按照为生产方和订购方所共同接受的方式或按照管理部门要求的条件予以标准化，并应向管理部门提供全部警告、注意和提示标志的复印件，供检查、评审使用。

9）使意外事故中人员伤害或设备损坏的严重程度最小。

10）设计软件控制或监测的功能，使危险事件或事故的发生降到最小。

11）评审设计准则中对安全不足或过分限制的要求。根据研究、分析或试验数据推荐新的设计准则。

4. 系统安全优先次序

系统安全大纲的最终目标就是让系统的风险控制在可接受的范围内。考虑到大多数系统的复杂性，将其设计成完全没有风险是不可能的。系统安全优先次序就是指满足系统安全要求和减少风险所要采取措施的先后顺序。满足系统安全要求和处理已识别危险的优先次序如下：

1）最小风险设计。首先在设计上消除危险。若不能消除已识别的危险，则应通过设计方案将其风险减少到可接受的水平。

2）应用安全装置。若不能消除已识别的危险或不能通过设计方案的选择充分降低相应的风险，则应通过使用固定的、自动的其他安全防护设计或装置，使风险减少到管理部门可接受的水平。可能时应规定对安全装置做定期的功能检查。

3）提供报警装置。若设计和安全装置都不能有效地消除已识别的危险或充分降低相关的风险，则应采用报警装置检测危险状况，并向有关人员发出适当的报警信号。报警信号及其使用应设计成使人对信号做出错误反应的可能性最小，并在同类系统中标准化。

4）制定专用规程并进行培训。若通过设计方案的选择不能消除危险，或采用安全装置和报警装置也不能充分降低有关风险，则应制定规程并进行培训。除非管理部门放弃要求，对于Ⅰ级和Ⅱ级危险决不能仅仅使用报警、注意事项或其他形式的书面提醒作为减少风险的唯一方法。规程可以包括个人防护装备的使用。警告标志应按管理部门的规定标准化。若管理部门认为是安全关键的工作和活动，则应要求考核人员的熟练程度。

当然，在遵循系统安全优先次序的过程中，在选择某类方法后仍不能降低风险到可接受的水平时，也可以同时选择两类以上方法以尽可能减少风险，但前提是必须遵循优先次序的基本原则。

5. 风险评价

为了明确系统危险发生的可能性及后果的严重程度，以寻求最低的事故发生率和最低损失，必须建立系统的风险评价模型。一个好的风险评价模型应能使决策者正确了解风险的大小以及把该风险降低到可接受水平所要采取的措施和付出的代价。

在风险评价方法中，应用最为广泛的方法为风险分析矩阵（RAM）法，即用危险的可能性和严重性来表征危险的特性，进而建立起相应的评价矩阵。

按系统安全优先次序，首先应通过设计消除危险。在设计阶段初期，通常在风险评价中只考虑危险的严重性；若在设计初期未能消除相应危险，则应综合考虑危险严重性和可能性，以及风险影响的风险评价方法，来确定纠正措施和处理已识别危险的优先次序。

危险可能性是指危险事件发生的概率。危险可能性可用单位时间事件、人数、项目或活动中可能产生危险的次数来表示。危险严重性是描述某种危险可能引起事故的损失程度。危险严重性等级给出了由人的失误、环境条件、设计缺陷、规程缺陷或者系统、子系统或部件故障或失效引起的最严重事故的定性度量。

RAM法将危险的严重性划分为四级，可能性划分成五级，如表6-2和表6-3所示。按可能性与严重性两个因素建立一个二维的矩阵，矩阵的每一个元素都对应一个可能性和严重性等级，并用一个数值或代码表示，称为风险评价指数，用来表示风险的大小。最为常见的两种风险评价矩阵如表6-4和表6-5所示。在两种风险评价矩阵中，均将风险评价指数按风险的大小分为四类，并建议采取不同的控制原则。

表6-2　危险严重性等级表

说　明	等　级	定　义
灾害性	Ⅰ	死亡、系统报废、严重环境破坏
严重性	Ⅱ	严重伤害、严重职业病、系统或环境的较严重破坏
轻度性	Ⅲ	轻度伤害、轻度职业病、系统或环境的轻度破坏
可忽略性	Ⅳ	轻于轻度伤害及轻度职业病、轻于系统或环境的轻度破坏

表6-3　危险可能性等级表

说明①	等级	单个项目	总　体②
频繁	A	可能经常发生	连续发生
很可能	B	在寿命周期内出现若干次	频繁发生
偶然	C	在寿命周期内可能有时发生	发生若干次
很少	D	在寿命周期内不易发生，但可能发生	不易发生，但有理由可能预期发生
不可能	E	不易发生，可认为不会发生	不易发生，但可能发生

①　说明词的定义可根据有关数值进行修改。

②　应定义总体的大小。

表 6-4 风险评价矩阵示例一

危险等级	Ⅰ/灾难性的	Ⅱ/严重的	Ⅲ/轻度的	Ⅳ/可忽略的
(A)频繁($X>10^{-1}$)①	1A	2A	3A	4A
(B)很可能($10^{-1}>X>10^{-2}$)①	1B	2B	3B	4B
(C)偶然($10^{-2}>X>10^{-3}$)①	1C	2C	3C	4C
(D)很少($10^{-3}>X>10^{-6}$)①	1D	2D	3D	4D
(E)不可能($10^{-6}>X$)①	1E	2E	3E	4E

① 定量准则举例：

危险风险指数	建议准则
1A，1B，1C，2A，2B，3A	不接受
1D，2C，2D，3B，3C	不希望（需要由MA（安标国家矿用产品安全标志中心）评审）
1E，2E，3D，3E，4A，4B	可接受，但需要由MA评审
4C，4D，4E	不需评审即可接受

表 6-5 风险评价矩阵示例二

危险类别	灾难性的	严重的	轻度的	可忽略的
频繁	1	3	7	13
很可能	2	5	9	16
偶然	4	6	11	18
很少	8	10	14	19
不可能	12	15	17	20

注：

危险风险指数	建议准则
1~5	不接受
6~9	不希望（需由MA决策）
10~17	可接受，但需MA评审
18~20	不需评审即可接受

此外，为了评价所选择的危险控制措施，还可采用控制程度指数（Control Rating Code，以下简称CRC）。按能量控制优先顺序构成一个6×4的二维矩阵，如表6-6所示。

表 6-6 CRC 矩阵

危险控制措施	设计Ⅰ	被动安全设施Ⅱ	主动安全设施Ⅲ	警告设施Ⅳ
A 消除能量源	1	1	2	3
B 限制能量源	1	1	2	3
C 防止逸散	1	2	2	3
D 提供屏障	2	2	3	4
E 改变逸散方式	2	3	4	4
F 使伤害最小化	3	3	4	4

在进行产品或系统的风险评价时，可将RAC与CRC结合在一起使用。RAC采用的形式如表6-7所示。

表 6-7 系统危险风险评价矩阵示例

危险类别 / 控制类型	灾难性的	严 重 的	轻 度 的	可忽略的
Ⅰ	1	1	3	5
Ⅱ	1	2	4	5
Ⅲ	2	3	5	5
Ⅳ	3	4	5	5

注：危险风险指数　建议准则

危险风险指数	建议准则
1	高度风险——重点分析和测试
2	中度风险——进行要求与设计分析及进一步测试
3 ~4	适度风险——进行 MA 认可，可接受的高层次分析与测试
5	低度风险——可接受

采用 RAM 与 CRC 结合在一起进行风险评价时，应遵循以下规则：

1）CRC 值≤RAM 值。

2）单点故障的严重性不允许达到Ⅰ级或Ⅱ级。

3）RAM =1 或 2 的危险不能只采用“注意”“报警”或个体防护设备来进行控制。

采用 RAM 和 CRC 进行危险风险评价的过程如图 6-1 所示。

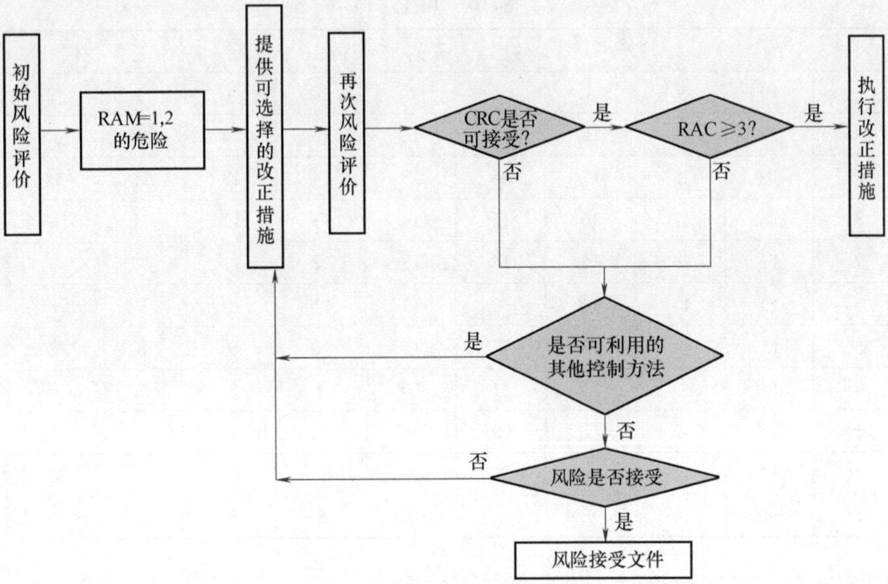

图 6-1　CRC、RAM 评价过程

另一种风险评价方法是总风险暴露指数（TREC）法，它是将 RAM 评价矩阵加以改进得到的。该方法将严重性等级扩充为 10 级，用指数 1 ~10 表示，并且给出了每级对应的损失费用。同时用暴露指数（Exposure Codes）代替了危险的可能性等级。这里危险的暴露是指在系统寿命周期中暴露了该危险的总时数内导致相应严重性指数所表示的可能次数。

严重性指数及暴露指数分别如表 6-8 和表 6-9 所示。

表 6-8　严重性指数

指数	范围/元	平均值/元	指数	范围/元	平均值/元
10	$>10^{10}$	50000000000	5	$10^{5}\sim10^{6}$	500000
9	$10^{9}\sim10^{10}$	5000000000	4	$10^{4}\sim10^{5}$	50000
8	$10^{8}\sim10^{9}$	500000000	3	$10^{3}\sim10^{4}$	5000
7	$10^{7}\sim10^{8}$	50000000	2	$10^{2}\sim10^{3}$	500
6	$10^{6}\sim10^{7}$	5000000	1	$<10^{2}$	50

表 6-9　暴露指数

指数	范围/次	平均值/次	指数	范围/次	平均值/次
10	>1000	5000	5	0.01 ~ 0.1	0.05
9	100 ~ 1000	500	4	0.001 ~ 0.01	0.005
8	10 ~ 100	50	3	0.0001 ~ 0.001	0.0005
7	1 ~ 10	5	2	0.00001 ~ 0.0001	0.00005
6	0.1 ~ 1	0.5	1	<0.00001	0.000005

按严重性指数及暴露指数构成一个二维矩阵，阵中每一元素即为 TREC 值，如表 6-10 所示。

表 6-10　TREC 值

	暴露指数										
		10	9	8	7	6	5	4	3	2	1
	10	20	19	18	17	16	15	14	13	12	11
	9	19	18	17	16	15	14	13	12	11	10
严重性指数	8	18	17	16	15	14	13	12	11	10	9
	7	17	16	15	14	13	12	11	10	9	8
	6	16	15	14	13	12	11	10	9	8	7
	5	15	14	13	12	11	10	9	8	7	6
	4	14	13	12	11	10	9	8	7	6	5
	3	13	12	11	10	9	8	7	6	5	4
	2	12	11	10	9	8	7	6	5	4	3
	1	11	10	9	8	7	6	5	4	3	2

采用 TREC 进行风险评价时，可求出以下数据：

总风险暴露 TRE（Total Risk Exposure）：$TRE=5\times10^{(TREC-5)}$

年风险暴露 ARE（Annual Risk Exposure）：$ARE=\dfrac{TRE}{项目寿命}$

单位风险暴露 URE（Unit Risk Exposure）：$URE=\dfrac{TRE}{装置总数}$

风险暴露率 RER（Risk Exposure Rate）：$RER=\dfrac{TRE}{总投资}$

6. 已识别危险的处理

对已识别的危险，应采取措施将其消除或把相应的风险减少到可接受的水平。对灾难性的、严重的和产品订购方指定的风险，不能仅依赖警告、提示和规程、培训的手段。如果难以实现上述目标，则应向主管部门推荐替代的方法。

在采取了上述措施后，仍存在一些危险，包括无合适控制措施的危险、不打算采取控制措施的危险和控制措施尚不完善的危险，这三类危险的风险称之为剩余风险。产品承制方应将每个剩余风险的现状和解决方法不完善的原因及时告知产品订购方或有关主管部门。如剩余风险仍不能满足订购方的要求，则承制方必须选择是进一步采取措施，还是放弃对该产品或系统的投标或承制。

6.2.2　系统安全详细要求

系统安全详细要求是由产品订购方和承制方经协商选择所确定的系统安全要求。这主要是双方在考虑了资金、进度及技术水平限制等因素的基础上所确定的。而且一旦确定以后，就与一般要求具有同样的约束力。

系统安全详细要求可分为四大类，即大纲的管理与控制、设计与综合、设计评估、符合与验证。各类的主要内容如表6-11所示。

表6-11　系统安全详细要求的主要内容

项　目	主要内容
大纲的管理与控制	①系统安全大纲；②系统安全大纲计划；③辅承包商、子承包商及建筑工程单位的协调/管理；④系统安全评审/审查；⑤系统安全组/系统安全工作组织的保障；⑥危险跟踪和风险消除；⑦系统安全进展报告
设计与综合	①初步危险表；②初步危险分析；③安全要求/准则分析；④子系统危险分析；⑤系统危险分析；⑥使用与保障危险分析；⑦健康危险分析
设计评估	①安全评价；②测试和评估安全；③工程更改建议、规范修改通知、软件问题报告和偏离/废弃申请的安全审查
符合与验证	①安全验证；②安全符合评价；③爆炸物危险分类和特性数据；④爆炸性武器处理的原始数据

系统安全详细要求的选择，取决于被研制的产品或系统的复杂程度，资金投入和产品或系统所处的研制阶段。制定系统项目的应用矩阵（见表6-12）和设施采办应用矩阵（见表6-13）是通用的详细要求选择指南，它们可以用来初步确定在某一特定的阶段，系统安全大纲应包括的典型内容。在使用该表时，可根据该详细要求的描述，确定是否将该详细要求列入大纲之中。

表6-12　制定系统项目的应用矩阵

工作项目	题　目	类型	项目阶段				
			0	Ⅰ	Ⅱ	Ⅲ	Ⅳ
101	系统安全大纲	MGT	G	G	G	G	G
102	系统安全大纲计划	MGT	G	G	G	G	G
103	辅承包商、子承包商及建筑工程单位的协调/管理	MGT	S	S	S	S	S

（续）

工作项目	题　　目	类型	项目阶段				
			0	Ⅰ	Ⅱ	Ⅲ	Ⅳ
104	系统安全评审/审查	MGT	S	S	S	S	S
105	系统安全组/系统安全工作组织的保障	MGT	G	G	G	G	G
106	危险跟踪和风险消除	MGT	S	G	G	G	G
107	系统安全进展报告	MGT	S	G	G	G	G
201	初步危险表	ENG	G	S	S	S	N/A
202	初步危险分析	ENG	G	G	G	G	G
203	安全要求/准则分析	ENG	G	S	S	S	G
204	子系统危险分析	ENG	N/A	GC	GC	GC	GC
205	系统危险分析	ENG	N/A	GC	GC	GC	GC
206	使用与保障危险分析	ENG	S	GC	GC	GC	GC
207	健康危险分析	ENG	G	GC	GC	GC	GC
301	安全评价	ENG	S	GC	GC	GC	GC
302	测试和评估安全	ENG	G	G	G	G	G
303	工程更改建议、规范修改通知、软件问题报告和偏离/废弃申请的安全审查	ENG	N/A	G	G	G	G
401	安全验证	ENG	S	G	G	S	S
402	安全符合评价	ENG	S	G	G	S	S
403	爆炸物危险分类和特性数据	MGT	S	S	S	S	S
404	爆炸性武器处理的原始数据	MGT	S	S	S	S	S

注：工作项目类型：ENG 表示系统安全工程；MGT 表示系统安全管理。

项目阶段：0 表示方案探索；Ⅰ表示论证和批准；Ⅱ表示工程/研制；Ⅲ表示生产/部署；Ⅳ表示使用/保障。

适用性代码：S 表示可选用；G 表示一般适用；GC 表示一般仅适用于设计更改；N/A 表示不适用。

表 6-13　设施采办应用矩阵

工作项目	题　　目	类型	项目阶段			
			Ⅰ	Ⅱ	Ⅲ	Ⅳ
101	系统安全大纲	MGT	G	G	G	G
102	系统安全大纲计划	MGT	S	G	G	S
103	辅承包商、子承包商及建筑工程单位的协调/管理	MGT	S	S	S	S
104	系统安全评审/审查	MGT	G	G	G	G
105	系统安全组/系统安全工作组织的保障	MGT	G	G	G	G
106	危险跟踪和风险消除	MGT	G	G	G	G
107	系统安全进展报告	MGT	S	S	S	S
201	初步危险表	ENG	G	N/A	N/A	S
202	初步危险分析	ENG	G	S	N/A	S
203	安全要求/准则分析	ENG	G	S	S	GC
204	子系统危险分析	ENG	N/A	S	G	GC
205	系统危险分析	ENG	N/A	G	S	GC
206	使用与保障危险分析	ENG	S	G	G	GC

（续）

工作项目	题目	类型	项目阶段			
			Ⅰ	Ⅱ	Ⅲ	Ⅳ
207	健康危险分析	ENG	G	S	N/A	N/A
301	安全评价	ENG	N/A	S	G	S
302	测试和评估安全	ENG	G	G	G	G
303	工程更改建议、规范修改通知、软件问题报告和偏离/废弃申请的安全审查	ENG	S	S	S	S
401	安全验证	ENG	N/A	S	S	S
402	安全符合评价	ENG	N/A	S	S	S
403	爆炸物危险分类和特性数据	MGT	N/A	S	S	S
404	爆炸性武器处理的原始数据	MGT	N/A	S	S	S

注：项目阶段：Ⅰ表示制订计划与要求；Ⅱ表示初步设计；Ⅲ表示最终设计；Ⅳ表示建造。

此外，在详细要求选择中，还应考虑资金等方面的限制，根据规模和资金选择系统安全详细要求的典型模式如表6-14所示。当然，上述各表仅是一种参考，具体制定系统安全大纲时，还应考虑订购方需要、有关法规标准及技术水平等具体情况。

表6-14 基于资金或风险程度的典型项目的工作项目选择示例

低资金或低风险项目		中等资金或中等风险项目		高资金或高风险项目	
工作项目	题目	工作项目	题目	工作项目	题目
101	系统安全大纲	101	系统安全大纲	101	系统安全大纲
102	系统安全大纲计划	102	系统安全大纲计划	102	系统安全大纲计划
201	初步危险表	104	系统安全评审/审查	103	辅承包商、子承包商及建筑工程单位的协调/管理
202	初步危险分析	105	系统安全组/系统安全工作组织的保障	104	系统安全评审/审查
205	系统危险分析	106	危险跟踪和风险消除	105	系统安全组/系统安全工作组织的保障
301	安全评价	201	初步危险表	106	危险跟踪和风险消除
		202	初步危险分析	107	系统安全进展报告
		204	子系统危险分析	202	初步危险分析
		205	系统危险分析	203	安全要求/准则分析
		206	使用与保障危险分析	204	子系统危险分析
		207	健康危险分析	205	系统危险分析
		402	安全符合评价	206	使用与保障危险分析
				207	健康危险分析
				301	安全评价
				302	测试和评估安全
				303	工程更改建议、规范修改通知、软件问题报告和偏离/废弃申请的安全审查
				401	安全验证
				403	爆炸物危险分类和特性数据

6.2.3 系统安全大纲计划

在实施系统安全大纲过程中，最主要的工作包括制订、完成工作计划，提出执行工作计划的合格人选，赋予各级管理人员应有的权利及合理地分配人力、物力资源。特别是系统安全大纲计划的制订，对于为使整个系统寿命周期内识别、评价及消除或控制危险，或将相应的风险减少到管理部门可以接受的水平，系统安全管理和系统安全工程各部门应进行的工作等进行了详尽的描述，这也为产品订购方与承制方之间在怎样执行系统安全大纲以满足各项系统安全要求上，建立了相互理解沟通的基础。

系统安全大纲计划（SSPP）应包括11方面的内容，如表6-15所示。

表6-15 系统安全大纲计划（SSPP）的内容

项目	内容
1. 大纲的范围和目标	（1）整个大纲及相关的系统大纲的范围 （2）系统安全管理和系统安全工程的工作内容 （3）所有合同中要求的工作和责任
2. 系统安全组织	（1）阐明在整个系统组织机构中的系统安全组织及其职能 （2）阐明系统安全人员，其他涉及系统安全工作的部门及系统安全部门的责任和权利 （3）阐明系统安全机构的人员构成，包括人力分配、资源控制及主要负责人 （4）阐明产品承制方综合和协调系统安全工作的过程 （5）阐明产品承制方制定管理决策的过程 （6）阐明有关主管部门采取与系统安全相关的决策和措施的详情
3. 系统安全大纲关键点	（1）确定系统安全大纲的关键点，并将它们与整个项目的关键点相联系 （2）提供整个系统安全工作的日程安排 （3）为避免重复性工作，确定在其他产品研究和开发工作中进行的各项与系统安全大纲执行的相关工作 （4）提出完成各项系统安全工作的人力需求
4. 一般系统安全要求和准则	（1）阐明对安全的一般工程要求和设计准则 （2）阐明对保障设备的安全要求和系统全寿命周期各阶段，包括报废阶段的安全要求 （3）列出应服从的安全标准和含有安全要求的系统规范 （4）描述风险评价过程，确定危险严重性和可能性水平及为满足产品的安全要求所应遵循的系统安全优先次序 （5）阐述在风险评价中应用的定性或定量评价方法及可接受的安全水平 （6）阐述采取措施解决已确定的不可接受风险的过程
5. 危险分析	（1）阐明为确定危险及其原因与后果，确定危险消除方法或危险降低措施而进行的定性或定量分析中所采用的分析技术 （2）阐明每项分析技术在分析应用中的深度和广度 （3）阐明转承制方所做的危险分析与整个系统危险分析的结合 （4）阐明识别和控制方在系统全寿命周期内使用的材料相关的危险的工作
6. 系统安全资料	（1）阐明应收集和处理的与以往有关的危险、事故的资料和已有的安全方面的经验教训等 （2）确定资料的交付方式 （3）确定资料的获取方式及保存方法

（续）

项　目	内　容
7. 安全验证	（1）阐明通过试验、分析、检查等手段进行安全验证的要求，以保证所有安全问题都经过适当的验证 （2）确定对软件、安全装置或其他特殊的安全性能（如应急处理过程）的鉴定要求 （3）阐明保证将与安全相关的验证信息发送到有关部门以供评审和分析所用的规程 （4）阐明保证所有试验安全进行的规程
8. 大纲审查	阐明产品承制方采用的方法和程序，以保证能达到系统安全大纲的目标和要求
9. 培训	阐明对工程、技术、维修人员应进行的安全培训
10. 事故报告	阐明事故和事故征兆的通知和调查、报告过程
11. 系统安全接口	（1）系统安全与所有其他应用安全学科之间的接口，包括电气安全、核安全、爆炸物安全、化学和生物安全等安全学科 （2）系统安全与系统工程及其支持学科，如可维修性、质量控制、可靠性、软件开发、人机工程、医疗保障等之间的接口 （3）系统安全与所有其他系统综合及试验学科之间的接口

6.3 全寿命周期各阶段的系统安全工作

无论是产品还是工程项目，全寿命周期内总的系统安全目标都是一致的。但是在全寿命周期的各个阶段，其具体的系统安全工作还是各有不同。深入了解这一点，对于搞好系统安全管理工作是十分有必要的，尤其是在产品研制阶段。

6.3.1 技术指标论证阶段

技术指标论证阶段的大部分工作集中在设计方案的评价。在评价每个备选的设计方案时，系统安全是一个很重要的因素。在该阶段，系统安全工作有两个主要作用：一个是对于系统的设计，即确定各备选方案的安全状态和安全要求，以作为选择设计方案的基础；另一个是对于大纲的管理，主要为使系统安全工作贯穿于系统的寿命周期而制订总体的特别是本阶段的系统安全工作计划。本阶段具体的系统安全工作包括以下十方面的内容：

1）制订系统安全大纲计划，以阐明本阶段要进行的系统安全工作。

2）评价考虑采用的并且在寿命周期内会影响系统安全性的材料、设计特性、维修、保养、使用方案和环境。考虑在整个系统、部件或专用保障设备的最终处理时因其含有有害材料与物质而可能遇到的危险。

3）运用预先危险因素列表（Preliminary Hazard List，以下简称 PHL）或预先危险性分析法（Preliminary Hazard Analysis，以下简称 PHA）确定各备选方案相关的危险。

4）确定可能的安全接口问题，包括与软件控制的系统功能相关的问题。

5）强调特殊的安全问题，如系统限制条件、风险和人员等级要求等。

6）考查与备选方案类似的在安全方面获得成功的系统。

7）根据类似系统的经验确定系统安全要求。

8）确定所有对安全设计的分析、测试、论证与批准的要求。

9）将有希望的备选方案的系统安全分析及其结果和建议记录成文。

10）制定下一阶段的系统安全大纲，包括合同文件中的详纲要求。

6.3.2　方案论证及初步设计阶段

在方案论证及初步设计阶段，系统研制的重点转向初始的硬件设计。本阶段系统安全工作的目标是论证并确认系统的设计方案能达到并维持在满意的安全水平。本阶段的系统安全工作包括危险分析、危险控制措施的选取等。

1）制订或修改系统安全大纲计划，阐明本阶段要进行的系统安全工作。

2）参与与系统安全要求和风险影响有关的综合权衡研究，并根据研究结果提出系统设计改进意见，以确定获得符合性能和系统要求的最佳安全水平。

3）采用或修改 PHL（或 PHA）报告评估要被测试的系统结构，并根据计划的测试环境和测试方法进行结构测试的系统危险分析（SHA）。

4）建立系统设计的系统安全要求及验证的原则，并确定这些要求已被纳入相应规范之中。

5）对设计进行详细的危险分析（子系统危险分析（SSHA）或系统危险分析）以评价在系统硬件和软件试验中的风险。获取在系统论证试验中要采用的其他承制方提供的设备以及所有接口和辅助设备的风险评价结果。确定论证、评估安全性所需的特殊试验要求。

6）确定可能影响安全性的关键零件、组件、生产技术、组装程序、设施、试验和检查要求，确保：①在生产线的规划和布局设计中已包括了适当的安全保障措施，以建立在生产过程和使用中系统的安全控制方法；②在为所生产的设备实施质量控制所作的检查、测试、规程和检查表中包括充分的安全保障措施，以使设计中的安全考虑在生产中得以保证；③生产技术手册或制造规程中包含了所需的警告、提示及专门的安全规程；④尽早地运用试验和评价手段检测和矫正安全方面的缺陷；⑤在采用新设计、新材料及新的生产和试验技术中，涉及的风险最小化。

7）确定对订购方或其他承制方提供的设备的分析、检查与试验要求，以确认在使用前系统已满足相关的系统安全要求。

8）对每项试验进行使用和保障危险分析，并评审所有的试验计划和规程。在试验系统的装配、调试、使用、出现可预见的紧急情况，或拆卸、拆除时，评估试验系统与人员、保障设备、专用试验设备、试验设施及测试环境之间的接口，确保通过分析和测试识别出的危险被消除或使相关的风险最低，确定论证和评估试验功能安全性所需的特殊试验。

9）评审培训大纲和培训计划以确保充分考虑了安全性问题。

10）评审系统在使用和维护方面的规程、规范是否充分考虑了安全问题，并确保其符合职业安全卫生方面的法规要求。

11）评审后勤保障方面的规程、规范，以确保其符合国家有关环保、职业安全卫生方面的要求。

12）评估在本阶段所作的安全测试、故障分析和事故调查的结果，并提出设计更改或其他矫正措施。

13）确保已将系统安全要求纳入基于最新的系统安全研究、分析及试验的系统规范与设计文件之中。

14）编写在本阶段所进行的系统安全工作的总结报告，以保障决策过程。

15）继续完善系统安全大纲，并制订和修订下阶段的系统安全大纲计划。

16）进行初步的使用和保障危险分析，以识别所有与环境、人员、规程及设备相关的主要风险。

17）确定系统寿命周期中可能需要废弃或偏离的安全要求。

6.3.3 工程研制阶段

工程研制阶段的系统安全工作大多是前阶段工作的延续。本阶段的重点工作是使用和维修的安全性，具体的系统安全工作包括以下内容：

1）制订或修订本阶段系统安全工作计划，在设施的最后设计阶段继续及时、有效地实施系统安全大纲计划。

2）评审初步工程设计，以确保充分考虑了安全设计要求，并且前两个阶段识别出的危险已被消除或降低到了可接受水平。

3）修改系统规范及设计文件中的系统安全要求。

4）应用或修改系统危险分析、子系统危险分析、使用和保障危险分析及与设计、试验工作同时进行的安全研究，以确定设计和使用与保障危险，并提出必要的设计更改和控制措施。

5）进行每项试验的使用和保障危险分析并评审所有的试验计划和规程。在试验系统结构的装配、调试、运行、出现可预见的紧急状况及拆卸和拆除过程中，评估试验系统与人员、保障设备、专用试验设备、试验设施及测试环境之间的接口，确保消除经过分析和试验识别出的危险或控制其相关的风险。确定论证或评估系统安全功能所需的专门试验。确定对其他承制方或订购方提供的设备的分析、检查和试验要求，确保在使用前这类设备已满足了相应的安全要求。

6）参与技术设计和项目评审，并提交子系统危险分析、系统危险分析、使用和保障危险分析的结果。

7）确定和评估储存、包装、运输、装卸、试验、使用和维护等各项工作对系统及其部件安全性的影响。

8）评估安全性试验、其他系统试验、失效分析和事故调查的结果，并提出设计更改方案或其他矫正措施。

9）确定、评估并提出对安全性的考虑或权衡研究。

10）评审有关工程文件，如工程设计图、规范等，确保其充分考虑了安全问题。

11）确定系统寿命周期内可能需要废弃或偏离的安全要求。

12）评审保障方面的规程、规范，确保其充分考虑了安全性问题，并保证它们符合国家有关环境保护、职业安全卫生方面的要求。

13）验证安全和报警装置、生命保障设备和人员防护设备是否完备。

14）确定安全培训需求，并且为培训提供安全资料。

15）为使生产和全面投产规划提供系统安全监督和保障，确定可能影响安全的关键零部件、生产技术、装配规程、设施、试验及检查的要求，确保：①在生产线的规划和布局中充分考虑了安全要求，以确认在生产过程或运行中实施了安全控制；②对制造中的设备进行质量控制的检查、试验、规程及检查表中充分考虑了安全要求，使在生产过程中充分实现了设计中对安全性的考虑；③生产和制造过程控制的手册和规范中含有所需的告警、提示及专门的安全规程；④尽早地采用试验和评估方法检测和矫正安全缺陷；⑤在采用新设计、新材料及新的生产和试验技术时应使风险最小。

16）确保为系统试验、维修、使用和保养制定的规程中考虑了对有害材料的安全处理方法；在计划的使用、拆除或维修工作中，或在有理由预见到的由操作引起的意外事件中，考虑了人员可能接近的所有含有害物质的材料或部件。在子系统危险分析、系统危险分析和职业健康危险分析，以及在安全评价报告中汇总安全资料的过程中，也必须考虑到系统或其部件在最终退役或清除时可能涉及的所有危险。

17）编写在本阶段实施的系统安全工作的总结报告。

18）完善系统安全大纲，制定或修改下阶段的系统安全大纲要求。

6.3.4　生产阶段

1. 产品或系统的生产阶段

生产阶段系统安全工作的主要目的是确保按批准的规范和设计进行产品或系统的生产。本阶段的系统安全工作包括以下内容：

1）制订或修改系统安全大纲计划，以反映对本阶段系统安全大纲的要求。

2）确定可能影响安全性的关键部件、生产技术、装配规程、设施、试验和检查要求，并确保：①在生产线的规划和布局中采取了合适的安全措施，建立了对在生产和使用中的系统的安全控制；②在对所生产的设备实施质量控制而进行的检查、试验及设定规程和检查表中，充分考虑了安全问题，使设计中的安全考虑得以实现；③在生产技术手册和制造规程中包括了必要的告警、提示及专门的安全规程；④在采用新设计、新材料及新的生产和试验技术时，涉及的风险最小。

3）保证在生产初期完成相关的试验和评价工作，以尽早检测和矫正安全方面的缺陷。

4）对各次试验进行操作和保障危险分析，并评审所有的试验和规程。评估在试验系统的装配、调试、运行、可能发生的紧急情况及拆卸或拆除期间，试验系统与人员、保障设备、专用试验设备、试验设施及试验环境之间的接口，确保经分析和试验识别出的危险被消除或将相应风险降低到可接受水平。

5）评审在操作与保障危险分析中为保证安全地操作、维护、服务、储存、包装、装卸、运输和处理所采用的技术资料，主要有告警、注意事项和特殊规程三个方面的内容。

6）实施安装过程的操作与保障危险分析，评审安装方案和规程。在运输、储存、装卸、装配、安装、调试以及演示/试验运行期间，评估正在安装的系统与人员、保障设备、包装材料、设施和安装环境之间的接口，确保经分析识别出的危险已被消除或将相应风险降低到可接受的水平。

7）评审各项规范并监控现场定期检查和测试的结果，以确保其达到安全的可接受水平，并确定关键的安全部件随时间、环境条件或其他因素而降低的主要或关键特性。

8）实施或修改危险分析，确定所有可能由设计更改引起的新的危险，并确保在所有的状态控制措施中考虑了更改对安全性的影响。

9）评价失效分析和事故调查的结果，提出矫正措施。

10）对系统进行监测以确定设计的适用性及使用、维护和应急措施。对已有的安全资料进行分析评估，并向主管部门推荐更改或矫正措施。

11）对新提出的操作、维修规程或更改措施进行安全评审，确保这些规程、告警和注意事项适当，并不降低原有的安全水平。同时应将评审结果记录成文，作为操作和保障危险分析的补充和修改。

12）记录系统的危险状况和安全缺陷，并据此确定对新系统或改型系统的安全要求。

13）对诸如设计手册、标准和规范等安全文件予以适当修订，以及时反映安全方面的经验教训。

14）评价安全与报警装置、生产保障设备和人员防护设备的完备程度。

2. 工程项目或设施建设的施工阶段

上述内容适用于产品的生产阶段，但对于工程项目或设施建设的施工阶段，系统安全工作则应包括以下内容：

1）确保符合所有相关的建筑安全法规的要求以及与设施有关的其他安全要求。

2）进行危险分析以确定对设施和计划安装的系统之间的所有接口的安全要求。

3）评审设备安装、使用及维护方案，确保其满足所有设计和规程的安全要求。

4）继续改进从设计阶段就开始的危险矫正、跟踪工作。

5）评估事故及其他损失，以确定它们是否因安全缺陷或疏忽而造成。

6）修改危险分析，以识别所有由更改订单而导致的新危险。

6.3.5 使用和保障阶段

使用和保障阶段的系统安全工作主要是保证系统的安全使用并收集处理使用中存在的危险与事故信息。本阶段的主要工作包括以下内容：

1）评估失效分析和事故调查的结果，并提出改进措施。

2）根据对系统或设施的实际经验，修改危险分析以反映风险评价中的变化及识别所有新的危险，确保在所有系统状态控制措施中都考虑了变化对安全性的影响。

3）对诸如设计手册、标准和规则等安全文件进行修改，以反映安全方面的新的经验教训。

4）评审有关规程，并监测定期的现场检查或试验的结果，以确保系统保持在可接受的安全水平。确定安全关键的部件随时间、环境条件或其他因素而降低的主要的或关键的特征。

5）在全寿命周期内监测该系统以确定设计、使用、维护及应急等措施的适合程度。

6）记录系统的危险状况和安全缺陷，并据此确定对新系统或改型系统应遵循的安全要求。

7）评审和修改报废处理方案及分析结论。

6.3.6 报废或退役处理阶段

报废或退役处理是系统寿命周期的最后一个阶段。系统安全大纲计划中包括系统及其有潜在危险的部件的安全处理措施。

系统报废或退役处理需要重点考虑的是安全和环境污染的问题，如含有爆炸物、毒性或腐蚀性化学物质或放射性物质等的系统在处理时会产生特殊的安全和环境问题，带有强力弹簧、液压装置、高压容器、封闭容器的系统在处理时也会产生危险。因此，本阶段的系统安全工作主要应包括以下内容：

1）确定子系统、部件或组件的危险及其相关风险。

2）确定需制定的针对上述设备危险部分报废和退役处理的专用规程。

3）确定危险部分的特性和数量。

4）确定在处理中应采取的安全措施。

5）确定在处理时可能产生的社会影响。

6）确定是否有危险部分的处理场所。

6.4 实施系统安全管理的要点

系统安全管理是实现系统安全的必要手段。而系统安全管理的成功与否，其关键就在于如何解决好以下五个问题：

1）建立健全的系统安全组织机构。一方面，系统安全组织机构的健全决定了能否有效实施系统安全管理。安全问题是产品或系统设计、生产过程中必须关注的问题。因此，需要赋予系统安全组织机构适当的职权。有一点是应明确的，即无论单位的系统安全机构大小，在管理上，应能直通本单位的最高管理机构。

另一方面，无论是订购方或承制方都应建立健全系统安全机构，只有这样，订购方才能提出科学合理的系统安全要求，并监督和控制承制方实现这些要求；承制方也才能应用科学的方法去实现订购方的要求，使产品或系统获得所需的安全性。这是开展系统安全工作最基本的条件。

2）强调系统安全设计的重要性。安全性是一种设计特性，必须在设计中充分考虑全寿命周期的安全问题，才能获得安全的系统。产品或系统的安全性不应在事故发生后或危险已十分明显时才去研究、分析。这样的损失十分巨大，而且有时是无法弥补的；如果在生产和使用中才考虑采取安全措施，则会付出比设计阶段大得多的代价，有时甚至是不能弥补的。因此，在产品或系统研制的早期就应该进行系统安全分析，充分考虑安全问题，确定系统中存在的危险，采取适当的矫正措施控制危险，这是最有效、最经济的解决安全问题的方法。

3）风险分析是系统安全大纲的核心。进行系统安全设计，首先要确定系统中存在的危险。只有这样，才能找出事故发生的原因并采取有效的矫正措施。这就要依赖于各类危险分析的方法与手段，如初步危险分析（PHA）、子系统危险分析（SSHA）、系统危险分析（SHA）、操作和保障危险分析（O&SHA）等。危险分析是系统安全工程师的主要工具。将危险分析得出的结论，即产品或系统中存在的安全问题及解决的方法提供给设计师，就能获得符合安全要求的设计方案。此外，危险分析还可以作为验证设计更改后系统安全效果的一种方法。

4）系统安全大纲计划是实施大纲的关键。系统安全大纲的有效实施，必须依靠良好的大纲计划予以保障。系统安全大纲计划是系统安全工作中最重要的文件，它决定了系统安全工作的广度和深度，周密的大纲计划能协调好系统安全与其他工程的关系，及时获取有效的信息，有效且经济地实现系统安全目标。

5）信息是系统安全工作的基础。从系统安全要求的提出到实现这个目标的整个过程中，安全信息是必不可少的。只有拥有了相似系统的信息，才有可能准确地提出安全要求；没有信息，危险分析工作就无法进行。安全准则的确定同样也需要足够的信息。可以说，没有信息，系统安全工作就无法进行。所需的安全信息，可以从以往相似系统的历史资料和经验教训中获得，也可以从系统的研制与生产中获得。因此必须建立安全信息管理系统，收集和处理故障、事故、职业健康、危险源以及应急措施等方面的信息，并与其他专业工程有信息交换的渠道；否则，系统安全工作难以做到深入细化。

复习思考题

1. 什么是系统安全?
2. 系统安全管理有哪些主要特点?
3. 如何理解系统安全管理与系统安全之间的联系与区别?
4. 如何开展实施系统安全管理?

第7章

安全行为管理

本章概要 · 学习要求

本章主要讲述了安全行为科学的概念，安全行为管理的内容和方法，以及安全行为科学的应用。通过本章学习，要求学生了解行为科学的定义，理解安全行为管理的研究内容，掌握安全行为科学在安全管理中的应用。

现有研究表明，人的不安全行为是事故发生的主要原因之一。为了解决“人因”问题，发挥人在劳动过程中安全生产和预防事故的作用，需要研究和应用行为安全理论。因此，安全行为管理研究对于安全生产来说至关重要。

7.1 安全行为基本理论

7.1.1 行为的概念与特征

1. 行为的概念

人的行为泛指人外观的活动、动作、运动、反应或行动。在很多情况下，人的行为是决定事故发生频率、严重程度和影响范围的一个重要因素。因此，探索人的不安全行为表现，进而揭示行为的实质，有利于改变和控制人的不安全行为，减少事故的发生。

对于行为的理解，不同的心理学派有不同的观点。早期行为主义心理学认为，行为是由刺激所引起的外部可观察到的反应（如肌肉收缩、腺体分泌等），可简单归结为下式所示模式：

$$\text{刺激(S)} \rightarrow \text{反应(R)} \tag{7-1}$$

近代“彻底的行为主义”者把一切心理活动均视为行为，如斯金纳（B. F. Skinner）把行为区分为S型（应答性行为）和R型（操作性行为），前者是指由一个特殊的可观察到的刺激或情境所激起的反应，后者是指在没有任何能够观察到的外部刺激或情境下发生反应。

在此基础上，工业心理学家梅耶（R. F. Maier）提出如图7-1所示的模式。

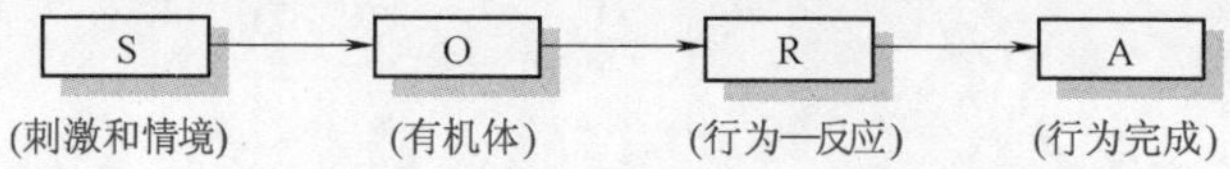

图7-1 刺激—反应模式

梅耶有如下观点：

1）刺激和情境，两者是不可分割的。在生产环境中，如光线、声音、温度等，以及班组同事或管理人员的言行举止等，都可以形成刺激，继而被人感知，便成了情境。

2）有机体是指个体由于遗传和后天条件获得的个体独特性、个性发展的成熟度、学习过的技术和知识、需要、动机、态度、价值观等。

3）行为—反应包括身体的运动、语言、表情、情绪、思考等。

4）行为完成包括改变情境、生存活动、逃避危险、灾害及他人的攻击等。

梅耶认为，一方面，相同的行为（如违反操作规程、缺乏劳动热情以及工作散漫等）可以来自不同的刺激（如劳动用工制度、工资报酬和奖金、生产管理、个人因素等）；另一方面，相同的刺激在不同的人身上，也可以产生不同的行为，如家庭纠纷对员工工作行为的影响有：

1）做白日梦，脱离实际，终日沉溺于幻想之中。

2）忽略安全措施，易出工伤事故。

3）不注意产品的质和量，生产效率下降。

4）视完成工作为一种摆脱，拼命地工作。

5）对管理人员的批评过于敏感及采取不合作的方式。

6）心情忧郁、烦闷，易和同事争吵。

梅耶推而论之，认为即便是相同的管理措施也会使职工产生许多不同的行为。因此，必须因人而异，上下沟通，提供良好的咨询服务，根据具体情况帮助职工解决情绪和适应上的问题。

从基本的哲学逻辑概念来讲，行为就是人类日常生活所表现的一切动作。德国心理学家勒温（K. Lewin）把行为定义为个体与环境交互作用的结果，引入了“个体”的变量，提出了人行为的基本原理表达式（见式(7-2)）。他否定行为主义心理学派的刺激—反应公式，提出心理学的场理论，认为人是一个场，“包括这个人和他的心理环境的生活空间（LSP）”，行为是由这个场决定的。

$$B=f(P,E)=f(\mathrm{LSP}) \tag{7-2}$$

式中 B——人的行为；

P——个人的内在心理因素；

E——环境的影响（自然、社会）。

式(7-2) 表述了人的行为（B）是个人的内在心理因素（P）与环境的影响（E）相互作用所发生的函数或结果。这里的“个人”和“环境”不是互相独立的，而是相互关联的两个变量。

根据勒温的学说，一个人有了某种需要（包括物质和精神），会产生一种心理紧张状态（被称为激励状态），便坐立不安，这时人就会采取某种行为，以达到他的目的。当目的达到后，需要得到满足，心理紧张状态便解除，随后又会有新的需要激励人去达到新的目的，如图 7-2 所示。

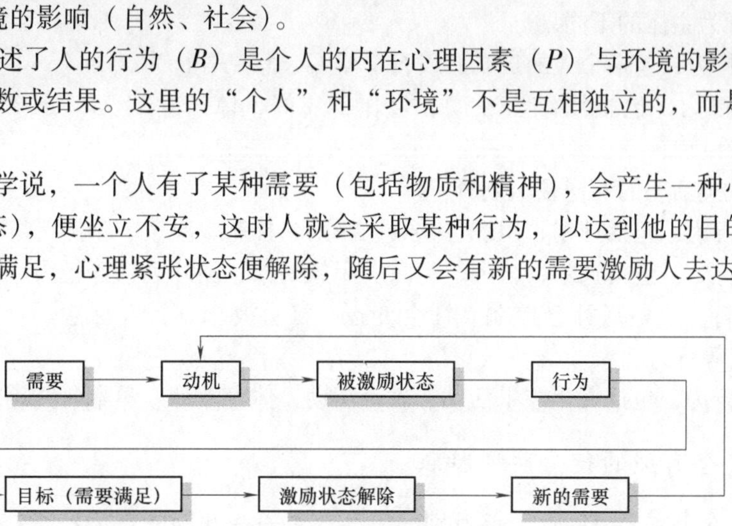

图 7-2 需要和激励

需要是一切行为的动因。人有了安全需要就会产生安全动机，从而引发出有效的安全行为。因此，需要是推动人们进行安全活动的内在驱动力。动机是为满足某种需要而进行活动的念头和想法。一个需要生产安全来确保企业经济效益的领导应该使员工产生安全需要。研究行为的基本原理“需要—动机—行为”之间的关系，可以透过现象看本质，为指导人的安全行为提供理论指导。

根据上述观点，可见行为的实质就是人对环境（自然环境、社会环境）外在可观察到的反应，是人类内在心理活动的反映。行为是人和环境相互作用的结果，并随人和环境的改变而改变。

2. 行为的特征

人类行为具有共同的特征，综合心理学家的研究成果，人类行为特征主要表现为以下几方面：

1）自发的行为。自发的行为是指人类的行为是自动自发的，而不是被动的。外力可能影响他的行为，但无法引发其行为，外在的权力、命令无法使其产生真正的效忠行为。

2）有原因的行为。有原因的行为是指任何一种行为的产生都有其起因。遗传与环境可能是影响行为的因素，同时，外在条件亦可能影响内在的行为。

3）有目的的行为。有目的的行为是指人类非盲目的行为，它不但有起因，而且有目标。有时候别人看来毫不合理的行为，对行为发出者来说却是合乎目标的。

4）持久性的行为。持久性的行为是指行为指向的目标没有达成之前，不会终止的行为。行为发出者也许会改变其行为的方式，或由外显行为转为潜在行为，但还是要持续不断地朝目标行进。

5）可改变的行为。可改变的行为是指人类为了谋求目标的达成，不但其手段经常变换，而且其行为是可以经过学习或训练而改变的。这与其他受本能支配的动物行为不同，人的行为是具有可塑性的。

3. 行为的种类

行为的种类有很多，可以从不同方面对其分类。

（1）按行为主体的不同划分

1）个人行为，包括个人的成长、发育、学习、意见等行为。

2）团体行为，包括团结、互助、合作、友好、谅解、默契、分歧、对抗、破坏等行为。

（2）按人类活动的不同领域划分

1）管理行为，包括计划、组织、领导、激励、控制、决策、预测等行为。

2）政治行为，包括选举、公务、行政、民族团结、国际关系等行为。

3）社会行为，包括社会控制、社会变迁、社会要求、社会保险、社会文明、社会进步、社会发展等行为。

4）文化行为，包括文化艺术活动、教育活动、体育活动、学术研究等行为。

7.1.2　与安全有关的行为共同特征

人的行为在个体之间尽管千差万别，但存在着一些共同的行为特征。根据有关研究结果，与安全有关的人的行为共同特征主要如下。

1. 人的空间行为

心理学家发现，人类有“个人空间”的行为特征，这个空间是以自己为中心，与他人保持一定距离，当此空间受到侵犯时，会有回避、尴尬、狼狈等反应，有时会引起不快、口角和争斗。此外，人的空间行为还包括独处的个体空间行为。例如，从事紧张操作和脑力劳动时，都喜欢独处而不喜欢外界干扰，否则，注意力会分散，不但效率不高，有时还会发生差错或事故。与“个人空间”有关的距离有以下四种：

1）亲密距离。亲密距离是指与他人躯体密切接近的距离。此距离有两种：一种是接近状态，即亲密者之间的爱抚、安慰、保护、接触、交流的距离，此时身体可以接近；另一种是正常状态（15～45cm），头、脚互不相碰，但手能相握或抚触对方。

2）个人距离。个人距离是指个人与他人之间的弹性距离。此距离也有两种：一种是接近状态（45～75cm），是亲密者允许对方进入而不发生为难、躲避的距离，但亲密者进入此距离时有强烈的反应；另一种是正常距离（75～100cm），是两人相对站立，指尖刚好能接触的距离。

3）社会距离。社会距离是指参加社会活动时所表现的距离。接近状态为120～210cm，通常为一起工作的距离。正常状态为210～360cm，正式会谈、礼仪等多按此距离进行。

4）公众距离。公众距离是指演说、演出等公众场合的距离。其接近状态为360～750cm，正常状态在750cm以上。

2. 侧重行为

有学者认为，人的大脑由左右两个半球构成，因为大多数人的优势半球为左半球，左半球支配右侧，所以大多数人的惯用侧是右侧。另外，人的选择行为具有偏向性，日本应用心理学家藤泽伸介在一个建筑物的T形楼梯（左右楼梯距离相等，都能到达同一地点）上观察，发现上楼梯的人，左转弯者占66%，而右转弯者只占34%。而性别、是否带物品、物品位于何侧、哪只脚先迈等都不是选择左右方向的决定因素。他认为，心脏位于左侧，为了保护心脏，同时用右手的人习惯用有力的右手向外保持平衡，所以常用左手扶着楼梯（或左边靠向建筑物，心理上有所依托）向上走；此外，用右手者右脚有力，表现在步态上就是左侧通行，所以无论从生理上还是心理上，左侧通行对人来说，都是稳定的、理想的。因此，左侧通行的楼梯在发生灾害（如火灾）时，对人的躲避行为是有裨益的。

3. 捷径反应

在日常生活和生产中，人往往表现出捷径反应，即为了少消耗能量又能取得最好效果而采用最短距离的行为。例如，伸手取物往往是直线伸向物品，穿越空地往往走对角线等。但捷径反应有时并不能减少能量消耗，而仅是一种心理因素而已。例如乘公共汽车，宁愿挤在门口，由于人群拥挤消耗能量增多，而不愿进入车厢中部人少处。

4. 躲避行为

当发生灾害和事故时，人们都有一些共同的避难行动（躲避行为）。例如，发生恐慌的人为了谋求自身的安全，会争先恐后地谋求少数逃离机会。心理学家通过试验研究表明，沿进来的方向返回，奔向出入口等，是发生灾害和事故躲避行为的显著特征。对于飞来的物体打击，约有80%的人会发生躲避行为，有20%的人未做反应或躲避不及，但当上方有危险物落下时，试验研究指出，有41%的人只是由于条件反射采取一些防御姿势，如抱住头部，或者上身向后仰想接住落下物或弯下腰等。有42%的人不采取任何防御措施，只是僵直的呆立不动（不采取措施的人大多数是女性），只有17%的人离开危险物落下区域，向后方或两侧闪开，并以向后躲避者居多。由此可见，人对于自头顶上方落下的危险物的躲避行为，往往是无能为力的。因此在工厂和建筑工地，被上方落下的物体（如机械零件、钢筋等）撞击致死的事故屡见不鲜。因此，在一些作业场所（如建筑工地、钢铁和化工企业等），头戴安全帽是最低限度的安全措施。

5. 从众行为

人遇到突发事件时，许多人往往难以判断事态和采取行动。因而使自己的态度和行为与周围相同遭遇者保持一致，这种随大流的行为称为从众行为或同步行为。女性由于心理和生理的特点，在突发事件发生时，往往采取与男性同步行为。一些意志薄弱的人，从众行为倾向强，表现为被动、服从权威等。有人做过试验，当行进时突然前方飞来危险物体，如前方两人同时向一侧躲避，则跟随者会不自觉地向同侧躲避。当前方两人向不同侧躲避时，第三人往往随第二人同侧躲避。

6. 非语言交流

靠姿势及表情而不用语言传递信息（意愿）的行为称为非语言交流（也称体态交流）。人表达思想感情的方式，除了语言、文字、音乐、艺术之外，还可使用表情和姿势来表达，这也是一种行为。因此，可根据人的表情和姿势来分析人的心理活动。在生产中也广泛使用非语言交流，如火车驾驶员和副驾驶员为确认信号呼唤应答所用的手势；桥式起重机或臂架式起重机在吊运物品时，指挥人员常用的手势信号、旗语信号和哨笛信号，都属于非语言交流的行为。在航运、导航、铁道等交通部门广泛使用的通信信号标志，工厂的安全标志，从广义上来说，都属于非语言交流行为的范畴。

7.1.3 安全行为科学

1. 安全行为科学的定义

行为科学是从社会学和心理学角度研究人的行为的一门科学。它主要研究工作环境中个人和群体的行为，目的在于控制并预测行为，强调做好人的工作，通过改善社会环境以及人与人之间的关系来提高工作效率。行为科学的研究对象是人的行为规律，研究的目的是揭示和运用这种规律为预测行为、控制行为服务。

安全行为科学是关于生产经营以及其他人类活动中，与安全生产和人员安全健康有关的人的行为现象及其规律的科学。它运用行为科学、安全科学、组织行为学、心理学、管理学以及工程心理学等学科的原理、方法及研究手段，研究有关人的行为与安全的问题，揭示人在工作、生产、生活环境中的行为规律，从安全生产和保障人员安全健康的角度分析、预测和正确引导人的行为，确保人员安全和生产经营活动的安全。

安全行为科学是行为科学的重要应用分支。安全行为科学不但将行为科学研究的成果为其所用，同时为行为科学丰富了内容，扩大了内涵。因此，安全行为科学与行为科学是相互交叉和兼容的，是行为科学在安全管理中应用发展起来的应用性学科。安全行为科学是一门研究安全活动过程中伴随人的行为和人际交往而产生的心理和生理活动规律的学科，它属于应用科学的范畴。

20世纪90年代以前，安全科学技术体系中更多的是对事故心理的研究，其目的是控制人的不安全行为。但是，仅仅考虑心理因素，是不能全面解决“人因”问题的。也可以说，如果从人的角度考虑，安全管理和安全教育仅仅依靠心理学是不够的。因为影响人的行为的因素很多，总体来说大致有两大类：一类是个体的心理素质、社会地位、文化程度等个体状况；另一类是由社会的政治、经济、文化、道德等和具体的作业环境构成的。而人的行为是人与环境相互作用的结果，所以必须从心理学、生理学、社会学、人类工效学等更为广泛的学科角度，既考虑内因又考虑外因。安全管理和安全教育不仅强调对不安全行为的控制，更重视对人的安全行为的激励，同时要建立在对工作环境进行人性化设计的基础上。这样，才能使安全管理和教育的效果更为理想，预防事故的境界更高。

因此，进入20世纪90年代中期以来，安全行为科学逐步地被重视起来，即从80年代的一种现代安全理论，发展成为90年代中期的一个独立学科。安全行为科学是建立在社会学、心理学、生理学、人类工效学、管理学、人机学、文化学、经济学、语言学、法律学等学科基础之上，是分析、认识、研究影响人的安全行为因素及模式，掌握人的安全行为和不安全行为的规律，实现激励安全行为、防止行为失误和抑制不安全行为的应用性学科。安全行为科学的研究对象主要是以安全为内涵的个体行为、群体行为和领导行为。安全行为科学的基本任务是通过对安全活动中各种与安全相关的人的行为规律的揭示，有针对性和实用性地建立科学的安全行为激励理论和不安全行为的控制理论及方法，并应用于安全管理和安全教育，从而实现高水平的安全生产和安全活动。

2. 安全行为科学的研究对象

安全行为科学是把社会学、心理学、生理学、人类学、文化学、经济学、语言学、教育学、法学等多学科基础理论应用到安全管理和事故预防的活动之中，为保障人类安全、健康和安全生产服务的一门应用性科学。安全行为科学的研究对象是社会、企业或组织中人和人之间的相互关系以及与此相联系的安全行为现象，安全行为科学主要研究的对象是个体安全行为、群体安全行为和领导安全行为等方面的理论和控制方法。

（1）个体安全行为

要研究个体安全行为，首先要知道什么是个体心理，个体心理指的是人的心理。人既是自然的实体，又是社会的实体。从自然实体来说，只要是在形体组织和解剖特点上具有人的形态，并且能思维、会说话、会劳动的动物，都叫作人。从社会实体来说，人是社会关系的总和，这是人最本质的特征，凡是这些自然社会的本质特点全部集于某一个人的身上时，这个人就称之为实体。

个体是人的心理活动的承担者。个体心理包括个体心理活动过程和个性心理。个体心理活动过程是指认识过程、情感过程和意志过程；个性心理的特征表现为个体的兴趣、爱好、需要、动机、信念、理想、气质、能力、性格等方面的倾向性和差异性。

任何企业或组织都是由众多的个体人组合而成的。所有这些人都是有思想、有感情、有血有肉的有机体。但是，由于个人先天遗传素质的差别和后天所处社会环境及经历、文化教养的差别，导致了人与人之间的个体差异。这种个体差异也决定了个体安全行为的差异。

在一个企业或组织中由于人们分工不同，有领导者、管理人员、技术人员、服务人员以及各种不同工序的工人等不同层次和不同职责的划分，他们从事的劳动对象、劳动环境、劳动条件等方面也不一样，加之个体心理的差异，所以他们在安全管理过程中的心理活动必然是复杂的。因此，在分析人的个体差异和分析各种职务差异的基础上，了解和掌握人的个体安全心理活动，分析和研究个体安全心理规律，对于了解、控制、调整、管理安全行为很重要，这是安全管理最基础的工作之一。

（2）群体行为安全

群体是一个介于组织与个人之间的人群结合体。这是指组织机构中，由若干个人组成的为实现组织目标利益而相互信赖、相互影响、相互作用，并规定其成员行为规范所构成的人群结合体。对于一个企业来说，群体构成了企业的基本单位。现代企业都是由大小不同、多少不一的群体所组成的。

群体的主要特征表现为：①各成员相互依赖，在心理上彼此意识到对方；②各成员间在行为上相互作用，彼此影响；③各成员有“我们同属于一群”的感受，即彼此间有共同的目标或需要的联合体。从群体形成的内容上分析可以得知，任何一个群体的存在都包含了三个相关联的内在要素——相互作用、活动与情绪。所谓相互作用，是指人们在活动中相互之间发生的语言沟通与接触。活动是指人们所从事的工作的总和，它包括行走、谈话、坐、吃、睡、劳动等，这些活动被人们直接感受到。情绪指的是人们内心世界的感情与思想过程，在群体内，情绪主要指人们的态度、情感、意见和信念等。

群体的作用是将个体的力量组合成新的力量，以满足群体成员的心理需求，其中最重要的是使成员获得安全感。在一个群体中，人们具有共同的目标与利益。在劳动过程中，群体的需求很可能具有某一方面的共同性，或工作内容相似，或劳动方式一样，或劳动在一个环境之中及具有同样的劳动条件等。他们的安全心理虽然具有不同的个性倾向，但也会有一定的共同性。分析、研究和掌握群体安全心理活动状况，是搞好安全管理的重要条件。

（3）领导安全行为

在企业或组织各种影响人的积极性的因素中，领导行为是一个关键性的因素。因为不同领导的心理与行为，会造成企业的不同社会心理气氛，从而影响企业职工的积极性。有效的领导是企业或组织取得成功的一个重要条件。

管理心理学家认为，领导是一种行为与影响力，不是指个人的职位，而是指影响和引导他人或集体在一定条件下向组织目标迈进的行动过程。领导与领导者是两个不同的概念，它们之间既有联系又有区别。领导是领导者的行为，促使集体和个人共同努力，实现企业目标的全过程；而致力于实现这个过程的人则为领导者。虽然领导者在形式上有集体、个人之分，但作为领导集体的成员在履行自己的职责时，还是以个人的行为表现来进行的。从安全管理的要求来说，企业或组织的领导者对安全管理的认识、态度和行为，是搞好安全管理的关键因素。分析、研究领导安全行为，是安全管理的重要内容。

3. 安全行为科学的研究原则

任何科学的形成和发展都必须遵循一定的基本原则，同时还要掌握科学的研究方法。安全行为科学是一门新兴学科，至今还很少有系统的研究，如果要在安全行为研究方面得到发展和不断取得成效，就要遵循一定的原则。安全行为研究遵循的基本原则有如下几点：

1）客观性原则，即实事求是地观察、记录人的行为表现及产生的客观条件，分析时应避免主观偏见和个人好恶。

2）发展性原则，即把人的行为看作一个过程，历史地、变化地看待行为本质，有预测地分析行为发展方向。

3）联系性原则，即要看到行为与主、客观条件的复杂关系，注意各种因素对行为的影响。

4. 安全行为管理的研究内容

安全行为管理的基本任务是通过揭示安全活动中各种与安全相关的人的行为规律，有针对性和实用性地建立科学的安全行为激励理论，并应用于提高安全管理工作的效率，从而合理地发展人类的安全活动，实现高水平的安全生产和安全生活，其研究内容主要包括：

（1）人的安全行为规律的分析与认识

认识人的个体自然生理行为模式和社会心理行为模式；分析影响人的安全行为的心理因素，如情绪、气质、性格、态度、能力等；分析影响人的安全行为的社会心理因素，如社会知觉、价值观、角色作用等；分析影响群众安全行为的因素，如社会舆论、风俗时尚、非正式团体行为等。

（2）安全需要对安全行为的作用

需要是一切行为的来源，安全需要是人类安全活动的基础动力。因此，从安全需要入手，在认识人类安全需要的基本前提下，应用需要的动力性来控制和调整人的安全行为。

（3）劳动过程中安全意识的规律

安全意识是良好安全行为的前提条件，是作用于人的行为要素之一。这部分内容主要研究劳动过程的感觉、知觉、记忆、思维、情感、情绪等对人安全意识的作用和影响规律，从而达到强化安全意识的目的。

（4）个体差异与安全行为

主要分析和认识个性差异和职务（职业、职位）差异对安全行为的影响，通过协调、适应等方式，控制、消除个性差异和职务差异对安全行为的不良影响。

（5）导致事故的心理因素分析

人的行为与心理状态有着密切的关系，探讨事故在形成和发生的过程中导致人失误的心理过程和影响作用规律，对于控制和防止失误有着重要的意义。这部分主要探讨人的心理因素与事故的关系、致因的机理、作用的方式和测定的技术等。

（6）挫折、态度、群体与领导行为

研究挫折特殊心理条件下人的安全行为规律，态度心理特征对安全行为的影响，群体与领导行为在安全管理中的作用和应用。

（7）注意力在安全中的作用

探讨人注意力的规律，即注意力的分类、功能、表现形式、属性，以及在生产操作、安全教育、安全监督中的应用。

（8）安全行为的激励

应用行为科学的激励理论，即X理论、Y理论、权变理论、双因素理论、强化理论、期望理论、公平理论等，来激励工人个体、企业群体和生产领导的安全行为。行为科学认为，激励就是激发人的行为动机，引发人的行为，促使个体有效地完成行为目标的手段。企业领导者和员工能在工作和生产操作中重视安全生产，依赖于对其进行有效的安全行为激励。激励是目的，创造条件是激励的手段。

在某种情况下，虽然有些作业者的安全技能高，但是，由于安全动机激发得不够，其安全生产成绩仍然不显著。安全生产成绩要大幅度提高，除了安全生产技能有待提高外，安全动机激发程度的提高也是一个很重要的环节。

（9）安全行为科学的应用

安全行为科学可以用于事故分析、安全管理、班组建设、工种安排与协调、安全教育、安全宣传、安全技术人员和职工素质提高等多方面。

7.2 安全行为影响因素分析

人的安全行为是复杂和动态的，具有多样性、计划性、目的性、可塑性，并受安全意识水平的调节，受思维、情感、意志等心理活动的支配；同时也受道德观、人生观和世界观的影响。态度、意识、知识、认知决定人的安全行为水平，因而人的安全行为表现出差异性。不同的企业职工和领导者，由于上述人文素质的不同，会表现出不同的安全行为水平；同一个企业或生产环境，同样是职工或领导者，由于责任、知识等因素的影响，会表现出对安全的不同态度、认识，从而表现出不同的安全行为。要达到对不安全行为抑制、激励安全行为的目的，需要研究影响人的安全行为的各种因素。

7.2.1 影响人的安全行为的个性心理因素

人的心理是同物质相联系的，它起源于物质，是物质活动的结果。心理是人脑的机能，是客观现实的反映，是人脑的产物。人的各种心理现象都是对客观外界的“复写”“摄影”和“反映”。但人的心理反应有主观的个性特征，所以同一客观事物，不同的人反应可能是大不相同的。例如，从事同一项工作的人，由于心理因素（精神状态）不同，产生的行为结果也就不同。

1. 情绪对人的安全行为的影响

情绪为每个人所固有，是受客观事物影响的一种外在表现，这种表现是体验又是反应，是冲动又是行为。从安全行为的角度来看：情绪处于兴奋状态时，人的思维与动作较快；处于抑制状态时，思维与动作显得迟缓；处于强化阶段时，往往有反常的举动，这种情绪可能导致思维与行动不协调、动作之间不连贯，这是安全行为的忌讳。当不良情绪出现时，可临时改换工作岗位或停止工作，在生产过程中应杜绝因情绪导致不安全行为发生。

2. 气质对人的安全行为的影响

气质是人的个性的重要组成部分，它是一个人所具有的典型的、稳定的心理特征，俗称性情、脾气，它是一个人生来就具有的心理活动的动力特征。

气质对个体来说具有较大的稳定性，气质使个人的安全行为表现出独特的个人色彩。一个人若具有某种气质类型，则在一般情况下，经常表现在他的情感、情绪和行为当中。例如，同样是积极工作，有的人表现为遵章守纪，动作及行为可靠安全，有的人则表现为蛮干、急躁，安全行为较差。一个人的气质是先天的，后天的环境及教育对气质的改变是微小和缓慢的。俗话说，“江山易改，禀性难移”，就是指气质具有较大的稳定性、不易改变的特点。因此，分析职工的气质类型，合理安排和支配职工，对保证工作时的行为安全有积极的作用。

人的气质分为四种：

1）多血质：活泼、好动、敏捷、乐观，情绪变化快而不持久，善于交际，待人热情，易于适应变化的环境，工作和学习精力充沛，安全意识较强，但有时不稳定。

2）胆汁质：易于激动，精力充沛，反应速度快但不灵活，暴躁而有力，情感难以抑制，安全意识较多血质差。

3）黏液质：安静沉着，情绪反应慢而持久，不易发脾气，不易流露感情，动作迟缓而不灵活，在工作中能坚持不懈、有条不紊；但有惰性，环境变化的适应性差。

4）抑郁质：敏感多疑，易动感情，情感体验丰富，行动迟缓、忸怩、腼腆，在困难面前优柔寡断，工作中能表现出胜任工作的坚持精神；但胆小怕事，动作反应性强。

在客观上，多数人属于各种类型之间的混合型。人的气质对人的安全行为有很大的影响，使每个人都有不同的特点以及各自安全工作的适宜性。因此，在工种安排、班组建设、使用安全干部和技术人员，以及组织和管理工人队伍时，要根据实际需要和个人特点来进行合理调配。

3. 性格对人的安全行为的影响

“性格”一词源于希腊文，原意是“特征”“标志”“属性”或“特性”，是人的个性心理特征的重要方面，人的个性差异首先表现在性格上。性格是每个人所具有的、最主要的、最显著的心理特征，是对某一事物稳定和习惯的方式。但人的性格不是天生的，而是在长期发展过程中所形成的稳定的方式，性格贯穿于一个人的全部活动中，是构成个性的核心。应当注意，不是人对现实的任何一种态度都代表他的性格，在有些情况下，对待事物的态度是属于一时情境性的、偶然的，那么此时表现出来的态度就不能算是他的性格特征。同样，也不是任何一种行为方式都表明一个人的性格，只有习惯化了的，在不同的场合都会表现出来的行为方式，才能表明其性格特征。

性格较稳定，不能用一时的、偶然的冲动作为衡量人的性格特征的根据。良好的性格并不完全是天生的，经历、环境、教育和社会实践等因素对性格的形成具有更重要的意义。例如，在生产劳动过程中，如果不注意安全生产、失职或其他原因发生了事故，轻则受批评或扣发奖金，重则受处分甚至法律制裁。而安全生产受到表扬和奖励，这就在客观上激发人们以不同方式进行自我教育、自我控制、自我监督，从而形成工作认真负责和重视安全生产的性格特征。因此通过各种途径注意培养职工认真负责、重视安全的性格，对安全生产将带来巨大的好处。

性格表现在人的活动目的上，也表现在达到目的的行为方式上。例如，有的人胸怀坦荡，有的人诡计多端；有的人克己奉公，有的人自私自利等。

人的性格表现多种多样，有理智型、情绪型、意志型。理智型用理智来衡量一切，并支配行动；情绪型的情绪体验深刻，安全行为受情绪影响大；意志型有明确目标、行动主动、安全责任心强。

4. 能力对人的安全行为的影响

（1）人的能力分类

能力有一般和特殊之分。人要顺利完成一项任务，必须既要具有一般能力，又要具有特殊能力。一般能力是指在很多种基本活动中表现出来的能力，如观察力、记忆力、抽象概括能力等。特殊能力是指在某些专业活动中表现出来的能力，如数学能力、音乐能力、专业技术能力等。

能力反映了个体在某一工作中完成各种任务的可能性，是对个体能够做什么的评估。能力又可以分为心理能力、体质能力、情商三方面。

1）心理能力。心理能力就是从事心理活动所需要的能力，一般认为，在心理能力中包括七个维度，即算术、言语理解、知觉速度、归纳推理、演绎推理、空间视觉以及记忆力。不同的工作要求员工运用不同的心理能力。对于需要进行信息加工的工作来说，较高的总体智力水平和语言能力是成功完成此项工作的必要保证。当然，高智商并不是所有工作的前提条件。事实上，在很多工作中，对员工的行为要求十分规范，如安全操作规程等。此时，高智商与工作绩效无关。然而，无论什么性质的工作，在语言、算术、空间和知觉能力方面的测验，都是工作熟练程度的有效预测指标。

2）体质能力。在信息加工的复杂工作中，心理能力起着极为重要的作用。同理，对于那些技能要求较少而规范化程度较高的工作而言，体质能力是十分重要的。例如，一些工作要求具有耐力、手指灵活性、腿部力量以及其他相关能力，因而管理人员需要借助一些方式确定员工的体质能力水平。

研究人员对上百种不同的工作要求进行了调查，确定在体力活动的工作方面包括九项基本的体质能力，如表7-1所示。个体在每项能力中，都存在着程度上的差异，而且，这些能力之间的相关性极低。所以，一个人在某一项能力中得分高并不意味着在另一项能力中得分也高。如果管理者能确定某一工作对这九项中每一项能力的要求程度，并保证从事此工作的员工具备这种能力水平，则会提高工作绩效。

表7-1 九项基本的体质能力

类型		定义
力量因素	动态力量	在一段时间内重复或持续运用肌肉力量的能力
	躯干力量	运用躯干肌肉（尤其是腹部肌肉）以达到一定肌肉强度的能力
	静态力量	产生阻止外部物体的能力
	爆发力	在一项或一系列爆发活动中产生最大能量的能力
灵活性因素	广度灵活性	尽可能远地移动躯干和背部肌肉的能力
	动态灵活性	进行快速、重复的关节活动的能力
其他因素	躯体协调性	躯体不同部分进行同时活动时相互协调的能力
	平衡性	受到外力威胁时，依然保持躯体平衡的能力
	耐力	当需要延长努力时间时，保持最高持续性的能力

3）情商（一种新型的能力）。萨洛维（Frank J. Sulloway）和梅耶在早期的论文中提出，情绪智力包含准确地觉察、评价和表达情绪的能力，接近并产生感情以促进思维的能力，理解情绪及情绪知识的能力，调节情绪以帮助情绪和智力发展的能力。这种能力如下所述：①情绪的知觉、鉴赏和表达的能力；②情绪对思维的引导和促进能力；③对情绪理解、感悟的能力；④对情绪成熟的调节，以促进心智发展的能力。这四方面能力在发展与成熟过程中有一定的次序先后和级别高低的区分，第①类对于自我情绪的知觉能力是最基本的和最先发展的，第④类的情绪调节能力比较成熟，而且要到后期才能发展。情商的核心要点在于强调

认知和管理情绪（包括自己和他人的情绪）、自我激励、正确处理人际关系三方面的能力。有研究表明，一个人的成就只有20%来自智商，而80%都取决于情商。

（2）能力与工作的匹配

显然，当能力与工作匹配时，员工的工作绩效便会提高。较高的工作绩效对具体的心理能力、体质能力、情商方面的要求，取决于该工作本身对能力的要求。例如，飞行员需要有很强的空间视知觉能力；海上救生员需要有很强的空间视觉、知觉能力和身体协调能力；高楼建筑工人需要有很强的平衡能力。因此，仅仅关心员工的能力或仅仅关心工作本身对能力的要求都是不够的。员工的工作绩效取决于与前者之间的相互作用以及后者的协调作用。因此，不同的工作类型有不同的工作能力要求，与工作匹配度较强的能力能够减少不安全行为的发生，促进工作绩效的提高。

7.2.2 影响人的安全行为的社会心理因素

1. 社会知觉对人的安全行为的影响

知觉是眼前客观刺激物的整体属性在人脑中的反映。客观刺激物既包括物也包括人。人在对别人感知时，不只停留在被感知的面部表情、身体姿态和外部行为上，还要根据这些外部特征来了解他的内部动机、目的、意图、观点、意见等。

人的社会知觉可分为三类：

1）对个人的知觉。对个人的知觉主要是对他人外部行为表现的知觉，并通过对他人外部行为的知觉，认识他人的动机、感情、意图等内在心理活动。

2）人际知觉。人际知觉是对人与人关系的知觉。人际知觉的主要特点是有明显的感情因素参与其中。

3）自我知觉。自我知觉是指一个人对自我的心理状态和行为表现的概括认识。人的社会知觉与客观事物的本来面貌常常不一致，这会使人产生错误的知觉或者偏见，使客观事物的本来面目在自己的知觉中发生歪曲。

2. 价值观对人的安全行为的影响

价值观是人的行为的重要心理基础，它决定着个人对人和事的接近或回避、喜爱或厌恶、积极或消极。领导者和职工对安全价值的认识不同，会从其对安全的态度及行为上表现出来。因此，要求职工具有合理的安全行为，首先需要有正确的安全价值观。

3. 角色对人的安全行为的影响

在社会生活的大舞台上，每个人都在扮演着不同的角色。有人是领导者，有人是被领导者，有人当工人，有人当农民，有人是丈夫，有人是妻子等。每一种角色都有一套行为规范，人们只有按照自己所扮演角色的行为规范行事，社会生活才能有条不紊地进行，否则就会发生混乱。角色实现的过程，就是个人适应环境的过程。在角色实现过程中，常常会发生角色行为的偏差，使个人行为与外部环境发生矛盾。在安全管理中，需要利用人的这种角色作用来为其服务。

7.2.3 影响人的安全行为的主要社会因素

1. 社会舆论对安全行为的影响

社会舆论又称公众意见，它是社会上大多数人对共同关心的事情，用富于情感色彩的语言所表达的态度、意见的集合。要社会或企业人人都重视安全，需要有良好的安全舆论环境。一个企业、部门乃至国家，要想把安全工作搞好，就需要利用舆论手段。

2. 风俗与时尚对安全行为的影响

风俗是指一定地区内社会多数成员比较一致的行为趋向。风俗与时尚对安全行为的影响既有有利的方面，也会有不利的方面，通过安全文化的建设可以实现其扬长避短的目的。

7.2.4 环境、物的状况对人的安全行为的影响

人的安全行为除了内因的作用和影响外，还有外因的影响。环境、物的状况对劳动生产过程中的人也有很大的影响。环境变化会刺激人的心理，影响人的情绪，甚至打乱人的正常行动。物的运行失常及布置不当，会影响人的识别与操作，造成混乱和差错，打乱人的正常活动。环境差（如噪声大、尾气浓度高、气温高、湿度大、光亮不足等）造成人的不舒适、疲劳、注意力分散，人的正常能力受到影响，从而造成行为失误和差错。由于物的缺陷，影响人机信息交流，操作协调性差，从而引起人的不愉快刺激、烦躁等，产生急躁等不良情绪，引起误操作，导致不安全行为产生。这一过程可以用如下模式表示：

1）环境差→人的心理受不良刺激→扰乱人的行动→产生不安全行为。

2）物设置不当→影响人的操作→扰乱人的行动→产生不安全行为。

因此，要保障人的安全行为，必须创造良好的环境，保证物的状况良好和合理，使人、物、环境更加协调，从而增强人的安全行为。

7.3 人员不安全行为控制方法

不安全行为是事故发生的主要原因之一，因此，加强对工作人员作业行为的管理和控制是企业安全管理的重要组成部分，是不安全行为管理措施制定与实施的关键。产生不安全行为的原因是多方面的，安全意识不足、安全知识缺乏、作业程序不当、安全防护不当、环境因素影响等多方面的原因均会直接或间接引起不安全行为，为事故的发生埋下隐患。为了预防事故的发生，必须从多方面着手，进行不安全行为控制，常见的不安全行为控制方法有如下几种。

7.3.1 安全行为能力测试

关于安全行为能力，目前存在不同的论述和界定，整体来讲，安全行为能力就是安全能力或安全素质，是人的先天秉性并通过后天学习形成的稳定心理和生理特性，较强的安全行为能力能帮助人员在日常和紧急状态下避免人身伤亡、财产损失、环境破坏等事故以及职业病发生。

安全行为能力不足是导致不安全行为发生，进而导致事故发生的深层次原因。通过安全行为能力测试可大体判断出个人的安全行为能力状况，及早发现其不安全行为倾向，从而及时采取多种方式进行干预，能够有效阻止其不安全行为的发生。同时，通过安全行为能力测试还可判断出人员能力与岗位是否相匹配，如果经过测试，人员不符合岗位要求，则应该对其人员进行岗位调整或安全培训教育等。因此，研究和评估工作人员安全行为能力，分析其与风险、事故等的关联性对有效预防事故具有重要意义。

安全行为能力一般从员工的生理机能、心理机能以及业务素质等层面对企业员工进行相应的测量。其中，对于心理机能指标、业务素质指标以及管理因素指标等可采用成熟量表或自编量表的方法测量；对于生理机能指标，可采用实验测量，借助于实验仪器进行测量分析。生理机能一般从注意品质、反应特性、工作机能等方面进行测量；心理机能一般会测量心理压力、情绪应激、工作倦怠、人格特征、忠诚度、风险感知能力等指标；业务素质一般从知识与技能掌握程度、安全思想素质、安全诚信等角度进行测量。

7.3.2 安全文化宣传

通过开展安全生产宣传教育活动，可进一步加强安全生产宣传教育力度，将安全生产目标落到实处，牢固树立安全发展理念，增强员工安全意识，为促进安全生产状况的持续稳定好转提供思想基础和精神动力。

要实现安全生产，就要抓好安全文化宣传工作，抓好企业安全文化宣传教育的关键就是要管好人、教化人、激励人。让员工在潜移默化中形成强烈的安全意识，掌握必备的安全技能知识，具有相当程度的安全预知能力、判断水平和应急方法，实现“要我安全”到“我要安全”及“我会安全”的根本转变。

安全文化宣传可以开展多种形式的活动，如安全知识竞赛、事故案例学习、安全文化图片展、漫画展、安全员工评选、领导及员工安全承诺等。

7.3.3 安全知识培训

安全知识不足往往会引起安全意识不强或安全习惯不佳，从而产生不安全动作，进而导致事故的发生。安全知识培训就是增加员工的安全知识，这是减少事故直接原因的最有效办法之一。通过安全知识培训，帮助员工认识、理解并记忆各种安全行为原理、安全操作规程、事故的危害及形成原因、不安全行为与事故的关系等，从而提高员工对各种不安全因素的识别能力，加深员工对安全行为的认识，提高员工的安全行为意识。

安全知识培训应考虑到不同层次、不同程度的人员培训需求，将需要培训的内容按知识体系、不安全行为的风险等级要求、内容的倾向性等设计成各个模块，模块之间还有相互关联的过渡链进行承上启下的贯通，具体使用时可针对人员的不同层次、不安全行为的严重程度及人员的工作时间进行安排选用。培训手段采用常规培训、体验式培训及参与式培训等相结合的方式。

企业可以通过多种途径和方法促使员工学习和掌握与自己工作相关的各种安全知识，强化其个体认知能力。具体来说，需要使用个体自学、视频教学、单位讲学、系统帮学等手段，促使员工学习相关安全知识；采用员工自考、定期笔试、随机抽考等形式即时动态地掌握员工的实际学习效果，调动员工学习安全知识的热情，如图7-3所示。

7.3.4 安全意识教育

安全意识，就是员工在安全活动中的态度，是人们关于安全生产的思想、观点、知识和心理素质的总和，是安全生产重要性在人们头脑中所反映的程度。如果安全意识淡薄、掌握安全知识不够，就很容易出现违章指挥、违章作业的现象，势必造成各种事故频繁发生，事故发生率居高不下。

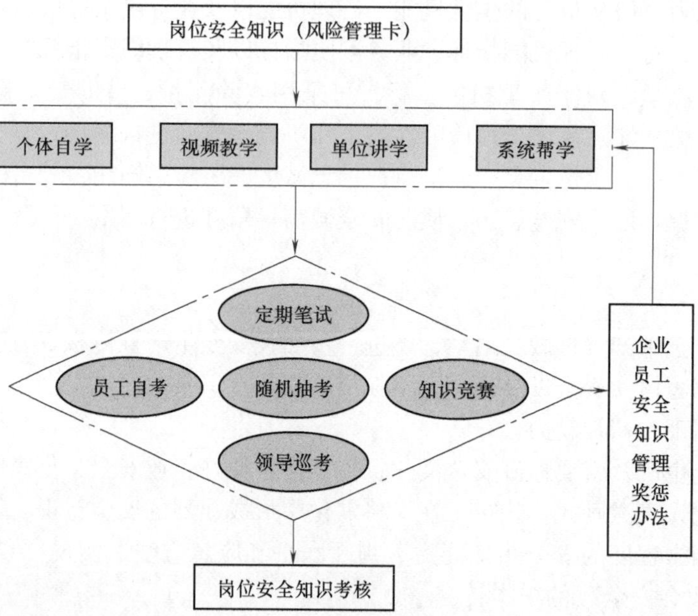

图7-3　企业安全知识培训形式

员工在工作过程中因为各种原因会产生侥幸心理。例如，曾多次违章却没有发生事故；或明知违规违章会有危险，但怕麻烦、图省事，总想以“投机取巧”的方式在最短的时间内完成工作，以赚取更多的酬劳；还有员工盲目自信，认为违章并不一定都会导致事故发生，或者不一定会在自己身上发生等。通过教育可以增强员工安全意识，较高的安全意识可以减少员工的侥幸心理。

7.3.5　行为安全观察

观察法是行为研究中常用到的方法，观察法是指观察者通过感官或借助仪器直接观察他人的行为，并把观察结果按时间顺序做系统记录的方法。行为观察法是一种典型的利用行为干扰方式改变员工行为方式的管理方法，该方法的原理为通过在现场观察判断员工的行为状态，如出现不安全行为即对其行为进行纠正，从而达到改变员工行为方式的目的。

行为观察法有以下四个步骤：

1）准备。进行行为观察的第一步是工作准备，只有经过充分的准备才能保证行为观察的顺利进行。工作准备包括确定观察人员、确定观察区域、制订工作计划等几方面的工作。

2）观察。观察阶段是整个行为观察工作的核心阶段，包括他查和自查两个环节。他查就是行为观察员对被观察者进行观察。自查就是员工的自我检查，是在一项工作结束后，按照作业流程对自己工作的核对检查。

3）沟通。沟通是对作业流程进行观察的一个重要阶段，包括观察过程中的沟通和观察结束后的沟通。在沟通阶段需要做好表扬、讨论、沟通、启发、感谢五个方面，才能达到较理想的效果。

4）记录、分析和反馈。记录、分析和反馈阶段是作业流程行为观察的最后一个阶段，它包括四个环节：记录观察情况、数据汇总与分析、编制报告及提出改进措施、反馈信息。

常见的安全行为观察方法有 B-safe 方法、TOFS（Time Out For Safety）方法、ASA（Advanced Safety Auditing）方法、STOP（Safety Training Observation Program）方法、CarePlus 方法等。

各种不同的方法有各自的特点：B-safe 方法的特点是设置专门的观察者，在观察期观察者一直不变，能够用一致的标准识别安全与不安全的动作。TOFS 方法是让员工自己观察自己，思考自己是否有不对的作业方式或状态，如有则立刻停止。ASA 方法是在每次行为观察时都设置一名观察纠正人员，下次行为观察时转换为另一个观察者。STOP 方法是设置轮流的观察者，定期观察班组同伴的操作行为并予以纠正。CarePlus 方法是由专门的安全检查人员进行行为观察与纠正，无其他特殊之处。

7.3.6 标准作业程序

标准作业程序（Standard Operation Procedure，以下简称 SOP），就是在对作业系统调查分析的基础上，将现行作业方法的每一操作程序和每一动作进行分解，以科学技术、规章制度和实践经验为依据，以安全、质量效益为目标，对作业过程进行改善，从而形成一种优化作业程序，逐步达到安全、准确、高效、省力的作业效果。

SOP 的精髓，就是将某一事件的标准操作步骤和要求以统一的格式描述出来，将细节进行量化，用来指导和规范日常的工作，这样，任何一个人处于某个岗位时，经过合格培训后都能很快胜任该岗位工作，并且按照同样的程序操作，从而减少不安全行为发生的可能性。

SOP 具有以下内在的特征：

1）SOP 是一种程序。SOP 是对一个过程的描述，不是对一个结果的描述。同时，SOP 既不是制度，也不是表单，是流程下面某个程序中的控制点如何来规范的程序。

2）SOP 是一种作业程序。SOP 是一种操作层面的程序，是实实在在的、具体可操作的，不是理念层次上的东西。

3）SOP 是一种标准的作业程序，是经过不断实践总结出来的在当前条件下可以实现的最优化的操作程序设计。

4）SOP 不是单个的，而是一个体系。

SOP 的有效性取决于程序的彻底执行情况，因此，为了保证 SOP 的执行，必须进行相应的监督、检查。

7.3.7 安全警示标志

安全警示标志是指提醒人们注意的各种标牌、文字、符号以及灯光等，由安全色、几何图形、图像符号等组成，常见的安全警示标志有禁止标志、指令标志、提示标志、警告标志等几种形式。

《安全生产法》规定，生产经营单位应当在有较大危险因素的生产经营场所和有关设施、设备上，设置明显的安全警示标志。设置安全警示标志能及时提醒从业人员注意危险，防止从业人员发生事故，这是一项在生产过程中，保障生产经营单位安全生产的重要措施。

一般来说，有较大危险因素的生产经营场所和有关设施、设备，是指因生产经营场所进行的作业性质，使用的设备、材料或者储存的物品有危险因素，容易造成从业人员或者其他人员伤亡，或者有关设施、设备的操作使用中容易对人身造成伤害。例如，高压变电站、石油液化站、切割车间、吊装作业现场、危险物品的储存仓库、剧毒物质生产场所、发电厂、加油站等，就是具有较大危险因素的生产经营场所。对这些有较大危险因素的生产经营场所和有关设施、设备，应当设置明显的安全警示标志。

安全警示标志需要妥善制作，尤其是要按照法规、标准的要求来制作和安装，大部分安全警示标志设置在操作现场，可以随时通过各种文字、声光等方式进行警示，提醒操作人员提高注意力，加强自我保护，减少不安全行为的发生。

7.4 安全行为科学的应用

安全行为科学首先可应用于深入、准确地分析事故原因和责任，以使人们科学、有效地控制人为事故。同时，安全行为科学还可应用于安全管理、安全教育、安全宣传、安全文化建设等，也可以为提高安全专业人员和职工的素质服务。

7.4.1 在安全管理中运用安全行为科学

1. 用安全行为科学合理安排工作

安全行为科学中对于性格、气质、兴趣等个性心理行为规律研究的结果，可应用于一些工作岗位的工作适应性和胜任力的指导；同时，可以通过对情绪、能力、爱好等特点和状态的分析，在生产安排上做出合理的调节，以减少行为失误或事故发生的可能性。

2. 科学地应用管理手段

安全管理中可应用激励理论来进行科学的管理，如科学应用激励理论能激发安全行为，抑制“三违”行为；利用角色理论来调动各级领导者和安全专职人员的积极性；应用领导理论进行有效的安全管理等。下面主要介绍强化理论在安全管理中的运用。

动机对人的行为有强化作用。强化可分为正强化和负强化。在企业安全管理中，实际上，都在自觉或不自觉地运用着强化理论，如进行表扬与奖励、批评与处罚等。

表扬与奖励、批评与处罚是企业管理的主要方法，也是安全管理的有效手段。“奖”起着正面引导的作用，不但使本人有成就感，增进保持荣誉的内在动力，也有利于形成竞争气氛，激励员工上进；“罚”可以起劝阻和警告作用，使本人与他人不再发生或少发生错误行为。“奖”与“罚”好比一条航道上的左右两个航标，是保证正确航向必不可少的武器。

然而，在安全管理中要真正用好这两个“航标”，做到奖罚分明、功过分明，达到预期的强化目标，调动领导者和职工安全生产的自觉性和积极性，却并不容易。在运用强化理论进行表扬与批评、奖励与处罚时，要注意以下几点：

1）以正强化为主，即表扬与批评相结合，以表扬为主的原则，这样才符合心理学原理。因为表扬可以使受表扬的人产生一种积极的情绪体验，感到愉快，受到鼓舞，正视正确行为，把安全生产的目标作为一种自觉行为。

2）利用“对期望行为的强调”的科学手段，注意表扬与批评、奖励与惩罚的目的性。批评与惩罚，目的在于少出现或不出现不期望出现的行为。例如，某个企业一段时期以来最突出的问题是职工劳动纪律差，不遵守规章制度，严重影响安全生产，那么，企业领导者就应该有意识地围绕“劳动纪律”问题，表扬好的，批评差的，以形成所期望的遵章守纪的局面。

3）因人而异，形式多样。运用奖惩这一强化激励方法，要注意从不同对象的心理出发，采取不同的方式和要求。由于每一个人的特点不一样，对正负强化的反应也不同，有的人爱面子，口头表扬就有作用；有的人讲实惠，希望得到物质的奖励；有的人脸皮薄，仅是批评就受不了；有的人则相反，如果不狠狠地触动，就起不到强化作用，等等。因此，要达到好的实际的强化效果，就得讲究方法。要讲时效性，注意对象和个体的心理差异。

3. 进行合理的班组建设

在考虑班组人员的构成上，为使团体行为协调、安全和高效，就要研究人员的结构效应，如需要考虑班组成员的价值观趋同、气质互补和性格互补的搭配等问题。

7.4.2 用安全行为科学原理分析事故原因和责任

1. 事故原因的分析

安全行为科学的理论指出，人的行为受个性心理、社会心理、生理和环境的影响，因而在生产中引发人的不安全行为。造成安全事故的原因是复杂多样的。有了这样的认识，对于人为事故原因的分析就不能停留在“人因”这一层次上，应该进行更为深入的分析。例如，在分析人的不安全行为表现时，应分清是生理原因还是心理原因，是客观环境还是主观原因。对于心理或主观的原因，主要从人的内因入手，通过教育、监督、检查、管理等手段来控制和调整；对于生理或客观的原因，主要从物态和环境方面进行研究，以适应人的生理客观要求，减少人的失误。

安全行为科学中人的行为模式、影响人行为的因素分析、挫折行为研究、注意心理与安全行为、事故心理结构、人的意志过程等理论和规律，都有助于研究和分析事故的原因。

2. 事故责任的分析

根据心理学所揭示的规律，人的行为是由动机支配的，而动机则是由需要引起的。行为一般来说都有目的，都是在某种动机的策动下为了达到某个目标而进行的。

需要、动机、行为、目标四者之间的关系很密切。例如，安全管理中开办的特种作业人员的培训工作，学员来自各个企业，他们都表现出积极的学习热情，这种热情来源于其学习的动机。因为在工作中，如果一个特种作业人员缺少应有的安全技术知识和技能，就不可能胜任自己的工作，甚至会导致事故。就是这种实际工作的需要产生了学习的动机，进而产生了学习的热情。

动机是指为满足某种需要而进行活动的念头或想法，它是推动人们进行活动的动力。动机和行为关系复杂，在对待事故责任者的分析判断上，也要从行为与动机的复杂关系入手，为此，可从以下两方面考虑：

1）在分析一起事故责任者的行为时，要全面分析个人因素与环境因素相互作用的情况。任何一种行为，都是个人因素与环境因素相互作用的结果，是一种“综合效应”，人们在分析事故责任者的行为时必须同时看到个人因素和环境因素这两方面，否则有片面性。

2）分析个人因素时，要分析其外在表现和内在动机，要从分析行为和动机的复杂关系入手。为此，可以从以下三方面考虑：

1）同一动机可引起不同的行为。例如，想尽快完成生产任务，这种动机可表现为努力工作，提高效率；也可能出现盲干违章，不顾操作规程等。

2）同一行为，可出自不同的动机。例如，埋头工作可由种种动机引起，如争当先进，多拿奖金，争获表扬，事业心驱动等。

3）合理的动机也可能引起不合理甚至错误的行为。例如，为了完成生产任务，加班加点干活，忽视了劳逸结合，使工人在极度疲劳的情况下连续工作，导致了工伤事故。

因此，在分析问题、解决问题时，要透过现象看本质，从人的行为动机入手，实事求是地进行分析处理，就能做到既符合实际，又切中其弊。

7.4.3 在安全宣传教育中运用安全行为科学

安全宣传教育的效果与其进行的方式密切相关。从行为科学的角度，利用心理学、教育学、管理学的方法和技术，会取得较好的效果。例如，可利用认知技巧中的第一印象作用和优先效应强化新工人的“三级”教育；应用意识过程的感觉、知觉、记忆、思维规律，设计安全教育的内容和程序；利用安全意识规律，通过宣教的方法来强化人们的安全意识。

7.4.4 用安全行为科学指导安全文化建设

安全文化建设的实践之一就是要提高全员的安全文化素质。显然，针对不同的对象（管理者、技术人员、普通员工）所进行的安全文化教育的内容和要求是不一样的，不同的对象应采用不同的安全文化建设方式（管理、宣传、教育等）。

安全行为科学理论表明：人的行为不仅受生理等内部因素的支配和作用，也受人文环境和物态环境等外部因素的影响和作用，因而，人的行为表现出动态性和可塑性。这样，对于行为的控制和管理就需要运用动态的、变化的方式。因此，安全文化活动需要定期与非定期相结合进行，在必要的、重复的基础上，从简单地审查变为艺术地激励和启发等。

7.4.5 塑造安全监管人员良好的心理素质

安全管理和安全监察人员工作的多样性、复杂性与重要性，要求他们具有较高的思想品质和能力素质，不然，就不能顺利完成自己的工作职责。一般来说，一个安全监管人员的个性品质、思维能力都是在进行有关工作的实践中形成的。在工作实践中，他们考虑多种多样的事物，遇到并解决多种多样的问题，逐渐地形成所从事的职业的心理品质。这些心理品质表现在如下几点：

1）安全监管人员应当具有工作所必需的道德品质。这是由他们的工作任务来决定的，他们要对生产过程中因不安全所致的事故及责任者进行处理、教育，或对企业的安全管理提出客观公正的评价意见。只有受过良好教育，具有崇高的道德品质的人，才能对事件的处理做到实事求是、秉公办事，从而产生良好的效果和影响。

2）安全监管人员必须有良好的分析问题的能力。例如，处理事故时对其原因的分析和责任的处理都需要有分析和综合的能力。所以，对于一个安全监管人员来说，还要求其思维敏捷、灵活，善于综合处理问题。在分析事故时，需要设想肇事的行为，这要求安全监管人员具有空间想象的能力；还要求具有果断、主见、耐心、沉着、自制力、纪律性和认真精神等个性品质，以及较好的人际关系处理能力。安全监管人员只有在实践中锻炼、学习，才能提高自己的心理素质和品质。

7.4.6 为环境和设备设施的安全设计提供依据

人在工作中的安全行为除了内因的作用和影响外，还受外因如环境、设备设施的状况的影响。环境变化会影响人的心理和行为，设备设施的运行失常及布置不当，会影响人的识别与操作，造成混乱和差错，甚至导致事故。设备设施设置恰当、运行正常，有助于人的控制和操作。环境差会造成人的不适、疲劳及注意力分散，从而造成行为失误和差错。要保障人的安全行为，必须创造很好的环境，保证物的状况良好和合理，使人、物、环境更加协调。这些要求在环境、设备设施的设计上首先考虑人的行为特点，才能有助于减少人为事故隐患。

复习思考题

1. 安全行为管理的研究内容主要有哪些？
2. 安全行为科学的研究对安全生产有何意义？
3. 安全行为科学可以应用到哪些领域？
4. 常见的安全行为控制方法有哪些？

第8章

安全管理体系

本章概要·学习要求

本章主要讲述了安全管理标准化体系、职业安全健康管理体系、HSE管理体系及风险预控体系的原理及作用，并进一步简要阐述了体系的要素及要素之间的联系。通过本章学习，要求学生能够了解几大体系的原理及作用，理解这些体系的重要因素之间的联系，掌握有效的管理体系，并能够将其运用到具体案例中。

预防事故是安全管理工作的核心，而预防事故的重要方式就是通过构建有效的管理体系来控制危险源、消除事故隐患，减少人员伤亡和财产损失，使整个企业达到最佳的安全水平，为劳动者创造一个安全舒适的工作环境，从而保证企业生产顺利进行和社会稳定。本章以常用的安全管理体系为例，如安全生产标准化、职业安全健康管理体系、HSE管理体系及风险预控管理体系等，阐述了各体系的原理、具体要素及内容。

8.1 安全生产标准化概述

安全生产标准化是为了使安全生产活动获得最佳秩序，保证安全管理及生产条件达到法律、行政法规、部门规章和标准等要求制定的规则，是落实企业安全主体责任、建立安全生产长效机制、实现企业本质安全的重要手段和有效途径。

8.1.1 安全生产标准化的起源和发展

2004年，国务院印发了《国务院关于进一步加强安全生产工作的决定》（国发〔2004〕2号），第一次提出了“安全质量标准化”的要求，要求制定和颁布重点行业、领域安全生产技术规范和安全生产质量工作标准，其中对安全生产技术规范的提法在我国安全工作的历史上，是一个新的起点；文件明确要求在全国所有工矿商贸、交通运输、建筑施工等企业普遍开展安全质量标准化活动。

在矿山、危险化学品、机械等行业安全质量标准化试点工作的基础上，国家安全监管总局2010年发布了AQ/T 9006—2010《企业安全生产标准化基本规范》，正式明确了“安全生产标准化”的定义为“通过建立安全生产责任制，制定安全管理制度和操作规程，排查治理隐患和监控重大危险源，建立预防机制，规范生产行为，使各生产环节符合有关安全生产法律法规和标准规范的要求，人、机、物、环处于良好的生产状态，并持续改进，不断加强企业安全生产规范化建设”。《企业安全生产标准化基本规范》还规定了各行业安全生产标准化标准应涵盖的13个核心要求，并规定企业安全生产标准化工作实行企业自主评定、外部评审的方式；安全生产标准化评审分为一级、二级、三级，一级为最高。《企业安全生产标准化基本规范》标准的发布，标志着我国安全生产标准化建设进入了全面展开的阶段。

2010年国务院23号文《国务院关于进一步加强企业安全生产工作的通知》指出，全国生产安全事故逐年下降，安全生产状况总体稳定、趋于好转，但形势依然十分严峻；文件进一步要求企业“深入开展以岗位达标、专业达标和企业达标为内容的安全生产标准化建设”，所谓建设，就是要求企业将安全生产标准化作为一项长期的、持续改进的基础工作。

根据国务院的要求，国务院安全生产委员会2011年5月下发了《关于深入开展企业安全生产标准化建设的指导意见》，明确要求全面推进企业安全生产标准化建设，并要求冶金、机械、烟草等工贸行业（领域）规模以上企业要在2013年年底前，规模以下企业要在2015年前实现达标。随后不久，国家安全监管总局于当年6月7日下发了《国家安全监管总局关于印发全国冶金等工贸企业安全生产标准化考评办法的通知》（安监总管四〔2011〕84号），制定了考评发证、考评机构管理及考评员管理等实施办法，进一步规范工贸行业企业安全生产标准化建设工作。

2011年8月2日，国家安全监管总局进一步下发《国家安全监管总局关于印发冶金等工贸企业安全生产标准化基本规范评分细则的通知》（安监总管四〔2011〕128号），发布《冶金等工贸企业安全生产标准化基本规范评分细则》，规范了冶金等工贸企业的安全生产。2013年1月29日，国家安全监管总局等部门又下发《国家安全监管总局等部门关于全面推进全国工贸行业企业安全生产标准化建设的意见》（安监总管四〔2013〕8号），提出要进一步建立健全工贸行业企业安全生产标准化建设政策法规体系，加强企业安全生产规范化管理，推进全员、全方位、全过程安全管理。力求通过努力，实现企业安全管理标准化、作业现场标准化和操作过程标准化，2015年年底前所有工贸行业企业实现安全生产标准化达标，企业安全生产基础得到明显强化。2014年，新修订的《安全生产法》进一步提出企业推进安全生产标准化建设的要求。

2014年，《国家安全监管总局关于印发企业安全生产标准化评审工作管理办法（试行）的通知》（安监总办〔2014〕49号）要求各级安全监管部门要将企业安全生产标准化建设和隐患排查治理体系建设的效果，作为实施分级分类监管的重要依据，实施差异化的管理，将未达到安全生产标准化等级要求的企业作为安全监管重点，加大执法检查力度，督促企业提高安全管理水平。

2016年12月13日，国家质检总局、国家标准委批准发布了《企业安全生产标准化基本规范》（GB/T 33000—2016），该标准于2017年4月1日实施。该标准适用于工矿企业开展安全生产标准化建设工作，有关行业制修订安全生产标准化标准、评定标准，以及对标准化工作的咨询、服务、评审、科研、管理和规划等。

8.1.2　安全生产标准化的概念、特点及原理

1. 安全生产标准化的概念和特点

安全生产标准化（Work Safety Standardization）是指通过建立安全生产责任制，制定安全管理制度和操作规程，排查治理隐患和监控重大危险源，建立预防机制，规范生产行为，使各生产环节符合有关安全生产法律法规和标准规范的要求，人、机、物、环处于良好的生产状态，并持续改进，不断加强企业安全生产规范化建设。

安全生产标准化体现了“安全第一，预防为主，综合治理”的方针和“以人为本”的科学发展观，强调企业安全生产工作的规范化、科学化、系统化和法制化，强化风险管理和过程控制，注重绩效管理和持续改进，符合安全管理的基本规律，代表了现代安全管理的发展方向，是先进安全管理思想与我国传统安全管理方法、企业具体实际的有机结合，能有效提高企业安全生产水平，从而推动我国安全生产状况的根本好转。

安全生产标准化具有以下特点：

（1）先进性

安全生产标准化吸收了管理体系的思想，采用了国际通用的计划（P，Plan）、实施（D，Do）、检查（C，Check）、改进（A，Action）动态循环的现代安全管理模式，以实现自我检查、自我纠正和自我完善，达到持续改进的目的，具有管理方法上的先进性。

（2）系统全面性

安全生产标准化的内容涉及安全生产的各个方面，从安全目标，组织机构和职责，安全生产投入，法律法规与安全管理制度，教育培训，生产设备设施，作业安全，隐患排查和治理，重大危险源监控，职业健康，应急救援，事故报告、调查和处理，绩效评定和持续改进十三个方面提出了比较全面的要求，具有系统性和全面性。

（3）可操作性

企业在贯彻安全生产标准化中，根据体系中十三个要素具体、细化的内容要求，全员参与规章制度、操作规程的制定，并进行定期评估检查，这样使得规章制度、操作规程与企业的实际情况紧密结合，避免“两张皮”情况的发生，有较强的可操作性，便于企业实施。

（4）管理量化性

安全生产标准化吸收了传统标准化分级管理的思想，有配套的评分细则，在企业自主建立和外部评审定级中，根据对比衡量，得到量化的评价结果，能够较真实地反映自身的安全管理水平和改进方向，便于企业进行有针对性地改进、完善。量化的评价结果也是监管部门分类监管的依据。

（5）强调预测预警

安全生产标准化要求企业应根据生产经营状况及隐患排查治理情况，运用定量的安全生产预测预警技术，建立体现企业安全生产状况及发展趋势的预警指数系统。

企业应根据安全生产标准化的评定结果和安全生产预警指数系统所反映的趋势，对安全生产目标、指标、规章制度、操作规程等进行修改完善，持续改进，不断提高安全绩效。

2. 安全生产标准化的基本原理

现代安全管理体系的基本思想是“以人为本，遵守法律法规，风险管理，持续改进，可持续发展”，管理的核心是系统中导致事故的根源即危险源，强调通过危险源辨识、风险

评价和风险控制来达到控制事故、实现系统安全的目的。

安全管理体系的运行基础是戴明循环即 PDCA 循环：

P——计划（Plan），确定组织的方针、目标，配备必要资源；建立组织机构，规定相应职责、权限和相互关系；识别管理体系运行的相关活动或过程，并规定活动或过程的实施程序和作业方法等。

D——实施（Do），按照计划所规定的程序（如组织机构程序和作业方法等）加以实施。实施过程与计划的符合性及实施的结果决定了组织能否达到预期目标，因此保证所有活动在受控状态下进行是实施的关键。

C——检查（Check），为了确保计划的有效实施，需要对计划实施效果进行检查，并采取措施修正、消除可能产生的行为偏差。

A——改进（Action），管理过程不是一个封闭的系统，因而需要随着管理活动的深入，针对实践中发现的缺陷、不足、变化的内外部条件，不断对管理活动进行调整、完善。

8.1.3 安全生产标准化的构成要素

安全生产标准化包含目标职责、制度化管理、教育培训、现场管理、安全风险管控及隐患排查治理、应急管理、事故管理和持续改进 8 个方面，如表 8-1 所示。

表 8-1 安全生产标准化的构成要素

序 号	一级要素	二级要素
1	目标职责	目标;机构和职责;全员参与;安全生产投入;安全文化建设;安全生产信息化建设
2	制度化管理	法规标准识别;规章制度;操作规程;文档管理
3	教育培训	教育培训管理;人员教育培训;
4	现场管理	设备设施管理;作业安全;职业健康;警示标志
5	安全风险管控及隐患排查治理	安全风险管理;重大危险源辨识和管理;隐患排查治理;预测预警
6	应急管理	应急准备;应急处置;应急评估
7	事故查处	报告;调查和处理;管理
8	持续改进	绩效评定;持续改进

1. 目标职责

（1）目标

企业应根据自身安全生产实际，制定文件化的总体和年度安全生产与职业卫生目标，并纳入企业总体生产经营目标。明确目标的制定、分解、实施、检查、考核等环节要求，并按照所属基层单位和部门在生产经营活动中所承担的职能，将目标分解为指标，确保落实。

企业应定期对安全生产与职业卫生目标、指标实施情况进行评估和考核，并结合实际及时进行调整。

（2）机构和职责

1）机构设置。企业应落实安全生产组织领导机构，成立安全生产委员会，并应按照有关规定设置安全生产和职业卫生管理机构，或配备相应的专职或兼职安全生产和职业卫生管理人员，按照有关规定配备注册安全工程师，建立健全从管理机构到基层班组的管理网络。

2）主要负责人及领导层职责。企业主要负责人全面负责安全生产和职业卫生工作，并履行相应责任和义务；分管负责人应对各自职责范围内的安全生产和职业卫生工作负责；各级管理人员应按照安全生产和职业卫生责任制的相关要求，履行其安全生产和职业卫生职责。

（3）全员参与

企业应建立健全安全生产和职业卫生责任制，明确各级部门和从业人员的安全生产和职业卫生职责，并对职责的适宜性、履职情况进行定期评估和监督考核。

企业应为全员参与安全生产和职业卫生工作创造必要的条件，建立激励约束机制，鼓励从业人员积极建言献策，营造自下而上、自上而下全员重视安全生产和职业卫生的良好氛围，不断改进和提升安全生产和职业卫生管理水平。

（4）安全生产投入

企业应建立安全生产投入保障制度，按照有关规定提取和使用安全生产费用，并建立使用台账。企业应按照有关规定，为从业人员缴纳相关保险费用。企业宜投保安全生产责任保险。

（5）安全文化建设

企业应开展安全文化建设，确立本企业的安全生产和职业病危害防治理念及行为准则，并教育、引导全体人员贯彻执行。

企业开展安全文化建设活动，应符合 AQ/T 9004 的规定。

（6）安全生产信息化建设

企业应根据自身实际情况，利用信息化手段加强安全生产管理工作，开展安全生产电子台账管理、重大危险源监控、职业病危害防治、应急管理、安全风险管控和隐患自查自报、安全生产预测预警等信息系统的建设。

2. 制度化管理

（1）法律标准识别

企业应建立安全生产和职业卫生法律法规、标准规范的管理制度，明确主管部门，确定获取的渠道、方式，及时识别和获取适用、有效的法律法规、标准规范，建立安全生产和职业卫生法律法规、标准规范清单和文本数据库。

企业应将适用的安全生产和职业卫生法律法规、标准规范的相关要求及时转化为本单位的规章制度、操作规程，并及时传达给相关从业人员，确保相关要求落实到位。

（2）规章制度

企业应建立健全安全生产和职业卫生规章制度，并征求工会及从业人员意见和建议，规范安全生产和职业卫生管理工作。企业也应确保从业人员及时获取制度文本。

企业安全生产和职业卫生规章制度包括但不限于下列内容：①目标管理；②安全生产和职业卫生责任制；③安全生产承诺；④安全生产投入；⑤安全生产信息化；⑥四新（新技术、新材料、新工艺、新设备设施）管理；⑦文件、记录和档案管理；⑧安全风险管理、隐患排查治理；⑨职业病危害防治；⑩教育培训；⑪班组安全活动；⑫特种作业人员管理；⑬建设项目安全设施、职业病防护设施“三同时”管理；⑭设备设施管理；⑮施工和检查维修安全管理；⑯危险物品管理；⑰危险作业安全管理；⑱安全警示标志管理；⑲安全预测预警；⑳安全生产奖惩管理；㉑相关方安全管理；㉒变更管理；㉓个体防护用品管理；㉔应急管理；㉕事故管理；㉖安全生产报告；㉗绩效评定管理。

(3) 操作规程

企业应按照有关规定，结合本企业生产工艺、作业任务特点以及岗位作业安全风险与职业病防护要求，编制齐全适用的岗位安全生产和职业卫生操作规程，发放到相关岗位员工，并严格执行。企业应确保从业人员参与岗位安全生产和职业卫生操作规程的编制和修订工作。企业应在新技术、新材料、新工艺、新设备设施投入使用前，组织制修订相应的安全生产和职业卫生操作规程，确保其适宜性和有效性。

(4) 文档管理

1）记录管理。企业应建立文件和记录管理制度，明确安全生产和职业卫生规章制度、操作规程的编制、评审、发布、使用、修订、作废以及文件和记录管理的职责、程序和要求。并建立和保存有关记录的电子档案，支持查询和检索，便于自身管理使用和行业主管部门调取检查。

2）评估。企业应每年至少评估一次安全生产和职业卫生法律法规、标准规范、规章制度、操作规程的适宜性、有效性和执行情况。

3）修订。企业应根据评估结果、安全检查情况、自评结果、评审情况、事故情况等，及时修订安全生产和职业卫生规章制度、操作规程。

3. 教育培训

(1) 教育培训管理

企业应建立健全安全教育培训制度，按照有关规定进行培训。培训大纲、内容、时间应满足有关标准的规定。企业安全教育培训应包括安全生产和职业卫生的内容。企业应明确安全教育培训主管部门，定期识别安全教育培训需求，制定、实施安全教育培训计划，并保证必要的安全教育培训资源。企业应如实记录全体从业人员的安全教育和培训情况，建立安全教育培训档案和从业人员个人安全教育培训档案，并对培训效果进行评估和改进。

(2) 人员教育培训

1）主要负责人和安全管理人员。企业的主要负责人和安全生产管理人员应具备与本企业所从事的生产经营活动相适应的安全生产和职业卫生知识与能力。企业应对各级管理人员进行教育培训，确保其具备正确履行岗位安全生产和职业卫生职责的知识与能力。

法律法规要求考核其安全生产和职业卫生知识与能力的人员，应按照有关规定经考核达到合格标准。

2）从业人员。企业应对从业人员进行安全生产和职业卫生教育培训，保证从业人员具备满足岗位要求的安全生产和职业卫生知识，熟悉有关的安全生产和职业卫生法律法规、规章制度、操作规程，掌握本岗位的安全操作技能和职业危害防护技能、安全风险辨识和管控方法，了解事故现场应急处置措施，并根据实际需要，定期进行复训考核。未经安全教育培训合格的从业人员，不应上岗作业。

煤矿、非煤矿山、危险化学品、烟花爆竹、金属冶炼等企业应对新上岗的临时工、合同工、劳务工、轮换工、协议工等进行强制性安全培训，保证其具备本岗位安全操作、自救互救以及应急处置所需的知识和技能后，方能安排上岗作业。企业的新入厂（矿）从业人员上岗前应经过三级安全培训教育，岗前安全教育培训学时和内容应符合国家和行业的有关规定。

在新工艺、新技术、新材料、新设备设施投入使用前，企业应对有关从业人员进行专门的安全生产和职业卫生教育培训，确保其具备相应的安全操作、事故预防和应急处置能力。

从业人员在企业内部调整工作岗位或离岗一年以上重新上岗时，应重新进行车间（工段、区、队）和班组级的安全教育培训。

从事特种作业、特种设备作业的人员应按照有关规定，经专门安全作业培训，考核合格，取得相应资格后，方可上岗作业，并定期接受复审。

企业专职应急救援人员应按照有关规定，经专门应急救援培训，考核合格后，方可上岗，并定期参加复训。其他从业人员每年应接受再培训，再培训时间和内容应符合国家和地方政府的有关规定。

3）外来人员。企业应对进入企业从事服务和作业活动的承包商、供应商的从业人员和接收的中等职业学校、高等学校实习生，进行入厂（矿）安全教育培训，并保存记录。

外来人员进入作业现场前，应由作业现场所在单位对其进行安全教育培训，并保存记录。主要内容包括：外来人员入厂（矿）有关安全规定、可能接触到的危害因素、所从事作业的安全要求、作业安全风险分析及安全控制措施、职业病危害防护措施、应急知识等。

企业应对进入企业检查、参观、学习等外来人员进行安全教育，主要内容包括：安全规定、可能接触到的危险有害因素、职业病危害防护措施、应急知识等。

4. 现场管理

（1）设备设施管理

1）设备设施建设。企业总平面布置应符合 GB 50187 的规定，建筑设计防火和建筑灭火器配置应分别符合 GB 50016 和 GB 50140 的规定；建设项目的安全设施和职业病防护设施应与建设项目主体工程同时设计、同时施工、同时投入生产和使用。

企业应按照有关规定进行建设项目安全生产、职业病危害评价，严格履行建设项目安全设施和职业病防护设施设计审查、施工、试运行、竣工验收等管理程序。

2）设备设施验收。企业应执行设备设施采购、到货验收制度，购置、使用设计符合要求、质量合格的设备设施。设备设施安装后企业应进行验收，并对相关过程及结果进行记录。

3）设备设施运行。企业应对设备设施进行规范化管理，建立设备设施管理台账。企业应有专人负责管理各种安全设施以及检测与监测设备，定期检查维护并做好记录。

企业应针对高温、高压和生产、使用、储存易燃、易爆、有毒、有害物质等高风险设备，以及海洋石油开采特种设备和矿山井下特种设备，建立运行、巡检、保养的专项安全管理制度，确保其始终处于安全可靠的运行状态。

安全设施和职业病防护设施不应随意拆除、挪用或弃置不用；确因检维修拆除的，应采取临时安全措施，检维修完毕后立即复原。

4）设备设施检维修。企业应建立设备设施检维修管理制度，制订综合检维修计划，加强日常检维修和定期检维修管理，落实“五定”原则，即定检维修方案、定检维修人员、定安全措施、定检维修质量、定检维修进度，并做好记录。

检维修方案应包含作业安全风险分析、控制措施、应急处置措施及安全验收标准。检维修过程中应执行安全控制措施，隔离能量和危险物质，并进行监督检查，检维修后应进行安全确认。

5）检测检验。特种设备应按照有关规定，委托具有专业资质的检测、检验机构进行定期检测、检验。涉及人身安全、危险性较大的海洋石油开采特种设备和矿山井下特种设备，应取得矿用产品安全标志或相关安全使用证。

6）设备设施拆除、报废。企业应建立设备设施报废管理制度。设备设施的报废应办理审批手续，在报废设备设施拆除前应制定方案，并在现场设置明显的报废设备设施标志。报废、拆除涉及许可作业的，应按照作业环境和作业条件标准执行，并在作业前对相关作业人员进行培训和安全技术交底。报废、拆除应按方案和许可内容组织落实。

（2）作业安全

1）作业环境和作业条件。企业应事先分析和控制生产过程及工艺、物料、设备设施、器材、通道、作业环境等存在的安全风险。生产现场应实行定置管理，保持作业环境整洁，并配备相应的安全、职业病防护用品（具）及消防设施与器材，按照有关规定设置应急照明、安全通道，并确保安全通道畅通。

企业应对临近高压输电线路作业、危险场所动火作业、有（受）限空间作业、临时用电作业、爆破作业、封道作业等危险性较大的作业活动，实施作业许可管理，严格履行作业许可审批手续。作业许可应包含安全风险分析、安全及职业病危害防护措施、应急处置等内容。作业许可实行闭环管理。企业应对作业人员的上岗资格、条件等进行作业前的安全检查，做到特种作业人员持证上岗，并安排专人进行现场安全管理，确保作业人员遵守岗位操作规程和落实安全及职业病危害防护措施。

企业应采取可靠的安全技术措施，对设备能量和危险有害物质进行屏蔽或隔离。两个以上作业队伍在同一作业区域内进行作业活动时，不同作业队伍相互之间应签订管理协议，明确各自的安全生产、职业卫生管理职责和采取的有效措施，并指定专人进行检查与协调。

危险化学品生产、经营、储存和使用单位的特殊作业，应符合 GB30871 的规定。

2）作业行为。企业应依法合理进行生产作业组织和管理，加强对从业人员作业行为的安全管理，对设备设施、工艺技术以及从业人员作业行为等进行安全风险辨识，采取相应的措施，控制作业行为安全风险。

企业应监督、指导从业人员遵守安全生产和职业卫生规章制度、操作规程，杜绝违章指挥、违规作业和违反劳动纪律的“三违”行为。

企业应为从业人员配备与岗位安全风险相适应的、符合 GB/T 11651 规定的个体防护装备与用品，并监督、指导从业人员按照有关规定正确佩戴、使用、维护、保养和检查个体防护装备与用品。

3）岗位达标。企业应建立班组安全活动管理制度，开展岗位达标活动，明确岗位达标的内容和要求。

从业人员应熟练掌握本岗位安全职责、安全生产和职业卫生操作规程、安全风险及管控措施、防护用品使用、自救互救及应急处置措施。

各班组应按照有关规定开展安全生产和职业卫生教育培训、安全操作技能训练、岗位作业危险预知、作业现场隐患排查、事故分析等工作，并做好记录。

4）相关方。企业应建立承包商、供应商等安全管理制度，将承包商、供应商等相关方的安全生产和职业卫生纳入企业内部管理，对承包商、供应商等相关方的资格预审、选择、作业人员培训、作业过程检查监督、提供的产品与服务、绩效评估、续用或退出等进行管理。

企业应建立合格承包商、供应商等相关方的名录和档案，定期识别服务行为安全风险，并采取有效的控制措施。企业不应将项目委托给不具备相应资质或安全生产、职业病防护条件的承包商、供应商等相关方。企业应与承包商、供应商等签订合作协议，明确规定双方的安全生产及职业病防护的责任和义务。

企业应通过供应链关系促进承包商、供应商等相关方达到安全生产标准化要求。

（3）职业健康

1）基本要求。企业应为从业人员提供符合职业卫生要求的工作环境和条件，为接触职业病危害的从业人员提供个人使用的职业病防护用品，建立、健全职业卫生档案和健康监护档案。

产生职业病危害的工作场所应设置相应的职业病防护设施，并符合 GBZ 1 的规定。

企业应确保使用有毒、有害物品的作业场所与生活区、辅助生产区分开，工作场所不应住人；将有害作业与无害作业分开，高毒工作场所与其他工作场所隔离。对可能导致发生急性职业危害的有毒、有害工作场所，应设置检验报警装置，制定应急预案，配置现场急救用品、设备，设置应急撤离通道和必要的泄险区，定期检查监测。

企业应组织从业人员进行上岗前、在岗期间、特殊情况应急后和离岗时的职业健康检查，将检查结果书面告知从业人员并存档。对检查结果异常的从业人员，应及时就医，并定期复查。企业不应安排未经职业健康检查的从业人员从事接触职业病危害的作业；不应安排有职业禁忌的从业人员从事禁忌作业。从业人员的职业健康监护应符合 GBZ 188 的规定。

各种防护用品、各种防护器具应定点存放在安全、便于取用的地方，建立台账，并有专人负责保管，定期校验、维护和更换。涉及放射工作场所和放射性同位素运输、储存的企业，应配置防护设备和报警装置，为接触放射线的从业人员佩带个人剂量计。

2）职业危害告知。企业与从业人员订立劳动合同时，应将工作过程中可能产生的职业危害及其后果和防护措施如实告知从业人员，并在劳动合同中写明。

企业应按照有关规定，在醒目位置设置公告栏，公布有关职业病防治的规章制度、操作规程、职业病危害事故应急救援措施和工作场所职业病危害因素检测结果。对存在或产生职业病危害的工作场所、作业岗位、设备、设施，应在醒目位置设置警示标识和中文警示说明；使用有毒物品作业场所，应设置黄色区域警示线、警示标识和中文警示说明，高毒作业场所应设置红色区域警示线、警示标识和中文警示说明，并设置通信报警设备。高毒物品作业岗位职业病危害告知应符合 GBZ/T 203 的规定。

3）职业病危害申报。企业应按照有关规定，及时、如实向所在地安全生产监督管理部门申报职业病危害项目，并及时更新信息。

4）职业病危害检测与评价。企业应改善工作场所职业卫生条件，控制职业病危害因素浓（强）度不超过 GBZ 2.1、GBZ 2.2 规定的限值。企业应对工作场所职业病危害因素进行日常监测，并保存监测记录。存在职业病危害的，应委托具有相应资质的职业卫生技术服务机构进行定期检测，每年至少进行一次全面的职业病危害因素检测；职业病危害严重的，应委托具有相应资质的职业卫生技术服务机构，每 3 年至少进行一次职业病危害现状评价。检测、评价结果存入职业卫生档案，并向安全监管部门报告，向从业人员公布。

定期检测结果中职业病危害因素浓度或强度超过职业接触限值的，企业应根据职业卫生技术服务机构提出的整改建议，结合本单位的实际情况，制定切实有效的整改方案，立即进行整改。整改落实情况应有明确的记录并存入职业卫生档案备查。

（4）警示标志

企业应按照有关规定和工作场所的安全风险特点，在有重大危险源、较大危险因素和严重职业病危害因素的工作场所，设置明显的、符合有关规定要求的安全警示标志和职业病危害警示标识。其中，警示标志的安全色和安全标志应分别符合 GB 2893 和 GB 2894 的规定，道路交通标志和标线应符合 GB 5768（所有部分）的规定，工业管道安全标识应符合GB 7231的规定，消防安全标志应符合 GB 13495.1 的规定，工作场所职业病危害警示标识应符合 GBZ 158 的规定。安全警示标志和职业病危害警示标识应标明安全风险内容、危险程度、安全距离、防控办法、应急措施等内容，在有重大隐患的工作场所和设备设施上设置安全警示标志，标明治理责任、期限及应急措施；在有安全风险的工作岗位设置安全告知卡，告知从业人员本企业、本岗位主要危险有害因素、后果、事故预防及应急措施、报告电话等内容。

企业应定期对警示标志进行检查维护，确保其完好有效。企业应在设备设施施工、吊装、检维修等作业现场设置警戒区域和警示标志，在检维修现场的坑、井、渠、沟、陡坡等场所设置围栏和警示标志，进行危险提示、警示，告知危险的种类、后果及应急措施等。

5. 安全风险管控及隐患排查治理

（1）安全风险管理

1）安全风险辨识。企业应建立安全风险辨识管理制度，组织全员对本单位安全风险进行全面、系统的辨识。

安全风险辨识范围应覆盖本单位的所有活动及区域，并考虑正常、异常和紧急三种状态及过去、现在和将来三种时态。安全风险辨识应采用适宜的方法和程序，且与现场实际相符。

企业应对安全风险辨识资料进行统计、分析、整理和归档。

2）安全风险评估。企业应建立安全风险评估管理制度，明确安全风险评估的目的、范围、频次、准则和工作程序等。企业应选择合适的安全风险评估方法，定期对所辨识出的存在安全风险的作业活动、设备设施、物料等进行评估。在进行安全风险评估时，至少应从影响人、财产和环境三个方面的可能性和严重程度进行分析。矿山、金属冶炼和危险物品生产、储存企业，每 3 年应委托具备规定资质条件的专业技术服务机构对本企业的安全生产状况进行安全评价。

3）安全风险控制。企业应选择工程技术措施、管理控制措施、个体防护措施等，对安全风险进行控制。

企业应根据安全风险评估结果及生产经营状况等，确定相应的安全风险等级，对其进行分级分类管理，实施安全风险差异化动态管理，制定并落实相应的安全风险控制措施。

企业应将安全风险评估结果及所采取的控制措施告知相关从业人员，使其熟悉工作岗位和作业环境中存在的安全风险，掌握、落实应采取的控制措施。

4）变更管理。企业应制定变更管理制度。变更前应对变更过程及变更后可能产生的安全风险进行分析，制定控制措施，履行审批及验收程序，并告知和培训相关从业人员。

（2）重大危险源辨识和管理

企业应建立重大危险源管理制度，全面辨识重大危险源，对确认的重大危险源制定安全管理技术措施和应急预案。涉及危险化学品的企业应按照 GB 18218 的规定，进行重大危险源辨识和管理。企业应对重大危险源进行登记建档，设置重大危险源监控系统，进行日常监控，并按照有关规定向所在地安全监管部门备案。重大危险源安全监控系统应符合 AQ 3035 的技术规定。含有重大危险源的企业应将监控中心（室）视频监控数据、安全监控系统状态数据和监控数据与有关安全监管部门监管系统联网。

（3）隐患排查治理

1）隐患排查。企业应建立隐患排查治理制度，逐级建立并落实从主要负责人到每位从业人员的隐患排查治理和防控责任制，并按照有关规定组织开展隐患排查治理工作，及时发现并消除隐患，实行隐患闭环管理。企业应根据有关法律法规、标准规范等，组织制定各部门、岗位、场所、设备设施的隐患排查治理标准或排查清单，明确隐患排查的时限、范围、内容和要求，并组织开展相应的培训。隐患排查的范围应包括所有与生产经营相关的场所、人员、设备设施和活动，包括承包商和供应商等相关服务范围。

企业应按照有关规定，结合安全生产的需要和特点，采用综合检查、专业检查、季节性检查、节假日检查、日常检查等不同方式进行隐患排查。对排查出的隐患，按照隐患的等级进行记录，建立隐患信息档案，并按照职责分工实施监控治理。组织有关专业技术人员对本企业可能存在的重大隐患做出认定，并按照有关规定进行管理。

企业应将相关方排查出的隐患统一纳入本企业隐患管理。

2）隐患治理。企业应根据隐患排查的结果，制定隐患治理方案，对隐患及时进行治理。企业应按照责任分工立即或限期组织整改一般隐患。主要负责人应组织制定并实施重大隐患治理方案。治理方案应包括目标和任务、方法和措施、经费和物资、机构和人员、时限和要求、应急预案。

企业在隐患治理过程中，应采取相应的监控防范措施。隐患排除前或排除过程中无法保证安全的，应从危险区域内撤出作业人员，疏散可能危及的人员，设置警戒标志，暂时停产停业或停止使用相关设备、设施。

3）验收与评估。隐患治理完成后，企业应按照有关规定对治理情况进行评估、验收。重大隐患治理完成后，企业应组织本企业的安全管理人员和有关技术人员进行验收或委托依法设立的为安全生产提供技术、管理服务的机构进行评估。

4）信息记录、通报和报送

企业应如实记录隐患排查治理情况，至少每月进行统计分析，及时将隐患排查治理情况向从业人员通报。企业应运用隐患自查、自改、自报信息系统，通过信息系统对隐患排查、报告、治理、销账等过程进行电子化管理和统计分析，并按照当地安全监管部门和有关部门的要求，定期或实时报送隐患排查治理情况。

（4）预测预警

企业应根据生产经营状况、安全风险管理及隐患排查治理、事故等情况，运用定量或定性的安全生产预测预警技术，建立体现企业安全生产状况及发展趋势的安全生产预测预警体系。

6. 应急管理

（1）应急准备

1）应急救援组织。企业应按照有关规定建立应急管理组织机构或指定专人负责应急管理工作，建立与本企业安全生产特点相适应的专（兼）职应急救援队伍。按照有关规定可以不单独建立应急救援队伍的，应指定兼职救援人员，并与邻近专业应急救援队伍签订应急救援服务协议。

2）应急预案。企业应在开展安全风险评估和应急资源调查的基础上，建立生产安全事故应急预案体系，制定符合 GB/T 29639 规定的生产安全事故应急预案，针对安全风险较大的重点场所（设施）制定现场处置方案，并编制重点岗位、人员应急处置卡。

企业应按照有关规定将应急预案报当地主管部门备案，并通报应急救援队伍、周边企业等有关应急协作单位。企业应定期评估应急预案，及时根据评估结果或实际情况的变化进行修订和完善，并按照有关规定将修订的应急预案及时报当地主管部门备案。

3）应急设施、装备、物资。企业应根据可能发生的事故种类特点，按照规定设置应急设施，配备应急装备，储备应急物资，建立管理台账，安排专人管理，并定期检查、维护、保养，确保其完好、可靠。

4）应急演练。企业应按照 AQ/T 9007 的规定定期组织公司（厂、矿）、车间（工段、区、队）、班组开展生产安全事故应急演练，做到一线从业人员参与应急演练全覆盖，并按照 AQ/T 9009 的规定对演练进行总结和评估，根据评估结论和演练发现的问题，修订、完善应急预案，改进应急准备工作。

5）应急救援信息系统建设。矿山、金属冶炼等企业，生产、经营、运输、储存、使用危险物品或处置废弃危险物品的生产经营单位，应建立生产安全事故应急救援信息系统，并与所在地县级以上地方人民政府负有安全生产监督管理职责部门的安全生产应急管理信息系统互联互通。

（2）应急处置

发生事故后，企业应根据预案要求，立即启动应急响应程序，按照有关规定报告事故情况，并开展先期处置：

发出警报，在不危及人身安全时，现场人员采取阻断或隔离事故源、危险源等措施；严重危及人身安全时，迅速停止现场作业，现场人员采取必要的或可能的应急措施后撤离危险区域。立即按照有关规定和程序报告本企业有关负责人，有关负责人应立即将事故发生的时间、地点、当前状态等简要信息向所在地县级以上地方人民政府负有安全生产监督管理职责的有关部门报告，并按照有关规定及时补报、续报有关情况；情况紧急时，事故现场有关人员可以直接向有关部门报告；对可能引发次生事故灾害的，应及时报告相关主管部门。

研判事故危害及发展趋势，将可能危及周边生命、财产、环境安全的危险性和防护措施等告知相关单位与人员；遇有重大紧急情况时，应立即封闭事故现场，通知本单位从业人员和周边人员疏散，采取转移重要物资、避免或减轻环境危害等措施。

请求周边应急救援队伍参加事故救援，维护事故现场秩序，保护事故现场证据。准备事故救援技术资料，做好向所在地人民政府及其负有安全生产监督管理职责的部门移交救援工作指挥权的各项准备。

（3）应急评估

企业应对应急准备、应急处置工作进行评估。矿山、金属冶炼等企业，生产、经营、运输、储存、使用危险物品或处置废弃危险物品的企业，应每年进行一次应急准备评估。

完成险情或事故应急处置后，企业应主动配合有关组织开展应急处置评估。

7. 事故查处

（1）报告

企业应建立事故报告程序，明确事故内外部报告的责任人、时限、内容等，并教育、指导从业人员严格按照有关规定的程序报告发生的生产安全事故。

企业应妥善保护事故现场以及相关证据。事故报告后出现新情况的，应当及时补报。

（2）调查和处理

企业应建立内部事故调查和处理制度，按照有关规定、行业标准和国际通行做法，将造成人员伤亡（轻伤、重伤、死亡等人身伤害和急性中毒）和财产损失的事故纳入事故调查和处理范畴。企业发生事故后，应及时成立事故调查组，明确其职责与权限，进行事故调查。事故调查应查明事故发生的时间、经过、原因、波及范围、人员伤亡情况及直接经济损失等。

事故调查组应根据有关证据、资料，分析事故的直接、间接原因和事故责任，提出应吸取的教训、整改措施和处理建议，编制事故调查报告。

企业应开展事故案例警示教育活动，认真吸取事故教训，落实防范和整改措施，防止类似事故再次发生。企业应根据事故等级，积极配合有关人民政府开展事故调查。

（3）管理

企业应建立事故档案和管理台账，将承包商、供应商等相关方在企业内部发生的事故纳入本企业事故管理，并且应按照 GB 6441、GB/T 15499 的有关规定和国家、行业确定的事故统计指标开展事故统计分析。

8. 持续改进

（1）绩效评定

企业每年至少应对安全生产标准化管理体系的运行情况进行一次自评，验证各项安全生产制度措施的适宜性、充分性和有效性，检查安全生产和职业卫生管理目标、指标的完成情况。企业主要负责人应全面负责组织自评工作，并将自评结果向本企业所有部门、单位和从业人员通报。自评结果应形成正式文件，并作为年度安全绩效考评的重要依据。

企业应落实安全生产报告制度，定期向业绩考核等有关部门报告安全生产情况，并向社会公示。企业发生生产安全责任死亡事故，应重新进行安全绩效评定，全面查找安全生产标准化管理体系中存在的缺陷。

（2）持续改进

企业应根据安全生产标准化管理体系的自评结果和安全生产预测预警系统所反映的趋势，以及绩效评定情况，客观分析企业安全生产标准化管理体系的运行质量，及时调整完善相关制度文件和过程管控，持续改进，不断提高安全生产绩效。

8.2 职业安全健康管理体系

职业安全健康管理体系作为管理标准化的标志，是安全管理的一个重要进展和现代企业管理的组成部分，其目的是通过建立科学的安全管理体系，保障企业建立良好的生产活动秩序，促进企业安全、和谐的发展。

8.2.1 职业安全健康管理体系的发展概况

职业安全健康管理体系（Occupational Safety and Health Management System，简称 OSHMS），它是 20 世纪 80 年代后期在国际上兴起的现代安全生产管理模式，与质量管理体系和环境管理体系等一样被称为后工业化时代的管理方法。该体系是由一系列标准来构筑的一套系统，表达了一种对组织的职业安全健康进行控制的思想。

1. 职业安全健康管理体系的产生

现代社会是一个高度工业文明的社会，但是随着生产力的发展，市场竞争日益加剧，社会往往过多地专注于发展生产，而有意无意间忽视了劳动者的劳动条件和环境状况的改善。国际劳工组织统计表明，全球职业健康安全状况明显呈恶化趋势，职业安全健康管理面临更多新问题与挑战。

职业安全健康管理体系最早由国际标准化组织（ISO）第207技术委员会于1994年5月在澳大利亚会上提出，其后成立了由中国、美国、英国、法国、德国等国家及国际劳工组织和世界卫生组织的代表组成的特别工作组进行专门研究。职业安全健康管理体系的产生适应了企业自身发展的需要。随着企业规模的不断扩大和生产集约化程度的进一步提高，对企业的质量管理和经营模式提出了更高的要求。企业不得不采用现代化的管理模式，使包括生产管理在内的所有生产经营活动科学化、标准化、法律化。因此，从20世纪90年代初，特别是在国际标准化组织将ISO 9000和ISO 14000成功引入了管理体系方法之后，一些发达国家率先开展了实施职业安全健康管理体系的活动，职业安全健康管理开始进入系统化阶段。

2. 职业安全健康管理体系的发展

（1）职业安全健康管理的发展阶段

20世纪50年代，职业安全健康管理的主要内容是控制有关人身伤害的意外，防止意外事故的发生，不考虑其他问题，是一种相对消极的控制。20世纪70年代，其主要内容是进行一定程度的损失控制，涉及部分与人、设备、材料、环境有关的问题，但仍是一种消极控制。20世纪90年代，职业安全健康管理已发展到控制风险阶段，对个人因素、工作或系统因素造成的风险，可进行较全面的、积极的控制，是一种主动反应的管理模式。

21世纪，职业安全健康管理是控制风险，将损失控制与全面管理方案配合，实现体系化的管理。这一管理体系不仅需要考虑人、设备、材料、环境，还要考虑人力资源、产品质量、工程和设计、采购货物、承包制、法律责任、制造方案等。英国安全卫生执行委员会的研究报告显示，工厂伤害、职业病和可被防止的非伤害性意外事故所造成的损失，约占英国组织获利的5%~10%。各国关于职业安全健康的规定日趋严格，不仅强调保障人员的安全，对工作场所及工作条件的要求也相继提高。

（2）我国职业安全健康管理体系的发展概况

职业安全健康管理体系的宗旨与我国安全工作中的“安全第一，预防为主，综合治理”的安全生产方针相一致。作为国际标准化组织的正式成员国，我国非常重视职业安全健康管理体系的研究。1995年，我国政府就派员参加了由国际标准化组织组建的职业安全健康管理体系标准化特别工作小组。1996年，参加了在日内瓦召开的OSHMS标准化国际研讨会。1998年，中国劳动保护科学技术学会提出了学会标准《职业安全卫生管理体系规范及使用指南》(CSSTLP 1001)，并根据此标准在国内建立了OSHMS实施和认证的试点。

1999年10月，国家经济贸易委员会发布了《关于职业安全卫生管理体系试行标准有关问题的通知》和《关于开展职业安全卫生管理体系认证工作的通知》两个文件，为推动职业安全卫生管理体系的发展提供了新的动力。为促进职业安全卫生管理体系工作的顺利发展，使职业安全卫生管理体系认证工作更加规范，2000年9月，国家安全生产行政主管部门下文，成立了全国职业安全健康管理体系认证指导委员会、全国职业安全健康管理体系认证机构认可委员会和全国职业安全健康管理体系审核员注册委员会。这三个机构的成立，为体系的建设及认证工作提供了组织基础，并组织力量制定了一系列基础性文件，为我国职业安全健康工作的开展起到了积极的作用。国家标准化管理委员会于2001年11月12日批准发布GB/T 28001—2001《职业健康安全管理体系　规范》，并于2002年1月1日正式实施。

8.2.2　职业安全健康管理体系的适用范围特点及作用

1. 职业安全健康管理体系的适用范围

OSHMS标准针对的是现场的职业安全健康，而不是产品安全和服务安全。它适用于有下列意愿的组织：

1）建立职业安全健康管理体系，有效地消除和尽可能降低员工和其他相关人员可能遭受的与用人单位活动有关的风险。

2）实施、维护并持续改进职业安全健康管理体系。

3）确保遵循其声明的职业安全健康方针。

4）向社会表明其职业安全健康工作原则。

5）谋求外部机构对其职业安全健康管理体系进行认证和注册。

2. 职业安全健康管理体系的特点

（1）系统性

职业安全健康管理体系的内容由方针、策划、实施与运行、检查与纠正措施和管理评审五大功能模块组成。每一功能模块又由若干要素构成，这些要素之间不是孤立的，而是相互联系的，要素间的相互依存、相互作用使所建立的体系完成特定的功能。职业安全健康管理体系标准强调结构化、程序化、文件化的管理手段，均体现其系统性。

（2）先进性

职业安全健康管理体系是改善组织职业安全健康管理的一种先进、有效的标准化管理手段。该体系把组织的职业安全健康工作当做一个系统来研究，确定影响职业安全健康所包含的要素，将管理过程和控制措施建立在科学的危害辨识、风险评价基础上；对每个体系要素规定了具体要求，并建立和保持一套以文件为支持的程序，严格按程序文件的规定执行。

（3）持续改进

职业安全健康管理体系标准明确要求，组织的最高管理者在所制定的职业安全健康方针中，应包含对持续改进的承诺。同时，在管理评审要素中规定，组织的最高管理者应定期对职业安全健康管理体系进行评审，以确保体系的持续性、适用性、充分性和有效性。

（4）预防性

职业安全健康管理体系的精髓是危害辨识、风险评价与控制，它充分体现了“安全第一，预防为主，综合治理”的安全生产方针。实施有效的风险辨识、评价与控制，可实现对事故的预防控制。

（5）全员参与、全过程控制

职业安全健康管理体系标准要求实施全过程控制。该体系的建立，引进了系统和过程的概念，把职业安全健康管理作为一项系统工程，以系统分析的理论和方法来解决职业安全健康问题。强调采取先进的技术、工艺、设备及全员参与，对生产的全过程进行控制，才能有效地控制整个生产活动过程的危险因素，确保组织的职业安全健康状况得到改善。

3. 职业安全健康管理体系的作用

职业安全健康管理体系标准的实施对职业安全健康工作将产生积极的推动作用。主要体现在以下几个方面：

1）全面规范、改进企业职业安全健康管理，保障企业员工的职业健康与生命安全，保障企业的财产安全，提高工作效率。

2）改善企业与政府、员工、社区的公共关系，提高自己的声誉。

3）防止安全管理失误、漏洞的发生，消除第三类危险源。

4）有利于职业安全健康管理体系标准与国际接轨，克服产品及服务在国内外贸易活动中的非关税贸易壁垒，取得进入市场的通行证。

5）有利于提高企业安全与卫生等级，降低企业职工职业安全和健康的保险成本。

6）有利于提供持续满足法律要求的机制，降低企业风险，预防事故发生。

7）有利于提高企业的综合竞争力和全员安全意识。

8.2.3　职业安全健康管理体系要素

职业安全健康管理体系是按照职业安全健康管理体系标准要求建立起来的，全面、正确地理解职业安全健康管理体系标准是建立职业安全健康管理体系的基础。

1. 职业安全健康管理体系的基本要素

职业安全健康管理体系由5个一级要素组成，即职业安全健康方针、策划、实施与运行、检查与纠正措施及管理评审，下分17个二级要素，如图8-1所示。

（1）总要求

企业应按照职业安全健康管理体系标准的全部要求，建立并保持管理体系。同时，企业可以自由、灵活地确定建立和实施体系的范围。

（2）职业安全健康方针

企业应有经最高管理者批准的职业安全健康方针，以阐明整体职业安全健康目标和改进职业安全健康绩效的承诺。该方针是建立、实施与改进企业职业安全健康管理体系的推动力，并具有保持和改进职业安全健康行为的作用。

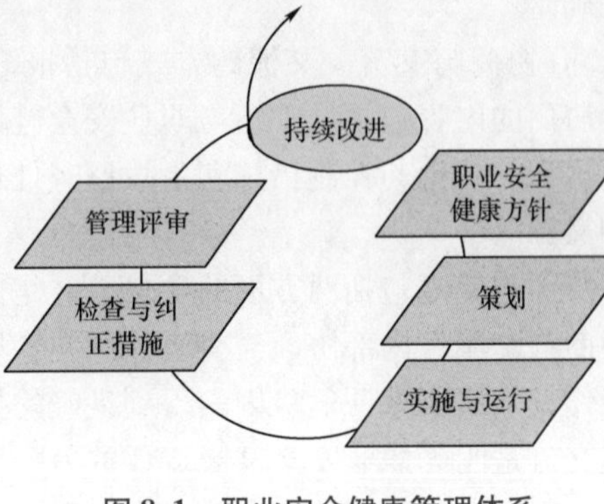

图8-1　职业安全健康管理体系

（3）策划

策划阶段包括危害辨识、风险评价和风险控制的策划，法律、法规和其他要求，目标以及职业安全健康管理方案四个方面的内容，它是建立体系的启动阶段。

1）危害辨识、风险评价和风险控制的策划。企业应建立和保持危害辨识、风险评价和实施必要控制措施的程序。此程序应包括：常规和非常规的活动；所有进入作业场所人员的活动；所有作业场所内的设施。

2）法律、法规和其他要求。企业应建立并保持识别和获取适用法律、法规和其他职业安全健康要求的程序，并及时更新这些信息，将有关信息传达给相关人员。同时，企业需要认识和了解其活动受到哪些法律、法规和其他要求的影响，并将这方面的信息传达给全体员工。另外，企业也必须与行业保持联系，遵守行业规范。

3）目标。企业应针对其内部相关职能和层次，建立并保持文件化的职业安全健康目标。在建立和评审目标时，企业应考虑法律、法规及其他要求、自身的职业安全健康风险、可选技术方案、财务、运行和经营要求，以及相关方的观点。目标应符合职业安全健康方针，并体现对持续改进的承诺。目标的重点应放在持续改进员工的职业安全健康防护措施上，以达到最佳职业安全健康绩效。

4）职业安全健康管理方案。企业应制定并保持职业安全健康管理方案，以实现其制定的目标。同时，企业还应针对其活动、产品、服务或运行条件的变化修订方案。

职业安全健康管理方案通常应包括：①总计划和目标；②各级管理部门的职责和指标要求；③满足危害辨识、风险评价和风险控制及法律、法规要求的实施方案；④详细的行动计划及时间表；⑤方案形成过程的评审和方案执行中的控制；⑥项目文件的记录方法。

（4）实施与运行

实施与运行阶段包括：机构和职责；培训、意识和能力；协商与交流；文件化；文件和资料控制；运行控制与应急预案与响应。

1）机构和职责。企业的最高管理者应承担职业安全健康的最终责任，并在安全健康管理活动中起领导作用。从事职业安全健康风险的管理、执行和验证的工作人员，应确定自身的作用、职责和权限，并形成文件予以传达。同时，企业应在最高管理层中任命一名成员作为管理者代表来承担特定的职业安全健康管理职责。

2）培训、意识和能力。培训是手段，提高职业安全健康意识，达到完成任务所必备的能力是真正的目的。为此，企业的管理者应对人员胜任其工作所需的经验、能力和培训水平加以确定。

3）协商与交流。交流的方式包括报纸、广告、宣传单、会议、意见箱等多种方式。

协商的内容包括员工参与职业安全健康方针、目标、计划、制度的制定、评审，参与危险源辨识、评价与控制措施和事故调查处理等事务，从而体现员工在职业安全健康方面的权利和义务。

协商与交流包括两方面的含义，一是内部各部门、各层次间的协商与交流；二是与外部的协商与交流。内部协商与交流体现在各层次、部门之间的协作上，如技术部门与生产部门的合作，不仅要保证危险因素得到良好的控制，而且要不断改进技术经济指标。内部信息的迅速交流是明确职业安全健康责任的另一重要内容，任何信息的停滞和不畅都会造成体系运行的失败。外部信息的交流体现在对所有事故、事件、职业安全健康意见的处理及反馈上。

4）文件化。企业应以适当的方式（如书面和电子形式）建立并保持下列信息：对管理体系核心要素及其相互作用的描述；提供查询相关文件的途径。

职业安全健康管理体系文件在满足充分性和有效性的前提下，应做到最小化。以文件的形式描述组织的职业安全健康管理体系，并提供相关文件的查询途径，形成一套职业安全健康管理文件系统，全面支持现有的管理体系，为组织的内部管理和外部审核提供根据。

5）文件和资料控制。企业应建立并保持程序，控制规范所要求的所有文件和资料，以满足下列要求：①文件和资料易于查询；②对它们进行定期评审，必要时予以修订并由授权人员确认其适宜性；③所有对职业安全健康管理体系有效运行具有重要作用的岗位，都能得到有关文件和资料的现行版本；④及时将失效文件和资料从所有发放和使用场所撤回，或采取其他措施防止误用；⑤根据法律、法规的要求或保存信息的需要，留存的档案性文件和资料应予以适当标识。

对职业安全健康管理体系文件的管理，如文件的标示、分类、归档、保存、更新和处置等，是文件控制的主要内容。为了实施对文件和资料的控制，除管理手册和程序文件外，还应有适当的支持文件。管理体系应侧重对体系的运行和危险因素的有效控制，而不是建立过于烦琐的文件控制系统，在建立体系和运行体系中要注重实施。

6）运行控制。运行控制是指按照目标、指标及有关程序控制职业安全健康管理体系的运转，保证系统有效运行。运行控制是管理体系的实际操作过程，也是逐步实现目标、指标的过程，其三个要素是控制、检查、不符合与纠正措施。运行控制的内容包括：①作业场所危害辨识与评价；②产品和工艺设计安全；③作业许可制度（有限空间、动火、挖掘等）；④设备维护保养；⑤安全设备与个体防护用品；⑥安全标志；⑦物料搬运与储存；⑧运输安全；⑨采购控制；⑩供应商与承包商评估与控制等。

7）应急预案与响应。企业应制定并保持处理意外事故和紧急情况的程序。程序的制定应考虑在异常、事故发生和紧急情况下的事件，尤其是火灾、爆炸、毒物泄漏等重大事故，并规定如何预防事故的发生，以及事故发生时如何响应。这类程序应定期检验、评审和修订。

同时，企业应对每一个重大危险设施做出现场应急计划。应急计划的内容包括：①可能的事故性质、后果；②与外部机构的联系（消防、医院等）；③报警、联络步骤；④应急指挥者、参与者的责任、义务；⑤应急指挥中心地点、组织机构；⑥应急措施等。

（5）检查与纠正措施

检查与纠正措施阶段包括：绩效测量和监测；事故、事件、不符合、纠正和预防措施；记录和记录管理；审核。

1）绩效测量和监测。绩效测量和监测是职业安全健康管理体系的关键活动，它确保企业按照其所阐述的管理方案的实施与运行开展工作：一是对企业从事的活动进行监测；二是对监测结果的评价。

绩效测量和监测方法包括：①作业场所安全检查与巡视；②设备、设施安全检查、监控；③作业环境监测；④安全行为、管理水平的监测、评估；⑤事故、事件、职业环境监测；⑥产品安全检查；⑦记录检查等。

2）事故、事件、不符合、纠正和预防措施。当体系出现偏差或不符合法律、法规要求及方针、目标和指标时，要求采取纠正措施以避免再次发生类似现象。对发生的事故要严格按法律、法规和标准进行调查、处理，做到“四不放过”。标准要求建立文件化程序，对不符合现象进行处理：①查明产生不符合现象的原因；②采取纠正和预防措施；③修改原有的程序；④对不符合和纠正预防措施进行记录。

3）记录和记录管理。记录是职业安全健康管理体系中不可缺少的部分。应保存的记录包括事故记录、投诉记录、培训记录、职业健康的监测记录、紧急事件及应急措施的记录、不符合情况的纠正记录、内部审核记录、管理评审记录等。记录的管理包括记录的标志、收集、编目、归档、储存、维护、查阅、保管和处置等。记录应具有可追溯性，清晰可辨，记录的管理应便于查阅，避免损坏、变质和丢失。

4）审核。企业应建立并保持定期开展职业安全健康管理体系审核的方案和程序。审核方案（包括时间表），应立足于企业活动的风险评价结果和以前的审核结果。审核程序应包括审核的范围、频次、方法和审核人员的能力要求，以及实施审核和报告审核结果的职责和要求。

（6）管理评审

企业的最高管理者应依据预定的时间间隔对职业安全健康管理体系进行评审，以确保体系的持续适应性、充分性和有效性。管理评审过程应确保收集到必需的信息，供管理者进行评价。

管理评审的内容包括：①内部审核报告；②方针、目标、计划（方案）及其实施情况；③事故调查、处理情况；④不符合、纠正和预防措施落实情况；⑤相关方的投诉、建议及要求；⑥实施管理体系的资源（人、财、物）是否适宜；⑦体系要素及相应文件是否修订；⑧对体系符合性、有效性的评价等。

2. 职业安全健康管理体系要素间的联系

职业安全健康管理体系包含着实现不同管理功能的要素，要素间的逻辑关系如图8-2所示。每一要素都有其独立的管理作用。组织实施职业安全健康管理体系的目的是辨识组织内部存在的危险有害因素，控制其所带来的风险，从而避免或减少事故的发生。风险控制主要通过两个步骤来实现，对于组织不可接受的风险，通过目标、管理方案的实施来降低其风险；所有需要采取控制措施的风险都要通过体系运行使其得到控制。职业安全健康风险能否按要求得到有效控制，还需要通过不断的绩效测量与监测。因此，职业安全健康管理体系标准中的危害辨识、风险评价和风险控制的策划、目标、职业安全健康管理方案、运行控制、绩效测量与监测，这些要素成为职业安全健康管理体系的一条主线，其他要素围绕这条主线展开，起到支撑、指导、控制的作用。

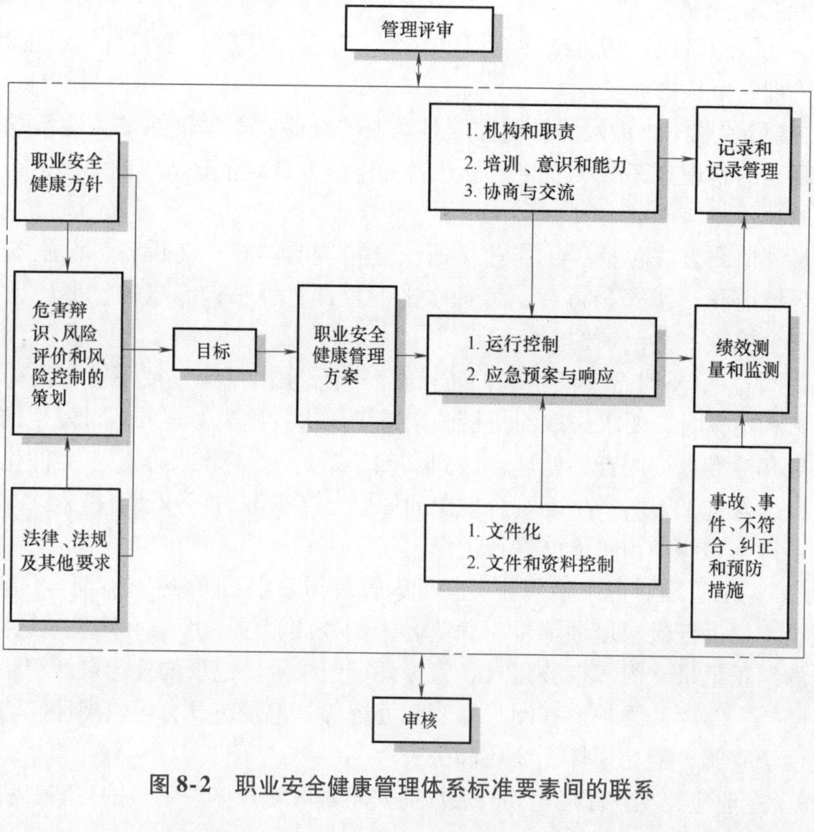

图8-2　职业安全健康管理体系标准要素间的联系

从图 8-2 可以看出，危害辨识、风险评价和控制是职业安全健康管理体系的管理核心；职业安全健康管理体系具有实现遵守法律法规要求的承诺的功能；职业安全健康管理体系的监控系统对体系的运行具有保障作用；明确组织机构与职责后对风险评价和风险控制进行策划是实施职业安全健康管理体系的必要前提；其他职业安全健康管理体系要素也具备不同的管理作用，各有其功能。

8.3 健康、安全与环境（HSE）管理体系

健康、安全与环境管理体系也就是 HSE 管理体系（Health，Safety and Environment Management System）是在现代企业原有管理体系基础之上进一步得到发展和完善的综合管理体系，是人类对经济、环境和社会的要求越来越高的体现，是企业实现可持续发展的重要保障。

8.3.1 HSE 管理体系发展概况

1. HSE 管理体系的产生

HSE 管理体系源于石油石化企业的管理要求，是石油勘探企业多年管理经验积累的成果，是国际石油化工行业通行的一种科学、系统的管理体系，体现了完整的一体化管理思想。石油、石化、化工行业是一种高风险、高危害、高投入的行业，其行业特点是系统生产的连续性、工艺技术的复杂性、生产介质的危害性。其生产原料和产品具有易燃、易爆性质，由于人为操作失误、设备缺陷以及自然灾害等原因极易引发火灾、爆炸和环境污染事故，会造成相当大的危害或损失，对政治和经济影响巨大。因此，必须采取有效措施以减少或避免重大事故和重大环境污染事件的发生。针对这种需求，相关企业进行了探索研究，20 世纪 60 年代以前主要体现安全方面的要求；70 年代以后，加入了对人的行为的研究，注重考察人与环境的相互关系；80 年代以后，逐渐发展形成了一系列安全管理的思想和方法，由此促使了 HSE 管理体系的产生。

2. HSE 管理体系的发展历程

（1）国外 HSE 管理体系的发展历程

纵观国外 HSE 管理体系的发展历程，大致可分为以下几个阶段：

第一阶段，HSE 管理体系的开端。1985 年，壳牌石油公司首次在石油勘探开发领域提出了强化安全管理的构想和方法。1986 年，在强化安全管理的基础上，形成手册，以文件的形式确定下来，HSE 管理体系初现端倪。

第二阶段，HSE 管理体系的初级发展期。20 世纪 80 年代后期，国际上发生了几次重大事故，例如，1988 年 7 月 6 日，阿尔法钻井平台事故，造成 167 人死亡；1989 年，埃克森石油公司的瓦尔迪兹油轮发生重大泄油污染事故。这些事故让人们认识到，石油生产和加工都是高风险的作业，必须采取有效、完善的管理体系才能避免重大事故的发生，这对安全工作的深化发展与完善起到巨大的推动作用。1991 年，第一届油气勘探、开发的健康、安全、环保国际会议召开，HSE 这一概念开始逐步为人们所接受，许多大石油公司相继提出了自己的 HSE 管理体系设想。

第三阶段，HSE 管理体系的蓬勃发展期。1994 年，油气开发的安全、环保国际会议在

印度尼西亚的雅加达召开，进一步提升了HSE在企业管理活动中的地位，全球各大石油公司和服务厂商积极参与。1996年1月，ISO/TC 67的SC 6分委会发布ISO/CD 14690《石油和天然气工业健康、安全与环境管理体系》，成为HSE管理体系在国际石油业普遍推行的里程碑，HSE管理体系在全球范围内进入了一个蓬勃发展时期。

第四阶段，HSE管理体系的建设发展成熟期。现阶段，HSE管理体系有如下几方面的发展：世界各国石油石化公司对HSE管理的重视程度普遍提高，HSE管理已经成为世界性的潮流与主题，建立和持续改进HSE管理体系成为国际石油石化公司HSE管理的大趋势；HSE管理体系的审核已向标准化迈进；世界各国的环境立法更加系统，环境标准更加严格。

（2）我国HSE管理体系的发展历程

国内HSE管理体系起步相对较晚。1997年6月27日正式颁布了石油天然气行业标准SY/T 6276—1997《石油天然气工业健康、安全与环境管理体系》，自1997年9月1日起实施。目前，国内石油石化企业均已建立实施HSE管理体系，在提高企业安全环保管理水平的同时，降低了成本，树立了良好的企业形象，促进了企业的健康发展。1997年6月，中国石油集团发布了《管理手册》A版，建立体系试点并建立HSE培训中心，开展HSE认证。2001年2月，中国石油化工集团公司发布了《中国石油化工集团公司安全、环境与健康（HSE）管理体系》《油田企业安全、环境与健康（HSE）管理规范》《炼油化工企业安全、环境与健康（HSE）管理规范》等文件，形成了系统的HSE管理体系标准。2004年，中国石油集团制定了企业标准Q/CNPC 104.1—2004《健康、安全与环境管理体系　第一部分：规范》，实行安全管理、监督两条线，推行基层“两书一表”，全面推行HSE认证。2007年8月，中国石油集团为了实现HSE管理与国际接轨和跨越式发展，认真总结过去HSE管理工作的经验和教训，引入国际先进的HSE管理理念和方法工具，以构建中国石油特色的HSE管理体系为目标，发布了新的企业标准Q/SY 1002.1—2007《健康、安全与环境管理体系　第1部分：规范》。新版体系文件统一、规范、可操作。中国石油集团以构建中国石油特色的HSE管理体系为目标，建立了完善的制度和标准体系、培训和咨询体系、考核和认证体系，全面推行HSE管理体系建设，进一步开展了HSE管理体系推进工作。

8.3.2 HSE管理体系的概念、特点及作用

1. HSE管理体系的概念

HSE管理体系（Health，Safety and Environment Management Systems）可以简单地用HSEMS表示，是指一个组织在其自身活动中，对可能引发的风险事前采取管理措施，控制其发生，以减少可能引起的人员伤害、财产损失和环境破坏，最终实现企业的HSE方针和目标的一种系统的管理方法。它由实施HSE管理的组织机构、职责、惯例、程序、过程和资源等要素构成，这些要素通过先进、科学的运行模式有机地融合在一起，相互关联、相互作用，形成一套结构化动态管理系统。

HSE管理体系突出“以人为本、预防为主、全员参与、持续改进”的先进理念，具有高度自我约束、自我完善、自我激励的机制，是石油天然气等高危企业实现现代化管理，参与国际市场竞争的需要。

2. HSE管理体系的特点

HSE管理体系具有五大特点，即PDCA运行模式、全员参与、事故和污染预防、监控机制和持续改进。

(1) PDCA运行模式

HSE管理体系是基于戴明（W. Edwards Deming）的计划-实施-检查-改进（PDCA）运行模式而运行的。具体原理参见本书8.1.2节。

(2) 全员参与

人员是企业最宝贵的资产，各级人员都是企业的根本，只有他们的充分参与才能使他们的才干为组织带来收益。HSE管理体系充分体现了全员参与的理念，在确定各岗位的职责、进行危险源辨识、人员培训、审核时均要求全员参与。通过广泛参与，形成了组织的HSE文化，使HSE理念转化为每个员工的日常行为。

(3) 事故和污染预防

HSE管理体系始终强调预防为主原则。它强调全过程的管理，重在事故和污染源头的削减和全过程控制。事故和污染预防的作用在于消除环境对人体的危害和降低有害的环境影响。事故和污染预防的过程应体现在能够消除、降低、减少、控制任何危险源。事故和污染预防的形式分为从源头消除、材料或能源替代、隔离危险源和人员、采用连锁装置、警告、个体防护、对资源有效利用、再回收利用、再循环以及培训和教育。

(4) 监控机制

HSE管理体系具有三级监控机制。这一特点是HSE管理体系的精髓。一级监控是指操作者进行的日常监控，是随时发现问题随时解决问题的监控；二级监控是由内审员进行的内部审核，是集中发现问题集中解决问题的监控；三级监控是由最高管理者主持的管理评审，解决前两级解决不了的问题。HSE管理体系从点、面、球三个不同的层面实现了对HSE管理运行的监控。

(5) 持续改进

持续改进是任何一个管理体系运行的永恒目标。企业应不断对自己的健康、安全和环境绩效进行比较，发现自身的不足，然后加以改进，力争做到逐步改善的目的。

3. HSE管理体系的作用

HSE管理体系在企业管理中具有极其重要的作用，它是企业减少可能的人员伤害、财产损失、环境破坏和改善HSE绩效的有效管理方法。

(1) 贯彻国家可持续发展战略要求

为了保护人类生存和发展的需要，我国政府在《中华人民共和国国民经济和社会发展“九五”计划和2010年远景目标纲要》中提出了国家的可持续发展战略，促进企业组织的发展，就必须建立和实施符合我国法律法规和有关安全、劳动卫生、环境标准要求的HSE管理体系，有效地规范生产活动，进行全过程的控制，满足安全生产、人员健康和环境保护的需要，实现国民经济的可持续发展。

(2) 减少组织的成本，节约能源和资源

调查数据显示，污染物、安全事故、生产性疾病（职业病）的产生几乎都是由不良的管理体系、技术活动、工艺设计或生产控制造成的，只有通过实施HSE管理，摒弃传统的处理方法，采取积极的事前预防措施，对组织的生产实行全面的控制，建立一整套管理体系，才能大大降低事故发生率，减少环境污染，降低能源消耗，减少事故处理、环境治理、废物处理和预防职业病发生的费用，提高组织的经济效益。

（3）减少各类事故的发生

历年来，各行业的各类安全、污染事故时有发生，如火灾、油井失控、触电、机械伤害、高空坠落、环境污染等，大多数事故都是由于管理不严、操作人员疏忽引起的。为了最大限度地避免事故的发生，必须在事故发生时，通过 HSE 管理体系有组织的系统性控制和处理，使影响和损失降低到最低限度。

（4）提高组织 HSE 管理水平

推行 HSE 管理体系，可以帮助组织规范 HSE 管理，加强 HSE 方面的教育培训，提高重视程度，进而引进新的监测、规划、评价等管理技术，加强审核和评审，使组织在满足 HSE 法规要求、健全管理机制、改进管理质量、提高运营效率等方面建立全新的战略和一体化的管理模式，达到国际先进水平。

（5）改善组织形象，提高其综合效益

随着生活水平的不断提高，社会对清洁生产、优化环境、人身及财产安全的要求也日益提高。如果企业发生事故，既会造成自身的巨大经济损失，又会污染环境，给人们留下技术落后、生产管理水平低劣的印象，甚至会恶化企业与当地居民之间的关系，从而给企业的生产经营活动造成许多困难。而实施 HSE 管理体系能减少和避免事故的发生，大大降低用于处理事故的开支，由此既能提高企业经济效益，又能改善组织形象，增强市场竞争优势。

8.3.3 HSE 管理体系的构成要素

1. HSE 管理体系的基本要素

HSE 管理体系具有 7 个关键要素和 25 个二级要素，如表 8-2 所示。

表 8-2 HSE 管理体系的基本要素

序号	一级要素	二级要素
1	领导和承诺	
2	方针和战略目标	
3	企业机构、资源和文件	①企业机构和职责；②资源；③管理者代表；④能力与培训；⑤承包方；⑥信息交流；⑦文件及其控制
4	评价与风险管理	①确定风险危害及其影响；②建立判别准则；③评价危害和影响；④建立说明危害和影响的文件；⑤建立具体目标和表现准则；⑥风险管理
5	规划（策划）指南	①设施的完整性；②程序和工作指南；③变更管理；④应急反应计划
6	实施与监测	①活动和任务；②监测；③记录；④不符合与纠正措施；⑤事故报告；⑥事故调查处理
7	审核与评审	①审核；②评审

（1）领导和承诺

领导和承诺是企业自上而下的各级管理层的领导和承诺，它是 HSE 管理体系建立和运行的核心。最高层领导应为 HSE 管理提供强有力的、一系列的支持行动和明确的承诺，并保证将领导和承诺转化为必要的资源配置，以建立、运行和保持 HSE 管理体系，实现既定的方针和战略目标。为了使承诺成为企业全体员工为之努力的目标、行为的准则，企业必须创建一种使承诺常驻员工心中的企业文化。

领导和承诺既是HSE管理体系的核心，又是体系运转的动力，HSE管理体系的建立和实施都应围绕着这个核心。只有做到领导重视，全员行动，将HSE管理作为企业管理的重要组成部分，才能建立起一个高效运转的HSE管理体系。企业不同级管理者，承诺的内容不一样。对于最高管理者来说，应对以下方面做出承诺：

1）最高管理者对做好HSE工作负有首要责任和义务。

2）HSE管理体系是企业整个管理体系中的优先项，要像对待企业中其他管理，如人力资源、财务管理一样予以高度重视。

3）保证对体系的建立、实施和保持给予充分支持，配置必要的资源，如：给予HSE工作人员足够的权利、保证资金和时间的投入和到位。

4）管理层会议要把HSE放在首位，领导者要参加和主持HSE会议，以表明上级的重视。

5）建立与政府和社会的联系渠道，定期向社会公布企业的HSE表现。

6）领导者要给员工树立良好的榜样。

而对于其他各级管理者的领导和承诺，除以上内容外，还表现为：

1）对本企业决策中的HSE管理经验和做法在企业内部进行交流。

2）积极参与本地、外地的HSE活动和评审。

3）HSE活动完成后要进行总结。

4）鼓励员工提出改善HSE表现的建议。

5）每个人的任务中都要包括HSE责任。

6）积极参与内部和外部的HSE创新活动。

（2）方针和战略目标

方针和战略目标是企业对其在HSE管理方面的意向和原则的声明，实施HSE管理体系的全过程是在方针和战略目标的指导下进行的。方针和战略目标通常是企业的最高管理者制定的，是指导思想和行为准则，全体员工与HSE管理有关的全部活动，无一不是在这一大前提下进行的。所有的计划、措施、行动都应符合方针和战略目标，并为其服务。

方针和战略目标指明了企业在HSE管理方面的努力方向，提供了规范企业行为和制定具体目标的框架。良好的方针和战略目标，能指导企业有效地实施和改进它的管理体系；同时，方针和战略目标也应在实施的过程中得到必要的修正。方针和战略目标的具体内容有：

1）应与国家、地方现行法律、法规和其他应该遵守的内部、外部要求相一致。

2）明确企业HSE管理持续改进的思想。

3）强调事故预防的重要性，体现变被动防御为主动预防的宗旨。

4）要反映对企业员工的期望和对承包商的要求（鼓励承包方建立自己的HSE管理体系或认可本企业的方针和战略目标）。

除此之外，方针和战略目标还可包括针对HSE各个方面的内容。

（3）企业机构、资源和文件

企业机构、资源和文件是保证HSE管理体系表现良好的必要条件，是体系运行的基础要素。其具体包括以下七个要素：

1）企业机构和职责。企业机构是指企业管理系统中负责HSE管理的部门和人员，是企业HSE管理体系的组成部分。职责是指各级管理人员在其管辖范围内建立、实施和保持HSE管理体系的具体职责，以及全体员工个人或集体在确保HSE管理体系表现方面的责任，具体可分为最高管理者的责任、管理者代表的责任等五个方面。最高管理者负责主持制定指导企业HSE管理体系行为准则的方针和战略目标，为体系的建立和运行提供领导和资源保障，主持HSE管理体系评审；管理者代表在授权的范围内行使最高管理者的职责，除具体责任和及时向最高管理者请示汇报外，还应对体系的运行提出建议，主持HSE管理体系审核和为体系的可持续改进提供依据；HSE管理部门应在上级主管部门和管理者代表的领导下，对HSE管理体系的实施过程进行监督、咨询、协调、人员培训和文件管理。各个职能部门所有部门和岗位都应承担HSE责任，由上层职能部门根据其工作性质和涉及的HSE因素进行规定，并形成书面文件。各个职能部门的主管领导对所辖范围内的HSE工作负主要责任，全体员工既要在自己的岗位上承担相关的责任，也要完成书面文件中的规定。

2）资源。资源主要是指可供使用的人力、物力、财力、技术和时间等内部资源，是HSE管理体系建立和运行的重要保障。为保障HSE管理体系的建立和运行，应在企业现有设施和装备的基础上进行设施和装备上的改进和补充。当出现下列情形之一时，需要进行设施和装备的更新和补充：①不符合国家、地方法律法规要求的设备和设施；②不能满足企业HSE管理目标和表现准则的各种设施和设备；③企业HSE管理水平持续改进所需的设施和设备。

3）管理者代表。最高管理者作为企业的最高领导者往往公务繁忙，对HSE管理不能保证事必躬亲，需授权他人代行职责，这个人就是管理者代表，他应定期向最高管理者汇报和请示，最高管理者应为其配备行使职权所需的资源。

4）能力与培训。能力是指企业中管理人员和操作人员完成任务的手段，包括以下三个方面的内容：①个人素质（个人从小学教育开始直到参加工作前所具备的能力）；②通过实践提高技能的能力；③不断更新知识的能力。

企业应建立对员工能力进行评价和培训的程序，以确定岗位员工所需的知识、经验和技能，建立上岗制度，制订培训计划，保持培训记录，以保证岗位工人从事工作所需的能力，培训有正规的室内培训和实际操作培训，采用面对面教育和形体示范相结合的方法。

5）承包方。企业的承包方应建立自己的HSE管理体系或认可本企业的HSE管理体系，这样做可以最大限度地消灭企业在承包商方面和企业与承包商交接部分的管理漏洞，保持良好的企业形象。如果承包商与企业之间在HSE管理上存在差异，则应在承包合同签订之前进行谈判或协商，将协议记入承包合同，以便在合同实施过程中能够解决可能出现的分歧。

6）信息交流。信息交流是使企业内各个部门能够互相配合、协同工作，有关责任部门能够及时了解体系运行情况的一种手段。企业外部有关各方对本企业状况的了解、企业对外部相关方的了解也需要借助有效的信息交流。

企业应建立有效的信息交流机制，开发有关的程序，针对各种内外信息的性质，规定联络的责任者、渠道、方式，对信息的记录、处理，包括汇报对象、采取对策的责任等做出规定。

对于涉及重要因素的内部、外部联络，应规定其接受、答复、处理、归档等的具体方式。

信息交流有内部和外部之分。内部信息交流是企业内部各个层次间的交流，如部门间的日常联络、指令、常规报表、各种信息、通报、各部门间的行文等，它支持着企业的管理活动协调而有效地进行。外部的信息交流主要是各类相关方（政府机构、社会团体、所在社区、社会公众）之间的信息交流，能够保持企业对来自外部的要求的了解，也向外部提供企业的信息，满足外部对企业的需要，修正企业的运行和管理活动，提升企业形象。

通过信息交流，要使企业、承包方、合作者确保他们的各级员工都能够认识到以下问题：①各自的行动符合 HSE 方针和目标的重要性，以及在实现这些方针目标中各自的作用和责任；②活动中的 HSE 风险和危害，已建立的预防、控制和削减措施及应急反应程序；③违背已认可的操作程序的潜在后果；④为改进工作程序，如何向管理者提供建议；⑤紧急情况时，外部联系的手段和特别的安排。

7）文件及其控制。文件是指 HSE 管理体系的文件化系统，是 HSE 建立、运行和保持过程中所形成的各种文档，可以是书面的，也可以是电子的。通过文件控制管理可以记录体系的运行情况，保持和传输体系的各种内部、外部信息，从而支持体系的正常运行。

文件控制管理包括对体系文件的保管、流通、作废、归档、标记等管理内容。具体管理时包括以下几个方面：

① 文件的存放位置，要有利于迅速查找。

② 对文件进行定期评审和修订，以及由谁来认可文件的适宜性。

③ 保证所有体系的有效运行具有关键作用的岗位，需要时都能得到文件的现行有效版本。

④ 文件失效时，能够从所有发放过的场所及时收回，并采取必要的措施，避免继续使用这些文件。

⑤ 法律规定失效后需要保留的文件，以备必要时提供法律、法规所需要的信息。应对这类文件予以标识，以免与其他文件相混淆。

⑥ 所有文件均应字迹清楚，注明日期（包括修订日期），标识正确，妥善保管，电子文件要预留备份，谨防数据丢失。

⑦ 应根据文件的重要程度及其类型，规定其修订的程序和职责。

（4）评价与风险管理

HSE 管理体系运行最直接的目的是能够预见和防止事故的发生，进而将危害及其影响降低到可以接受的程度。而对风险进行正确、科学的评价和有效的管理正是达到这一目的的关键。

1）确定风险危害及其影响。企业应系统地确定生产经营活动全过程中的风险危害及其影响。

2）建立判别准则。判别准则是企业用来判断风险危害及其影响的依据。判别准则来自企业生产经营活动、产品、运输及售后服务过程中应遵守的法律、法规、合同规定、企业 HSE 方针或标准等。在新装置设计或运行期间，企业应确定相关活动的判别准则并评价是否符合标准。任何关于修订判别准则的提议及放宽准则要求的建议，都应得到公司高层管理者的批准。

3）评价危害和影响。通过收集、调查一系列信息，对企业当前的活动、生产和服务中全部已有或可能存在的影响健康、安全与环境的危害及其风险进行全面分析和系统评价。在进行风险评价时，要充分考虑风险对人员、生产环境和周围环境、财产等因素影响的可能性和严重程度。涉及人员健康与安全的风险评价，应考虑到可能发生的火灾和爆炸事故，可能发生的冲击与撞击事故，可能发生的溺水、窒息与触电事故，可能发生暴露于粉尘、化学品、物理因素和生物药剂的环境的事故，人机工程因素及可能发生的有害物料的泄漏事件等。

4）建立说明危害和影响的文件。可能发生的重要危害和影响要有详细的应对措施和资料记载。企业应将已确定的可能对 HSE 造成的显著危害和影响事件形成文件，详细列出降低危害的措施。

5）建立具体目标和表现准则。企业应根据企业的 HSE 方针和目标、风险管理要求，建立适当的、具体的风险评价目标和表现准则，这些目标和准则应是可验证的、现实的和可实现的。

6）风险管理。企业应根据评价的结果采取措施来控制和削减风险及其影响。风险管理措施应包括预防事故（即减少事故发生的可能性）、控制事故（即限制其影响范围和作用时间）、降低事故长期和短期的影响（即减小其后果）等部分。在任何时候都应强调预防措施，例如，利用本质安全设计、保证设施完整等。从事故中总结应急反应措施，用来预防类似事故的发生，并考虑到控制和削减措施失败的可能性和对措施进行进一步完善的需要。有效的风险控制和削减措施及随后的工作要求要有可行的管理和现场监督规定，并要求操作人员对其深入理解和熟练掌握。

（5）规划（策划）指南

HSE 管理体系的规划是指通过设施的完善，责任的明确，工作程序、应急反应计划的制定、评价及不断完善，以达到预期的方针目标，实现承诺。具体包括以下几个方面：

1）设施的完整性。设施是指与 HSE 有关的设施，设施的完整性是指与 HSE 有关的设施与主体设施同时存在且运行状态良好。设施主要包括两部分：一是专门用于 HSE 保护的设施或设备，如企业的污水处理装置；二是生产设备中与 HSE 有关的部分，如生产设备上用于消防、紧急关断和降低噪声的装置。企业应保证此类设备与生产主体设施同时设计、同时施工、同时投产使用，且按期检查、校验、检定、维护，使之始终处于良好的运行状态。

2）程序和工作指南。制定程序和工作指南有以下几个步骤：

① 确定必须指定工作程序的活动。企业的活动内容很多，如果都制定书面的工作程序，将会非常烦琐，影响工作效率。而其中有一些活动，如果没有形成文件的工作程序，就会导致误操作，违反 HSE 管理方针，破坏法规要求及企业的表现准则。因此要首先识别这类活动，对其制定工作程序。

② 为已识别出的活动制定形成文件化的工作程序和准则。形成文件的工作程序表述应简单、明确、易于理解，且需指明个人应负的责任、采用的方法和表现准则的适用性。

③ 指导企业自己的员工或其委托方来实施这一工作程序。工作程序一经制定，必须执行，否则就会成为一纸空文。只要企业进行这一活动，则不管是由企业自己员工完成，还是由承包方完成，都应遵照工作程序，不折不扣地予以执行。

④ 听取执行过程中的意见和建议，进一步修改和完善工作程序。

3）变更管理。对于企业内部一切变更，包括机构、人员、设备、生产工艺、操作程序等暂时性或永久性的变化，都要进行严格的HSE管理和评价。首先取得变更原因和方案的文件，对于变更可能引起的HSE影响进行评价，然后制定要采取的控制和削减风险的措施，需增加信息交流、培训以及监测方面的要求，报请上级主管部门批准。

4）应急反应计划。虽然HSE管理体系的建立和运行可以防止事故的发生。但这并不意味着一个建立了HSE管理体系的企业，就一定不发生事故。因此，企业应建立并保持处理事故和潜在事故的程序，程序的内容包括：应急工作的组织和职责；参与处理事故的人员；应急服务信息；内、外部联络；发生某种事故时应采取的相应措施；危险材料的潜在危害及应采取的措施；培训计划及应急预案的有效性试验。企业也可根据需要，在运行程序中对发生意外事件时所应采取的措施加以规定。

（6）实施与监测

企业在运行过程中要进行严格的HSE管理才能将HSE管理体系的运行落到实处。企业在HSE管理体系的运行过程中，应通过科学仪器等对其活动的各种特性进行常规或非常规监测，以获取有关数据。这一过程所提供的数据，对评价体系运作的正确程度具有重大影响。这样才能发现不符合之处并加以纠正，有效地发现事故并及时处理。

1）活动和任务。在HSE管理体系的实施过程中，企业不同层次的人员具有不同的职责和任务。高层管理者应遵循HSE管理的方针，制定战略目标和高层次活动计划，采用计划和工作程序的形式指导各项活动，并进行监督和管理。现场工作层应按照颁布的工作指南、操作手册完成具体工作任务。只有各个岗位的管理人员和操作人员都能各司其职、各负其责才能确保HSE管理目标持续实现。

2）监测。对于监测活动，应制定专用的程序，确定监测的内容，并进行记录，用来证明企业HSE管理体系有效或无效。例如，对企业的HSE表现、运行控制、目标和指标的实现情况等，要进行实时跟踪记录。应当保持监测设备的良好状态，根据其技术要求定期进行校准，做好日常维护，并保持校准和维护的记录。另外，企业还应当定期获取监测数据，以评价企业对有关法律、法规的遵守情况。这些也应以程序的形式进行规定。

3）记录。记录是管理体系文件中不可或缺的组成部分。HSE管理体系建立和运行过程中需要大量记录的支持，企业应当制定专门的程序，对记录的标识、保存与处置做出规定。其重点应放在那些为管理体系的实施所需要的记录，以及有关目标和指标的实现程度的记录上。

企业应有一整套的管理程序，保证记录的完整性、可靠性、易得性和可追溯性，包括有关的承包方和其购买记录，审核、评审的结果，培训记录和员工的医疗记录等。规定记录的保存时间，采取相应的措施保证记录的可得性和保密性。

4）不符合与纠正措施。“不符合”是一个专用名词，特指不符合HSE管理体系方针和目标、指标或其他任何表现的情况。HSE管理体系就是在不断地纠正不符合的过程中实现可持续发展的。企业应编制管理程序，规定不符合和纠正过程中的职责和权限。职责包括对不符合做出及时处理（立即停止不符合的继续发展），进而调查其产生的原因，采取有效的补救措施。认真分析不符合的原因，针对其原因进行纠正，采取措施以防止不符合的再次发生。对于纠正与预防措施的实施所引起的对原工作程序的修改和变化，应做记录，提交审核和评审并根据审核和评审的结果决定将其纳入体系文件。纠正与预防措施应与相应不符合的严重程度及其影响规模相适应。

5）事故报告。企业内各级部门应将所管辖范围内发生的危及HSE的事故随时向有关部门报告。这些部门包括上级主管部门、与危害有关的员工、当地政府、司法部门、当地居民、当地社会团体。报告内容包括事故原因、事故发生地点、事故发生时间、事故所属的危害类型、影响范围及其他需要写入的内容。

6）事故调查处理。事故发生的原因有两种：一种是由于HSE管理体系内部存在缺陷（人的不安全行为、物的不安全行为、环境的不安全因素、管理上的缺陷）；另一种是由于突发事件（包括人力所不可抗拒的自然灾害）。进行事故调查处理时，首先要搞清楚事故的发生原因，明确事故的责任，以便采取纠正措施，必要时，可以修改工作程序，并将其纳入体系文件，以防止类似事故的再次发生。

（7）审核与评审

审核与评审是HSE管理体系的最后一个环节，也是最重要的关键环节，是定期对HSE管理体系表现的有效性所进行的评估，是整个管理体系持续改进的必要保证。

1）审核。审核是对体系是否按照预定的要求运行进行的检查和评价活动，可分为内部审核（审核组成员来自企业内部）和外部审核（审核组成员来自企业外部），一般由企业自行发起和组织。

2）评审。评审是对体系运行的适应性和有效性进行的检查，由企业最高层发起。通过这一评审，可以了解HSE管理体系的整体运行情况及其不足之处，以便对管理体系进行改进，使整个管理体系在螺旋上升的进程中跃入一个更高的层次。

2. HSE管理体系各要素的关系

HSE管理体系包含着实现不同管理功能的要素。各要素之间相互关联、相互作用，如图8-3所示。这些要素之间不是孤立的，其中：领导和承诺是核心；方针和战略目标是方向；企业机构、资源和文件是体系运行必不可少的支持性条件；评价与风险管理、规划（策划）指南、实施与监测、审核与评审是体系运行的循环链。

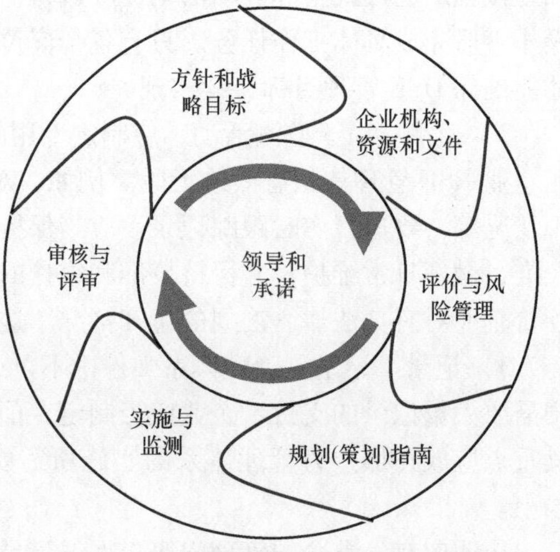

图8-3　HSE管理体系各要素的关系

从结构上来看，HSE管理体系是按戴明模式建立的，是一个持续循环和不断改进的结构，即“计划—实施—检查—改进”的结构。从内容上来看，各要素之间又有以下特征：

1）各要素有一定的相对独立性，分别构成了核心、方向、支持性条件和循环链的各个环节。

2）各要素是密切相关的，任何一个要素的改变必须考虑到对其他要素的影响，以保证体系的一致性。

8.4 风险预控管理体系

风险预控简单地说就是对生产中存在的可能造成事故的不安全因素或危害因素预先采取措施，有效控制事故的发生，将企业生产中存在的风险降低到可接受的程度。风险预控管理体系是近年来才运用于风险管理的一种管理体系，2005 年首先由神华集团组织立项，2011 年该体系作为一项国家安全生产行业标准（AQ/T 1093—2011《煤矿安全风险预控管理体系规范》）予以发布。同年 8 月，国家安全监管总局和国家煤矿安全监察局发文在全国推行，后来得到了许多行业尤其是高危行业的认同，并在实践中结合企业实际，形成了独有的风险预控管理体系。

8.4.1 风险预控管理体系概述

1. 风险预控管理体系的概念及特点

风险预控管理体系是指在一定的经济与技术条件下，在生产企业全寿命周期过程（设计、建设、生产、扩建）中对系统中已知规律的危险源进行预先辨识、评价、分级，进而对其进行消除、减少及控制，通过企业人、机、环、管的最佳匹配，杜绝有人员伤亡的责任事故，使各类事故造成的损失降低到人们的期望值和社会可接受水平的闭环风险管理体系。

风险预控管理是基于全面质量管理（TQC）思想的，即常说的“三全管理”。全面质量管理的思想是指生产企业的安全管理应实行“全员参与、全过程控制、全方位展开”。其基本特点是将以往的事后检验把关为主，变为预防、改进为主，从管结果变为管因素，把影响安全问题的各因素查出来，发动全员、全部门参加，依靠科学理论、程序、方法，使生产、经营的全方位、全过程都处于受控状态。因此，企业安全风险预控管理具有以下几个特点：

（1）全员安全风险预控管理

全员安全风险预控管理是指与安全相关的各相关方都应当对各种可能存在的安全风险进行预先的控制。从广义上讲，与安全风险管理相关联的各级人民政府及其有关部门、安全生产监督管理机构、企业、保险机构等在各自的职责范围内对安全风险进行监控；从狭义上讲，是指企业内从生产经营单位主要负责人、各副职、下属各职能部室及其工作人员、班组长和所有从业人员在内的所有人都有义务对安全风险进行预先性的监控，实现“横向到边，纵向到底”的网状体系，真正做到全员参与。

（2）全过程安全风险预控管理

全过程包括两层含义：第一层是指企业生命周期的全过程，包括企业成长、成熟直到衰老的各个时期；第二层是指企业各生产流程和生产环节。不论是哪一种含义，都说明了安全风险预控管理是贯穿企业的整个生命周期和生产流程的。

（3）全方位安全风险预控管理

全方位表现为两个方面：第一个方面是指在实施安全风险预控管理的时候要综合考虑人、机、环、管各方面存在的风险，将所有风险作为管理对象，分析、辨识、评价、监控并采取适当的对策措施；第二个方面是指进行安全风险预控管理要综合考虑经济、技术、管理等各个方面，避免技术可行但经济不合理的现象出现。通过有组织的、有效的风险预控管理活动不断建立健全分专业、分系统、全员、全方位、全过程的“两分三全”安全风险预控体系，做到人人、事事、处处预控全覆盖。

2. 风险预控管理体系的原则

（1）封闭性原则

风险预控是基于PDCA管理方法而发展的，因此与PDCA管理方法遵循相同的封闭性原则，是将计划、实施、检查和改进连接成一个封闭的螺旋状上升的闭环，从而实现危险因素—预警—控制措施—反馈—发现新的危险因素—处理的动态环状结构，将危险因素消灭在萌芽状态。

（2）系统性原则

系统性原则体现两方面的含义：第一个方面，企业的生产系统是一个复杂庞大的系统，应根据各子系统的特点及事故发生规律，确定各自适用的监测监控方法和事故隐患处理措施，最终实现整个生产系统的系统安全；第二个方面，针对人、机、环、管各个方面的相异性，确定不同的隐患监测监控和处理措施，以保证企业整体安全。

（3）预先性原则

风险预控是在事故发生前预测可能发现的事故隐患、采取有效措施进行控制的手段，最终目的是减少事故的发生，减少人员、生产资料和财产的损失，重点在于“预先”，从源头控制事故，避免事后处置的被动局面。

（4）时效性原则

危险源是导致事故发生的源头，因此危险源日常监测过程极其重要。检查人员一经发现危险源存在，应立即采取必要的控制措施并及时向预控中心汇报，预控中心接到隐患报告后应及时制定风险控制措施并及时通知相关单位，这样才能在最短的时间内切断事故发生的通道。

8.4.2 风险预控管理体系的组成

企业风险预控管理体系以PDCA闭环运行模式为基础，由危险源辨识环节、危险源风险评估环节、风险管理标准制定环节、风险管理措施制定环节、危险源日常监测监控环节、风险预警环节、风险预控措施评审和实施环节七个部分组成。各环节及其任务如表8-3所示。

表8-3 企业风险预控管理的基本环节及其任务

序号	企业风险预控管理的基本环节	任 务
1	危险源辨识	确定管理对象
2	危险源风险评估	确定管控重点
3	风险管理标准制定	明确各种风险控制标准
4	风险管理措施制定	确定措施方法
5	危险源日常监测监控	确定处于受控状态
6	风险预警	失控及时警示
7	风险预控措施评审和实施	检查体系运行效果，强化体系有效执行，实现持续改进目标

1. 危险源辨识

危险源辨识和风险评估的目的是明确安全风险管理的对象和管控的重点。危险源是可能导致死亡、伤害、职业病、财产损失、工作环境破坏或这些情况组合的危害因素。危险源辨识是对企业各单元或各系统的工作活动和任务中的危害因素进行识别，并分析其产生方式及其可能造成的后果。危险源辨识是企业安全生产风险预控管理的前提和基础，能否准确、全面地辨识危险源直接关系到企业安全风险预控管理工作的有效性。识别危险源时要考虑六种典型危害、三种时态和三种状态，如表8-4～表8-6所示。

表8-4 六种典型危害

种 类	表 现
化学危害	各种有毒有害化学品的挥发、泄漏所造成的人员伤害、火灾等
物理危害	造成人体辐射损伤、冻伤、烧伤、中毒等
机械危害	造成人体砸伤、压伤、倒塌压埋伤、割伤、刺伤、砸伤、扭伤、冲击伤、扭断伤等
电气危害	设备设施安全装置缺乏或损坏造成的火灾、人员触电、设备损坏等
人体工程危害	不适宜的作业方式、作息时间、作业环境等引起的人体过度疲劳危害
生物危害	病毒、有害细菌、真菌等造成的发病感染

表8-5 三种时态

种 类	表 现
过去	作业活动或设备等过去的安全控制状态及发生过的人体伤害事故
现在	作业活动或设备等现在的安全控制状态
将来	作业活动发生变化、系统或设备等改进、报废后将产生的危害因素

表8-6 三种状态

种 类	表 现
正常	作业活动或设备等按其工作任务连续长时间进行工作的状态
异常	作业或者设备等周期性或临时性进行工作的状态，如设备的开启、停止、检修等状态
紧急情况	发生水灾、火灾、交通事故等状态

企业应根据危险源辨识的相关法律法规，选取适宜的危险源辨识评价方法进行危险源辨识，主要包括安全检查表法、预先危险性分析（PHA）、危险与可操作性研究、事故树分析（FTA）、事件树分析（ETA）等，分析正常生产过程中的危害因素，考虑不同时间阶段和条件下潜在的各种危险，以保证危险源辨识的全面性和准确性。

2. 危险源风险评估

危险源辨识环节结束后，下一步工作是进行危险源风险评估，按照已经确定的风险等级标准，对辨识出来的危险源的事故风险进行评估，一般采用量化方法，计算出各危险源的风险概率、后果和风险值，进而采取相应的安全措施，将系统风险控制在可接受的范围。在进行安全风险评估时，可采用研究固有风险与风险控制的“动态平衡”原则，也可采用“最低合理可行原则”（As Low As Reasonably Practicable，ALARP）。针对不同要素，危险源风险评估的方法也不同。

（1）人的不安全行为评估

人的不安全行为风险发生的可能性，主要采用测算出的人的不可靠性度量，其风险评估模型为：

$$RH_i = HFP_iP_iD_i = (1 - HRP_i)P_iD_i$$

式中 RH_i——t 时刻第 i 个不安全行为的风险值；

HFP_i——t 时刻第 i 个不安全行为的不可靠度；

P_i——第 i 个不安全行为在事故系统中的重要度；

HRP_i——在 t 时刻第 i 个行为的可靠度融合结果；

D_i——第 i 个不安全行为所在系统事故发生可能造成的损失。

（2）机的不安全状态评估

其风险评估模型为：

$$RT_j = r_j(wt_j)P_jD_j$$

式中 RT_j——第 j 个机（物）的风险值；

$r_j(wt_j)$ ——t 时刻第 j 个机（物）的故障率；

P_j——第 j 个机（物）在事故系统中的重要度；

D_i——第 j 个机（物）所在系统事故发生可能造成的损失。

若在 t 时刻，第 j 个机（物）的风险已经发生，即 $r_j(wt_j)=1$，则其风险值为：

$$RT_j = P_jD_j$$

（3）环境的不安全特征评估

环境类危险源在某一状态下风险发生的可能性主要采用风险隶属度来衡量。假设在 t 时刻监测或计算到的第 k 个环境类危险源的属性或指标值为 x_k，并根据隶属函数确定方法可以确定第 k 个环境类危险源的风险隶属函数，得到其属性值为 x_k 时的风险隶属度为 $\mu_k(\chi_k)$，则其风险值为：

$$RE_k = \mu_k(x_k)P_kD_k$$

式中 RE_k——第 k 个环境类危险源的风险值；

$\mu_k(x_k)$ ——t 时刻第 k 个环境类危险源的风险隶属度值；

P_k——第 k 个环境类危险源在事故系统中的重要度；

D_k——第 k 个环境类危险源所在系统事故发生可能造成的损失。

（4）管理的不安全评估

其风险评估模型为：

$$RM_l = u_lP_lD_l$$

式中 RM_l——第 l 个管理类危险源的风险值；

u_l——t 时刻第 l 个管理类危险源的不合理性值；

P_l——第 l 个管理类危险源在事故系统中的重要度；

D_l——第 l 个管理类危险源所在系统事故发生可能造成的损失。

根据单危险源评估模型就可以得到各个时刻或危险源各个状态下的风险值，从而根据风险值对各类危险源进行动态分级排序，为实时控制危险源以及风险预警提供了依据。

3. 风险管理标准制定

风险管理标准的制定，是安全风险预控管理体系中的一个重要环节，通过制定风险管理标准，对各危险源采取相应控制措施，防止危险源转化为事故，其中管理标准是各种具体的管理措施的实施程度。风险管理标准制定应遵循我国有关法律法规、标准和相关技术规程，结合自身危险源的特点和风险水平等因素全面、全方位考虑，尤其是技术经济的可行性。

不同的要素，风险管理标准不同。人的管理标准即各岗位员工的行为标准，也就是管理对象在何时何地应该以什么顺序和方式做什么，以及不应该做什么；机的管理标准包括管理对象的完好标准、数量标准、质量标准和正常运转状态；环的管理标准为管理对象处于安全范围的标准。

制定风险管理标准有利于规范风险管理活动，能够提高安全风险预控管理的效率，可以将现有的安全管理模式规范化、高效化、系统化，避免主观差异导致管理措施实施不到位的情况。具体来说，作用体现在以下两个方面：

1）危险源辨识评估阶段，会将危险源按照其接受程度分为可接受风险和不可接受风险，接受程度的划分基于本企业确定的风险管理标准，也就是说风险管理标准决定了安全生产风险能够管理和控制的程度，也就决定了何种风险是可接受的，何种是不可接受的。

2）在风险控制措施的实施阶段，经过风险控制措施实施情况的反馈，对于实施效果较好的风险控制措施应当进行标准化，形成新的风险管理标准，即根据 PDCA 封闭原则对已有的安全生产风险管理标准进行不断地修订和完善。

4. 风险管理措施制定

风险管理措施是在危险源辨识评估的基础上，根据风险管理标准进行的具体风险管控方法和手段，是企业安全生产风险预控管理中直接控制危险源的一环。制定风险管理措施要根据风险管理标准，针对不同要素，对风险度较大、达到不可接受程度的风险进行分析，并遵循国家相关法律法规、标准、规范等要求确定危险源管理措施。具体来说包括以下几点：

1）人的管理措施包括监督检查、激励机制、安全培训以及挂警示牌提醒等消除各岗位员工的不安全行为的具体方法和手段。

2）机的管理措施为对机器设备进行定期检查、检修维护以确保管理对象数量充足、性能可靠、运行正常。

3）环的管理措施包括对环境对象的监测，以及环境对象不符合管理标准时应采取哪些措施，保证不在不安全的环境中作业。

4）管的管理措施为对现有的组织结构是否合理有效、管理制度是否健全、管理标准和管理措施是否完备、规章制度的落实程序是否合理进行检查并对它们完善的具体方法和手段。

制定安全生产风险管理措施需考虑以下因素：

1）管理措施的可行性和时效性。在确定风险管理措施时，必须考虑到风险管理措施的可操作性，简单易行，经济合理，控制效果应快速有效。

2）管理措施分级制定。根据危险源分级管理原则，由于安全生产管理资源的有限性决定了不可能将所有的风险都制定管理措施，因此可将危险源按照风险度大小分为若干等级，按照不同的风险等级确定分级管理措施。

3）管理措施实施。管理措施的制定是安全生产风险得以控制的先决条件，但更重要的是管理措施是否能够实施到位，必须对制定的管理措施的实施进行监督。

5. 危险源日常监测监控

危险源监测监控是在生产过程中对已辨识出的危险源进行监测、检查，并及时向管理部门反馈危险源动态信息的过程。危险源日常监测监控是企业安全生产风险预控管理的重要环节，对危险源要进行实时或定期的日常现场监测，有条件的情况下可以采用实时动态系统采集和传递信息。危险源日常监测监控的对象有以下三大类：

（1）已辨识出的危险源

对于辨识出的被风险管理标准认为是可接受程度的危险源，需进行日常的监测监控，监测危险源的变化情况，是否处于可控状态，据此判断是否应采取相关管控措施。

（2）实施管理措施后危险源的控制情况

对于已经采取管理措施的危险源，措施实施的反馈情况也是日常监测监控工作的重要内容，是衡量管理措施效果的标准。

（3）监测过程中出现的新危险源

危险源产生是一个连续不间断的过程，要随时注意监测生产过程中出现的新危险源，进行危险源辨识和评估等一系列活动，并将其列入企业以后日常监测的内容，不断完善危险源管理标准体系。

6. 风险预警

风险预警是在危险源辨识、评估和日常监测监控的基础上，对于异常情况，即已经暴露或潜伏的各种危险源，及时进行动态监测，并对其风险大小进行预期性评价，及时发出危险预警指示并采取管控措施，从而降低事故发生概率和危害程度的活动。

企业安全生产风险预控管理体系中风险预警环节应当注意以下几个问题：

1）要为辨识出的预警要素建立详细、有效的控制措施，将各等级风险控制在可接受范围内。

2）企业安全生产风险预警系统中应包含各种应急预案，一旦管控措施失败，危险源失控，必须及时启动应急救援，尽量降低人员、生产资料和财产的损失。

3）企业安全生产风险预警是个大型的系统工程，考虑利用计算机和网络技术开发完善现代化预警管理系统。

4）要建立、健全企业安全生产风险预警管理制度，有章可循，使风险预警制度化、规范法、标准化。

7. 风险预控措施评审和实施

风险预控措施评审和实施是企业安全生产风险预控管理体系中最后一个部分，相当于PDCA管理模式中的A（Action），是一个反馈过程。风险预控措施评审和实施的目的是通过体系考核，检查体系运行效果，强化体系的有效执行，实现持续改进的目标，符合PDCA管理模式的闭环、螺旋上升原理。风险预控措施的评审包括两个部分：一是对原有风险管控措施的评审；二是对准备采用的新风险管控措施的评审。

复习思考题

1. 简述职业安全健康管理体系产生的原因。职业安全健康管理经历了哪几个发展阶段？
2. 试分析职业安全健康管理体系的运行原理及作用。
3. 职业安全健康管理体系包括哪几方面的要素？简单分析各要素间的联系。
4. 简述HSE管理体系的概念及特点。
5. HSE管理体系包括哪几方面的要素？简单分析各要素间的联系。
6. 风险预控管理体系的建立原则及组成有哪些？

第9章

安全信息管理

本章概要·学习要求

本章主要讲述了安全信息的概念与分类，安全信息的功能，以及安全管理信息系统的特点、基本功能、结构和分类。通过本章学习，要求学生对安全信息的概念、分类、功能有所了解，理解安全信息在安全管理中所起的作用，掌握安全管理信息系统的运行机制。

安全信息是安全管理的重要基础，安全管理离不开安全信息，安全信息掌握和处理不好，就不可能实现有效的安全管理。以往传统的安全生产和管理模式已经不能适应时代的要求，应用现代的管理模式，以电子计算机为主要工具，建立高效、科学的安全管理信息系统是实现科学安全管理的迫切需要和必经之路。

9.1 信息与管理信息系统

数字化、网络化与信息化是21世纪的时代特征。目前，经济全球化与网络化已经成为一种潮流，信息技术革命与信息化建设正在使资本经济转变为信息经济、知识经济，并将迅速改变传统经济贸易的交易方式和整个经济的面貌。它加快了世界经济结构的调整与重组，推动我国从工业化社会向信息化社会的过渡。

9.1.1 信息

信息是信息科学中最基本、最重要的概念。随着社会生产力的提高，新技术层出不穷，信息量急剧膨胀，整个人类社会成为信息化社会，人们对信息的利用和处理已进入自动化、网络化和社会化的阶段。

1. 信息的概念

信息是自然界、人类社会和人类思维活动中普遍存在的一切物质和事物的属性。不同的物质和事物有不同的特征，不同的特征会通过一定的物质形式，如声波、文字、电磁波、颜色、符号、图像等发出不同的消息、情报、指令、数据、信号。这些消息、情报、指令、数据、信号就是不同形式的信息。对于信息这一术语，在不同的领域里有不同的概念。1948年，美国数学家、信息论的创始人香农在题为《通信的数学理论》的论文中指出：“信息是用来消除随机不确定性的东西。”1948 年，美国著名数学家、控制论的创始人维纳（Norbert Wiener）在《控制论》一书中指出：“信息就是信息，既非物质，也非能量。”邓宇等人 2002 年提出“信息是事物现象及其属性标识的集合”。在国家经济信息系统设计与应用标准化规范中对信息的定义是：“构成一定含义的一组数据就称为信息。”信息能够提高人们对事物认识的深刻程度，可以帮助人们制订工作计划，是人们做出正确决策的依据。

2. 信息与数据

信息与数据是密切联系而又不可分割的，两者各有不同的含义。数据（Data）是对客观事物进行观察或观测后记载下来的一组可识别的符号。它记录客观事物的性质、形态、数量特征的抽象符号，例如，文字、数字、图形、曲线等，其本身不能确切地给出具体含义。信息是由数据产生的，可以简单地理解为信息是数据加工得到的结果，是反映事物客观规律的一些数据，是进行决策的依据。因此，通常把数据加工后的结果称为信息，例如，报表、账册、工程图等都是信息。数据是客观事物的一种表现形式，信息是有一定含义的数据，是加工（处理）后的数据，信息是对决策有价值的数据，信息的产生过程如图 9-1 所示。

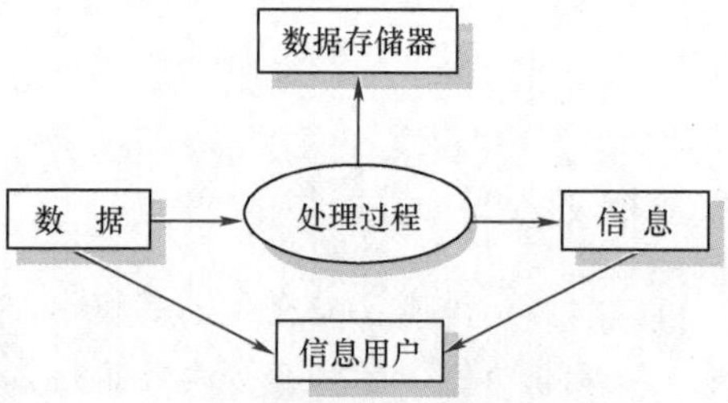

图 9-1 信息的产生过程

同时，信息是有层次的，低层信息相对高层信息来说就是数据，例如，生产班组的安全员对安全生产情况表进行统计后，形成班组的日安全生产统计表。其中安全生产情况表是数据，日安全生产统计表是信息，日安全生产统计表表明了生产班组的日安全生产情况，可供班组长决策使用；生产车间的安全员对各班组的日安全生产统计表进行统计汇总后形成车间安全生产统计表，可为车间主任的日常安全生产管理提供信息。那么，班组的日安全生产统计表又成为了数据等。由此层层加工，低层信息总是高层信息的数据。

3. 信息与决策

决策就是为达到某一目的而在若干个可行方案中经过比较、分析，从中选择合适的方案并赋予实施的过程，是各级领导者和管理人员处理重大事件、分配资源、对企业经营活动以及日常业务等一切事情所做的决定。管理工作的关键和核心在于决策，而决策是由信息支持的，也只有全面、系统地保存大量的信息，并迅速地查询与综合，才能为组织的决策提供信息支持。同时利用数学方法和各种模型处理信息，以期预测未来，并进行科学决策。

决策在企业经营运作中可分为三个等级：①战略性决策；②战术性决策；③日常业务活动决策。决策与信息的等级关系如表 9-1 所示。

表 9-1 决策与信息的等级关系

决策＼信息	来 源	寿 命	精 度	加工方法	保密要求
战略级	外部	长	低	不固定	高
战术级	外部	较长	较高	不固定	较高
作业级	内部	短	高	固定	低

9.1.2 管理信息系统

1. 管理信息系统的发展历程

管理信息系统（Management Information System，简称MIS）的发展历程大致可以分为三个阶段。

1）第一个阶段是产生阶段：20世纪50～60年代，此阶段，管理信息系统主要以单项事务处理为主。

2）第二个阶段是发展阶段：20世纪60～70年代，管理信息系统从单一的业务数据处理发展成为功能比较完善的综合性管理信息系统。

3）第三个阶段是成熟阶段：从20世纪80年代开始，人工智能技术的充分利用，高效、实用的多种管理信息系统已被大量开发和使用。

2. 管理信息系统的概念

管理信息系统的概念在国内外有多种描述，国外学者瓦尔特·肯尼万（Walter T. Kennevan）所下的最早的定义是指以书面或口头形式，在合适的时间向经理、职员以及外界人员提供过去的、现在的、未来的有关企业内部及其环境的信息，以帮助他们进行决策。在国内，管理信息系统通常被认为是一个以人为主导、利用计算机硬件、软件、网络通信设备以及其他办公设备，进行信息的收集、传输、加工、储存、更新和维护，以企业战略竞优、提高效益和效率为目的，支持企业高层决策、中层控制、基层运作的集成化的人机系统。

结合企业的生产经营情况，对管理信息系统的总体进行描述，可以使人们对管理信息系统有一个全面的认识，如图9-2所示。

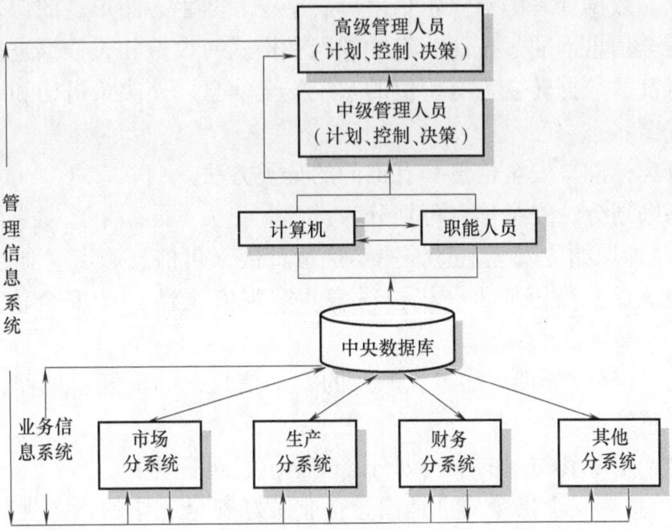

图9-2 管理信息系统

3. 管理信息系统的类型

从不同角度对管理信息系统进行分类，可以分为以下几类：

1）管理信息系统按组织职能可以划分为办公系统、决策系统、生产系统和信息系统等。

2）管理信息系统基于信息处理层次可划分为面向数量的执行系统、面向价值的核算系统、报告监控系统、分析信息系统、规划决策系统，自下向上形成信息金字塔。

3）管理信息系统基于历史发展进行分类，可分为三类：第一代管理信息系统是由手工操作的，第二代管理信息系统增加了机械辅助办公设备，第三代管理信息系统使用计算机、电传、电话、打印机等电子设备。

随着电信技术和计算机技术的飞速发展，现代管理信息系统在划分地域上已逐渐由局域范围走向广域范围。

9.2 安全信息

安全信息是反映安全事物之间的差异及其变化的一种形式。安全管理就是借助大量的安全信息进行管理，有效的安全管理要求对企业安全生产有关的信息进行全面收集、正确地处理和及时地利用，其现代化水平决定信息科学技术在安全管理中的应用程度。只有充分利用信息科学技术，才能使安全管理工作在社会生产现代化的进程中发挥积极的作用。

9.2.1 安全信息的概念与分类

安全信息是安全管理的基础和依据，是反映安全事物的运动状态及其外在表现形式的信息。在生产和生活过程中，与消除事故隐患、减少事故损失、促进安全生产、保障安全生活有关的数据的集合统称为安全信息。

通过数据处理来获取安全信息，并综合利用各种安全信息为制定防范事故的措施和安全管理决策提供依据。数据处理的对象包括字母、字符、数字、图形、图像、声音、动画等各种多媒体形式的安全信息。通过按照一定的规则和格式对大量相关数据进行存储管理及分析处理后，把繁杂零乱的数据转变为有价值的系统安全信息，使决策机构和有关部门能够及时掌握系统总体的安全状态。

依据不同的分类标准，安全信息具有不同的分类方法。

从信息的形态来划分，安全信息可划分为：

1）一次信息，即原始的安全信息，主要是指直接来自信息源点（如生产现场、施工作业过程、具体危险源点监控等的人、机、环境的客观安全性）的安全信息，具有动态性、实时性。

2）二次信息，即经过处理、加工、汇总的安全信息，如法规、规程、标准、文献、经验、报告、规划、总结等。

从安全信息的产生及其作用的不同划分，安全信息可分为：

1）安全指令信息。安全指令信息是指导企业做好安全工作的指令性信息，包括各级部门制定的安全生产方针、政策、法律、法规、技术标准，上级有关部门的安全指示、会议和文件精神以及企业的安全工作计划等。

2）安全管理信息。安全管理信息是指企业在日常生产工作中，为认真贯彻落实安全生产方针、政策、法律、法规，在企业内部的安全管理工作中实施的管理制度和方法等方面的信息。安全管理信息包括安全组织领导信息、安全教育信息、安全检查信息、安全技术措施信息等。

3）安全指标信息。安全指标信息是指企业对生产实践活动中的各类安全生产指标进行统计、分析和评价后得出的信息，包括各类事故的控制率和实际发生率，职工安全教育、培训率和合格率，尘毒危害率和治理率，隐患查出率和整改率，安全措施项目的完成率和安全设施的完好率等。

4）事故信息。事故信息是指企业在生产实践活动中所发生的各类事故方面的统计信息，包括事故发生的单位、时间、地点、经过，事故人员的姓名、性别、年龄、工种、工龄，事故分析后认定的事故原因、事故性质、事故责任和处理情况、防范措施等。

9.2.2 安全信息的功能

安全信息的归纳、分类分析和汇总应及时、正确、全面地反映企业的安全生产动态。安全信息对于指导安全管理工作，不断改进安全工作，有效地消除事故隐患等方面有重要的作用。安全信息的主要功能表现在以下三个方面：

1）安全信息为编制安全目标和管理方案提供依据。一方面，需要有安全生产方针、政策、法律、法规等安全指令性信息作为指导；另一方面，总结分析企业历年安全工作经验教训及事故发生频率等方面的信息作为参考依据，以编制出符合实际生产的安全目标和管理方案。

2）安全信息具有预防事故的功能。在企业安全管理工作中，利用安全指令性信息对人、机、环境及其相互结合的动态情况等因素进行有效组织、协调和控制，规范和监控安全工作和人的不安全行为，促使生产和人的行为符合安全要求，以预防事故。

3）安全信息具有控制事故的功能。在企业生产活动中，人的不安全行为和物的不安全状态是导致事故发生的主要原因，反映在安全管理中则是异常安全信息。收集异常安全信息，并反馈到生产和安全管理中，根据安全管理原理选取法规、安全技术、培训、经济或文化等管理手段矫正人及组织的不安全行为，消除物的不安全因素，达到控制事故的目的。

9.2.3 安全信息的应用方式及方法

安全信息的应用，就是依据它具有反映安全工作、安全生产存在差异的功能，从中获知人们对安全工作的重视程度，安全教育、安全检查的效果，安全法规执行和安全技术装备使用的情况，以及生产实践活动中存在的隐患、事故发生情况等信息，并用于指导实践，改进安全工作，消除生产隐患，以此达到预防、控制事故的目的。

1. 安全信息的应用方式

安全信息的应用方式，有如下九种类型：

1）安全管理记录。安全管理记录是收集和简单储存安全信息的一种形式，如安全会议、安全检查、安全教育等九种记录。

2）安全管理报表。安全管理报表是综合收集、掌握和反映安全信息的一种形式，如安全工作月报表、事故速报表等。

3）安全管理登记表。安全管理登记表是收集、掌握重要安全信息的一种形式，如重大隐患登记表、违章人员登记表、事故登记表等。

4）安全管理台账。安全管理台账是综合加工处理和储存安全信息的一种形式，如职工安全管理台账、隐患和事故统计台账等。

5）安全管理图表。安全管理图表是反映安全工作规律和综合安全信息的一种形式，如安全工作周期表、事故动态图、事故系统预防、控制图等。

6）安全管理卡片。安全管理卡片有职工安全卡片、特种作业人员卡片、尘毒危害人员卡片等。

7）安全管理档案。安全管理档案有安全文件、安全技术装备、安全法规等十种档案。

8）安全管理通知书。安全管理通知书是反馈安全信息的一种形式，如隐患整改、违章处理通知书等。

9）安全宣传形式。安全宣传形式有安全简报、安全标志、安全板报、安全天数显示板、安全广播等。

2. 安全信息的应用方法

安全信息是通过收集、加工、储存和反馈这四个有序联系的环节进行具体应用的。

1）通过安全管理记录、安全管理报表、安全管理登记表等应用方式进行信息收集是应用安全信息的第一步，也是重要的基础工作。例如，利用各种安全会议、报纸、杂志等方式，收集国内外有指导性的安全信息；利用各种安全记录、报表和开展安全检查，运用安全技术装备等手段，收集企业内部安全信息。

2）信息加工是把大量原始信息进行筛选、加工处理，聚同分异、去伪存真，使其系统化、条理化，以便储存和使用。例如，利用事故、隐患统计台账，对事故和隐患进行综合统计分析；利用职工安全统计台账，对职工的结构、安全培训、违章人员及安全工作情况进行综合分析；对事故规律进行统计分析等。

3）信息储存具有记忆功能，以备待用。储存的方法，既可利用各记录、报表进行简单储存，又可利用安全管理台账、安全卡片、安全档案，进行分类储存，还可运用计算机进行综合加工处理和储存。

4）信息反馈是应用信息的目的，具有强化安全管理，促使生产实践规律运动和改变生产实践异常运动，预防、控制事故的功能。信息反馈的方法主要有两种：一是通过安全管理通知书的信息应用方式直接向信息源反馈，如当获知生产异常信息时，直接纠正人的异常行为，改变物的异常状态，控制事故发生；二是通过安全管理图表或安全管理报表的信息应用方式对安全信息加工处理后集中反馈，如通过制定安全文件、安全工作计划，编制安全法规，以及利用安全宣传教育形式进行反馈等。

安全信息是超前有效预防、控制事故的手段之一。在应用中，除了要从组织领导上保证安全信息的应用管理外，还要保证信息的质量，做到及时、准确、适时应用安全信息，使其有使用价值，从而达到应用目的。

9.2.4 安全信息流

安全信息在安全生产的各个环节中流动，可以利用“戴明环”的安全管理功能结合系统安全相关要素的整个活动过程，在计划的基础上实施，再根据实施结果检查、改善计划。在这个过程中，管理者可以从计划、实施、结果检查等步骤中经常吸收安全信息，把握生产现场和企业管理的实际状况，再以收集、加工、存储、使用和反馈为流通环节，在企业安全管理中形成信息流，促使生产实践规律运动预防事故，达到改变生产实践异常运动控制事故的目的。安全信息流的基本流动模式如图 9-3 所示。

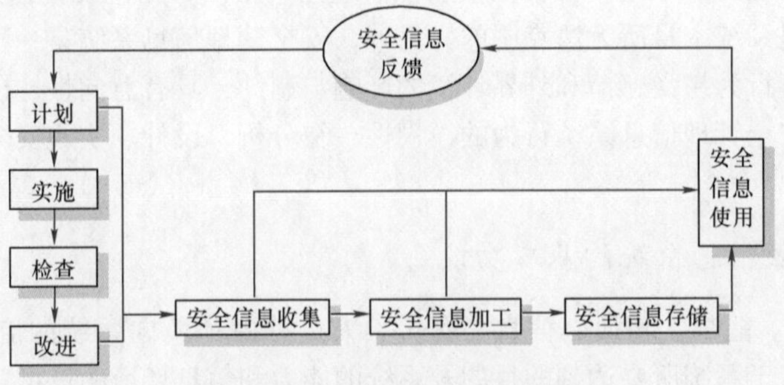

图 9-3 安全信息流的基本流动模式

在基本流动模式的基础上，各种安全信息构成了一个相互交叉、相互作用的网络，信息在这个网络中进行传递。安全信息的具体流动形态有人—管理（高层管理者履行管理职责，向监督人员传达指令，直至一般工作人员），人—机（工作人员对机器、设备、工具的有效控制和操作），人—环境（人对环境的感知、判断和适应）。通过充分利用要素间的安全信息可以有效地进行安全管理工作，减少伤亡事故，促进安全生产。

9.3 安全管理信息系统

安全管理信息系统通过电子技术、计算机技术的应用，充分发挥计算机存储容量大、速度快、精度高、范围广及人工智能等特点，严格按照安全管理的要求，对有关数据进行收集、加工、传输、存储、检索和输出等项处理，提供安全管理所需的信息，并完成相应的管理职能，从而大大提高了安全管理工作的效率，为安全评估、安全决策、管理优化等工作提供了系统性、完整性、准确性和时效性的信息支持。

9.3.1 安全管理信息系统的特点

安全管理信息系统的主要特点是开放性、人工性、社会性和系统行为的模糊性。

1）开放性。系统的开放性是系统运动和变化的基础。就安全管理信息系统而言，尤其是自身的结构，这种结构要想发挥其功能，只能对用户开放、对其他系统开放。安全管理信息系统必须与企业的其他子系统（如生产系统、调度系统、教育系统、运输系统、劳资系统等）存在广泛的联系。一方面，安全管理信息系统的发展受到企业环境的影响；另一方面，安全管理信息系统又以特有的作用促进企业安全生产的发展。它具有输入、输出、信息传递、反馈等开放性基本特征。

2）人工性。安全管理信息系统是为了帮助人们利用信息进行安全管理和安全决策而建立起来的一种人工系统，它具有明显的人工痕迹。

3）社会性。信息系统是为了满足人们的信息交流需要而产生的，信息交流实质上是一种社会交流形态，具有很强的社会性。安全管理信息系统的建立与发展是人类社会活动的结果，它具有社会性。

4）系统行为的模糊性。安全管理信息系统是个比较复杂的系统，其边界条件复杂多变，系统内部也存在许多干扰。香农在信息传播理论中指出，信息在传播过程中有“噪声”存在，这种噪声是系统本身所无法克服的。另外，安全管理信息系统是一种人机系统，人作为系统的主体，其行为易受感情和外界环境的影响与制约，具有意向性、模糊性。由于上述两个原因，造成安全管理信息系统行为的模糊性，在分析、设计、实施安全管理信息系统时应予以注意。

9.3.2　安全管理信息系统的基本功能

1）输入功能。能量、物质、信息、资金、人员等由环境向系统的流动就是系统的输入。输入功能决定于系统所要达到的目的及系统的能力和信息环境的许可。信息系统的输入最主要的内容是用户的信息需求和信息源。用户的信息需求决定着安全管理信息系统的存在与发展。

2）处理功能。安全管理信息系统的处理功能就是对输入信息进行处理。从本质上讲，信息系统的处理功能就是对信息的整理过程。信息处理能力的大小，取决于系统内部的技术力量和设备条件。

3）存储功能。安全管理信息系统的存储功能是指系统储存各种处理后的、有用的信息的能力。随着信息量的日益增多，信息处理方法的改善，文件内容的充实，信息的存储取得了极大的发展。存储容量越来越大，存储能力越来越强。但是大量的存储为系统输出带来了困难，造成了系统服务效率的降低。因此，信息的存储必须在扩大存储量与保证系统输出这一对矛盾上寻求最佳解决方案。

4）输出功能。系统对周围环境的作用称为输出。安全管理信息系统的输出功能是指满足信息需求的能力，是将经过处理操作的信息或其变换形式以各种形式提供服务。信息输出就是信息系统的最终产品。信息系统的输出功能取决于输入功能、存储功能、处理功能，信息系统的服务效率、用户满意程度、系统整体功能的发挥都是通过信息系统的输出功能体现出来的。

5）传输功能。安全管理信息系统规模较大时，信息的传输就成为信息系统必备的一项基本功能。信息传输时要考虑信息的种类、数量、效率、可靠性等，实际上传输与存储常常联系在一起。

6）计划功能。计划功能是指对各种具体的安全管理工作做出合理的计划和安排，根据不同的管理层次提供不同的信息服务，以提高安全管理工作的效率。

7）预测功能。利用数学方法和预测模型，并根据企业生产的历史数据，对企业的安全状况做出预测。

8）控制功能。控制是按照给定的条件和预订的目标，对系统及其发展过程进行调整并施加影响的行为。控制的目的是为了使系统稳定地保持或达到某种预定状态。对信息系统的控制是保证信息系统的输入、处理、存储、输出、传输等过程正常运行、完成系统整体功能的必要条件。控制功能是系统的关键所在，只有通过控制功能的作用，信息的其他各项功能才能最优化，信息系统才能以最佳状态运行。

9）决策优化功能。应用运筹学等数学方法为安全管理者提供最佳决策，也可以模拟决策者提出的多种方案，从中选出最优方案。

9.3.3 安全管理信息系统的结构

安全管理信息系统的结构是指系统中各组成部分之间的相互关系和构成框架。安全管理信息系统具有多种功能，各种功能之间又有各种信息相互联系，组成一个有机整体。在不同的企业因其所设计的信息种类、信息量、管理方式、安全管理目标等的不同，因此在具体的系统划分上会有不同，企业的综合管理信息系统模型如图9-4所示。针对安全生产建立安全管理信息系统的结构模型如图9-5所示，由原始数据处理子系统、安全状况评判子系统、安全状况预测子系统、安全状况决策子系统、管理目标优化子系统等组成。现行大多数安全管理信息系统都是以数据库系统和数据库技术作为安全管理信息系统的系统基础和技术支持。

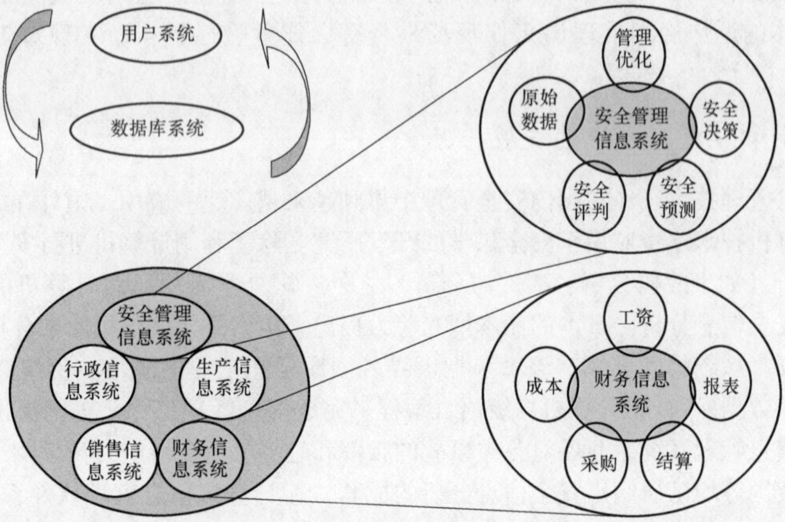

图9-4 综合性管理信息系统模型

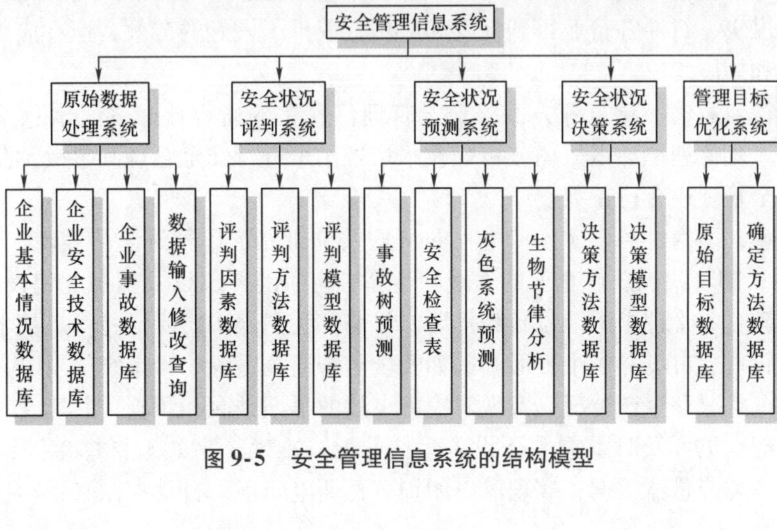

图9-5 安全管理信息系统的结构模型

9.3.4 安全管理信息系统的分类

安全管理信息系统的分类主要依据所使用的数据库系统。一般有以下几种分类方法：

1）根据使用的数据库是单用户系统还是多用户系统，将安全管理信息系统分为对应的系统。早期的安全管理信息系统都是单用户系统，随着网络应用的不断扩大，多用户的安全管理信息系统开始出现，并很快占据主流。多用户的安全管理信息系统的关键是保证“并行存取”的正确执行。

2）根据信息存储的地点是集中的还是分散的，将安全管理信息系统分为集中式和分布式。现在设计的安全管理信息系统一般均为分布式。

3）根据数据库系统是否有逻辑推理功能，将安全管理信息系统分为一般系统和智能型系统。例如，在智能型安全管理信息系统中存储有可爆炸气体的爆炸规则，再应用数据自动监测装置将工作现场的有关数据输入系统，安全管理信息系统就可根据这些数据按照爆炸气体的爆炸规则推理出工作现场是否有爆炸危险性，从而实现对工作现场的实时监控。

9.3.5 安全管理信息系统的发展状况

安全信息管理技术已经在国内安全管理中得到越来越广泛的应用。国外在20世纪70年代就已将计算机技术逐步应用于安全科学的开发研究。除了利用计算机进行安全系统工程的基本事件分析（如事故树分析、事件树分析）之外，国外学者早已将计算机的数据库技术广泛应用于安全信息分析。日本的熊本博光等人提出了用事故实例数据库来分析原子能事故的原因，以提高系统的安全性。该系统把世界各国原子能工业的事故实例组成所谓“事故原因——结果数据库”，用计算机高级语言编程来完成信息管理工作。美国提出用数据库技术建立事故信息管理系统，开展对各类事故的频率和趋势分析及系统统计学测试等方面的研究。美国、英国等均已研制出安全信息分析的成套“微计算机信息管理软件系统”，如英国卫生与安全局开发的安全分析软件包等。这些软件的开发应用，充分发挥了现代安全信息管理技术的作用，取得了越来越多的研究成果和实际效益。

我国从20世纪80年代末开始进行微机安全信息管理技术的研究开发，已先后在航空、机电、冶金、煤炭、石油等行业得到开发和应用，取得了较好的成效，但在应用的深度和广度上有待发掘和拓展。

在航空、铁路运输、建筑等方面，安全管理信息化的研究比较多，信息系统、专家系统、人工智能、灰色理论、事故树分析等技术均被用来进行安全管理和事故预测分析。但使用系统进行安全管理还有待拓展。

在煤炭行业，国内针对煤矿生产进程的信息系统研究工作虽然起步较晚，但自20世纪90年代初开始，随着我国煤矿企业的发展和计算机应用的普及以及信息化建设工作的推广，安全信息在煤矿企业管理中的地位日趋重要。目前，我国煤矿已广泛将信息技术应用于煤矿生产、安全、管理、市场等多个方面。例如安全监测监控系统，该系统能及时、准确、全面地了解井下安全状况和生产情况，实现对灾害事故的早期预测和预报，并能及时地自动处理相关信息，管理人员可及时掌握井下设备运行状况，准确、高效地指挥生产，其功能主要有：实时采集各类传感器数据；实现风电闭锁、瓦斯电闭锁；自动控制和手动控制切换；自检、故障报警和故障统计；网络通信；人机对话；实时存盘、列表显示、模拟量实时曲线和历史曲线显示、系统设备布置图显示、自动生成报表。煤矿安全监测监控系统是实现煤炭生产高产、高效、安全生产的重要保证，是煤矿安全避险“六大系统”的重要组成部分。安全监测监控系统负责对矿井中的甲烷浓度、一氧化碳浓度、温度、风速、风压、馈电状态、风门状态、风筒状态、局部通风机开停、主通风机开停、瓦斯电闭锁及风电闭锁状态的监测监控，及时发现并处理出现的危险状况，具有煤与瓦斯突出预警、火灾监控与预警、矿山压力检测与预警等功能。另外，安全监测监控系统在事故应急救援和事故调查中也有着非常重要的作用，可以记录事故发生的时间、地点以及事故发生前有害气体具体参数，为分析事故原因提供依据。

当前，各个从事安全科学技术开发的科研院所及针对安全生产工作的软件公司都在对各个行业的安全现状进行有步骤、有层次的调查研究，这也使安全工程中的研究分支——行业安全管理信息系统的配套软件的开发成为热点。

安全管理对于任何一个企业的安全生产都至关重要，安全生产离不开管理，管理则需要信息化。面对企业历史上发生过的事故数据及当前企业生产过程中存在的事故隐患，把它们分门别类加以信息化的统计处理并给企业管理决策者提供直观的数据对比，这对企业安全管理对策措施及建议的形成具有重大意义。

9.3.6 建立安全管理信息系统的意义

企业安全管理是企业管理的重要组成部分，企业安全管理的目标是企业管理目标体系的一部分，其功能是为实现企业管理总目标提供安全保障。安全管理信息系统就是从安全角度，以保护人的安全为着眼点，根据安全管理科学的基本原理，利用系统论的观点，结合现代科学技术来调节人与物的关系，从而调节安全的状态，使其达到最佳的一门科学。

1）促进安全管理系统的整体化。传统管理是树型结构，是直线制的领导关系，而计算机安全管理系统的信息传递关系是纵横交错的网状结构。只有这种现代安全管理形式的管理结构，才能充分发挥计算机安全信息管理系统的整体功能。

2）企业安全管理基础数据的科学化。企业生产中产生的大量有关安全的数据，都是进行安全管理的重要基础，为使其达到准确、可靠、统一，在每次企业安全管理的整顿中都要花费很多力量，而数据库技术的应用，能较容易地实现企业安全数据的完整和统一。

3）安全管理决策的最优化。在企业安全管理系统中，计算机可以越来越多地应用于系统工程方法、管理科学方法和定量分析技术，减少安全管理决策中的主观随意性，尽量少用文字来反映各种关系，使安全管理工作更加周密，安全决策更加科学。

4）企业安全管理性质的现代化。应用安全管理信息系统，信息的收集、转移等重复的事务性工作都由计算机执行。从而使安全管理人员从烦琐的事务性工作中解脱出来，能够调查、分析安全生产中存在的问题，制定、改进和提高安全管理水平的措施，考虑如何将管理业务在人与计算机之间进行最佳分工等问题。

5）建立有效的事故动态控制系统工程。事故动态宏观控制是对事故的总体波动进行控制，事故动态控制工程是一个多因素、多变量、受多种条件制约、随时间变化的、复杂的动态系统。只有在安全信息管理系统的基础上，系统中各子系统在统一指挥下协调工作，才能实现最佳的控制效果。

9.4 安全管理信息系统的开发

安全管理信息系统开发过程是企业或组织安全管理水平提高的过程。安全管理信息系统开发的参与者涉及多个主体，各类人员在安全管理信息系统开发过程中相互作用，使安全管理理念有所提升，使组织优化、事故预测超前化等。安全管理信息系统的开发有自身的规律，还必须有严密的组织配合。总之，安全管理信息系统开发的目的是建立有助于企业或组织安全管理效率提高的信息系统。

9.4.1 安全管理信息系统开发的主体

安全管理信息系统开发是指根据组织的问题和机会建立一个信息系统的全部活动，系统开发的好坏直接影响到整个系统的成败。要使系统开发成功，就必须研究信息系统开发中所涉及的各个不同的主体及其在系统开发中的作用。

从广义上看安全管理信息系统开发所涉及的主体有两个：其一是用户或需求主体；其二是系统开发人员或供给主体。安全管理信息系统开发是一个复杂的系统工程，是一个需求主体与供给主体相互作用、共同开发的过程。

在相当长的一段时间里，人们把信息系统看做是计算机在某个组织中的应用，是需求方提出需求，由供给方单方面完成的一种技术项目或出售的一种“产品”。然而，当人们把信息系统的开发视为一种简单的工程或项目，等到工程或项目竣工验收之时，可能会出现用户认为开发人员所提供的系统不完全满足自己的需要，甚至断定不是自己所需要的系统。许多系统开发不成功，就是由此原因造成的。因此，系统开发过程应是所涉及的各个主体相互合作、相互了解的过程，也是各主体相互适应的过程。

9.4.2 安全管理信息系统开发的任务和原则

在现代意义下，安全管理信息系统是一个人机系统，安全管理信息系统的开发就是通过一定的活动过程产生一套能在计算机硬件设备、通信设备和系统软件支持下适合于本企业或本单位安全管理工作需要的应用软件系统。安全管理信息系统开发的任务就是根据企业安全管理的战略目标、规模、性质等具体情况，运用安全系统工程方法，按照系统发展的规律为企业建立起计算机化的安全信息系统。其核心工作就是设计出一套适合于现代企业安全管理要求的应用软件系统。

安全管理信息系统自身是一个具有一定功能和结构的系统，这个系统与实体组织系统本身是不同的，但它是实体组织的一种映射，这种映射就决定了信息系统开发应具有如下原则：

1）目的性原则。安全管理信息系统开发的目的就是及时、准确地收集企业的数据，并加工成信息，保证信息的畅通，为企业各项决策、生产、计划、控制活动提供依据，使组织或企业各机构和生产环节活动联结为一个统一的整体。

2）整体性原则。安全管理信息系统开发的整体性原则是指强调信息系统是一个整体，在开发设计时采用先确定逻辑模型，再设计物理模型的思路。目前人们普遍认为应采用整体设计、分步开发实施的策略。

3）相关性原则。信息系统是对实体组织系统的一种映射，实体组织系统是由若干具有内在联系的子系统构成的，因此信息系统也是由若干具有内在联系的子系统组成的。在设计与开发信息系统时要充分考虑各子系统的这种内在联系，不但要使各子系统具有独立的功能，还要使各子系统之间在法定的条件下具有良好畅通的接口。这样组成的信息系统的各子系统就有其独立功能，同时又相互联系，相互作用，通过信息流把它的功能联系起来。如果其中一个子系统发生了变化，其他子系统也要做相应的调整，这就是相关性原则。

4）系统的可扩展性与易维护性原则。信息系统必然与外界发生信息交换，要适应外界环境的变化。能够经常与外界环境保持最佳适应状态的系统，才是理想的系统。因此，在开发信息系统时必须使其具有开放性、扩展性、维护性。只有这样，才能适应不断变化的环境，成为具有生命力的系统。

5）工程化、标准化的系统开发管理原则。安全管理信息系统开发的组织管理必须采用工程化和标准化的原则。所有的文档和工作成果要按标准存档完成。其优点为：一是在系统开发时便于人们沟通，成文的东西不容易产生“歧义性”；二是系统的开发，阶段性成果明显，可以在此基础上继续前进，目的明确；三是未来系统的修改、维护和扩充，因有案可查而变得比较容易。

9.4.3 安全管理信息系统开发方法

系统开发是指针对组织的问题和机会建立一个信息系统的全部活动，这些活动是靠一系列方法支撑的。目前，安全管理信息系统的开发方法主要有生命周期法、原型法、面向对象法等。

1. 生命周期法简介

生命周期法是指信息系统在设计、开发及使用的过程中，随着其系统生存环境的发展、变化，需要不断维护、修改，当它不再适合的时候就被淘汰，由新系统代替老系统，形成从一个系统的生到死，到再生的周期性循环。这个过程通常称为系统开发生命周期（System Development Life Cycle，简称 SDLC）。信息系统开发的生命周期中所经历的各个阶段如图 9-6 所示。

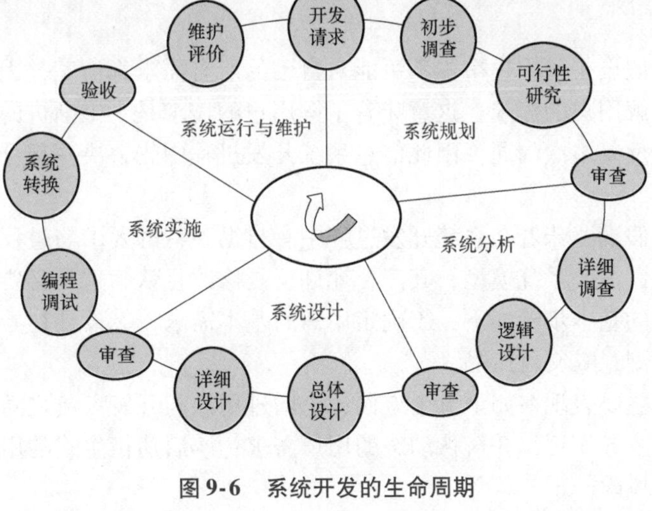

图 9-6 系统开发的生命周期

由图9-6可见，系统开发的生命周期可以分为系统规划、系统分析、系统设计、系统实施、系统运行与维护等五个阶段。用生命周期法开发系统，既是一种信息系统的开发方法，又体现了一种系统开发的基本思想。生命周期法具有以下特点：

1）生命周期法通常假定系统的应用需求是预先描述清楚的，排除了不确定性，用户的要求是系统开发的出发点和归宿。

2）系统开发各阶段的目的明确、任务清楚、文档齐全，每个开发阶段的完成都有局部审定记录，开发过程调度有序。

3）生命周期法常采用结构化思想，自上而下，有计划、有组织、分步骤地开发信息系统，开发过程清楚，每一个步骤都有明确的结果。

4）工作成果文档化、标准化。工作各阶段的成果以分析报告、流程图、说明文件等形式确定，使整个开发过程便于管理和控制。因此，在信息系统开发中，生命周期法是迄今为止最成熟、应用最广泛的一种工程方法。这种方法有严格的工作步骤和规范化要求，使系统开发走上了科学化、工程化的道路。

但是，这种方法也有不足之处和局限性，主要体现在：

1）用户介入系统开发的深度不够，系统需求难以确定。用户往往不能准确地描绘现行信息系统的现状和未来目标，分析人员在理解上也会有偏差和错误，造成了系统需求定义的困难；组织的管理体制很难保持不变，要求系统开发具有高度的可变性，而这正是生命周期法所忌讳的。

2）开发周期长。一方面，用户在较长时间内不能得到一个可实际运行的物理系统。另一方面，系统难以适应环境变化，系统尚未开发出来可能就已经过期了。

3）生命周期法在应用中分为各个阶段，文档多，文档对后期的影响大，若上一阶段文档有不明确之处或确实有错，将造成后续工作的失败和无效。这种开发方法是一种冗长、线性的过程，适合于开发规模大、高度结构化的应用系统。

2. 原型法简介

原型法（Prototyping）的基本思想是在投入大量的人力、物力之前，在限定的时间内，用经济的方法，开发出一个可实际运行的系统原型，以便尽早澄清不明确的系统需求。在原型系统的运行中，用户发现问题，提出修改意见，技术人员完善原型，使它逐步满足用户的要求。

原型法的基本假设是：用户事先不可能对自己的所有需求都清楚，因此系统开发人员事先也不可能完全了解用户的需求。这意味着了解用户的需求是一个渐进的过程，需要系统开发人员与用户进行反复多次沟通。因此信息系统开发过程中先解决一部分主要问题，然后再逐步完善。

原型法的基本假设意味着在系统开发过程中有自己独特的要求与过程。其一，要有快速的建造工具；其二，需要系统模型；其三，允许反复修改且认为这是必要的。基于此，用原型法开发信息系统的基本步骤如下：①确定用户的基本需求；②设计初始原型；③使用和评价原型；④修改原型；⑤交付产品。

原型法的优点主要表现在如下五个方面：①增进用户与开发人员之间的沟通；②用户在系统开发过程中起主导作用；③辨认动态的用户需求；④启迪衍生式的用户需求；⑤缩短开发周期，降低开发风险。

原型法的不足之处有：①与生命周期法相比，原型法不成熟，不便于管理控制；②原型法需要有自动化工具加以支持；③由于大量用户的参与，也会产生一些新的问题，如原型的评估标准是否完全合理；④在修改过程中，原型的开发者容易偏离原型的目的，疏忽了原型对实际环境的适应性及系统的安全性、可靠性等要求，直接将原型系统转换成最终产品。这种过早交付产品的结果，虽然缩短了系统开发时间，但是损害了系统质量，增加了维护代价。

3. 面向对象法简介

面向对象（Object Oriented）法是由面向对象程序设计（OOP，Object Oriented Programming）法发展起来的，简称OO方法。面向对象法强调对现实世界的理解和模拟，便于由现实世界转换到计算机世界。这种方法特别适合于系统分析和设计，现在这种方法已经扩展到计算机科学技术的众多领域，如面向对象的体系结构、程序设计语言、数据库、人工参数、软件开发环境以及面向对象的硬件支持等逐步形成面向对象的理论与技术体系。

（1）面向对象的程序设计的基本思想

1）客观世界的任何事物都是对象（Object）。它们都有一些静态属性和相关的操作。对象作为一个整体，对外不必公开这些属性与操作。这就是对象的封装性（Encapsulation）。

2）对象之间有抽象与具体、群体与个体、整体与部分等几种关系，这些关系构成对象的网络结构。

3）抽象的、较大的对象所具有的性质，自然成为其子类的性质，而不必加以说明。这就是继承性（Inheritance）。

4）对象之间可以互送消息（Message）。消息可以是传送的一个参数，也可以是使这个对象开始的某个操作。

程序设计包括数据结构和算法（功能）两个方面，即信息的静态结构和对它的处理。对象这个概念把这两个方面结合起来，使程序设计的思想方法更接近人们的思维方式。面向对象的程序设计为人们提供了更有力的认识框架。这一认识框架迅速扩展到程序设计范围之外，相继出现了面向对象的数据库管理系统、系统分析、系统设计，逐步形成一套完整的方法。

（2）面向对象法的基本思路

1）从问题空间中客观存在的事物和走访用户出发，获得一组要求。

2）用统一建模符号构造对象模型，以对象作为系统的基本构成单位，事物的静态特征用对象的属性表示，事物的动态特征用对象的服务表示，对象的属性和服务结合为一体，成为一个独立的实体，对外屏蔽其内部的细节。

3）识别与问题有关的类、类与类之间的联系以及与解决方案有关的类（如界面）。

4）对设计类及其联系进行调整，使其如实地表达问题空间中事物之间实际存在的各种关系，对类及其联系进行编码、测试就得到可直接映射问题空间的系统结构。

与生命周期法、原型法相比，面向对象法具有自己的特点，主要有：

1）把功能及数据看作是服务与属性的高度统一，适合人类思维的特点，便于对问题空间的理论和系统的开发，提高了软件的开发质量。

2）对需求的变化具有较强的适应性，满足了客观世界迅速变化对软件弹性的要求。

3）较好地处理了软件的规模和复杂性增加带来的问题，适应客观世界发展和问题空间不断复杂化的需要。

4）通过直接模仿应用领域的实体得到抽象与对应，通过对象间的协作完成任务，使规格说明、系统设计更易于理解。

5）界面更少，提高了模块化和信息隐藏程度，符合客观世界的发展趋势。

9.4.4 安全管理信息系统开发的组织与管理

1. 安全管理信息系统开发的准备工作

安全管理信息系统的开发是一个复杂的系统工程。国内外经验证明，欲建立安全管理信息系统并达到设计目标，使安全管理效率得到提高，总体效益得到改善，起到预防和控制事故的作用，就必须做好以下准备工作：①与需求主体充分沟通，相互配合；②建立系统开发组织机构，组织一支拥有不同层次的管理和技术队伍；③计算机设备的筹备，并具有一定的科学管理基础；④制订投资计划，明确资金资源，确保资金按期到位。

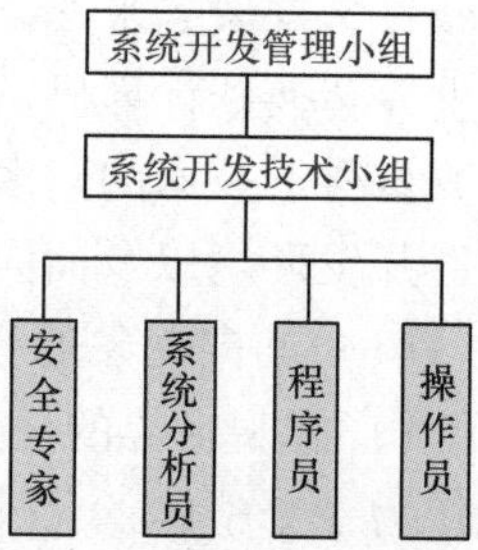

图 9-7 系统开发组织结构示意图

安全管理信息系统开发前要建立组织机构，这是保证其开发成功的关键因素。安全管理信息系统开发主要包括两个方面：其一是系统开发管理小组；其二是系统开发技术小组。系统开发组织结构示意图如图 9-7 所示。

系统开发管理小组的任务是制定安全管理信息系统规划，在开发过程中，根据客观发展情况进行决策，协调各方面的关系，控制开发进度。小组成员应包括一名企业领导、系统开发项目负责人、有经验的系统分析师以及用户各主要部门的业务负责人。

管理小组的职责范围如下：

1）提出建立新系统的规划和总策略。

2）保证满足企业不同部门对新系统的需求。

3）对开发工作进行监督与控制；对项目的目标、预算、进度、工作质量进行监督与控制；检查每个阶段和每一步骤的工作报告；组织阶段验收；提出继续开发或暂停开发的建议。

4）协调系统开发中有关的各项工作。

5）向上级组织报告系统开发工作的进展情况。

6）委任新的组织机构的主要工作人员，规定他们的职责范围。

系统开发技术小组由系统分析员或系统工程师负责。其具体任务是根据系统目标和系统开发管理小组的指导开展具体工作。这些工作包括开发方法的选择；各类调查的设计和实施；调查结果的分析；撰写可行性报告；系统的逻辑设计；系统的物理设计；系统的具体编程和实施；制定新旧系统的交接方案；监控新系统的运行；如果需要，协助组织进行新的组织机构变革和新的管理规章制度的制定。

系统开发中各类技术人员的职责和能力要求如表 9-2 所示。

2. 系统开发的策略选择

系统开发有多种方式，应根据资源情况、技术力量、外部环境等因素选择。不论采用哪种方式，都需要单位领导者和业务人员参加。系统开发方式如表 9-3 所示。

表 9-2 系统开发中各类技术人员的职责和能力要求

工作职务	职责和能力要求
系统分析员	同用户共同确定信息需求，编写系统说明书。熟悉企业管理和信息系统开发过程，有较好的表达能力，以及与他人协同工作的能力
系统设计员	设计信息系统，定义硬件、软件要求。精通计算机硬件和软件，有根据信息流和组织目标改变组织职能的能力
应用程序员	设计、调试计算机应用程序
程序维护员	维护现有程序
数据库管理员	管理和控制企业的数据库
计算机操作员	操纵计算机设备
文件库管理员	保存、收发计算机使用文件，进行文件整理归档
控制员	记录各种控制信息，检查控制流程
规划员	规划信息系统的前景

表 9-3 系统开发方式

方式 特点	自行开发	委托开发	联合开发	购买现成软件包
对分析、设计力量的要求	非常需要	不太需要	逐步培养	少量培养
编程力量的要求	非常需要	不需要	需要	少量需要
系统维护	容易	较困难	较容易	困难
开发费用	少	多	较多	较少

1）自行开发的优点是可以得到适合本单位的满意系统，通过系统开发培养自己的力量。缺点是开发周期往往较长。自行开发需要强有力的领导，有足够的技术力量，需要进行一定的咨询。

2）委托开发从用户角度讲最省事，但必须配备精通业务的人员参加，经常检查、协调。这种方式开发费用较高，系统维护比较困难。

3）购买现成的软件包最省事。但要买到完全适合本单位的、满意的软件也不容易。购买现成软件包需要有较强的鉴别能力。

4）联合开发对于培养自己的技术力量最为有利，系统维护也比较方便。但条件是双方要精诚合作，自己有一定的系统分析和设计力量。这种方式最适合我国目前的情况。

3. 系统开发的计划与控制

系统开发是一项涉及众多因素、耗资大、时间长、风险大的工程，必须进行计划和控制，即项目管理。项目管理的目的是保证工程项目在一定资源情况下如期完成，即控制计划的执行。项目管理体现在四个方面，即资源保证、进度保证、审核批准、进度和费用统计。

9.4.5 安全管理信息系统开发过程

安全管理信息系统的开发过程包括各类数据资料的整理分析与规范化、需求分析、安全信息库的结构设计、应用程序设计、数据录入、试运行、综合调试和数据处理与维护等。在系统的开发过程中，系统的基本配置方案应根据安全信息管理的实际需要和当前计算机软件的发展情况，选用易于使用、满足开发功能和具有多媒体处理功能的新软件或成熟软件。

安全管理信息系统开发的生命周期全过程包括系统规划、系统分析、系统设计、系统实施、系统运行与维护五个阶段。各阶段的主要技术步骤如下：

1）系统规划阶段的任务是对企业环境、目标、现行系统的状况进行初步调查，根据企业发展战略制定信息系统的目标；具体分析现有安全管理基础工作状况，分析并预测新系统的信息需求，确定系统功能和系统规格；同时根据系统的种种环境因素，研究建设新系统的必要性和可能性，并从技术和经济等方面研究其可行性。

2）系统分析阶段的任务是根据系统规划的方案所确定的范围，对现行系统进行详细调查，描述现行系统的安全生产流程，指出现行系统的局限性和不足之处，确定新系统的基本目标和逻辑功能要求，即提出新系统的逻辑模型。这个阶段又称为逻辑设计阶段，其任务是回答系统“做什么”的问题。其工作量庞大且要求较高，需要做深入、细致的工作。并需要对采集或收集后的数据进行分类整理，按照统一的格式做规范化处理。

3）系统设计阶段要回答的问题是“怎么做”，是安全信息管理系统研究开发的关键。该阶段的任务是根据系统说明书中规定的功能要求，考虑实际条件，具体设计实现逻辑模型的技术方案，即设计新系统的物理模型。这个阶段又称为物理设计阶段，分为总体设计和详细设计，形成“系统设计说明书”。

4）系统实施阶段是在系统设计的基础上，将设计意图转换为可执行的人机信息系统。针对安全信息管理对象设计各个程序模块，选择合适的程序设计和必要的软件工具，按模块分别编写相应的计算机程序。为了确保程序运行通畅，在单模块调试运行的基础上，连接系统的各子模块，进行系统综合测试，完成系统集成和综合试运行。这一阶段的任务包括设备购置、安装和调试，程序的编写和调试，人员培训，建立数据库，系统调试与转换等。

5）系统运行与维护阶段是指在系统投入运行后，需要经常进行维护和评价，记录系统运行的情况，根据一定的规格对系统进行必要的修改，评价系统的工作质量和工作效益，包括系统目标的科学性、软件程序设计的正确性、有关预测管理数学模型准确性的验证和整个系统运行的维护完善工作。

综上所述，运用安全信息管理技术，把系统科学、信息科学引入安全工作领域，从性能、经费、时间等整体条件出发，针对系统生命周期，分别构思从设计、制造、运行、储存、运输到生产施工乃至废弃物处置等所有阶段安全防范对策。通过实施综合性的安全分析与评价，预测可能发生的事故和灾害（人员伤亡或财产损失）的演变趋势，为安全生产管理决策提供决策支持，使其在消除隐患、预防事故、促进生产、保障效益等方面发挥越来越大的作用。

复习思考题

1. 什么是信息？信息与数据有什么样的关系？
2. 安全信息是什么？常见的安全信息应用方式有哪些？如何理解安全信息在安全管理工作中所起的作用？
3. 安全管理信息系统的主要特点有哪些？具有哪些基本功能？
4. 安全管理信息系统的任务是什么？开发原则有哪些？
5. 信息系统开发过程及其相应任务有哪些？

第10章

灾害事件与事故应急管理

本章概要 · 学习要求

本章主要讲述了灾害事件的特点、分类和事故应急管理的思路及方法，包括一般灾害事件、化学事故和煤矿事故的应急管理方法或应急预案。通过本章学习，要求学生了解灾害事件的应急管理在安全管理中的重要作用，理解化学事故与煤矿事故应急管理与其他行业应急管理的相同及不同处，并掌握一定的应急预案制定对策。

事故的特点决定了事故后果的灾难性、毁灭性和伤害性，听天由命、被动地面对事故是不可取的。积极开展事故应急管理，通过事前计划和应急措施，充分利用一切可能的力量，做好应对灾害事件的心理和物质准备，是各级管理人员必须考虑和实施的工作。本章从管理和技术层面探讨了灾害事件的特点、分类和事故应急管理的总体思路及方法。首先介绍了一般灾害事件的应急管理体系，其次针对化学事故的应急预案以及煤矿事故的应急管理进行了深入的阐述。

10.1 一般灾害事件的应急管理

10.1.1 一般灾害事件的概念和分类

1. 灾害事件

灾害事件是个人或集体在为了实现某种意图而采取行动的过程中，突然发生了与人意志相反的情况，迫使这种行动暂时地或永久地停止，并造成人员伤亡、经济损伤或环境污染的意外事件。

灾害事件除了具有事故的所有特性，即普遍性、随机性、必然性、因果相关性、突变性、潜伏性、危害性、可预防性等，又有其特有的特性。灾害事件与事故最大的不同在于，灾害事件会造成大量的人员伤亡、重大的经济损失、严重的环境污染以及巨大的社会效应。因此，灾害事件的后果不仅非常严重，而且会引起人们的关注，造成不良的社会影响。

2. 灾害事件的分类

1）按事故发生的性质分类。按事故发生的性质，事故可分为自然事故与人为事故。

自然事故是由自然灾害造成的事故，如地震、洪水、旱灾、山崩、滑坡、龙卷风等引起的事故。由于科学技术的限制，这类事故在目前条件下不能被完全预防与控制，只能通过研究预测、预报技术，尽量减轻灾害所造成的破坏和损失。

人为事故则是由人为因素而造成的事故，原则上是可以预防的。

2）按事故严重程度分类。按照事故严重程度分类，事故可分为轻伤事故、重伤事故和死亡事故三类。其中轻伤事故是只有轻伤的事故；重伤事故是有重伤而无死亡的事故；死亡事故又分为重大伤亡事故和特大伤亡事故。

3）按伤害原因和状况分类。根据 GB 6441—1986《企业职工伤亡事故分类》，综合考虑起因物、引起事故发生的诱导性原因、致害物、伤害方式等，可将事故分为 20 类。具体的分类和说明如表 10-1 所示。

表 10-1　企业职工伤亡事故分类

序号	事故类型	说明
1	物体打击	指落物、滚石、锤击、碎裂、崩块、击伤等伤害，不包括因爆炸而引起的物体打击
2	车辆伤害	指机动车辆在行驶中的挤、压、撞车、倾覆等
3	机械伤害	指机械设备与工具引起的绞、碾、碰、割、戳等伤害
4	起重伤害	指各种起重作业引起的机械伤害
5	触电	指电流流经人体，造成生理伤害的事故，包括触电、雷击伤害
6	淹溺	指因大量水经口、鼻进入肺内，造成呼吸道阻塞，发生急性缺氧而窒息死亡的事故
7	灼烫	指强酸、强碱溅到身体引起的灼伤，或因火焰引起的烧伤，高温物体引起的烫伤，放射线引起的皮肤损伤等事故
8	火灾	指造成人身伤亡的企业火灾事故
9	刺割	指机器工具伤害以外的刺害，如钉子扎脚、尖刃物划破等
10	高处坠落	指出于危险重力势能差引起的伤害事故，包括从架子上、屋顶上坠落以及平地上坠入地坑等
11	坍塌	包括建筑物、堆置物、土石方倒塌等
12	冒顶片帮	指矿井工作面、巷道侧壁由于支护不当、压力过大造成的塌陷
13	透水	指矿山、地下开采或其他坑道作业时，意外水源带来的伤亡事故
14	放炮	指施工时，放炮作业造成的伤亡事故
15	火药爆炸	指火药与炸药在生产、运输、储藏过程中发生的爆炸事故
16	瓦斯爆炸与煤尘爆炸	指可燃性气体瓦斯、煤尘与空气混合形成了达到燃烧极限的混合物，接触火源，引起的化学性爆炸事故
17	锅炉和受压容器爆炸	指锅炉发生的物理性爆炸和压力容器破裂引起的气体爆炸
18	其他爆炸	包括化学爆炸、炉膛、钢水包爆炸等
19	中毒和窒息	指人接触有毒物质引起人体急性中毒事故；因为氧气缺乏，有时会发生突然晕倒，甚至死亡的事故称为窒息，两者现象合为一体，称为中毒和窒息事故，如煤气、油气、沥青、化学物质、一氧化碳中毒、窒息等
20	其他伤害	指扭伤、跌伤、冻伤、野兽咬伤等

这种分类方法目前比较通用，具有某种法定意义。其优点是覆盖面广泛，分类比较简

单，概括了全国工业生产各个方面的事故。其缺点是比较粗略，不利于事故的预防。

10.1.2 灾害事件现场应急管理

1. 指挥与控制

指挥与控制是指紧急事件中的应急指挥、协调和决策。下面描述的指挥与控制系统是针对比较大的企业，对较小企业可能不需要如此复杂，但基本原则是一样的。

1）应急管理组。应急管理组全面负责和控制所有与事故相关的活动。应急管理组由应急指挥领导，应急指挥由设施管理者担任，负责指挥和控制应急事务的所有方面。应急管理组其他成员为高层管理者，其主要工作是评估事件的短期和长期影响，下达撤离或关闭设施的命令，接待外部组织、媒体和发布新闻。

2）事故指挥系统。事故指挥系统可提供协调的响应、清晰的命令链和安全操作链。事故指挥官通过应急操作中心负责事故的前线管理、战术规划与实施，决定是否需要外部帮助，转达对内部资源的要求或对外部帮助的要求。事故指挥官是有决定权的管理人员，工作职责为担任指挥，评估形势，实施应急管理预案，决定响应策略，命令撤离，督察所有事故响应活动和宣布事故结束。

3）应急指挥控制中心。应急指挥控制中心是应急管理的中心，根据事故指挥官和其他人员提供的信息进行决策。应急指挥控制中心位于不容易卷入事故的地方，可以是经理办公室、会议室、安全部门、培训中心等，并明确一个备用位置以备万一。应急指挥控制中心的资源包括通信设备、应急管理预案拷贝和应急操作中心程序、设计图、地图和形势图板、应急操作中心人员和职责说明清单、技术信息和应急者使用的数据、建筑安防系统信息、电话目录、备用电源、通信与照明以及应急供应等。

4）预案应考虑的问题。预案应考虑的问题包括以下两个方面：

第一，建立操作与控制系统，包括明确指定任务的人员的职责，明确灭火、医疗健康管理服务、工程的程序和责任，明确接任顺序，确保关键岗位的领导、权力和责任的连续性，明确每一响应功能需要的设备与供应等。

第二，安排所有人员识别并报告紧急情况，警告其他职工，采取保卫与安全措施，安全撤离和提供培训等。

5）保卫。事故一开始就应隔离现场，如果可能，发现者应该保护现场并限制人员接近，但是不能让任何人冒险进行这项工作。基本保卫措施包括关闭门窗，人员安全撤离后用家具建立临时障碍，在危险材料泄漏的路径上设置围堵设施并关上文件柜和抽屉。只有受过专业训练的人才允许进行高级的保卫措施，进入设施、应急操作中心和事故现场的人限于应急响应中直接有关的人。

6）外部响应的协调。在某些情况下，由于法律规定、法律规范的要求、事先的协议以及紧急事件的性质需要事故指挥官将操作移交给外部机构，实施工厂与外部响应组织之间的协议。工厂的事故指挥官应向社区的事故指挥官提供完整的形势报告，并追踪现场组织和协调应急响应，这可以帮助增加个人的安全性和责任感，避免重复工作。

2. 通信

在应急反应期间，通信是必不可少的，用于报告紧急情况、警告危险、保持与家庭和不当班职工联系以通报设施的事件和协调应急行动，保持与客户和供应商接触等。

1）通信系统。要考虑通信方面所有可能的事故，包括暂时的或短期的中断和完全的通信瘫痪。主要考虑以下六个方面的内容：①设施的日常功能和支持这些功能的通信，包括语音和数据；②一旦出现通信故障将对企业造成什么冲击，在紧急事件中造成怎样的冲击；③确定所有设施通信的优先顺序，决定紧急事件期间哪个应首先恢复；④建立恢复通信系统的程序；⑤与通信提供商就其通信应急响应能力进行协商，建立恢复服务的程序；⑥决定是否需要就每一岗位提供备用通信手段。

2）应急通信。紧急事件中的应急通信系统包括紧急响应者之间、紧急响应者与事故指挥官、事故指挥官与应急操作中心、事故指挥官与职工、应急操作中心与外部响应组织、应急操作中心与相邻企业、应急操作中心与职工家庭、应急操作中心与顾客以及应急操作中心与媒体等。应急通信方法包括信使、电话、无线对讲机、传真机、微波通信、卫星通信、调制解调器、局域网和手势等。

3）家庭通信。紧急事件中要制定紧急事件中与职工家庭通信的预案，具体包括三个方面：①考虑在紧急事件中互相分离或受伤时怎样与家庭联系；②在紧急事件中安排与所有家庭成员进行电话联系；③一旦紧急事件中不能回家，就安排会见家庭成员的地方。

4）通告。建立向职工报告紧急事件的程序，将紧急电话号码贴在每一部电话机旁、公告栏以及其他显著的位置，保持应急响应关键人员住址、电话号码或其他联系手段的更新，收听气象台发布的暴雨、飓风及其他恶劣天气的警报，预先确定政府机构需要的通告，通告应该在事故可能影响公众健康与安全时立即发出。

5）警报。设立紧急事件中警告个人的系统，包括能被设施中的人听见或看见、有辅助电力供应和清晰可分辨的信号，必须有警告残疾者的预案，例如，通过闪光灯警告听力下降者。建立报警程序，用来警告顾客、承包商、来访者和其他不熟悉设施报警系统的人。对于报警系统至少应每月进行一次测试。

3. 生命安全

紧急事件期间保护设施中每个人的健康和安全是最重要的。

1）撤离计划。撤离是最普通的保护措施。编写撤离政策的程序为：①决定需要撤离的条件；②建立清晰的命令链，明确有发布撤离命令权力的人，任命撤离管理人员帮助他人撤离和清点人数；③建立特定撤离程序和清点人数的系统，较远撤离时应考虑职工的交通问题；④建立程序帮助有残疾的人员和语言不通的人员；⑤张贴撤离程序；⑥任命撤离过程中继续或中断关键操作的人员，他们必须有能力判断何时放弃操作，撤离自己。

2）撤离路线与出口。指定主要和备用的撤离路线和出口，要有清晰标记和照明，要安装应急照明以备撤离时停电。撤离路线和应急出口应有足够宽度以容纳撤离人数，任何时候都干净无障碍，不太可能暴露在另外的危险中。撤离路线须经非本单位人员评价过。

3）集合区与人数清点。集合区的混乱可能导致不必要的和危险的搜救操作，应明确撤离后的集合地点，撤离后清点人数，应确定未到者的姓名和最后所在位置并提交应急操作中心，建立清点供应商、顾客等其他非本单位职工的程序，并建立进一步撤离程序以防事故扩大，包括让职工回家或提供交通工具到安全地点。

4）躲避。在有些紧急事件中，不论在设施内还是设施外的公共建筑内，最好的保护措施就是躲避。在躲避中要考虑躲避的条件，确认设施内或社区的躲避空间，建立让个人躲避的程序，确定必需的应急供应，如水、食物、医疗设施等。如果需要，任命躲避场所管理者，制订与地方当局的协调计划。

5）训练与信息。训练职工撤离、躲避或其他安全程序。至少每年训练一次，对于新职工、撤离管理员、躲避场所管理者和其他有特殊安排的人必须进行训练。当引进新装备、材料或过程、更新或修订程序、改进职工的练习行动时，也必须进行训练。提供的应急信息包括检查表和撤离图、关键地方张贴的撤离图以及考虑顾客或其他来访者需要的信息。

6）家庭的准备。帮助职工安置家庭成员。以家庭为单元，做好应对紧急事件的准备，这将增加职工个人的安全性，减少其对家人的担忧，才能尽快投入新的救援或生产活动。

4. 财产保护

为保证恢复生产，紧急事件发生时应保护设施、设备和关键的记录。保护的设施包括防火系统、防雷系统、液位监测系统、溢流检测装置、自动关闭装置和应急发电系统等。设施关闭通常是最后的措施，一些设施只需要简单的关闭程序，例如，关掉设备、锁门、发警报，但对大的设施需要复杂的关闭程序。保存必要记录对于恢复操作是非常重要的，这些记录包括财务与保险信息，工程计划与工程图，产品清单与说明书，职工、顾客、供应商数据库，配方与商业秘密，个人资料等。

5. 外部组织

与社区、外部组织的关系会影响保护人员和财产以及恢复操作的能力。本节描述应急预案中涉及的外部组织。

1）涉及社区。与社区领导、应急负责人、政府机构、社区组织与公共事业部门保持对话，定期会见社区应急人员，评审应急预案与程序，谈论为准备与防止紧急事故可以做些什么。

2）互助协议。为避免应急响应中的混乱和冲突，应与地方应急响应机构和相邻企业建立互助协议，包括确定帮助的类型、激活协议的命令链和确定通信程序。

3）为社区服务。在涉及整个社区的紧急事件中，企业需要在人员、设备、掩蔽设施、培训、储存、饲养设施、应急操作中心设施、食品、衣物、建筑材料、资金、运输等方面帮助社区。

4）公众信息。当紧急事件扩大至设施外时，社区要了解事故的性质、公众安全和健康是否处于危险中、怎么解决问题、如何阻止事态恶化，要确定事件可能影响到的人，明确他们需要的信息。这些人包括公众、媒体、职工与退休职工、协会、承包商和供应商、顾客、股东、应急响应组织、管理机构、指定与选举的官员、特殊兴趣组织、邻居等。

5）与媒体的关系。媒体是紧急事件中与公众最重要的联系途径。紧急事件期间向媒体提供信息时，应做到给所有媒体接触信息的平等的机会，可能时发布简报或召开记者招待会。同时确保现场媒体代表的安全，保存发布信息的记录。

值得注意的是要避免对有关事故进行猜测，不允许非授权人发表信息，不得掩盖事实或误导媒体，不得谴责事故。

6. 恢复与重建

事故过后应着手恢复操作。恢复操作包括以下内容：

1）建立恢复组织，建立恢复操作优先顺序。

2）继续保持个人与财产安全，评估残余危害，保留现场安全保卫。

3）召开职工会议。

4）保留详细记录，包括声音记录、损害的照片和录像带。

5）统计损失情况，建立损失的账目。

6）事件后通告程序，通报职工家庭有关个人的财产状况，通报不在岗人员的工作状态，通报保险公司和有关政府机构。

7）保护未损坏财产，关闭建筑进口，清除烟、水和其他残骸，保护设备防止受潮，恢复供电。

8）进行事故调查，与政府有关部门协调行动。

7. 管理与后勤

保持完整、准确的记录有助于更加有效地应急响应和恢复程序。

1）管理行为。事件前的管理行为包括建立书面的应急管理预案、保留培训记录、保留所有书面通信记录、演练与演习的文件与鉴定、预案编制活动中涉及的社区应急响应组织等。紧急事件期间和以后的管理行为包括保存电话记录、保存详细的事故记录、保存受伤及随后行为的记录、清点人数、协调家庭成员的通告、发布新闻、保存取样记录、管理资金、协调个人服务、事件调查与恢复操作文件等。

2）后勤。紧急事件前，后勤的主要工作为采购设备、储存供应、明确应急设施、建立培训设施、建立互助协议和准备资源清单。应急期间的后勤是为应急响应者提供设施图、向职工提供材料安全数据单、安装备用设备、维修零件、安排医疗支持、食物和交通、安排躲避设施、提供备用电源和提供备用通信。

10.1.3　重要目标区救援预案

重要目标区的救援预案是一个实质性的具体行动方案，它是各救援分队实施救援的依据。此类预案主要有以下六个方面的内容：

1）事故预想。事故预想是制定目标区救援预案的前提。事故预想的主要内容包括：重要目标区的危险源概况；潜在威胁最大的目标（单位）名称；主要有毒、有害物质的常存量；对潜在威胁程度的评估；对诱发事故因素的分析；对各季节风向、风速、气温、雨（雪）量的判断及气象条件对化学事故的可能影响等。根据调查资料建立数据库，对危害结果进行预测。

2）救援决心。救援决心主要说明救援指挥者的指导思想，采取的手段和达到的目的。

3）任务区分。按照厂区救援、社区救援和市预备分队救援三个层次单位（队）区分任务。厂区救援是本厂自身的救援，其任务是切断毒源、制止扩散及救护本厂人员。社区救援是所在社区指挥部组织的救援，应集中全区所有力量进行救援，其救援范围以厂区为主。市预备分队救援是出动市预备分队援救，任务范围除专业技术人员到厂区外，以外围救援为主。

4）人口疏散。人口疏散应考虑疏散的时机、范围、地域、路线、方法和保障以及组织指挥。疏散地域应选择在事故源的上风方向、在毒气扩散范围之外、便于机动和能容纳所疏散的人口等处。

5）组织指挥。组织指挥包括指挥机构的组成、任务、权限、位置等。指挥位置要选择在毒气扩散的上风方向，并便于指挥的位置。指挥所人员的构成应为本系统、厂（企）指挥部的成员和各专业分队的指挥员代表。各代表均应携带指挥通信工具，能接受指挥部的命令，又能对其分队实施有效指挥。

6）各种图表。具体如下：

① 基本救援预案图的主要内容包括重要目标分布情况；救援力量配置情况；市、区消防和有关部门、单位的位置；市、区目标区有线、无线联网情况。

②重要目标区应急救援预案图的主要内容包括危险源扩散范围及模式；各救援分队的机动、展开位置；人口疏散的方向和地域；各级指挥所的位置。

③ 其他各种附表。救援指挥部序列表主要反映本系统、厂（企）指挥部和专业分队的编号及指挥关系。危险品来源情况表主要内容包括单位名称、详细地址、联系电话、品名、产量、日储量、等级划分及周围人口密度等。救援力量情况表主要包括单位名称、详细地址、联系电话、人数、装备器材名称、数量、技术性能、装备车辆数、救援能力及防护能力等。

10.2 化学事故及其应急预案

伴随着化学工业的迅速发展及其在国民经济各个领域中的广泛渗透，化工原料和化工生产具有的易燃易爆、有毒有害、腐蚀性强等特点，使化学工业潜在的危险因素和事故危害的影响程度及范围也随之增加，危险性较其他行业要大，发生事故的后果也比较严重。因此，研究化学事故的基本原理，掌握其发生的客观规律，建立化学事故的应急预案，努力探索控制危险和防治化学事故的有效措施，加强化学事故的安全管理，防止各类化学事故的发生，对保护劳动者的人身安全，保护国家财产免遭损失具有重要的意义。

10.2.1 化学事故的概念、特点及原因

1. 化学事故的概念及特点

由危险化学品所导致的火灾、爆炸、中毒和窒息事故可称为化学事故。其中，危险化学品是指属于爆炸品、压缩气体和液化气体、易燃液体、易燃固体、自燃物品和遇湿易燃物品、氧化剂和有机过氧化物、有毒品和腐蚀品的化学品。与其他事故相比，化学事故具有以下三大特性：

1）易发性。在化工生产中，从原料、中间体到成品，大都具有易燃、易爆、毒性等化学危险性。化工工艺过程复杂多样化，高温、高压、深冷等不安全因素很多。因此，化学工业中容易发生化学事故。

2）破坏性。化学事故多为火灾和爆炸事故，常会造成毒物泄漏等二次事故。因此，具有很大的破坏作用。

3）可预防性。化学事故具有事故的一般特点和性质，如因果相关性、潜伏性、规律性等，采取适当的措施和手段，可以避免或减少化学事故造成的损失和危害。

2. 化学事故的原因

研究化学事故的起因和危害应从人、机、物和环境四大要素入手。

1）人。人是指从事生产活动的操作人员和各级管理人员。人的行为受生理因素和社会环境的影响，容易产生差错，主要表现在技术不熟练、精力不集中、疲劳、身体不适、心情不愉快、素质差等，这些都会导致错误操作、错误判断或违章指挥、违章作业等。这些不安

全行为有时对系统的影响可能不大，而有时则能导致灾难性后果。

2）机。各种设备由于设计、施工、制造时有缺陷或维修保养不良、腐蚀、老化等原因呈现出磨损、松脱、变形、强度下降、破损、发热、移位以及短路、断路等危险状态，如果管理不善，就会在运行时导致事故，造成人员伤亡、设备破坏和污染环境。

3）物。在化学工业生产中，物主要是指化学物质和反应性化学物质。其中，化学物质是指通过化学方法和化工过程得到的物质。制得的方法可以是化学合成、化学分离或复合，也包括一些物理过程。反应性化学物质则是指自身或与其他物质易进行化学反应的物质，也可以认为是活性物质。

4）环境。作业环境中的噪声、振动、粉尘、有毒气体和蒸气、温度、湿度、色彩照明、通风采暖以及射线等物理化学因素，不仅影响人的心理情绪，导致错误操作，长期接触还会危害人体健康，引起职业病。另外，管理制度、工时定额、人际关系等社会因素也会影响人的心理状态和行为方式。在化工生产这个特殊领域，由于不良的环境因素而导致人的不安全行为，继而引发的化学事故在事故构成中占很大比例。

10.2.2　化学事故应急预案

1. 化学事故应急预案基本概述

化学事故应急预案是指针对危险化学品等由于各种原因造成或可能造成的众多人员伤亡及其他具有较大社会危害的事故，为迅速、有序地开展应急行动，降低人员伤亡和经济损失而预先制订的有关计划或方案。

1）化学事故应急预案的基本原则。应急预案是开展应急救援行动的行动计划和实施指南，是一个透明和标准化的反应程序，使应急救援活动能够按照预先周密的计划和有效的实施步骤有条不紊地进行，这些计划和步骤是快速响应和应急救援的基本保证。由于化学事故发生突然、扩散迅速、危害途径多、作用范围广。因此，事故发生后救援行动必须迅速、准确和有效。编制化学事故应急预案在遵照预防为主的前提下，应该贯彻统一指挥、分级负责、区域为主、单位自救与社会救援相结合的原则。

值得注意的是，编制事故应急预案是一项涉及面广、专业性很强的工作，靠某一部门是很难完成的，必须把各方面的力量组织起来，形成预案编制小组。在应急预案实施过程中，需要成立统一的救援指挥部，并在指挥部的指挥下，与救灾、公安、消防、化工、环保、卫生、劳动等部门紧密配合，协同作战，迅速有效地组织和实施事故应急预案，才能最大可能地避免和减少损失。

2）化学事故应急预案的基本任务。编制化学事故应急预案的基本任务包括五个方面，具体的内容如表10-2所示。

2. 化学事故应急预案的内容

根据安监管危化字〔2004〕43号文件《危险化学品事故应急救援预案编制导则（单位版）》，化学事故应急预案的主要内容应包括以下几个方面：

1）基本情况。基本情况主要包括单位的地址、经济性质、从业人数、隶属关系、主要产品、产量等内容，周边区域的单位、社区、重要基础设施、道路等情况；危险化学品运输单位运输车辆情况及主要的运输产品、运量、运地、行车路线等内容。

表 10-2 编制化学事故应急预案的基本任务

序号	任　务	内　容
1	控制危险源	及时控制危险源是编制化学事故应急预案的首要任务。只有及时控制危险源，才能从源头上有效预防化学事故的发生，并在事故发生后控制事故的扩展和蔓延，实施及时有效的救援活动
2	抢救受害人员	抢救受害人员是实施事故应急预案的重要任务。在实施事故应急预案行动中，快速有序地进行现场急救和安全转送伤员是降低伤亡率、减少事故损失的关键行动
3	指导群众防护和撤离	根据化学事故的类型和性质，及时指导和组织群众采取各种措施进行自身防护和互救工作，并迅速从危险区域或可能受到伤害的区域撤离
4	清理现场，消除危害	对事故产生的有毒、有害物质以及可能对人体和环境继续造成危害的物质，及时组织人员予以清除，防止进一步的危害
5	查找事故原因，估算危害程度	事故发生后，及时做好事故调查与处理工作，并估算出事故的波及范围和危险程度

2）危险目标及其危险特性、对周围的影响。可根据生产、储存、使用危险化学品装置、设施现状的安全评价报告，健康、安全、环境管理体系文件，职业安全健康管理体系文件，重大危险源辨识结果等材料辨识的事故类别、综合分析的危害程度，确定危险目标，并根据确定的危险目标，明确其危险特性及对周边的影响。

3）危险目标周围可利用的安全、消防、个体防护的设备、器材及其分布。

4）应急救援组织机构、组成人员和职责划分。依据危险化学品事故危害程度的级别设置分级应急救援组织机构。组成人员包括主要负责人及有关管理人员、现场指挥人员。主要职责包括：①组织制定危险化学品事故应急救援预案；②负责人员、资源配置、应急队伍的调动；③确定现场指挥人员；④协调事故现场有关工作；⑤批准本预案的启动与终止；⑥事故状态下各级人员的职责；⑦危险化学品事故信息的上报工作；⑧接受政府的指令和调动；⑨组织应急预案的演练；⑩负责保护事故现场及相关数据。

5）报警、通信联络方式。依据现有资源的评估结果，保证24小时有效的报警装置；24小时有效的内部、外部通信联络手段；运输危险化学品的驾驶员、押运员报警及与本单位、生产厂家、托运方联系的方式、方法。

6）事故发生后应采取的处理措施。根据工艺规程、操作规程的技术要求，确定采取的紧急处理措施；根据安全运输卡提供的应急措施及与本单位、生产厂家、托运方联系后获得的信息而采取的应急措施。

7）人员紧急疏散、撤离。依据对可能发生危险化学品事故场所、设施及周围情况的分析结果，提出事故现场人员清点、撤离的方式、方法；非事故现场人员紧急疏散的方式、方法；抢救人员在撤离前、撤离后的报告；周边区域的单位、社区人员疏散的方式、方法。

8）危险区的隔离。依据可能发生的危险化学品事故类别、危害程度级别，确定危险区的设定；事故现场隔离区的划定方式、方法；事故现场隔离方法；事故现场周边区域的道路隔离或交通疏导办法。

9）检测、抢险、救援及控制措施。依据有关国家标准和现有资源的评估结果，确定检测的方式、方法及检测人员防护、监护措施；抢险、救援方式、方法及人员的防护、监护措施；现场实时监测及异常情况下抢险人员的撤离条件、方法；应急救援队伍的调度；控制事故扩大的措施；事故可能扩大后的应急措施。

10）受伤人员现场救护、救治与医院救治。依据事故分类、分级，附近疾病控制与医疗救治机构的设置和处理能力，制定具有可操作性的处置方案，应包括：接触人群检伤分类方案及执行人员；依据检伤结果对患者进行分类现场紧急抢救方案；接触者医学观察方案；患者转运及转运中的救治方案；患者治疗方案；入院前和医院救治机构确定及处置方案；信息、药物、器材储备信息。

11）现场保护与现场洗消，包括事故现场的保护措施，明确事故现场洗消工作的负责人和专业队伍。

12）应急救援保障包括内部保障和外部救援。内部保障依据现有资源的评估结果，其内容包括：①确定应急队伍，如抢修、现场救护、医疗、治安、消防、交通管理、通信、供应、运输、后勤等人员；②消防设施配置图、工艺流程图、现场平面布置图和周围地区图、气象资料、危险化学品安全技术说明书、互救信息等存放地点、保管人；③应急通信系统；④应急电源、照明；⑤应急救援装备、物资、药品等；⑥危险化学品运输车辆的安全、消防设备、器材及人员防护装备。保障制度目录包括：①责任制；②值班制度；③培训制度；④危险化学品运输单位检查运输车辆实际运行制度（包括行驶时间、路线，停车地点等内容）；⑤应急救援装备、物资、药品等检查、维护制度（包括危险化学品运输车辆的安全、消防设备、器材及人员防护装备检查、维护）；⑥安全运输卡制度（安全运输卡包括运输的危险化学品性质、危害性、应急措施、注意事项及本单位、生产厂家、托运方应急联系电话等内容。每种危险化学品一张卡片；每次运输前，运输单位向驾驶员、押运员告之安全运输卡上有关内容，并将安全运输卡交驾驶员、押运员各一份）；⑦演练制度。

外部救援依据对外部应急救援能力的分析结果，确定单位的互助方式；请求政府协调应急救援力量；应急救援信息咨询；专家信息。

13）预案分级响应条件。依据危险化学品事故的类别、危害程度的级别和从业人员的评估结果，可能发生的事故现场情况分析结果，设定预案的启动条件。

14）事故应急救援终止程序。确定事故应急救援工作结束，通知本单位相关部门、周边社区及人员事故危险已解除。

15）应急培训计划。依据对从业人员能力的评估和社区或周边人员素质的分析结果，应急培训计划的内容包括：应急救援人员的培训；员工应急响应的培训；社区或周边人员应急响应知识的宣传。

16）演练计划。依据现有资源的评估结果，演练计划包括：演练准备；演练范围与频次；演练组织。

17）附件。主要包括：组织机构名单；值班联系电话；组织应急救援有关人员联系电话；危险化学品生产单位应急咨询服务电话；外部救援单位联系电话；政府有关部门联系电话；本单位平面布置图；消防设施配置图；周边区域道路交通示意图和疏散路线、交通管制示意图；周边区域的单位、社区、重要基础设施分布图及有关联系方式，供水、供电单位的联系方式；保障制度等。

3. 化学事故应急预案的编写

编制事故应急预案要求高，难度大，组织复杂。预案中要有侦查、洗消、灭火、抢救、人员防护撤离、通信联络、器材保障等多项内容。因此，应急指挥部必须在全面调查的基础上，周密细致地制定出事故应急预案。

（1）编制要求

事故一旦发生，事故应急预案就是救援行动的指南。为确保应急行动的准确性，在制定事故应急预案时要根据系统、企业单位事故潜在威胁的情况和现有救援力量的实际，将分散在各系统、各部门的各种力量有效地组织起来，形成整体力量，最大限度地发挥整体效能。另外，编制事故应急预案是一项系统工程，它具有严格的科学性和实践性，预案一定要结合实际情况认真细致地考虑各项影响因素，并经演习的实践考验，不断补充、修正和完善。

（2）编制的依据

1）依据单位重大灾害事故危险源的数量和发生事故的可能性，并结合可能发生的事故类型、性质、影响范围以及后果的严重程度等来制定预案，预案应该具有一定的现实性和实用性，提供的数据资料必须真实、准确、可靠。

2）预案中有权威性的应急指挥组织系统情况和有关应急救援方面的立法文件和规范规定。

3）调查相关事项并出具有关图表。有关图表主要包括城市地图，城市交通图，城市水系及管道分布图，重点防护目标分布图，建筑物情况图，人口情况图，救援能力分布总图，监测，化验力量分布图，连续三年的气象资料，援救能力调查表等。

4）调查应急事故状态下所需应急器材、设备、物资的储备和供给保障的可能性。

5）选择2～3个撤离安置点和对撤离路线上休息站的实地调查。

（3）编制步骤

制定事故应急预案，按以下四步进行：

1）编制准备。①成立预案编制小组；②制订编制计划；③收集资料；④初始评估；⑤危险源辨识和风险评价；⑥能力与资源评估。

2）编写预案。制定预案要分工负责，组织编写预案要涉及各个方面、各个部门，必须在统一领导下，制定专门的部门牵头组织，吸收有关单位参加，共同拟定。

3）审定、实施。

4）适时修订预案。制定预案要现场勘查，反复修改。为使预案切实可行，尤其是重点目标区的具体行动预案，拟定前需要组织有关部门、单位的专家、领导到现场进行实地勘查。预案拟定后还要组织有关部门、单位的领导和专家进行评议，使制定的预案更清楚、更科学合理。

（4）编制的格式及要求

1）格式包括：①封面，有标题、单位名称、预案编号、实施日期、签发人（签字）、公章；②目录；③引言、概况；④术语、符号和代号；⑤预案内容；⑥附录；⑦附加说明。

2）基本要求包括：①使用A4白色胶版纸（70g以上）；②正文采用仿宋4号字；③打印文本。

4. 化学事故应急预案的组织机构与责任

（1）企业法人的责任

企业法人应根据国家法律、条例和国际标准，识别所管辖的重大危险设施和物质，将识别或决定的重大危险设施和化学危险物质的临界量向地方政府报告。对重大危险设施的安排，应制定控制危害的条例，编写安全报告，定期检查，增补或修改安全报告，并上报主管当局。企业必须在事故发生后的规定期限内，向政府安全监督管理部门提供一份详细的事故报告，阐明事故的起因、经过、造成的影响和采取的行动，并提出改进措施和预防再发生的详细建议。

（2）应急指挥中心的责任

由政府主管部门与地区或企业（集团）公司协商组建“应急指挥中心”。该中心在业务上接受上级主管部门的指导、协调和调动。日常工作则由所隶属的地区或企业（集团）公司领导。

办公室的责任主要有：负责日常业务工作；接受上级指示，收集并分析化工事故信息，建立档案，并承担业务咨询工作；定期对外发布信息、交流经验；定期开展专业培训或组织演习。

工程抢险队（组）由熟悉重大危险设施和化工工艺专业的人员组成，其职责有：发生事故时，工程抢险队立即进入现场，尽快排出危险源，同时要采取措施保护现场，防止有毒、有害物质扩散；迅速修复或更换已破损的设备、仪表等装置，为恢复生产做准备；负责火灾的补救、有毒化学物质的洗涤、消毒和处理；参与事故原因的调查；协助保安人员维持秩序、疏散人员并救助伤员。

医疗救护队（组）由经过专业培训的医务人员组成。其职责有：负责对事故现场的中毒和伤员的抢救和搜寻工作；负责对中毒和伤员的救护、包扎、诊治和人工呼吸等现场急救；经初步抢救后，对伤病员进行分类、观察，采取进一步治疗措施；对重症患者，负责向有条件的医疗单位转送；负责死亡者的尸体处理。

（3）专家（技术顾问）组责任

专家或技术顾问由主管当局或安全卫生技术协会提名，经评议产生。其成员包括从事安全、卫生、环保、化工、设计、设备、工会组织和大专院校等部门具有专业知识的人员，也可以从熟悉化工状况和职业安全卫生的监查人员中招聘。其责任有：对化学事故、重大危害控制系统的人员进行教育培训、咨询和专业讲座；对化学有害物质、重大危害控制系统进行评价；协助建立重大危险设施，主要化学毒物数据库，并向国内外用户提供咨询和应答；参与国家主管当局对企业的安全卫生监察和对事故的调查，并提出改进建议；事故调查结束，要写出报告呈报上级主管部门，并通知事故单位。

（4）作业场所职工的义务

作业场所职工包括员工、临时工、合同工、外来人员及在作业场区域内的其他人员。其职责有：遵守国家法律、条例和安全操作规程，积极参与控制重大危害事故的预防；精心操作，严格执行工艺操作规程，遵守纪律，认真记录；正确使用、妥善保管劳动保护用品、器具和防护器材、消防器材等；一旦发生重大事故，遵守一切应急程序，并及时向上级报告或发出警报。

5. 化学事故应急预案的装备

为保证应急预案的有效实施，各相关部门应制定应急装备的配备标准，并做好应急装备的保管工作，使其处于良好的使用状态，一旦发生事故就能立即投入应用。

1）应急装备的配备原则。根据承担的任务和要求进行选配，配备的原则遵循实用性、功能性、耐用性和安全性。

2）基本应急装备的分类。基本应急装备分为两类：一类是基本装备，即通信装备、交通工具、照明装备和防护装备等；另一类是专用装备，即各专业队伍所用的专用工具物品，如侦检装备、医疗急救器械和急救药品等。

3）应急装备的保管和使用。各部门都应制定应急装备的保管、使用制度和规定，指定专人负责，并进行定时检查。做好应急装备的交接清点工作和应急装备的调度使用，严禁装备被随意挪用，保证事故应急预案的顺利实施。

6. 化学事故应急预案演习

应急演习是指来自多个机构、组织或群体的人员针对假设的事件，执行实际紧急事件发生时各自职责和任务的排练活动。通过演习，评估应急预案是否能够有效地付诸实施，验证应急预案的可行性和应对各种可能出现的紧急情况的适应性，找出应急准备工作中需要改善的潜在问题，确保应急人员的协调性和履行职责的熟练性。

事故应急救援演习分室内演习和现场演习。

1）室内演习又称组织指挥演习。由指挥、通信、防化、救援等部门的代表或关键人员组成，在各级职能机关、部门的统一领导下，按一定的目的和要求进行演习活动。这种演习以室内组织指挥的形式将各级救援力量组织起来，实施应急救援任务。室内演习的规模根据演习任务的具体要求，可以是综合性的，也可以是单一项目的演习，或者是几个项目联合演习。

2）现场演习又称事故假定实地演习。根据任务要求和规模可分为单项训练、局部演习和综合演习。

单项训练是针对性地完成应急救援任务中的某个单项科目而进行的基本操作，如个人防护训练、空气监测训练、通信训练等单一科目训练。一般情况下，只有搞好各个单项训练，才能顺利地进行下一步的演习。

局部演习是针对应急救援任务中的某个科目、某个部分进行演习，是考核各应急援救单位之间的协调程度而进行的基本工作。

综合演习是检验指挥部的指挥、协调能力和救援专业队的救援能力及其配合情况，各种保障系统的完善情况和群众的避灾能力等。

演习的基本内容如表10-3所示。

表10-3 演习的基本内容

序号	演习内容	序号	演习内容
1	工厂生产系统运行情况	10	交通控制及交通道口的管理
2	厂内应急情景和应急抢险情况	11	治安和宣传工作
3	急救与医疗	12	居民及无关人员的撤离
4	厂内洗涤消毒	13	防护区的洗消污水处理及上、下水源污染
5	染毒空气监测与化验	14	事故后的善后工作
6	事故区清点人数及人员控制	15	气象、地形、地物对事故危害程度的影响
7	防护指导	16	向上级报告情况及向友邻单位通报情况
8	通信及报警信号联络	17	讲评和总结
9	各种标志布设	18	演习资料汇总

表10-3所涉及的内容是一般情况，实际应用中还应该根据演习的具体任务增减内容。

7. 演习的讲评和总结

通过讲评，发现事故应急救援预案中的潜在问题，并寻求改进措施，使应急预案更加完善，更具有适用性、可行性和可操作性。讲评后写出总结报告。总结报告内容包括：通过演习发现的潜在问题；对演习准备情况的评价；对预案有关程序、内容的建议和改进意见；在训练、器材设备方面的改进意见；对演习情况设置的意见；对演习指挥中心的意见等。

8. 对预案的修正

事故应急救援预案必须通过实践考验，证实该预案切实可行后才能实施。演习后，根据评价、总结的意见，进行进一步验证，认为确实需要修正的预案内容要在最短的时间内修正完毕，并报上级批准。

9. 化学事故应急预案的组织与实施

化学事故应急预案的组织与实施直接关系到整个救援工作的成败，在错综复杂的救援工作中，组织工作显得尤为重要。事故应急预案实施的基本步骤具体如下：

1）接报。接报是指接到执行救援的指示或要求救援的报告。接报是实施救援工作的第一步，完整的接报工作对成功实施救援有重要的作用。接报人应问清报告人姓名、单位部门、联系电话；问明事故发生的时间、地点、事故单位、事故原因、主要毒物、事故性质（毒物外溢、爆炸、燃烧）、危害波及范围和程度；问明对救援的要求，并做好电话记录，同时向上级有关部门报告。

2）设点。设点是指各救援队伍在事故现场，选择有利地形（地点）设置现场救援指挥部或救援、急救医疗点。救援指挥部、救援和医疗急救点的设置应根据现场情况，以利于有序地开展救援和自身安全保护为准则。

3）报到。各救援队伍进入救援现场后，立即到现场指挥部报到，了解现场情况，接受任务，实施救援工作。

4）救援。进入现场的救援队伍按照各自的职责和任务开展工作。

5）撤点。撤点是指救援过程中根据救援任务的需要或气象和事故发展的变化而进行的临时性转移，或应急救援工作结束后撤离现场。在转移过程中应注意安全，保持与救援指挥部和各救援队的联系。救援工作结束后，各救援队撤离现场以前必须取得现场救援指挥部的同意，撤离前做好现场的清理工作。

6）总结。执行救援任务后应做好救援总结，总结经验与教训，积累资料，以利再战。

10.3 煤矿事故应急管理

10.3.1 煤矿事故应急管理的内容

1. 煤矿事故应急管理的工作原则

1）以人为本，减少危害。把煤矿职工健康和生命财产安全作为首要任务，最大限度地减少事故造成的人员伤亡和危害。

2）居安思危，预防为主。增强忧患意识，坚持预防与应急相结合，常态与非常态相结合，做好应对各类突发事件的各项准备工作，防患于未然。

3）统一领导，分级负责。按照事故的分类管理有关规定，根据事故的危害程度，实施分级负责、条块结合、属地管理为主的应急管理体制。

4）依法规范，加强管理。依据有关法律和行政法规，加强政府和煤矿的应急组织机构、措施、物资等管理，使应急工作不断完善、规范。

5）快速反应，协调对应。加强以煤矿自身应急处置队伍为主，建立联动协调制度，充分发挥社会群体作用，形成统一指挥、反应灵敏、功能齐全、协调有序、运转高效的应急管理机制。

6）依靠科技，提高素质。不断加强煤矿安全生产装备水平，采用先进的监测、预测、预警、预防和应急处理技术及设施，充分发挥救护队和专业人员的作用，提高决策水平和指挥能力，避免发生次生、衍生事件。加强宣传和培训的教育工作，提高矿工素质，增强自救互救能力。

2. 煤矿事故应急管理过程及工作内容

事故应急管理是对重大事故的全过程管理，贯穿于事故发生前、中、后的各个过程，充分体现了“预防为主、常抓不懈”的应急思想。应急管理是一个动态的过程，包括预防、准备、响应和恢复四个阶段，如图10-1所示。

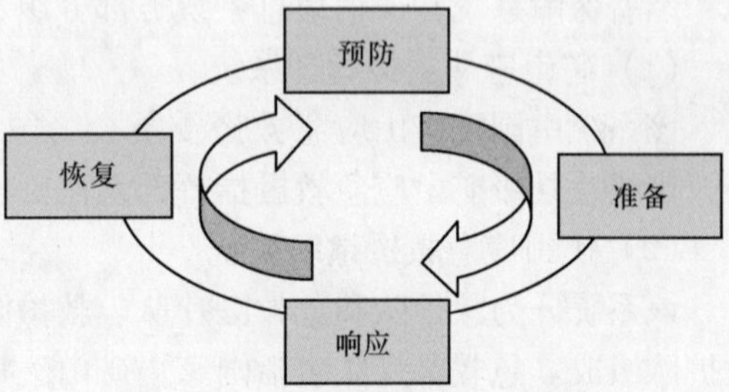

图10-1 煤矿事故应急管理四阶段

（1）预防阶段

在应急管理中预防有两层含义：一是事故的预防工作，即依靠安全技术——看得见的“手”、安全管理——摸得着的“手”和安全文化——看不见也摸不着的“手”这三双手，尽可能地防止事故的发生，实现本质安全；二是在假定事故发生的前提下，通过预先采取的预防措施，达到降低或减缓事故的影响或后果的严重程度。

（2）准备阶段

应急准备是应急管理过程中一个极其关键的环节。它是针对可能发生的事故，为迅速有效地开展应急行动而预先做出的各种准备，包括应急体系的建立、有关部门和人员职责的落实、预案的编制、应急队伍的建设、应急设备（施）与物资的衔接等，其目标是保持重大事故应急救援所需的应急能力。

（3）响应阶段

应急响应是在事故发生后立即采取应急和救援行动，包括事故的报警与通信、人员的紧急疏散、急救与医疗、消防和工程抢险措施、信息收集与应急决策和外部救援等。其目标是尽可能地抢救受害人员，保护可能受威胁的人群，尽可能控制并消除事故。

（4）恢复阶段

恢复工作应在事故发生后立即进行。首先应使事故影响区域恢复到相对安全的基本状态，然后逐步恢复到正常状态。

各阶段的工作内容如表10-4所示。

表 10-4　煤矿事故应急管理各阶段的工作内容

阶　段	工作内容
预防阶段	风险辨识、评价与控制；安全规划；安全研究；安全法规、标准制定；危险源监测监控；事故灾害保险；税收激励和强制性措施等
准备阶段（关键）	制定应急救援方针与原则；建立应急救援工作机制；应急救援预案编制；应急救援物资、装备筹备；应急救援培训、演习；签订应急互助协议；建立应急救援信息库等
响应阶段	启动相应的应急系统和组织；报告有关政府机构；实施现场指挥和救援；控制事故不再扩大并消除；人员疏散和避难；环境保护和检测；现场搜寻和营救等
恢复阶段	事故损失评估及理赔、清理废墟、灾后重建、应急预案复查和事故调查等

10.3.2　煤矿事故应急救援体系与实施程序

1. 我国煤矿事故应急救援体系的组成

煤矿应急救援体系是依据我国《安全生产法》《矿山安全法》《煤矿安全监察条例》和其他法律法规的规定而建立的。该体系由矿山应急救援管理系统、组织系统、技术支持系统、装备保障系统和通信信息系统五部分组成，如图 10-2 所示。

（1）矿山应急救援管理系统

该系统由国家矿山应急救援委员会、国家局矿山救援指挥中心、省级矿山救援指挥中心，市级及县级矿山应急救援指挥部及矿山应急救援管理部门等组织（机构）组成。

（2）矿山应急救援组织系统

该系统分为救护队和急救医疗队。救护队由区域矿山救援基地、重点矿山救护队和矿山救护队组成。急救医疗队包括国家局矿山医疗救护中心、区域和重点医疗救护中心和企业医疗救助站，负责矿山灾变事故的救护及医疗。

（3）矿山应急救援技术支持系统

该系统包括国家矿山应急救援专家组、国家局矿山救援技术研究实验中心、国家局矿山救援技术培训中心，负责为应急救援工作提供技术和培训服务。国家矿山应急救援专家组，从全国矿山、科研院校聘请救援技术专家，分设瓦斯（煤尘）、火灾、水灾、顶板、综合、医疗六个专业组。

（4）矿山应急救援装备保障系统

该系统的基本框架是：国家局矿山救援指挥中心购置先进的、具备较高技术含量的救灾装备与仪器仪表，储存在区域矿山救援基地，用于支援重大、复杂灾害的抢险救灾；区域矿山救援基地要按规定进行装备并加快现有救护装备更新改造，配备较先进的救灾技术设备，用于区域内或跨区域矿山灾害的应急救援；重点矿山救护队负责省（市、自治区）内重大特大矿山事故的应急救援，按规定配齐常规救援装备并保持装备的完好性。

（5）矿山应急救援通信信息系统

该系统以国家局中心网站为中心点，建立完善的抢险救灾通信信息网络。使国家局矿山指挥中心、省级矿山救援指挥中心、各级矿山救护队、各级矿山医疗救护中心、各矿山救援技术研究实验培训中心、地（市）及县（区）应急救援管理部门和矿山企业之间，建立并

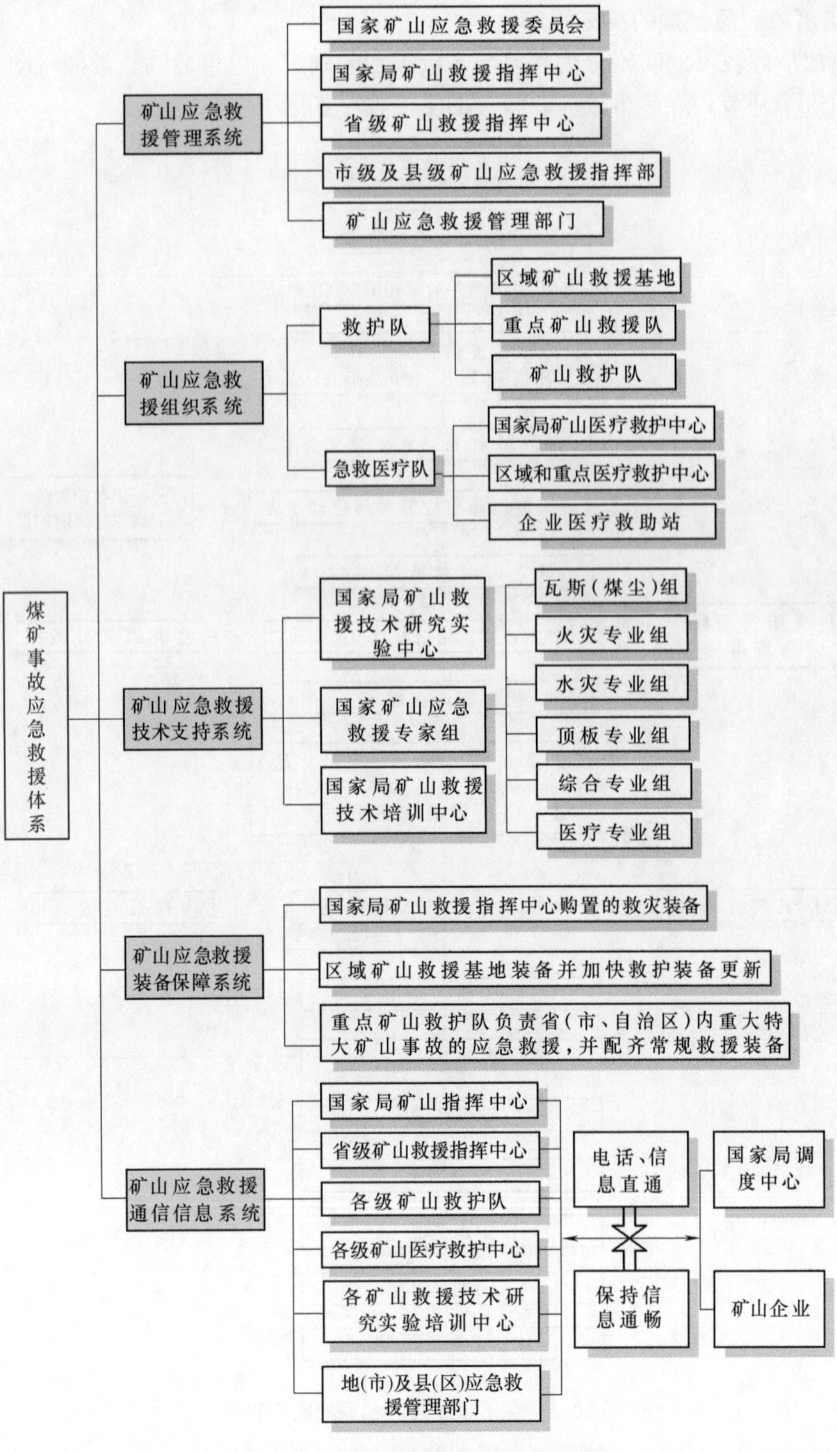

图 10-2　我国煤矿事故应急救援体系

保持畅通的通信信息通道，并逐步建立起救灾远程会议视频系统。矿山应急救援通信信息系统在国家局矿山指挥中心与国家局调度中心之间实现电话、信息直通。

2. 煤矿事故应急救援的实施程序

煤矿事故应急救援的实施分为接警与响应级别的确定、应急启动、救援行动、应急恢复和应急结束五个环节，煤矿事故应急救援的实施程序如图 10-3 所示。

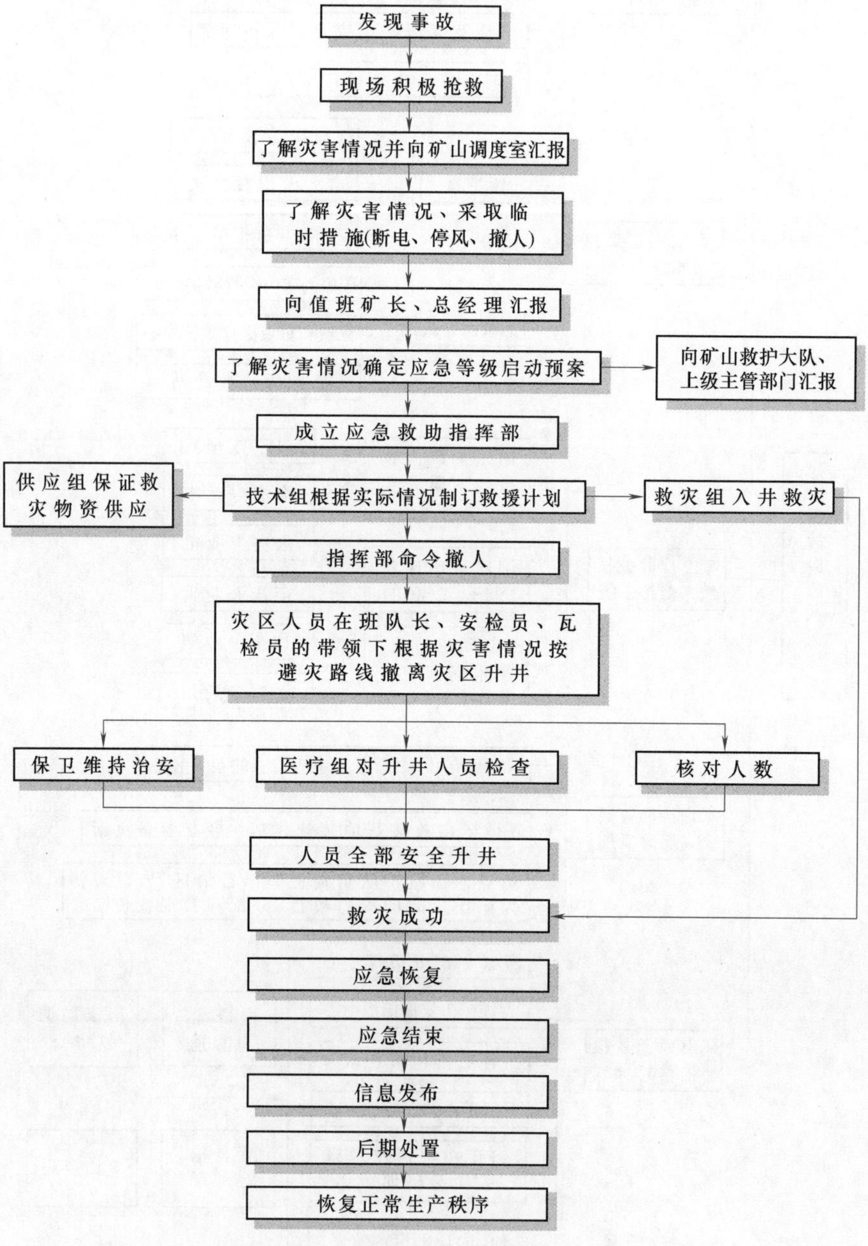

图 10-3　煤矿事故应急救援的实施程序

（1）接警与响应级别的确定

接到事故报警以后，按照工作程序，对警情做出判断，初步确定相应的响应级别。如果事故是不足以启动应急救援体系的最低响应级别，则响应关闭。

（2）应急启动

应急响应级别确定后，按所确定的响应级别启动应急程序，如通知应急救援中心有关人员到位、开通信息与通信网络、通知调配救援所需的应急资源（包括应急队伍和物资、装备等）、成立现场指挥部等。

（3）救援行动

煤矿有关应急队伍进入事故现场后，迅速开展事故侦测、警戒、疏散、人员救助、工程抢险，专家组为救援决策提供建议和技术支持。当事态超出响应级别无法得到有效控制时，向应急救援中心请求实施更高级别的应急响应。

（4）应急恢复

救援行动结束后，进入临时应急恢复阶段。该阶段主要包括现场清理、人员清点和撤离、警戒解除、善后处理和事故调查等。

（5）应急结束

执行应急关闭程序，由矿山应急救援总指挥宣布应急结束。

10.3.3 煤矿事故应急救援预案

1. 煤矿事故应急救援预案的编制

（1）编制的原则

1）以保护员工安全为第一目的，同时兼顾设备和矿井的保护。

2）针对极易造成人员伤亡、设备和环境受到严重破坏而又具有突发性的灾害编制，如瓦斯煤尘爆炸、煤与瓦斯突出、水灾、井上下火灾、冒顶压人、主要通风机停风、井筒卡罐等。

3）编制内容结合实际，程序措施明确具体，具有很强的可操作性。

4）符合国家有关法律、法规的规定。

（2）编制的步骤

应急救援预案编制的步骤包括：

1）成立应急救援预案编制组，并进行分工，明确职责。

2）收集有关资料，含收集水文、地质、基本情况，本辖区的地理、气象、环境、人口、重大危险源分布情况，社会公用设施和应急救援力量现状。

3）进行危险源辨识与风险评估。企业应系统地确定和评估危险因素、重大危险源，它们可能导致什么事故和紧急事件发生，即对危险源进行潜在事故分析。不仅要分析容易发生的事故，还应分析虽不易发生却会造成严重后果的事故。

企业所做的潜在事故分析应包括以下问题：可能发生重大事故；导致发生重大事故的过程；非重大事故可能导致发生重大事故需经历的时间；如果非重大事故被消除后，它的破坏程度如何；事故之间的联系；每一个事故可能导致的后果。

4）编制应急救援预案。在对危险源进行辨识和评价的基础上，就可着手进行事故应急救援预案的编制。根据各企业重大危险源的具体情况不同，应急救援预案也应有所区别。编写的内容要具体细致，落实到人。每一项任务要注明执行单位、负责人、配备器材、通信方式、行动路线、实施步骤等。

5）形成应急救援预案的文件体系。应急救援预案要形成完整的文件体系，以使其作用得到充分发挥，成为应急行动的有效工具。一个完整的应急救援预案是包括总预案、程序、说明书、记录的四级文件体系。

① 一级文件，即总预案。它包含了对紧急情况的管理政策、预案的目标，应急组织和责任等内容。

② 二级文件，即程序。它说明某个行动的目的和范围。程序内容十分具体，如该做什么、由谁去做、什么时间和什么地点等。它的目的是为应急行动提供指南，但同时要求程序和格式简洁明了，以确保应急人员在执行应急步骤时不会产生误解，格式可以是文字叙述、流程图表或是两者的组合等，应根据每个应急组织的具体情况选用最适合本组织的程序格式。

③ 三级文件，即说明书。对程序中的特定任务及某些行动细节进行说明，供应急组织内部人员或其他个人使用，如应急人员职责说明书、应急监测设备使用说明书等。

④ 四级文件，即对应急行动的记录。它包括在应急行动期间所做的通信记录、每一步应急行动的记录等。

从记录到预案，层层递进，组成了一个完善的预案文件体系，从管理角度而言，可以根据这四类预案文件等级分别进行归类管理，既保持了预案文件的完整性，又因其清晰的条理性便于查阅和调用，保证应急预案能得到有效运用。

6）对预案进行评估。预案编制出来后，要通过演练、收集同类事故发生的原因和救援中的经验教训，检验预案每一方面的实效性，便于预案的进一步修改、补充和更新。

7）预案的修订和完善。定期对应急救援预案进行维护，根据演练、检测结果完善应急计划。

（3）编制的内容

应急救援预案编制的内容分为主要内容和核心内容，其中主要内容有八项，核心内容有六项，如表10-5所示。

表10-5 煤矿事故应急救援预案编制的内容

	分　类	内容要素
煤矿事故应急救援预案编制的内容	主要内容	（1）总则：目的、依据、范围和工作原则； （2）组织指挥体系及职责：明确参与部门的职责； （3）预警和预防机制：信息监测与报告，预警、预防行动、预警支持系统、预警级别及发布； （4）应急响应：分级响应程序，通信、指挥和协调、紧急处置、应急人员的安全防护等； （5）后期处置：善后处理、社会救助、保险、事故调查报告、教训与整改建议； （6）保障措施：通信与信息保障、支援与装备保障、技术储备与保障，宣传、培训和演习，监督检查； （7）附则：术语、定义、预案管理与更新、生效时间等； （8）附录：目录、格式、相关机构与人员通信
	核心内容	（1）应急情况或事故灾害及其后果的预测、辨识和评估，规定应急救援各方组织的详细职责； （2）潜在事故的性质、规模及影响范围，应急救援中可用的人员、设备、设施、物资和其他资源，包括社会和外部救助资源； （3）应急救援行动的指挥与协调，报警通信系统：确定报警系统及程序，内、外部报警方式内容，通信方式及其可靠性； （4）现场事故处理与管理：建立现场事故处理管理指挥部，明确现场总指挥、现场事故管理人员及其职权； （5）现场人员的行动准则及应急措施：规定事故发生后现场人员的活动原则、步骤和撤离程序，尤其是突发事故发生初期现场人员应采取的紧急补救措施； （6）现场恢复，预案启动和关闭程序

（4）编制的依据

各煤矿单位事故应急救援预案编制的依据有《国务院关于全面加强应急管理工作的意见》《安全生产法》《煤炭法》《矿山安全法》《国家安全生产事故灾难应急预案》《国家安全生产应急平台体系建设指导意见》《生产安全事故应急预案管理办法》《突发事件应对法》《生产经营单位生产安全事故应急预案评审指南（试行）》《生产安全事故报告和调查处理条例》《消防法》《矿山安全法》《选煤厂安全规程》及GB/T 29639—2013《生产经营单位安全生产事故应急预案编制导则》等法律法规及有关规定，各煤矿单位生产接续和生产实际情况。

（5）编制的准备工作

1）信息的收集，包括：使用的法律、法规和标准；企业安全记录、事故情况；国内外同类企业事故资料；地理、环境、气象资料；相关企业的应急预案等。

2）全面分析煤炭企业的危险源及其导致危险的有害因素、可能发生的事故类型及其危害程度，排查事故隐患的种类、数量和分布情况，并在隐患治理的基础上，预测可能发生的事故类型及其导致后果。

3）确定重大事故危险源，进行风险评估或评价，并针对重大危险源（含事故隐患）采取可靠的控制措施。

2. 煤矿事故应急救援预案的评审

（1）评审方法

应急救援预案评审采取形式评审和要素评审两种方法。形式评审主要用于应急救援预案备案时的评审，要素评审用于应急救援预案实施后的评审工作。应急救援预案评审采用符合、基本符合、不符合三种意见进行判定。对于基本符合和不符合的项目，应给出具体修改意见或建议。

1）形式评审。依据《生产经营单位安全生产事故应急预案编制导则》和有关规范，对应急救援预案的层次结构、内容格式、语言文字、附件项目以及编制程序等内容进行审查，重点审查应急救援预案的规范性和编制程序。

2）要素评审。依据国家有关法律法规、《生产经营单位安全生产事故应急预案编制导则》和有关行业规范，从合法性、完整性、针对性、实用性、科学性、操作性和衔接性等方面对应急救援预案进行评审。为细化评审，采用列表方式分别对应急救援预案的要素进行评审。评审时，将应急救援预案的要素内容与评审表中所列要素的内容进行对照，判断是否符合有关要求，指出存在问题及不足。

应急救援预案要素分为关键要素和一般要素。

① 关键要素。关键要素是指应急救援预案构成要素中必须规范的内容，包括危险源辨识与风险分析、组织机构及职责、信息报告与处置、应急响应程序与处置技术等。关键要素必须符合企业实际和有关规定要求。

② 一般要素。一般要素是指应急救援预案构成要素中可简写或省略的内容，包括应急救援预案中的编制目的、编制依据、适用范围、工作原则、单位概况等。

（2）评审程序

应急救援预案编制完成后，应对应急救援预案进行评审。评审程序主要有四个阶段，分别是：评审准备、组织评审、修订完善和批准印发。各阶段的工作内容如表10-6所示。

表 10-6 应急救援预案评审四个阶段的工作内容

阶 段	工作内容
评审准备	成立应急救援预案评审工作组，成员包括矿领导、职能部门负责人、涉及单位负责人及技术人员
组织评审	评审工作由矿长或安全生产副总主持，应急救援预案评审工作组讨论并提出会议评审意见。采用演练的方式来评审现场处置方案，并对应急救援预案进行论证
修订完善	应急救援预案编制组织者应认真组织分析研究评审意见，按照评审意见对应急救援预案进行修订和完善
批准印发	应急救援预案经评审或论证，符合要求的，综合预案和专项预案由董事长签发，现场处置方案由安全生产副总签发

3. 煤矿事故应急救援预案的备案

煤矿综合应急救援预案和专项应急救援预案编写完成后，需报相关安全生产监督管理部门和有关主管部门备案，并提交以下材料：

1）应急救援预案备案申请表。

2）应急救援预案评审或者论证意见。

3）应急救援预案文本及电子文档。

备案完毕后，各煤矿生产单位要向接受备案的上级部门领取备案登记证明。

4. 煤矿事故应急救援预案的管理

1）各级安全生产监督管理部门、煤矿应当采取多种形式开展应急救援预案的宣传教育，普及生产安全事故预防、避险、自救和互救知识，提高从业人员安全意识和应急处置技能。

2）各煤矿生产单位应当组织开展本单位的应急救援预案培训活动，使有关人员了解应急救援预案内容，熟悉应急职责、应急程序和岗位应急处置方案。应急救援预案的要点和程序应当张贴在应急地点和应急指挥场所，并设有明显的标志。

3）各煤矿生产单位应当制订本单位的应急救援预案演练计划，根据本单位的事故预防重点，每年至少组织一次综合应急救援预案演练或者专项应急救援预案演练，每半年至少组织一次现场处置方案演练。

4）应急救援预案演练结束后，应急救援预案演练组织单位应当对应急救援预案演练效果进行评估，撰写应急救援预案演练评估报告，分析存在的问题，并对应急救援预案提出修订意见。

5）各煤矿生产单位制定的应急救援预案应当至少每三年修订一次，预案修订情况应有记录并归档。

6）有下列情形之一的，应急救援预案应当及时修订：

① 各煤矿生产单位因兼并、重组、转制等导致隶属关系、经营方式、法定代表人发生变化的。

② 各煤矿生产单位生产工艺和技术发生变化的。

③ 矿井周围环境发生变化，形成新的重大危险源的。

④ 应急组织指挥体系或者职责已经调整的。

⑤ 依据的法律、法规、规章和标准发生变化的。

⑥ 应急救援预案演练评估报告要求修订的。

⑦ 应急救援预案管理部门要求修订的。

7）各煤矿生产单位应当及时向有关部门或者单位报告应急救援预案的修订情况，并按照有关应急救援预案报备程序重新备案。

8）各煤矿生产单位应当按照应急救援预案的要求配备相应的应急物资及装备，建立使用状况档案，定期检测和维护，使其处于良好状态。

9）各煤矿生产单位发生事故后，应当及时启动应急救援预案，组织有关力量进行救援，并按照规定将事故信息及应急救援预案启动情况报告安全生产监督管理部门和其他负有安全生产监督管理职责的部门。

10.3.4 煤矿事故应急救援预案的演练与效果评估

1. 应急演练

煤矿事故应急演练是指针对煤矿可能发生的事故情景，依据应急救援预案而模拟开展的预警行动、事故报告、指挥协调、现场处置等活动。应急演练有检验预案、完善准备、锻炼队伍、磨合机制几个目的，应急演练应遵守结合实际、合理定位，着眼实战、讲求实效，精心组织、确保安全，统筹规划、厉行节约等原则。

（1）应急演练的分类

应急演练按照组织形式可分为桌面演练和实战演练，按照内容可分为单项演练和综合演练，按照目的和作用可分为检验性演练、示范性演练和研究性演练，具体如表10-7所示。

表10-7 煤矿事故应急演练的分类

应急演练分类	按组织形式划分	桌面演练
		实战演练
	按内容划分	单项演练
		综合演练
	按目的与作用划分	检验性演练
		示范性演练
		研究性演练

1）按组织形式划分，应急演练可以分为桌面演练和实战演练。其中，桌面演练通常在室内完成，适合演练组织领导小组或专门事故救援部门实施较小范围的演练。参演人员可利用煤炭集团的地形图或沙盘、计算机模拟系统以及视频会议等辅助手段，针对事先假定的事故演练情景，讨论和推演煤炭事故应急决策及现场处置的过程，从而促进相关应急人员掌握应急演练中所规定的职责和程序，提高指挥决策和协同配合的能力。实战演练通常在特定场所完成，是适合各单位各部门或全体职工在特定的现实模拟情形下开展的演练活动。实战演练要求煤炭集团各单位参演人员针对事先设置的煤矿事故情景及其后续的发展情景，通过实际决策、行动和操作，完成真实的煤矿事故应急响应的过程，从而检验和提高相关人员的组织指挥、队伍调动、应急处理技能和后勤保障等应急能力。

2）按演练内容划分，应急演练可以分为单项演练和综合演练。其中，单项演练是指只涉及煤炭集团应急救援预案中特定应急响应功能或现场处置方案中一系列应急响应功能的演练活动，注重针对一个或少数几个参与单位的特定环节和功能进行检验。综合演练是指涉及煤炭集团应急救援预案中多项或全部应急响应功能的演练活动，注重对多个环节和功能进行检验，特别是对煤矿集团各单位之间应急机制和联合应对能力的检验。

3）按目的与作用划分，应急演练可以分为检验性演练、示范性演练和研究性演练。其中，检验性演练是指为检验煤矿事故应急救援预案的可行性、应急准备的充分性、应急机制的协调性以及煤矿企业各单位相关人员的应急处置能力而组织的演练。示范性演练是指为观摩人员展示应急能力或提供示范性教学，严格按照煤矿事故应急救援预案规定开展的表演性演练。研究性演练是指为研究和解决煤矿事故应急处置的重点、难点问题，试验新方案、新技术、新装备而组织的演练。

（2）应急演练的组织机构

煤矿事故应急演练组织单位要成立由矿领导及相关单位领导组成的演练领导小组，通常下设策划部、保障部和评估组。策划部下设文案组、协调组、控制组、宣传组等。对于不同类型和规模的演练活动，其组织机构和职能可以适当调整。根据需要，可成立现场指挥部。煤矿事故应急演练的组织机构如图10-4所示。

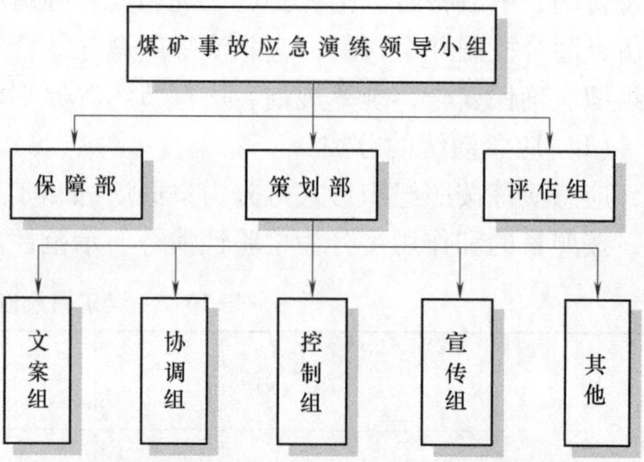

图10-4 煤矿事故应急演练的组织机构

（3）应急演练准备

应急演练准备包括制订演练计划、演练方案设计、演练动员与培训、应急演练保障几个环节。

制订演练计划的主要内容包括确定演练目的、分析演练需求、安排演练准备与实施的日程计划、确定演练范围，编制演练经费预算。

演练方案设计的主要内容包括：确定演练目标；明确演练情景设计方案与实施步骤；确定演练评估标准与方法；编写演练文件，如演练人员手册、演练控制指南、演练评估指南、演练宣传方案、演练脚本等；演练方案评审。

演练动员与培训是指在演练开始前要进行演练动员和培训，确保所有演练参与人员掌握演练规则、演练情景和各自在演练中的任务。

应急演练保障主要包括人员保障、经费保障、场地保障、物资和器材保障、通信保障、安全保障。

（4）应急演练的实施

应急演练包括演练启动、演练执行和演练结束与终止三个环节。

1）演练正式启动前一般要举行简短仪式，由演练总指挥宣布演练开始并启动演练活动。

2）演练执行主要有以下几个环节：

① 演练指挥与行动。演练总指挥负责演练实施全过程的指挥控制。当演练总指挥不兼任总策划时，一般由总指挥授权总策划对演练过程进行控制。按照演练方案要求，应急指挥机构指挥各参演队伍和人员，开展对模拟演练事件的应急处置行动，完成各项演练活动。演练控制人员应充分掌握演练方案，按总策划的要求，熟练发布控制信息，协调参演人员完成各项演练任务。参演人员根据控制消息和指令，按照演练方案规定的程序开展应急处置行

动，完成各项演练活动。模拟人员按照演练方案要求，模拟未参加演练的单位或人员的行动，并做出信息反馈。

② 演练过程控制。总策划负责按演练方案控制演练过程，主要分为桌面演练过程控制和实战演练过程控制两种。

③ 演练解说。在演练实施过程中，演练组织单位可以安排专人对演练过程进行解说。解说内容一般包括演练背景描述、进程讲解、案例介绍、环境渲染等。对于有演练脚本的大型综合性示范演练，可按照脚本中的解说词进行讲解。

④ 演练记录。演练实施过程中，一般要安排专门人员，采用文字、照片和音像等手段记录演练过程。文字记录一般可由评估人员完成，主要包括演练实际开始与结束时间、演练过程控制情况、各项演练活动中参演人员的表现、意外情况及其处置等内容，尤其是要详细记录可能出现的人员“伤亡”（如进入“危险”场所而无安全防护，在规定的时间内不能完成疏散等）及财产“损失”等情况。

照片和音像记录可安排专业人员和宣传人员在不同现场、不同角度进行拍摄，尽可能全方位反映演练实施过程。

⑤ 演练宣传报道。演练宣传组按照演练宣传方案做好演练宣传报道工作。认真做好信息采集、媒体组织、广播电视节目现场采编和播报等工作，扩大演练的宣传教育效果。对涉密应急演练要做好相关保密工作。

3）演练完毕，由总策划发出结束信号，演练总指挥宣布演练结束。演练结束后所有人员停止演练活动，按预定方案集合，进行现场总结讲评或者组织疏散。保障部负责组织人员对演练现场进行清理和恢复。

演练实施过程中出现下列情况，经演练领导小组决定，由演练总指挥按照事先规定的程序和指令终止演练：①出现真实煤矿事故，需要参演人员参与应急处置时，要终止演练，使参演人员迅速回归其工作岗位，履行应急处置职责；②出现特殊或意外情况，短时间内不能妥善处理或解决时，可提前终止演练。

2. 效果评估

应急演练评估是对演练准备、策划、实施、应急处置等工作进行客观评价并形成评估报告的过程，由演练评估组实施，演练结束后，评估组要全面分析煤矿事故应急演练记录及相关资料，对比参演人员的表现与演练目标的要求，对演练活动及其组织过程做出客观评价，并编写演练评估报告。评估事项必须全面，尤其对演练的重点环节要加强评估，如对事故的监测、应急响应以及事故处理等，不能增添与演练内容无关的事项。煤矿事故应急演练评估可分为三个阶段：评估人审查；参加者汇报；训练和演练改正。按评估形式，突发事件应急演练评估可分为现场评估和书面评估两类。

（1）现场点评

突发事件应急演练结束后，在演练现场，评估人员或评估组负责人对演练中发现的问题、不足及取得的成效进行口头点评。

（2）书面评估

评估人员根据演练中观察、记录以及收集的各种信息资料，适当结合参与演练及观摩人员反馈的评估调查报告，依照应急演练评估标准和评估内容，对应急演练活动全过程进行科学分析和客观评价，撰写书面评估报告。

评估报告的内容应包括演练总结，包括目的、目标和场景的评论；对重大偏差、缺陷的总结；建议和纠正措施；完成这些纠正措施的日程安排。

煤矿事故应急演练评估工作一般包括制订评估计划、数据收集、数据分析、编写评估报告四个步骤。煤矿事故应急演练评估内容如表10-8所示。

表10-8 煤矿事故应急演练评估内容

评估内容	应急演练组织过程评估	应急响应与处置情况评估	应急演练的绩效评估
评估对象	主要对演练准备、演练策划、演练实施等工作情况进行评估	对参与应急处置的队伍、人员、装备的应急响应与应急救援能力进行评估	对物质绩效、装备绩效、人员绩效、演练效果、提升策略等进行评估
评估目的	找出并深入分析演练组织过程中存在的不足，以便不断加强和改进	发现并记录事故处置过程中存在的问题，为应急能力的提升提供依据	总结应急演练的经验及今后的提升策略，突出应急演练对加强应急管理工作和提升应急能力的促进作用

1）应急演练组织过程评估。主要是通过对演练准备、演练策划、演练实施等工作情况的评估，找出并深入分析演练组织过程中存在的不足，以便不断加强和改进。

2）应急响应与处置情况评估。通过对参与应急处置的队伍、人员、装备的应急响应与应急救援能力的评估，发现并记录事故处置过程中存在的问题，为应急能力的提升提供依据。

3）应急演练的绩效评估。煤矿应急演练单位还要注重对应急演练的绩效评估，通过对应急演练过程中投入产出情况的分析，总结应急演练的经验及今后的提升策略，突出应急演练对加强应急管理工作和提升应急能力的促进作用，其评估要素主要有物质绩效、装备绩效、人员绩效、演练效果、提升策略等。

煤矿事故应急演练评估要素如表10-9所示。

表10-9 煤矿事故应急演练评估要素

评估项目		评估要素
1	应急演练准备情况	组织机构、演练规划、应急预案、装备和设备、人员配备、资金准备
2	应急演练策划方案	演练目的、演练目标、演练规模、演练程序、安全保障、参演人员、演练方案说明、演练脚本编制、情景事件
3	应急演练实施情况	演练动员、演练培训、演练准备确认、组织协调、演练启动、演练过程控制、现场记录、宣传报道、结束与终止
4	应急响应与处置情况	预警与预报、指挥与协调、应急通信、事故监测、应急响应、警戒与管制、疏散与安置、医疗卫生、现场处置、抢险抢修、社会沟通、后期处置
5	演练绩效	物质绩效、装备绩效、人员绩效、演练效果、提升策略

复习思考题

1. 灾害事件的应急管理在安全管理中的地位和作用如何？
2. 企业如何结合具体情况制定相应的应急救援预案？
3. 化学事故的应急预案与其他行业的事故应急预案有哪些相同和不同之处？
4. 煤矿事故应急救援实施时有哪些程序环节？

第11章

事故统计及分析

本章概要·学习要求

本章主要讲述了事故的分类和事故统计的方法，以及事故经济损失的统计，包括损失的计算方法等。通过本章学习，要求学生能够了解事故的分类方法，理解事故统计方法的具体应用，并掌握一些基本的事故损失计算方法。

事故的统计分析是安全管理学研究的重要内容，它是通过对大量的事故资料、数据加工、整理和综合分析，运用数理统计的方法研究事故发生的规律和分布特征。科学、准确的统计分析结果能够描述一个部门、企业当前的安全状况，能够用来判断和确定问题的范围，能够作为观察事故发生趋势、调查事故原因、制定事故预防措施、预测未来事故等依据。事故统计分析对搞好安全管理和安全生产有十分重要的作用。本章主要介绍事故的分类、事故的统计方法及主要指标、事故经济损失的统计、事故的原因与事故分析的基础。

11.1 事故的分类

人类在生产、生活、生存的实践活动中创造大量物质财富和精神财富的同时，事故也随之而来，给人们的生命和财产带来了重大损失。事故作为安全科学的研究对象，主要是指那些可能带来人员伤亡、物质损失或环境污染的意外事件。为了对事故进行科学的研究，探索事故的发生规律和预防措施，需要对事故进行分类，事故按不同的分类方法有不同的分类。

11.1.1 按事故中人的伤亡情况进行分类

以人为中心考查事故结果时，可以把事故分为伤亡事故和一般事故。

伤亡事故是指造成人身伤害或急性中毒的事故。其中，在生产区域中发生的和生产有关的伤亡事故称为工伤事故。工伤事故包括工作意外事故和职业病所致的伤残及死亡。

按人员遭受伤害的严重程度，把伤害划为四类：

1）暂时性失能伤害，受伤害者或中毒者暂时不能从事原岗位工作。

2）永久性部分失能伤害，受伤害者或中毒者的肢体或某些器官功能不可逆丧失的伤害。

3）永久性全失能伤害，使受伤害者完全残废的伤害。

4）死亡。

GB 6441《企业职工伤亡事故分类标准》把受伤害者的伤害分成以下三类：

1）轻伤。损失工作日低于105天的失能伤害。

2）重伤。损失工作日等于或大于105天的失能伤害。

3）死亡。发生事故后当即死亡，包括急性中毒死亡，或受伤后在30天内死亡的事故。死亡损失工作日为6000天。

一般事故是指人身没有受到伤害或受伤轻微，或没有形成人员生理功能障碍的事故。通常把没有造成人员伤亡的事故称为无伤害事故或未遂事故，也就是说，未遂事故的发生原因及其发生、发展过程与某个会造成严重后果的特定事故是完全相同的，只是由于某个偶然因素，没有造成该类严重后果。

11.1.2　按事故类别分类

《企业职工伤亡事故分类标准》综合考虑起因物、引起事故发生的诱导性原因、致害物、伤害方式等将事故类别分为20类。

11.1.3　按事故严重程度分类

为了研究事故发生原因，便于对伤亡事故进行统计分析和调查处理，国务院第493号令《生产安全事故报告和调查处理条例》将事故按严重程度分为以下四类：

1）特别重大事故。特别重大事故是指造成30人以上死亡，或者100人以上重伤（包括急性工业中毒，下同），或者1亿元以上直接经济损失的事故。

2）重大事故。重大事故是指造成10人以上30人以下死亡，或者50人以上100人以下重伤，或者5000万元以上1亿元以下直接经济损失的事故。

3）较大事故。较大事故是指造成3人以上10人以下死亡，或者10人以上50人以下重伤，或者1000万元以上5000万元以下直接经济损失的事故。

4）一般事故。一般事故是指造成3人以下死亡，或者10人以下重伤，或者1000万元以下直接经济损失的事故。

11.1.4　按是否由事故的原因引起的事故分类

根据引起事故的原因分类，可以将事故分为一次事故和二次事故。

1）一次事故。一次事故是指由人的不安全行为或物的不安全状态引起的事故。

2）二次事故。二次事故是指在事故发生后，由于事故本身产生其他危害（如化工产品在事故状态下由于受到高温或空气氧化等作用，一种化学品转化为另一种化学危险品，成为二次危险源）或事故导致其他事故的发生（如火灾引起房屋的倒塌），引起事故范围进一步扩大的事故。

例如，2000年12月25日21时左右，在洛阳东都商厦王某等4名无证上岗的电焊工焊接分隔铁板时，电焊火渣点燃可燃物引发火灾，王某等人扑救无效后未报警就逃离现场。火灾发生后，火势迅猛，虽然未烧及二楼以上房间，但是大火浓烟涌进四楼个体老板开设的歌舞厅，正在二、三楼施工的部分民工以及四楼歌舞厅内的数百人被困在大火中，导致正在厅内参加圣诞节活动的309人窒息死亡。

以上的事故，都是由于一次事故的影响，导致二次事故的发生。

二次事故的特点有：①二次事故往往比一次事故的危害更大；②二次事故形成的时间短，往往难以控制。

因此，必须正确认识二次事故的危害性，采取相应的管理和技术措施，避免上述二次事故发生，或者使损失减至最小。

11.1.5　按事故是否与工作有关分类

根据事故与工作的关系分为工作事故和非工作事故。

1）工作事故。工作事故是指员工在工作过程中或从事与工作有关的活动中发生的事故。

2）非工作事故。非工作事故是指员工在非工作环境中，如旅游、娱乐、体育活动及家庭生活等诸方面活动中发生的人身伤害事故。

虽然这类事故不在工伤范围之内，但是由于这类事故引起的员工缺工，对于企业的劳动生产率是有很大影响的，因失去关键岗位的员工所需的再培训对于企业的损失将会更大。对于这类事故，一个最值得关注的因素就是员工们在企业的安全管理制度约束下，有较好的安全意识，但在非工作环境中，他会产生某种“放纵”，加上对某些环境的不熟悉，操作的不熟练，都成了事故滋生的土壤，例如，一个维修工人在工作中使用梯子时，他或他的同事会相应地按制度规定进行安全检查，如果违反制度规定就可能受到处罚。可在家中使用梯子，他就不会感到制度的束缚，并且家中或邻居家的梯子一般很少使用，因而更易发生事故。美国各类职业俱乐部在与球员签约时，就十分关注球员的个人业余运动嗜好，如喜欢进行危险较大的运动，如登山、赛车等，则要在合同中注明在合同期内不得从事该项活动，或者不予签约，因为这样才能保证球员有更大的可能性为俱乐部服务。

11.2　事故统计方法及主要指标

伤亡事故统计分析是伤亡事故综合分析的主要内容。它是以大量的伤亡事故资料为基础，应用数理统计的原理和方法，从宏观上探索伤亡事故发生原因及规律的过程。通过伤亡事故的综合分析，可以了解一个企业、部门在某一时期的安全状况，掌握伤亡事故发生、发展的规律和趋势，探求伤亡事故发生的原因和有关影响因素，从而为有效采取预防事故措施提供依据，为宏观事故预测及安全决策提供依据。

事故统计分析的目的包括以下三个方面：

1）进行企业外的对比分析。依据伤亡事故的主要统计指标进行部门与部门之间、企业与企业之间、企业与本行业平均指标之间的对比。

2）对企业、部门的不同时期的伤亡事故发生情况进行对比，用来评价企业安全状况是否有所改善。

3）发现企业事故预防工作存在的主要问题，研究事故发生原因，以便采取措施防止事故发生。

11.2.1　事故统计方法

事故统计方法通常可以分为描述统计和推断统计两部分。

1. 描述统计

描述统计主要是指在获得数据之后，通过分组、有关图表等对现象加以描述。

事故统计表是企业、国家建立伤亡事故管理使用的原始记录，是进行事故统计分析的依据，包括生产安全事故情况、火灾事故情况、特种设备事故情况等十种报表。为了搞好伤亡事故的定期统计工作，国家安全生产监督管理总局2014年9月18日下发了《生产安全事故统计报表制度》，要求以此对中华人民共和国领域内从事生产经营活动中发生的造成人身伤亡或者直接经济损失的事故进行统计上报。事故统计报表目录如表11-1所示。

表11-1　伤亡事故统计报表目录

<table>
<tr><th>表　号</th><th>表　名</th><th>报告期别</th><th>填报范围</th><th>报送单位</th><th>报送日期及方式</th></tr>
<tr><td>工矿商贸A1表</td><td>生产安全事故情况</td><td>月报</td><td rowspan="4">从事生产经营活动中发生的造成人身伤亡或者直接经济损失的生产安全事故</td><td rowspan="4">各级安全监督管理部门、煤矿安全监察机构</td><td rowspan="2">每月5日前专用网络</td></tr>
<tr><td>工矿商贸A2表</td><td>生产安全事故情况(续)</td><td>月报</td></tr>
<tr><td>综合B1表</td><td>各类生产安全事故综合情况</td><td>月报</td><td>每月5日前传真</td></tr>
<tr><td>综合B2表</td><td>地区生产安全事故综合情况</td><td>年报</td><td>次年4月5日前</td></tr>
<tr><td>行业C1-1表</td><td>火灾事故情况</td><td>月报</td><td>全部的火灾事故(不含森林、草原火灾)</td><td rowspan="5">公安消防部门</td><td rowspan="14">每月5日前传真</td></tr>
<tr><td>行业C1-1-1表</td><td>生产经营性火灾事故情况</td><td>月报</td><td>从事生产经营活动中发生的火灾事故</td></tr>
<tr><td>行业C1-2表</td><td>火灾死亡事故情况</td><td>月报</td><td rowspan="3">全部的火灾事故(不含森林、草原火灾)</td></tr>
<tr><td>行业C1-3表</td><td>火灾重伤事故情况</td><td>月报</td></tr>
<tr><td>行业C1-4表</td><td>火灾直接经济损失事故情况</td><td>月报</td></tr>
<tr><td>行业C2-1表</td><td>道路交通事故情况</td><td>月报</td><td>全部道路交通事故</td><td rowspan="5">公安交通管理部门</td></tr>
<tr><td>行业C2-1-1表</td><td>生产经营性道路交通事故情况</td><td>月报</td><td>从事生产经营活动中发生的道路交通事故</td></tr>
<tr><td>行业C2-2表</td><td>道路交通死亡事故情况</td><td>月报</td><td rowspan="3">全部道路交通事故</td></tr>
<tr><td>行业C2-3表</td><td>道路交通重伤事故情况</td><td>月报</td></tr>
<tr><td>行业C2-4表</td><td>道路交通直接经济损失事故情况</td><td>月报</td></tr>
<tr><td>行业C3-1表</td><td>水上交通事故情况</td><td>月报</td><td rowspan="4">中华人民共和国沿海水域和内河通航水域发生的水上交通事故及中国籍船舶在境外水域发生的水上交通事故</td><td rowspan="4">交通海事部门</td></tr>
<tr><td>行业C3-2表</td><td>水上交通死亡事故情况</td><td>月报</td></tr>
<tr><td>行业C3-3表</td><td>水上交通重伤事故情况</td><td>月报</td></tr>
<tr><td>行业C3-4表</td><td>水上交通直接经济损失事故情况</td><td>月报</td></tr>
</table>

（续）

表　　号	表　　名	报告期别	填报范围	报送单位	报送日期及方式
行业 C4-1 表	铁路交通事故情况	月报	铁路机车车辆在运行过程中与行人、机动车、非机动车、牲畜及其他障碍物相撞，或者铁路机车车辆发生冲突、脱轨、火灾、爆炸等影响铁路正常行车的事故	铁路部门	每月5日前传真
行业 C4-2 表	铁路交通死亡事故情况	月报			
行业 C4-3 表	铁路交通重伤事故情况	月报			
行业 C4-4 表	铁路交通直接经济损失事故情况	月报			
行业 C5-1 表	民航飞行事故情况	月报	在公共航空运输过程中，自登上航空器准备飞行起，直至到达目的地点离开航空器为止的期间内发生的与该航空器运行有关并导致人员伤亡或财产损失的事故	民航部门	
行业 C5-2 表	民航飞行死亡事故情况	月报			
行业 C5-3 表	民航飞行重伤事故情况	月报			
行业 C5-4 表	民航飞行直接经济损失事故情况	月报			
行业 C6-1 表	房屋建筑及市政工程事故情况	月报	房屋建筑和市政基础设施工程当中发生的生产安全事故	住房城乡建设部门	
行业 C6-2 表	房屋建筑及市政工程死亡事故情况	月报			
行业 C6-3 表	房屋建筑及市政工程重伤事故情况	月报			
行业 C6-4 表	房屋建筑及市政工程直接经济损失事故情况	月报			
行业 C7-1 表	农业机械事故情况	月报	各统计单位所辖区域内的国有、集体和个体全部农林牧副渔业生产单位，由农业机械发生的生产安全事故	农机监理部门	
行业 C7-2 表	农业机械死亡事故情况	月报			
行业 C7-3 表	农业机械重伤事故情况	月报			
行业 C7-4 表	农业机械直接经济损失事故情况	月报			
行业 C8-1 表	渔业船舶事故情况	月报	在中华人民共和国渔政渔港监督管理机构登记注册的渔业船舶发生的水上事故	渔业部门	
行业 C8-2 表	渔业船舶死亡事故情况	月报			
行业 C8-3 表	渔业船舶重伤事故情况	月报			
行业 C8-4 表	渔业船舶直接经济损失事故情况	月报			
行业 C9-1 表	特种设备事故情况	月报	因特种设备本身或外在（人为）因素导致特种设备爆炸、损毁、失效、缺陷、故障而造成人员伤害、财产损失或者重大影响的突发事件	质检部门	
行业 C9-2 表	特种设备死亡事故情况	月报			
行业 C9-3 表	特种设备重伤事故情况	月报			
行业 C9-4 表	特种设备直接经济损失事故情况	月报			

常用的伤亡事故统计图主要有柱状图、伤亡事故发生趋势图、伤亡事故管理图、饼状图、扇形图、玫瑰图和分布图等。

（1）柱状图

柱状图以柱状图形来表示各统计指标的数值大小。由于它绘制容易、清晰醒目，所以应用十分广泛。

在进行伤亡事故统计分析时，有时需要把各种因素的重要程度直观地表现出来。这时可以利用排列图（或称主次因素排列图）来实现。绘制排列图时，把统计指标（通常是事故频数、伤亡人数、伤亡事故频率等）数值最大的因素排列在柱状图的最左端，然后按统计指标数值的大小依次向右排列，并以折线表示累计值（或累计百分比）。

在管理方法中有一种以排列图为基础的ABC管理法。它按累计百分比把所有因素划分为A、B、C三个级别，其中累计百分比0～80%为A级、80～90%为B级、90%～100%为C级。A级因素相对数目较少但累计百分比达到80%，是“关键的少数”，是管理的重点；相反，C级因素属于“无关紧要的多数”。某企业各类伤亡事故发生次数的排列图如图11-1所示。由图11-1可以看出，物体打击、机械伤害是该企业伤亡事故的主要类别，是事故预防工作的重点。

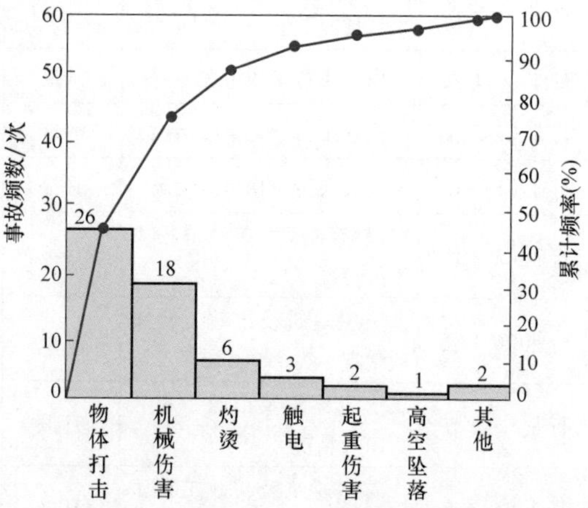

图11-1　伤亡事故发生次数的排列图

（2）伤亡事故发生趋势图

伤亡事故发生趋势图是一种折线图。它用不间断的折线表示各统计指标的数值大小和变化，最适合表现事故发生与时间的关系。

伤亡事故发生趋势图用于图示事故发生趋势分析。事故发生趋势分析是按时间顺序对事故发生情况进行统计分析。它按照时间顺序对比不同时期的伤亡事故统计指标，展示伤亡事故发生趋势和评价某一时期内企业的安全状况。

某企业2004～2013年伤亡事故发生趋势图如图11-2所示。由此图可以看出，2008年以前千人负伤率下降幅度较大，之后呈稳定下降趋势。

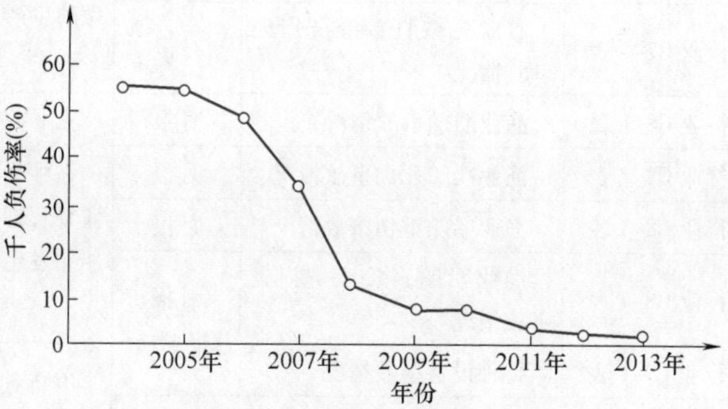

图11-2　伤亡事故发生趋势图

（3）伤亡事故管理图

伤亡事故管理图也称伤亡事故控制图。为了预防伤亡事故发生，降低伤亡事故发生频率，企业、部门广泛开展安全目标管理。伤亡事故管理图是实施安全目标管理中，为及时掌握事故发生情况而经常使用的一种统计图表。

在实施安全目标管理时，把作为年度安全目标的伤亡事故指标逐月分解，确定月管理目标。

一般来说，一个单位的职工人数在短时间内是稳定的，因此往往以伤亡事故次数作为安全管理的目标值。

在一定时期内一个单位里伤亡事故发生次数的概率分布服从泊松分布，并且泊松分布的数学期望和方差都是λ。这里λ是事故发生率，即单位时间内的事故发生次数。若以λ作为每个月伤亡事故发生次数的目标值，当置信度取90%时，按下述公式确定安全目标管理的上限U和下限L：

$$U = \lambda + 2\sqrt{\lambda}$$

$$L = \lambda - 2\sqrt{\lambda}$$

在实际安全工作中，人们最关心的是实际伤亡事故发生次数的平均值是否超过安全目标。所以，往往不必考虑管理下限而只注重管理上限，力争每个月内伤亡事故发生次数不超过管理上限。

绘制伤亡事故管理图时，以月份为横坐标、事故次数为纵坐标，用实线画出管理目标线，用虚线画出管理上限和下限，并注明数值和符号，如图11-3所示。把每个月的实际伤亡事故次数点在图中相应的位置上，并将代表各月伤亡事故发生次数的点连成折线，根据数据点的分布情况和折线的总体走向，可以判断当前的安全状况。

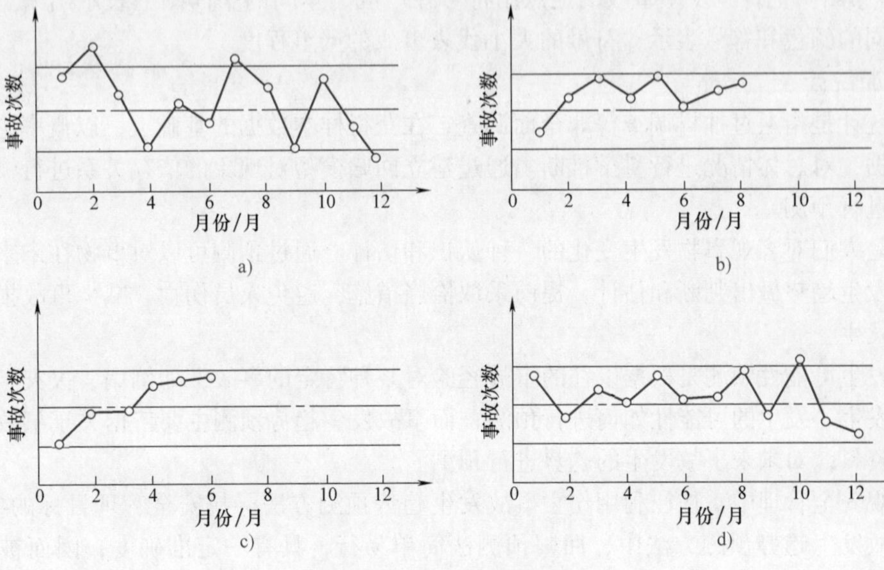

图11-3　伤亡事故管理图

a）个别数据点超出管理上限　b）连续数据点在目标值以上

c）多个数据点连续上升　d）大多数数据点在目标值以上

正常情况下，各月的实际伤亡事故发生次数应该在管理上限之内围绕安全目标值随机波动。当管理图上出现如图11-3所示情况之一时，就应该认为安全状况发生了变化，不能实现预定的安全目标，需要查明原因及时改正。

（4）饼状图

饼状图是一种表示事故构成的平面图，可以形象地反映事故发生的原因、种类、地点等在所发生的事故中所占的百分比。图11-4为某省20年来瓦斯事故发生地点饼状图。

（5）其他方法

除了上述方法以外，还有扇形图、玫瑰图和分布图等。

1）扇形图。它用一个圆形中各个扇形面积的大小不同来代表各种事故因素、事故类

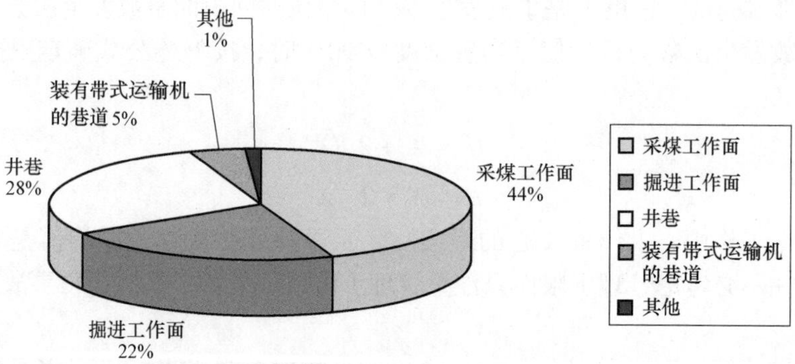

图 11-4　某省瓦斯事故发生地点饼状图

别、统计指标的所占比例，又称圆形结构图。

2）玫瑰图。利用圆的角度表示事故发生的时序，用径向尺度表示事故发生的频数。

3）分布图。把曾经发生事故的地点用符号在厂区、车间的平面图上表示出来。不同的事故用不同的颜色和符号表示，符号的大小代表事故的严重程度。

2. 推断统计

推断统计是指通过抽样调查等非全面调查，在获得样本数据的基础上，以概率论和数理统计为依据，对总体情况进行科学推断。通过建立回归模型对现象的依存关系进行模拟、对未来情况进行预测。

预测是人们对客观事物发生变化的一种认识和估计。通过预测可以对事物在未来发生的可能性及发生趋势做出判断和估计，提前采取恰当措施，避免人员伤亡、减少事故损失，防止事故的发生。

事故发生可能性预测是根据以往的事故经验对某种特定的事故，如倒塌、火灾、爆炸等事故能否发生、发生的可能性如何进行预测；而事故发生趋势预测主要依据关于事故发生情况的统计资料，对未来事故发生的趋势进行预测。

在宏观安全管理中，往往利用伤亡事故发生趋势预测方法寻找安全管理目标的参考值。在伤亡事故发生趋势预测方法中，回归预测法简单易行，具有一定准确度，因而被广泛应用。此外，还有指数平滑法、灰色系统预测法等方法。

1）回归分析原理。回归分析是研究一个随机变量与另一个变量之间相关关系的数学方法。

当变量间既存在密切关系，又不能由一个变量值精确求出另一变量值时，这种变量间的关系为相关关系。具有相关关系的两个变量 x 和 y 之间的相关程度用相关系数 γ 描述：

$$\gamma = \frac{L_{xy}}{\sqrt{L_{xx}L_{yy}}} \tag{11-1}$$

其中：

$$L_{xy} = \sum x_i y_i - \frac{1}{n}\sum x_i \sum y_i$$

$$L_{xx} = \sum {x_i}^2 - \frac{1}{n}(\sum x_i)^2$$

$$L_{yy} = \sum {y_i}^2 - \frac{1}{n}(\sum y_i)^2$$

当$|\gamma|=1$时，表明两变量间完全线性相关；当$\gamma=0$时，表明两者完全不相关；一般来说，$0<|\gamma|<1$，$|\gamma|$越大，线性相关性越好。

当两变量x和y之间线性相关时，可以用一直线方程描述：

$$\hat{y} = a + bx \tag{11-2}$$

根据观测值求得该直线方程的过程叫做回归，关键在于求出方程中的参数a和b。应用最小二乘法原理，使平方和$\sum(y_i-\hat{y}_i)^2=\sum(y_i-a-bx_i)^2$最小的直线是最好的。把该式对$a$、$b$求偏导数并令其为零，整理得：

$$b = \frac{L_{xy}}{L_{xx}} \tag{11-3}$$

$$a = \bar{y} - b\bar{x} \tag{11-4}$$

式中，$\bar{x} = \frac{1}{n}\sum_{i=1}^{n} x_i; \bar{y} = \frac{1}{n}\sum_{i=1}^{n} y_i$。

按回归方程外推，可以预测对应于某x（$x>x_n$）的相应的$\hat{y}$值。但是，由于变量x与y之间不是确定的函数关系，而是相关关系。所以实际的y值不一定恰好在回归直线上，应该在某一区间之内。当置信度为$1-\alpha$时，预测区间则为：

$$[\hat{y}-\delta(x), \hat{y}+\delta(x)] \tag{11-5}$$

$$\delta(x) = t_\alpha(n-2)s\sqrt{1+\frac{1}{n}+\frac{(x-\overline{X})^2}{L_{xx}}} \tag{11-6}$$

式中　$t_\alpha(n-2)$——t的分布值；

s——剩余标准差，$s=\sqrt{\frac{\sum(y_i-\hat{y}_i)^2}{n-2}}$。

由式(11-6)可以看出，当$x=\overline{X}$时预测精度最好，随着x远离$\overline{X}$，预测精度降低，如图11-5所示。

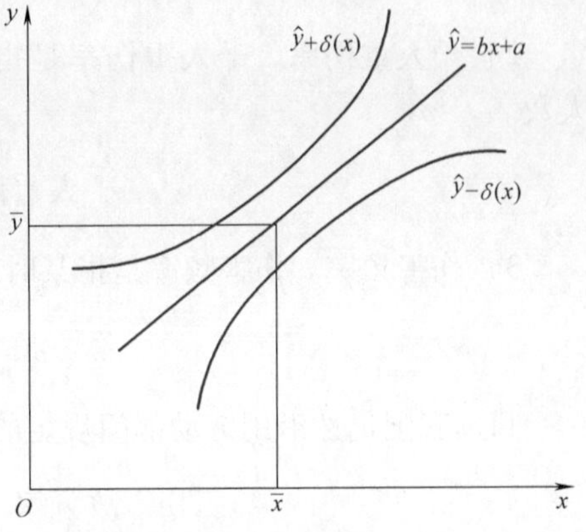

图11-5　回归预测区间

2）伤亡事故预测。伤亡事故发生状况随时间推移的变化呈现出一定的规律性。一般来说，一个企业随着生产技术的进步、劳动生产条件改善及管理水平的不断提高，伤亡事故发生率逐渐降低。大量统计资料表明，伤亡事故发生率随时间变化的规律可表达为：

$$\hat{y} = ae^{bx} \tag{11-7}$$

式中　$\hat{y}$——伤亡事故发生率；

x——时间。

将式(11-7)两端取对数，并令$\hat{y}_0=\ln\hat{y}, a_0=\ln a$，则

$$\hat{y}_0 = a_0 + bx$$

这样就变成了线形回归的问题。

在线性回归中，置信度为$1-\alpha$时的预测区间为$[\hat{y}-\delta(x), \hat{y}_0+\delta(x)]$，则实际预测区

间为

$$(e^{\hat{y}_0-\delta(x)}, e^{\hat{y}_0+\delta(x)})$$

11.2.2 事故统计主要指标

为了便于统计、分析、评价企业、部门的伤亡事故发生情况，需要规定一些通用的、统一的统计指标。在1948年8月召开的国际劳工组织会议上，确定了以伤亡事故频率和事故严重率为伤亡事故统计指标。

1. 伤亡事故频率

生产过程中发生的伤亡事故次数与参加生产的职工人数、经历的时间及企业的安全状况等因素有关。在一定时间内，参加生产的职工人数不变的场合，伤亡事故发生次数主要取决于企业的安全状况。于是，可以用伤亡事故频率作为表征企业安全状况的指标。

$$a = \frac{A}{NT} \tag{11-8}$$

式中 a——伤亡事故频率；

A——伤亡事故发生次数（次）；

N——参加生产的职工人数（人）；

T——统计期间。

世界各国的伤亡事故统计指标的规定不尽相同。《企业职工伤亡事故分类标准》规定，按千人死亡率、千人重伤率和伤害频率计算伤亡事故频率。

1）千人死亡率。千人死亡率是指某时期内平均每千名职工中因工伤事故造成死亡的人数。

$$千人死亡率 = \frac{死亡人数}{平均职工数} \times 10^3$$

2）千人重伤率。千人重伤率是指某时期内平均每千名职工中因工伤事故造成重伤的人数。

$$千人重伤率 = \frac{重伤人数}{平均职工数} \times 10^3$$

3）伤害频率。伤害频率是指某时期内平均每百万工时由于工伤事故造成的伤害人数。

$$伤害频率 = \frac{伤害人数}{实际总工时数} \times 10^6$$

目前我国仍然沿用劳动部门规定的工伤事故频率作为统计指标。

$$工伤事故频率 = \frac{本时期内工伤事故人次}{本时期内在册职工人数} \times 10^3$$

习惯上把它叫作千人负伤率。

2. 事故严重率

《企业职工伤亡事故分类标准》规定，按伤害严重率、伤害平均严重率和按产品产量计算的死亡率等指标计算事故严重率。

1）伤害严重率。伤害严重率是指某时期内平均每百万工时由于事故造成的损失工作日数。

$$伤害严重率 = \frac{总损失工作日数}{实际总工时数} \times 10^6$$

国家标准中规定了工伤事故损失工作日算法，其中规定永久性全失能伤害或死亡的损失工作日为6000个工作日。

2）伤害平均严重率。伤害平均严重率是指受伤害的每人次平均损失工作日数。

$$伤害平均严重率 = \frac{总损失工作日数}{伤害人数}$$

3）按产品产量计算的死亡率。这种统计指标适用于以吨、立方米为产量计算单位的企业、部门。例如：

$$百万吨钢（煤）死亡率 = \frac{死亡人数}{实际产量（t）} \times 10^6$$

$$万立方米木材死亡率 = \frac{死亡人数}{实际产量（m^3）} \times 10^4$$

例题

某钢厂2005年平均在籍职工60000人，年产钢250万t。该年度内因工伤事故死亡2人、重伤3人、轻伤120人。根据《企业职工伤亡事故分类标准》计算，因重伤损失工作日累计8000日，轻伤损失工作日累计为9600日。试计算千人死亡率、千人重伤率、伤害频率、伤害严重率、伤害平均严重率、百万吨钢死亡率（设每人每年工作300天，每天工作8h）。

解：1）$千人死亡率 = \frac{2}{60000} \times 1000 = 0.033$

2）$千人重伤率 = \frac{3}{60000} \times 1000 = 0.05$

3）伤亡频率

设每人每年工作300天，每天工作8h，则 $= \frac{2+3+120}{8 \times 300 \times 60000} \times 10^6 = 0.868$

4）$伤害严重率 = \frac{6000 \times 2 + 8000 + 9600}{8 \times 300 \times 60000} \times 10^6 = 205.56$

5）$伤害平均严重率 = \frac{6000 \times 2 + 8000 + 9600}{125} = 236.8$

6）$百万吨钢死亡率 = \frac{2}{250 \times 10^4} \times 10^6 = 0.8$

3. 其他统计指标

1）无伤亡事故时间。在实际安全管理工作中，往往用无伤亡事故时间作为统计指标，描述一个单位的安全状况。这是因为，伤亡事故发生频率较低时（如数年发生一起事故的场合），采用伤亡事故发生频率来描述安全状况比较困难。从指导安全工作角度，计算伤亡事故发生频率是在发生了若干次事故以后。而计算无伤亡事故时间则使安全管理人员把注意力放在推迟每一起事故发生时间上，更能体现“预防为主”的原则。无伤亡事故时间是指两次事故之间的间隔时间。它最适合于用来描述伤亡事故发生频率低的单位的安全状况。

2）死亡事故频率。英国的克莱兹（T. A. Kletz）以每10^8工时发生事故死亡人数作为死亡事故频率（Fatal Accident Frequency Rate，简称FAFR）。它相当于每人每年工作300d，每天工作8h，每年4000人中有一人死亡。

4. 应用伤亡事故统计指标应注意的问题

按伯努利大数定律，只有样本容量足够大时，随机事件发生的频率才趋于稳定。观测的数据量越少，统计出的伤亡事故频率和事故严重率的可靠性就越差。因此在实际工作中利用上述指标进行伤亡事故统计时，应该设法增加样本的容量，可以从以下两个方面采取措施：

1）延长统计的时间。在职工人数较少的单位，可以通过适当增加观测时间来增加样本的容量。一般认为，统计的基础数字如果低于200000h，则每年统计的事故频率将有明显波动，往往很难据此做出正确判断。当总工时数达到100万h，可以得到较稳定的结果。在这种情况下才能做出较为正确的结论。

2）扩大统计的范围。为了扩大样本容量，美国、日本等国的一些安全专家主张扩大伤亡事故的统计范围。以往的伤亡事故统计只包括造成歇工一个工作日以上的事故，他们建议，应该把歇工不到一个工作日的事故也包括进去。美国规定：损失工作日不只计算损失的日历日数，而且把因受伤调配到临时岗位的事故及受伤人员虽然能够在其本身的岗位上工作但是不能发挥全部效率，或不能全天工作的情况，也作为“须记录的事故”。莱阿梅尔提议把工厂医务所就诊的工伤事故也都统计到伤亡事故频率里。

采用这样的措施后，由于统计的伤害事故数增加了，相应的伤亡事故频率也增加了，在同样统计基础数的情况下，统计结果的可靠性也就提高了。

国外也有人主张把极其轻微的伤害事故和差一点受伤的事故包括在统计范围之内，一些研究人员开始把注意力转向统计调查最终会导致伤亡事故的原因——人的不安全行为和物的不安全状态，相应地提出了一些统计指标。目前，收集这些资料的方法还处于实验研究阶段，有待于进一步研究解决。

11.3 事故经济损失统计

事故一旦发生，往往就会造成人员伤亡或设备、装置、构筑物等的破坏。这一方面给企业带来许多不良的社会影响，另一方面也给企业带来巨大的经济损失。在伤亡事故的调查处理中，仅仅注重人员的伤亡情况、事故经过、原因分析、责任人处理、人员教育、措施制定等是完全不够的，还必须对事故经济损失进行统计。

伤亡事故的经济损失是安全经济学的核心问题。对伤亡事故的经济损失进行统计、计算，有助于了解事故的严重程度和安全经济规律。除此之外，为了避免或减少工业事故的发生，及其造成的社会的、经济的损失，企业必须采取一些切实可行的安全措施，提高系统的安全性。但是，采取安全措施需要花费人力和物力，即需要一定的安全投入。在按照某种安全措施方案进行安全投入的情况下，能够取得怎样的效益、该安全措施方案是否经济合理，是安全经济评价的主要内容。而伤亡事故经济损失的统计、计算是安全经济评价的基础。

事故造成的物质破坏而带来的经济损失很容易计算出来，而弄清人员伤亡带来的经济损失却是件十分困难的事情。为此，人们进行了大量的研究，寻求一种方便、准确的经济损失计算方法。值得注意的是，所有的伤亡事故经济损失计算方法都是以实际统计资料为基础的。

11.3.1 伤亡事故直接经济损失与间接经济损失

一起伤亡事故发生后，给企业带来多方面的经济损失。一般来说，伤亡事故的经济损失包括直接经济损失和间接经济损失两部分。其中，直接经济损失很容易直接统计出来，而间接经济损失比较隐蔽，不容易直接由财务账面上查到。国内外对伤亡事故的直接经济损失和间接经济损失做了不同规定。

1. 国外对伤亡事故直接经济损失和间接经济损失的划分

在国外，特别在西方国家，事故的赔偿主要由保险公司承担。于是，把由保险公司支付的费用定义为直接经济损失，而把其他由企业承担的经济损失定义为间接经济损失。

（1）海因里希的间接经济损失内容

美国的海因里希认为伤亡事故的间接经济损失包括以下内容：

1）受伤害者的时间损失。

2）其他人员由于好奇、同情、救助等引起的时间损失。

3）工长、监督人员和其他管理人员的时间损失。

4）医疗救护人员等不由保险公司支付酬金人员的时间损失。

5）机械设备、工具、材料及其他财产损失。

6）生产受到事故的影响而不能按期交货的罚金等损失。

7）按职工福利制度所支付的经费。

8）负伤者返回岗位后，由于工作能力降低而造成的工作损失，以及照付原工资的损失。

9）由于事故引起人员心理紧张，或情绪低落而诱发其他事故造成的损失。

10）即使负伤者停工也要支付的照明、取暖费等每人平均费用的损失。

（2）西蒙兹规定的间接经济损失内容

海因里希提出间接经济损失内容之后，美国的西蒙兹（R. H. Simons）认为，伤亡事故间接经济损失包含如下项目：

1）非负伤者由于中止作业而引起的工作损失。

2）修理、拆除被损坏的设备、材料的费用。

3）受伤害者停止工作造成的生产损失。

4）加班劳动的费用。

5）监督人员的工资。

6）受伤害者返回工作岗位后，生产减少造成的损失。

7）补充新工人的教育、训练费用。

8）企业负担的医疗费用。

9）为进行事故调查，付给监督人员和有关工人的费用。

10）其他损失。

2. 我国对伤亡事故直接经济损失和间接经济损失的划分

1987年，我国开始执行GB 6721—1986《企业职工伤亡事故经济损失统计标准》。该标准把因事故造成人身伤亡及善后处理所支出的费用，以及被毁坏的财产的价值规定为直接经济损失；把因事故导致的产值减少、资源的破坏和受事故影响而造成的其他损失规定为间接经济损失。

（1）伤亡事故直接经济损失

伤亡事故直接经济损失包括以下内容：

1）人身伤亡后支出费用，其中包括医疗费用（含护理费用）、丧葬及抚恤费用、补助及救济费用、歇工工资。

2）善后处理费用，其中包括处理事故的事务性费用、现场抢救费用、清理现场费用、事故罚款及赔偿费用。

3）财产损失价值，其中包括固定资产损失价值、流动资产损失价值。

（2）伤亡事故间接经济损失

伤亡事故间接经济损失包括以下内容：

1）停产、减产损失价值。

2）工作损失价值。

3）资源损失价值。

4）处理环境污染的费用。

5）补充新职工的培训费用。

6）其他费用。

《企业职工伤亡事故经济损失统计标准》对于实现我国伤亡事故经济损失统计工作的科学化和标准化有十分重要的作用。当时颁布、实施这一标准时，我国尚未进行工伤保险和医疗保险改革，特别是2010年12月8日国务院第136次常务会议通过的《国务院关于修改〈工伤保险条例〉的决定》（中华人民共和国国务院令第586号）颁布以后，该标准已经不能适应当前形势的发展，有关内容需要进行修订。

3. 伤亡事故直接经济损失与间接经济损失的比例

如前所述，伤亡事故间接经济损失很难被直接统计出来，于是人们就尝试如何由伤亡事故直接经济损失计算间接经济损失，进而估计伤亡事故的总经济损失。

海因里希最早进行了这方面的工作。他通过对5000余起伤亡事故经济损失的统计分析，得出直接经济损失与间接经济损失的比例为1:4的结论，即伤亡事故的总经济损失为直接经济损失的5倍。这一结论至今仍被国际劳工组织所采用，作为估算各国伤亡事故经济损失的依据。

继海因里希的研究之后，许多国家的学者探讨了这一问题。由于国内外对伤亡事故直接经济损失和间接经济损失划分不同，直接经济损失与间接经济损失的比例也不同。国外事故直接、间接损失倍比系数如表11-2所示。在我国规定的直接经济损失项目中，包含了一些在国外属于间接经济损失的内容。一般来说，我国的伤亡事故直接经济损失所占的比例应该比国外大。根据对少数企业伤亡事故经济损失资料的统计，直接经济损失与间接经济损失的比例约为（1:1.2）~(1:2)。

表 11-2 国外事故直接、间接损失倍比系数

研究者	基准年	事故直接、间接损失倍比系数	说明
美国 Heinrich	1941 年	4	保险公司 5000 个案例
法国 Bouyeur	1949 年	4	1948 年法国数据
法国 Jacques	20 世纪 60 年代	4	法国化学工业
法国 Legras	1962 年	2.5	从产品销售、成本研究得出
Bird 和 Loftus	1976 年	50	
法国 Letoublon	1979 年	1.6	针对伤害事故
Sheiff	20 世纪 80 年代	10	
挪威 Elka	1980 年	5.7	起重机械事故
Leopold 和 Leonard	1987 年	间接损失微不足道	将很多间接损失重新定义为直接损失
法国 Bernard	1988 年	3	保险费用按赔偿额
		2	保险费用按分摊额
Hinze 和 Appelgate	1991 年	2.06	建筑行业过百家公司，考虑法律诉讼引起的损失
英国 HSE(OU)	1993 年	8～36	因行业而异

11.3.2 伤亡事故经济损失计算方法

伤亡事故经济损失 C_T 可由直接经济损失与间接经济损失之和求出，即：

$$C_T = C_D + C_I \tag{11-9}$$

式中 C_D——直接经济损失；

C_I——间接经济损失。

由于间接经济损失的许多项目很难得到准确的统计结果，所以人们必须探索一种实际可行的伤亡事故经济损失计算方法。这里介绍几种比较典型的计算方法。

1. 我国现行标准规定的计算方法

《企业职工伤亡事故经济损失统计标准》规定的伤亡事故经济损失计算方法如下：

$$E = E_d + E_i \tag{11-10}$$

式中 E——经济损失（万元）；

E_d——直接经济损失（万元）；

E_i——间接经济损失（万元）。

其中，工作损失、医疗费用、歇工工资、处理事故的事务性费用、现场抢救费用、事故罚款和赔偿费用、固定资产损失价值、流动资产损失价值、资源损失价值、处理环境污染的费用、补充新职工的培训费用、补助费、抚恤费的计算内容及方法在《企业职工伤亡事故经济损失统计标准》中有明确的规定。

2. 海因里希算法

海因里希通过对事故资料的统计分析，得出伤亡事故间接经济损失是直接经济损失的 4

倍的结论。进而，他提出伤亡事故经济损失的计算公式为：

$$C_T = C_D + C_I = 5C_D \tag{11-11}$$

因此，只要知道了直接经济损失，就很容易算出总经济损失。

如前所述，不同国家、不同地区、不同企业，甚至同一企业内事故严重程度不同时，其伤亡事故直接经济损失与间接经济损失的比例是不同的。因而，这种计算方法主要用于宏观估算一个国家或地区的伤亡事故经济损失。

3. 西蒙兹算法

西蒙兹把死亡事故和永久性全失能伤害事故的经济损失单独计算。然后，把其他事故划分为以下四级：

1）暂时性全失能和永久性部分失能伤害事故。

2）暂时性部分失能和需要到企业外就医的伤害事故。

3）在企业内治疗的、损失工作时间在8h之内的伤害事故，以及与之相当的20美元以内的物质损失事故。

4）相当于损失工作时间8h以上价值的物质损失事故。

根据实际数据统计出各级事故的平均间接经济损失后，按下式计算各级事故的总经济损失：

$$C_T = C_D + C_I = C_D + \sum_{i=1}^{4} N_i C_i \tag{11-12}$$

式中 N_i——第 i 级事故发生的次数；

C_i——第 i 级事故的平均间接经济损失。

由于该算法按不同级别事故发生次数、平均间接经济损失来考虑，其计算结果比海因里希算法的结果准确，因而在美国被广泛采用。

4. 辛克莱算法

该计算方法与西蒙兹算法类似，其不同之处主要在于辛克莱（Sinclair）把伤亡事故划分为死亡、严重伤害和其他伤害事故三级。首先，计算出每级事故的直接经济损失和间接经济损失的平均值，其次，按各级事故发生频率和事故平均经济损失计算每起事故的平均经济损失：

$$\overline{C}_T = P_i(\overline{C}_D + \overline{C}_I) \tag{11-13}$$

式中 $\overline{C}_T$——每起事故的平均经济损失（元）；

P_i——第 i 级事故的发生频率；

$\overline{C}_D$——第 i 级事故的平均直接经济损失（元）；

$\overline{C}_I$——第 i 级事故的平均间接经济损失（元）。

于是，N 次事故造成的总经济损失为

$$C_T = N\overline{C}_T \tag{11-14}$$

5. 斯奇巴算法

斯奇巴提出了一种简捷、快速的伤亡事故经济损失计算方法。他把经济损失划分为固定经济损失和可变经济损失两部分，分别计算各部分损失的基本损失后，以修正系数的形式考虑其余的损失。该方法的计算公式为：

$$C_T = C_F + C_V \tag{11-15}$$

式中 C_F——固定经济损失（元）；

C_V——可变经济损失（元）。

其中，固定经济损失为：

$$C_F = aC_S \tag{11-16}$$

式中 C_S——伤亡事故保险费（元）；

a——考虑预防事故的固定费用的修正系数，一般取 $a=1.1\sim1.5$。

可变经济损失按下式计算：

$$C_V = bNDS \tag{11-17}$$

式中 N——伤亡事故次数；

D——每起事故平均损失工作日数（天）；

S——平均日工资（包括各种补助费）（元）；

b——考虑企业具体情况的修正系数，一般取 $b=1.2\sim3.0$。

该计算方法省去了大量的统计工作，但是计算结果可能与实际情况差别较大。

6. 直接计算法

该计算方法以保险公司提供的保险等待期为标准，把伤亡事故划分为三级：

1）受伤害者能够在发生事故当天恢复工作的伤害事故。

2）受伤害者丧失工作能力的时间少于或等于保险等待期的伤害事故。

3）受伤害者丧失工作能力的时间超过保险等待期的伤害事故。

每一级伤害事故的经济损失可按下式计算：

$$C_i = C_p + C_s + C_o + C_m + C_b \tag{11-18}$$

式中 C_i——第 i 级伤害事故的经济损失（元）；

C_p——用于防止伤害事故的投资，包括固定投资、可变投资及额外投资三部分（元）；

C_s——职业伤害的保险费，包括固定保险费和可变保险费两部分（元）；

C_o——事务性费用（元）；

C_m——材料损失费用（元）；

C_b——因停、减产造成的损失（元）。

其中，在企业没有多余人员、满负荷生产的情况下，停、减产造成的损失按下式计算：

$$C_b = BLr \tag{11-19}$$

式中 B——按生产计划预计的单位产量净效益；

L——由于伤亡事故造成的工作时间损失；

r——正常生产条件下的全员劳动生产率。

于是，伤亡事故经济损失等于各级伤亡事故经济损失之和。其计算式为

$$C_T = \sum N_i C_i \tag{11-20}$$

式中 N_i——第 i 级伤害事故发生次数；

C_i——第 i 级伤害事故经济损失（元）。

11.4 事故的原因

根据事故的特性可知，事故的原因和结果之间存在着某种规律，所以研究事故，最重要的是找出事故发生的原因。

事故的原因分为事故的直接原因和间接原因。直接原因是直接导致事故发生的原因，又称一次原因；间接原因是指使事故的直接原因得以产生和存在的原因。主要原因是在本次事故中，直接原因和间接原因中对事故的发生起主要作用的原因。

在判定主要原因时，要注意把管理方面对安全的重视及其效果区别开来。例如，某厂领导、安全科、车间主任等确实做了不少安全生产教育工作，但发生了一件因未穿工作服被车床上正旋转加工的零件卷击致死的事故。经调查，事故发生前，该车间约有 1/5～1/4 的人经常不穿工作服，其主要原因显然是管理原因。

在“主要原因”的分类中，包括间接原因和直接原因的主要内容。但这并不是说主要原因的分类是直接原因和间接原因分类的“算术和”。

在一般情况下，根据直接原因确定直接责任者。如果不安全状态是直接原因，则造成此状态的人是直接责任者，如果不安全行动是直接原因，则有这种行动的人是直接责任者。

造成间接（管理）原因的人是领导责任者。造成主要原因的人是主要责任者。主要责任者是直接责任者和领导责任者两者之一。

1. 事故的直接原因

大多数学者认为，事故的直接原因只有两个，即人的不安全行为和物的不安全状态。为统计方便，《企业职工伤亡事故分类标准》对人的不安全行为和物的不安全状态做了详细分类。

在判定直接原因时，有时较难分清主次，要判断不安全状态和不安全行为与为事故发生的关系，然后，通过比较，看哪种因素起了主要作用。例如，某矿井因运输炸药方法不符合安全规程，现场杂乱，致使矿井某水平上有散落的炸药，同时某矿工又违反规定把吸剩的烟头扔入井内，掉到该水平上，引起火灾、爆炸、炮烟中毒的连续事故。在这种情况下，要从“本质安全”的思想出发，不安全状态是直接原因。

当某次事故中只有物的原因或只有人的原因时，就无需比较判断，很容易确定事故的直接原因。

据有关方面统计，美国全国某年休工 8 天以上的事故中，有 96% 的事故与人的不安全行为有关，有 91% 的事故与物的不安全状态有关。日本全国某年休工 4 天以上的事故中，有 94.5% 的事故与人的不安全行为有关，有 83.5% 的事故与物的不安全状态有关。这些数字表明，大多数事故既与人的不安全行为有关，也与物的不安全状态有关，也就是说，只要控制好其中之一，即人的不安全行为或物的不安全状态中有一个不发生，或者是两者不同时发生，就能控制大多数事故，减少不必要的损失。这对于事故的预防与控制是非常重要的，因为控制两者和控制两者之一的代价是完全不一样的。

2. 事故的间接原因

下面介绍几种间接原因的分类方法。

（1）北川方法

日本学者北川彻三在其《安全工程学基础》一书及其作为编辑委员会委员长的《安全技术手册》中这样分类：

1）技术原因。①建筑物、机械装置设计不良；②材料结构不合适；③检修、保养不好；④作业标准不合理。

2）教育原因。①缺乏安全知识（无知）；②错误理解安全规程要求（不理解、轻视）；③训练不良习惯、坏习惯；④经验不足、没有经验。

3）身体原因。①疾病（头疼、腹痛、眩晕、羊角疯）；②残疾（近视、耳聋）；③疲劳（睡眠不足）；④酩酊大醉；⑤体格不合适（身高、性别）。

4）精神原因。①错觉（错感、冲动、忘却）；②态度不好（怠慢、不满、反抗）；③精神不安（恐怖、紧张、焦躁、不和睦、心不在焉）；④感觉上的缺陷（反应迟钝）；⑤性格上的缺陷（顽固、心胸狭窄）；⑥智能缺陷（白痴）。

5）管理原因。①领导者的责任心不强；②安全管理机构不健全；③安全教育制度不完善；④安全标准不明确；⑤检查、保养制度不健全；⑥对策实施迟缓、拖延；⑦人事管理不善；⑧劳动积极性不高。

6）学校教育原因。①义务教育；②高等教育；③师资的培养；④职业教育；⑤社会教育。

7）社会原因。①法规；②行政；③社会结构。

8）历史原因。①国家、民族特点；②产业的发达程度；③社会思想的开化、进步程度。

北川彻三认为：最经常出现的间接原因有技术原因、教育原因及管理原因三种，而身体原因和精神原因在实际中是较少出现的。上述1）~5）五种间接原因中，管理原因是基础原因，其他四种都与管理原因有关，6）、7）、8）这几种则可视为其他基础原因。

（2）后藤方法

日本学者后藤认为妨害生产的原因也就是造成事故的原因，他列出的10种原因中主要是管理原因：①不正确的作业方法；②技术熟练者较少；③机械故障多；④缺勤者多；⑤生产场所的环境脏乱；⑥各工序间配合差；⑦监督人指导方法不好，不会指导；⑧作业工程本身就存在问题；⑨物料放置不好、不合理；⑩工作任务安排不合理。

（3）GB 6442《企业职工伤亡事故调查分析规则》方法

《企业职工伤亡事故调查分析规则》规定的间接原因如下：①技术和设计上存在缺陷——工业构件、建筑物、机械设备、仪器仪表、工艺过程、操作方法、维修检验等的设计，施工和材料使用存在问题；②教育培训不够，未经培训，缺乏或不懂安全操作技术知识；③劳动组织不合理；④对现场工作缺乏检查或指导错误；⑤没有安全操作规程或安全操作规程不健全；⑥没有或不认真实施事故防范措施，对事故隐患整改不力；⑦其他。

这里列出的间接原因即管理原因。

以上几种分类方法有相似之处，一般来说间接原因（管理原因）应当包括以下几点：

1）对物的管理，有时称技术原因，包括技术、设计、结构上有缺陷，作业现场、作业环境的安排设置不合理等缺陷，缺少防护用品或防护用品有缺陷等。

2）对人的管理，包括教育、培训、指示、对作业任务和作业人员的安排等方面的缺陷或不当。

3）对作业程序、工艺过程、操作规程和方法等的管理。

4）安全监察、检查和事故防范措施等方面的问题。

在分析某次事故的间接原因时，要根据事故的具体情况，把直接原因中物的不安全状态、人的不安全行为分别与产生这种不安全状态、不安全行为的管理方面的原因挂起钩来，评审管理方面，还要考查上述3）、4）所列的问题，这样就能找出管理方面存在的所有问题。如果要求只列一种管理原因，则综合比较上述几方面的问题，找出本次事故中管理方面的主要缺陷，然后对照管理原因的分类，以确定属于哪一种。

复习思考题

1. 简述事故的分类方法及其分类。
2. 事故统计有哪些方法？简述每一种方法的内容。事故统计主要指标有哪些？
3. 国内和国外事故经济损失统计主要区别有哪些？
4. 什么是事故的直接原因和间接原因？直接原因和间接原因包括哪些内容？

第12章 事故调查与处理

12

本章概要·学习要求

本章主要讲述了事故调查的基本步骤，包括准备和具体的执行程序，事故的原因分析、处理和调查报告的写法。通过本章学习，要求学生对如何了解整个事故发生过程、原因和人员伤亡及经济损失情况的方法有所理解，掌握事故调查报告的写作规范。

事故调查是掌握整个事故发生过程、原因和人员伤亡及经济损失情况的重要工作。通过调查可掌握事故发生的基本事实，以便在此基础上进行正常的事故原因和责任分析，对事故责任者提出恰当的处理意见，对事故预防提出合理的防范措施，使人们从中深刻地吸取教训，并促使企业在安全管理上进一步完善。

12.1 调查的准备

12.1.1 准备工作

为了能够及时、有效地进行事故现场的调查工作，调查人员必须做好平时和调查前的准备工作。调查人员应根据现场调查工作的需要学习有关建筑、化工、电工、燃烧、爆炸等方面的知识及现场勘察和物证鉴定的新方法和新成果，以适应不同事故现场勘察的需要。此外，还要努力提高绘图、照相、录像等专业技能。

配备必要的勘察工具，如现场勘察箱、照相器材、录像器材等，要保证仪器及工具处于完好状态，做到经常检查，有故障及时修理或调换。此外，对手电筒、胶卷之类常用的物品一定要准备好。车辆和通信联络工具也要保证处于完好状态。为了勘察安全，应配备好必要的防护用品。

调查人员到达事故现场以后，应在统一指挥下抓紧做好以下几项勘察的准备工作：

1）事故调查组。根据《生产安全事故报告和调查处理条例》（国务院令第493号）规定，按照“政府统一领导，分级负责”原则，按事故严重程度组成调查组（见图12-1），对事故进行调查和分析。

2）现场询问。现场勘察前应向了解事故现场情况的人等了解有关事故和现场的情况，

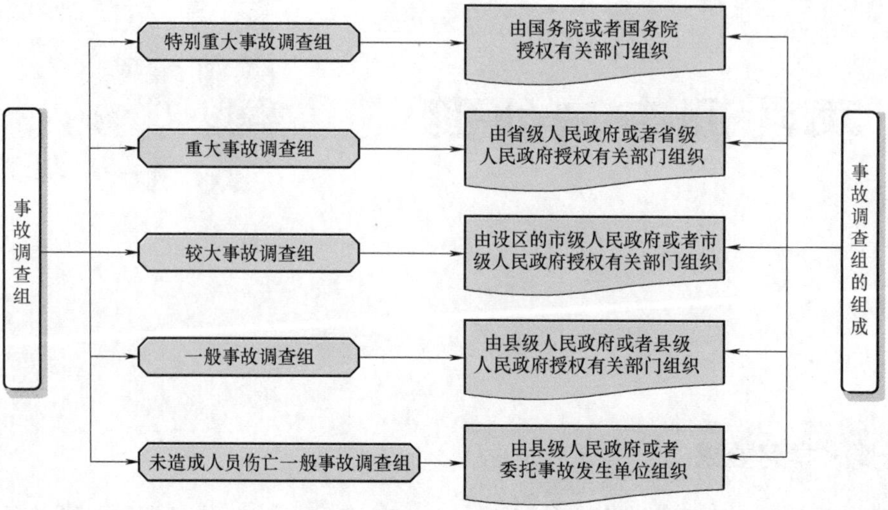

图12-1 事故调查组的组成

为进行现场勘察提供可靠线索。有疑难问题，如危险化学药品泄漏、复杂事故等方面的问题，可直接邀请有关专家。应了解的情况如下：①可能的事故初始事件、事故源；②事故发生、发展的过程；③现场有什么危险情况，如高压电源线落地、泄漏可燃气体、建筑物有倒塌危险等；④索取建筑物原来的工程图、设备目录、说明书等；⑤了解事故现场保护情况，发生事故时的气象情况。

3）勘察器材。常用的勘察器材有勘察箱、照相器材、绘图器材、清理工具、提取痕迹物证的仪器和工具、检验仪器等。

4）排除险情。排除事故现场可能对调查人员造成人身危害的潜在险情，保证现场勘察安全、顺利地进行。

12.1.2 调查原则

事故调查处理应当按照实事求是、尊重科学的原则，及时、准确地查清事故原因，查明事故性质和责任，总结事故教训，提出整改措施，并对事故责任者提出处理意见。具体原则如下：

1）事故是可以调查清楚的，这是调查事故最基本的原则。

2）调查事故应实事求是，以客观事实为根据。

3）坚持做到“四不放过”的原则，即事故原因未查清不放过，当事人和群众没有受到教育不放过，没有制定切实可行的预防措施不放过，事故责任人未受到处理不放过。

4）一方面，事故调查成员要有调查的经验或某一方面的专长；另一方面，不应与事故有直接利害关系。

12.1.3 现场调查项目

1. 现场处理

调查组进入事故现场进行调查的过程中，在事故调查分析没有形成结论之前，要注意保护事故现场，不得破坏与事故有关的物体、痕迹、状态等。当进入现场或做模拟试验需要移动现场某些物体时，必须做好现场标志，同时要采用照相或摄像的方式，将可能被清除或践踏的痕迹记录下来，以保证现场勘察调查能获得完整的事故信息内容。

2. 收集物证

对损坏的物体、部件、碎片、残留物、致害物的位置等，均应贴上标签，注明时间、地点、管理者；所有物体应保持原样，不准冲洗擦拭；对健康有害的物品，应采取不损坏原始证据的安全保护措施。

3. 现场记录

应做好以下方面的拍照：

1）方位拍照，要反映事故现场在周围环境中的位置。

2）全面拍照，要能反映事故现场各部分之间的联系。

3）中心拍照，要反映事故现场中心情况。

4）细目拍照，要解释事故直接原因的痕迹物、致害物等。

5）人体拍照，要反映伤亡者主要受伤和造成死亡的伤害部位。

4. 绘制事故图

根据事故类别和规模以及调查工作的需要，绘出事故调查分析所必须了解的信息示意图，如建筑物平面图、剖面图，事故现场涉及范围图，设备或工、器具构造简图、流程图，受害人位置图，事故状态下人员位置及疏散（活动）图，破坏物立体图或展开图等。

5. 证人取证

尽快搜集证人口述材料，然后对人证材料的真实性进行考证，听取单位领导和群众意见。

6. 现场取证

（1）与事故鉴别、记录有关的材料

与事故鉴别、记录有关的材料包括：

1）事故发生的单位、地点、时间、受害人和肇事者的姓名、性别、文化程度、职业、技术等级、本工种工龄、支付工资形式。

2）受害人和肇事者的技术情况、接受安全教育情况。

3）出事当天，受害者和肇事者什么时间开始工作、工作内容、工作量、作业程序、操作时的动作或位置。

4）受害人和肇事者过去的事故记录。

（2）事故发生的有关事实材料

事故发生的有关事实材料包括：

1）事故发生前设备、设施等的性能和质量状况。

2）必要时对使用的材料进行物理性能或化学性能试验分析。

3）有关设计和工艺方面的技术文件、工作指令和规章制度方面的资料及执行情况。

4）关于环境方面的情况，如照明、温度、湿度、通风、声响、色彩、道路、工作情况以及工作环境中的有毒有害物质取样分析记录。

5）个人防护措施状况及个人防护用品的有效性、质量、使用范围。

6）出事前受害人和肇事者的健康和精神状态。

7）可能与事故有关的其他细节或因素。

12.2 调查的基本步骤

有了充分的准备，可以说事故调查工作有了一个好的开始，为事故调查过程奠定了良好的基础。事故调查的基本步骤一般包括事故现场处理、事故现场勘察、人证问询、物证收集与保护等主要工作。由于这些工作时间性极强，有些信息、证据是随时间的推移而逐步消亡的，有些信息则有着极大的不可重复性，因而对于事故调查人员来讲，实施调查过程的速度和准确性显得更为重要。只有把握住每一个调查环节的中心工作才能使事故调查过程进展顺利。事故调查程序如图12-2所示。

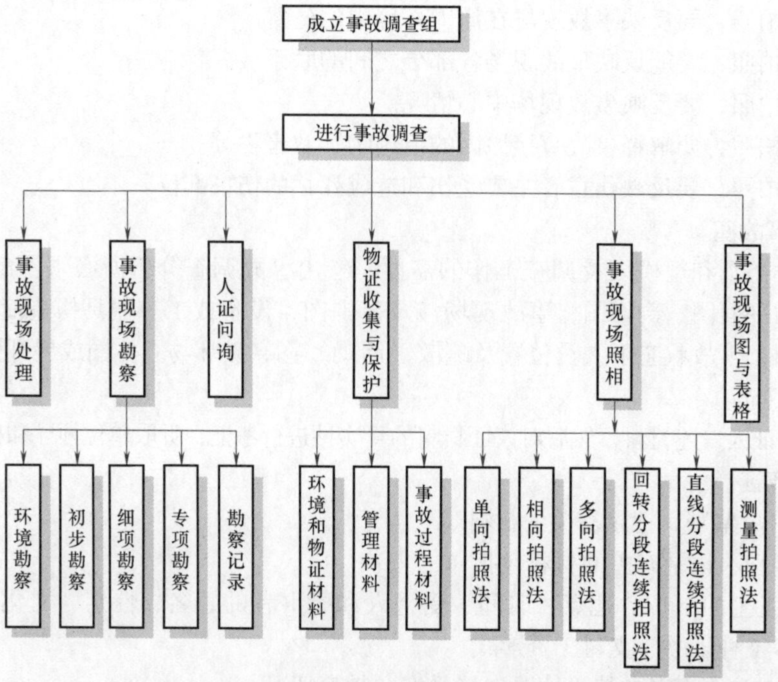

图12-2　事故调查程序

12.2.1　事故现场处理

事故现场处理是事故调查的初期工作。对于事故调查人员来说，由于事故的性质不同及事故调查人员在事故调查中角色的差异，事故现场处理工作会有所不同，通常现场处理应进行如下工作：

1）危险分析。这是现场处理工作的中心环节。只有做出准确的分析与判断，才能够防止进一步的伤害和破坏，同时要做好现场保护工作。现场危险分析工作主要有观察现场全貌，分析是否存在进一步产生危害的可能性及可能的控制措施，计划调查的实施过程，确定行动次序及考虑与有关人员合作、控制围观者及指挥志愿者等。

2）现场营救。最先赶到事故现场人员的主要工作就是尽可能地营救幸存者并保护财产。作为一位事故调查人员，如果有关抢救人员如医疗、消防等已经到位且人手并不紧张，则应及时记录事故遇难者尸体的状态和位置并用照相和绘草图的方式标明位置，同时告诫救护人员必须尽早记下他们最初看到的情况，包括幸存者的位置、移动过的物体的原位置等。如果需要调查者本人也参加营救工作，也应尽可能地做好上述工作。

3）二次危害。在现场危险分析的基础上，应对现场可能产生的进一步的伤害和破坏及时采取行动，使二次事故造成的损失尽可能小。这类工作包括防止有毒有害气体的生成或蔓延，防止有毒有害物质的生成或释放，防止易燃、易爆物品或气体的生成与燃烧爆炸，防止由火灾引起的爆炸等。

许多事故现场都很容易发生火灾，因此应严加防护，以保证所有在场人员的安全和保护现场免遭进一步的破坏。当存在严重的火灾危险时应准备好随时可用的消防装置，并尽快转移易燃易爆物品，同时严格制止任何可能引起明火的行为。即使是使用抢救设备等都应在绝对安全的情况下才可使用。

应尽快查明现场是否有危险品存在并采取相应措施。这类危险品包括放射性物质、爆炸物、腐蚀性液体、气体、液体或固体有毒物质或细菌培养物质等。

4）保护现场。完成了抢险、抢救任务，保护了生命和财产之后，现场处理的主要工作就转移到了现场保护方面。这时事故调查人员将成为主角并应承担主要责任。

首先到达事故现场的有可能是企业职工、附近居民、抢救人员或警方人员，因此，为保证调查组抵达现场之前不致因为对现场进行不必要的干预而丢失重要的证据，争取企业职工，特别是厂长等基层干部及当地警察或抢救人员的合作是非常重要的。调查人员应充分认识到，事故调查不仅需要进行技术调查而且还需要服从某种司法程序，而国家法律也许更重视后者。所以应通过合适的方式，使上述人员了解到除必要的抢救等工作外，应使现场尽可能原封不动。事故中遇难者的尸体及人体残留物应尽可能留在原处，私人的物品也应保持不动，因为这些东西的位置有助于辨别遇难者的身份。此外，应通过照相等手段记下像冰、烟灰之类短时间内会消失的迹象及记下所有在场目击者的姓名和地址，以便于调查者取得相应的证词。因此可以看出，对上述人员适当地进行保护现场的培训也是十分重要的。

有些物证如痕迹、液体和碎片等极易消失，因此要事先安排好这类证据的收集工作，准备好样品袋、瓶、标签等，并确保对此类物证及时收集保存。

因需要清理现场或移动现场物品时，例如，车祸发生后会阻塞通道，应在移动或清理前对重要痕迹照相或画出草图，并测量各项有关数据。

12.2.2 事故现场勘察

事故现场勘察是事故现场调查的中心环节，其主要目的是为查明当事各方在事发之前和事发时的情节、过程以及造成的后果。通过对现场痕迹、物证的收集和检验分析，可以判明发生事故的主、客观原因，为正确处理事故提供客观依据，因而全面、细致地勘察现场是获取现场证据的关键。

现场勘察的顺序和范围应根据不同类型的事故现场确定。因此，勘察人员到达现场后，首先要向事故当事人和目击者了解事故发生的情况和现场是否有变动。如有变动应先弄清变动的原因和过程，必要时可根据当事人和证人提供的事故发生时的情景恢复现场原状以利于实地勘察。在勘察前，应巡视现场周围的情况，对现场全貌有了概括了解后，再确定现场勘察的范围和勘察的顺序。

事故现场勘察工作是一种信息处理技术。由于其主要关注四个方面的信息，即人（People）、部件（Part）、位置（Position）和文件（Paper），因而简称4P技术。

大型复杂事故现场勘察一般应按勘察程序进行，如图12-3所示。勘察程序大体可分为准备阶段、勘察阶段、材料整理阶段、结论。勘察阶段又可分为环境勘察、初步勘察、细项勘察、专项勘察四个步骤。

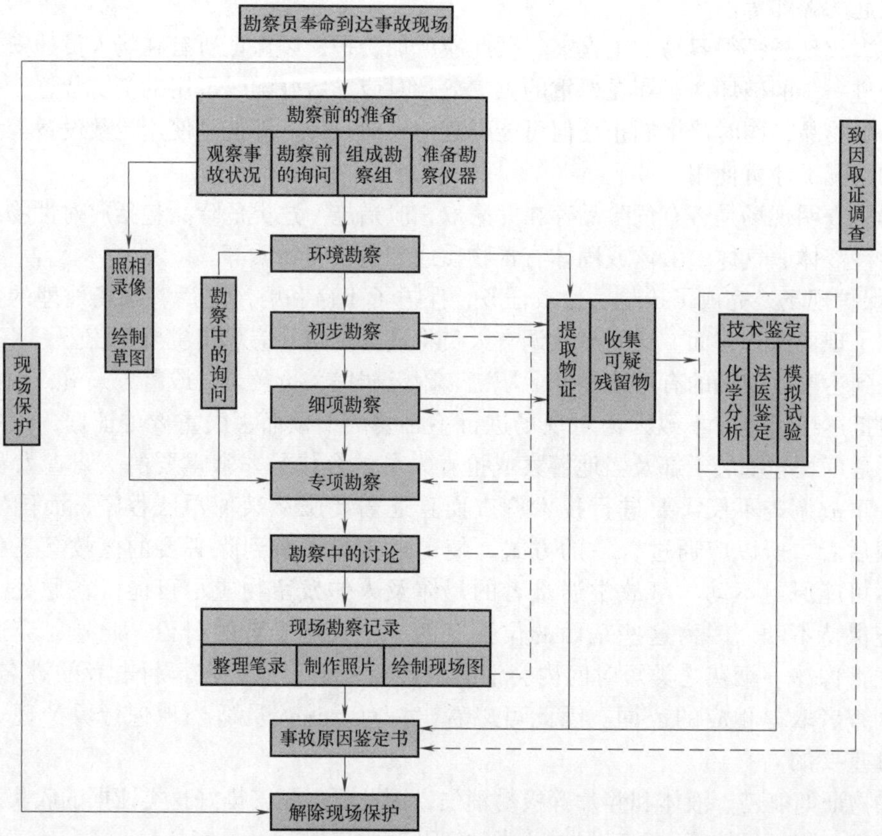

图12-3　勘察程序流程图

下面以火灾与爆炸事故为例，说明事故勘察的各阶段的勘察目的及主要勘察内容。

1. 环境勘察

环境勘察是调查人员在现场外围或周围对现场进行的巡视和视察，以便对整个现场获得一个总的概念。通过对现场环境进行勘察，可以发现、采取和判断痕迹及其他物证，核对与现场环境有关的陈述，在观察的基础上可以据此确定事故范围和勘察顺序，划定勘察范围。环境勘察并不是只对事故现场周围环境的观察，它还包括从现场外部向现场内部的观察。

1）对事故现场外部的观察。这种观察主要包括：①道路及墙外有无可疑人出入、车的痕迹，包括车辙、脚印、攀登痕迹、引火物残体和痕迹等；②现场周围的工业和民用烟囱的高度，与事故建筑物的距离，当时的风向，烟囱当时有无飞出火星现象，当时锅炉燃料及燃烧情况；③建（构）筑物周围通过的电源线路，尤其是进户线路部分及通向事故建构筑物的通信线路是否与动力线发生混触现象，以判定是否有短路、漏电等引起燃爆事故的可能；④建构筑物周围、地下的可燃性气体及易燃液体管道阀等情况，以此判断有无泄漏的可能；⑤与现场相通的管道中有无可燃性蒸气，以此判断可燃性液体是否混入污水；⑥若发生雷击，应观察现场地形，现场最高物体与周围物体相对高度，可能的雷击点与事故范围之间的关系。

2）从周围向事故建构筑物观察。①燃烧范围；②建构筑物的哪一部分破坏得最严重；③建构筑物的倒塌方式和形式；④建构筑物的门窗上方和其他部分的损害情况；⑤建构筑物的门窗、阳台铁围栏变形情况，破碎玻璃散落方向，抛出物的分布等。

环境勘察必须由现场勘察负责人率领所有参加实地勘察的人员，在现场周围进行巡视。观察的程序是先向外后向内，先看上后看下，先地面后地下，发现可疑痕迹与物证，及时拍照并可以将实物取下。

2. 初步勘察

初步勘察又称静态勘察，是指在不触动现场物体和不变物体原来位置的情况下所进行的一种勘察。

初步勘察的目的是核定环境勘察的初步结论；结合当事人或有关人员提供事故前物体的位置、设备状况以及火源、热源、电源等情况进行印证性勘验；查清事故蔓延路线，确定事故发生部位。①现场有无纵火痕迹，如门窗破坏、物品移动情况等；②不同方向、不同高度、不同位置的燃烧终止线；③不同部位各种物质烧毁情况，同一物质不同方向的烧毁情况；④倒塌的部位、方向和形成倒塌的原因；⑤墙壁及设备烟熏火烤情况，烟迹位置及形状；⑥金属、玻璃、陶瓷制品变形溶化和破坏情况；⑦火源、热源的位置及状态。

大部分事故现场，通过以上内容的观察能够判断火势蔓延的路线，并确定起火部位和下一步勘察的重点。

3. 细项勘察

细项勘察又称动态勘察，是指初步勘察过程中所发现的痕迹与物证，在不破坏原则的前提下，可以逐个仔细翻转移动地进行勘验和收集。细项勘察要对各组成部分及一些痕迹和物证进行更深入全面的研究，容许重新布置，容许变动某些物体的位置和勘察过程中必须的其他操作。详细观察和研究事故现场有关物体的表面颜色、烟痕、裂纹、燃烧余烬，测量、记录有关物体的位置，进行细目照相、录像、录音，测量距离、确定大小，采用各种仪器、技术手段发现、收集痕迹和物证。

细项勘察的目的是核实初步勘察的结果，进一步确定事故发生部位；解决初步勘察中的疑点，找出事故的起始点；验证访问中获得的有关事故起始事件、起始点的情况；确定专项勘察对象。细项勘察的主要内容如下：

1）可燃物烧毁、烧损的状态，分析其受热或燃烧的方向。根据燃烧炭化程度或烧损程度，分析其燃烧蔓延的过程。

2）建筑物和物品塌落的层次和方向。

3）物质的熔痕和粘连物。

4）建筑物结构和构件的耐火性能及其燃烧过程。

5）烟熏痕迹。

6）堆积物的层次、厚度、被烧后残留物的形态。

7）悬挂物掉落的位置和形态。

8）不燃物质的被损坏及被烧情况，爆炸抛射物、破碎的玻璃等。

9）搜集现场残存的发火物、引火物、发热物的残体。

10）人员烧死、烧伤情况，死者姿态，判断伤者遇难前的行动情况。

根据以上主要情况仔细研究每种现象和各个痕迹形成的原因，把事故中心与火灾蔓延或事故波及范围内有关联的各种事物和现象联系起来，就可以客观地、有根据地判断火灾发展蔓延途径、起火点的位置、爆炸中心以及在该部位可能的事故原因。

在火灾爆炸事故勘察过程中，常用的细项勘察方法有：

1）观察法。调查人员在勘察中对整个现场及每一物件的外观、残留特征、组成、颜色等进行仔细观察、了解，获取感性认识；在感性认识的基础上又以科学的方法进行分析、判断，认识它们的形成机理、本质特征和证明作用，形成理性认识。

2）比较法。比较是根据一定的标准，把彼此有某种联系的事物加以对照，经过分析、判断，然后得出结论。在火灾或爆炸事故现场勘察中常常对现场中不同部位或不同部位上的痕迹与物证进行比较，对同一物体不同部位进行比较，对现场中存在的普遍现象与特殊现象进行比较，从而发现火势蔓延方向、起火点或爆炸中心的位置等。

3）剖面勘察。在火灾、爆炸事故勘察时，在拟订的起火部位处，将地面上的燃烧残留物和灰烬分开一个剖面，并在建立这个剖面时不要破坏原堆积物的层次。对于容易塌落的堆层，可制成阶梯形剖面。仔细观察残留物每层燃烧的状况，辨别每层物质的种类。比较各点每层的堆落物体和燃烧状况，分析火势发展蔓延的情况。

4）逐层勘察。对事故现场上燃烧残留物的堆积层由上到下逐层剥离，观察每一层物体的烧损程度和烧毁状态。这种勘察方法完全破坏了堆层的原始状态，因此要特别细致、认真。

5）全面挖掘。根据事故现场具体情形可分别采取围攻挖掘、分段挖掘或一面推进的方式。不管哪种挖掘形式，都要采用层层剥离的方法。全面挖掘是对需要详细勘察，范围比较大，只知道起火点大致的方位，但又缺乏足够的材料证明确切起火点位置的现场所采用的一种方法。

4. 专项勘察

这是对火灾与爆炸事故现场找到的发火物、物质等具体对象的勘察。根据它的性能、用途、存放状态、变化特征等，分析发生故障的原因，或造成事故的原因。

1）各种引火物，如油丝、油瓶残体，根据物品特征分析它的来源。

2）电气线路，检查有无短路点、过负荷现象，根据其特有的痕迹特征，分析短路和过负荷的原因。

3）用电设备有无过热现象及内部故障，分析过热和内部故障的原因。

4）机械设备，检查有无摩擦痕迹，造成摩擦的原因。

5）反应容器，检查其内部物料性质及数量和工艺条件。

6）储存容器，检查其泄漏原因及形成爆炸混合气体的条件。

7）自燃物质的特性及自燃的条件。

5. 勘察记录

事故现场勘察记录是分析和处理事故的重要依据，是具有法律效力的原始文书。勘察记录主要由现场勘察笔录、现场照相和现场绘图三部分组成，还可采用录像、录音等记录方式作为补充。

1）现场勘察笔录。现场勘察笔录可分为绪论部分、叙事部分和结尾部分。

2）现场照相。现场照相是收集物证的重要手段之一。其主要包括部件、环境、能帮助发现事故原因的物证等，证实和记录人员伤害和财产破坏的情况。

3）现场绘图。现场绘图也是一种记录现场的重要手段。现场绘图与现场笔录、现场照相均有各自的特点既相辅相成又不能互相取代。

12.2.3 人证保护与问询

在事故调查中，证人的问询工作相当重要。大约50%的事故信息是由证人提供的，而事故信息中大约有50%能够起作用，另外50%事故信息的效果则取决于调查者怎样评价分析和利用它们。

1）注意问题。①证人之间会强烈地互相影响；②证人会强烈地受到新闻媒介的影响；③不了解他所看到的事，不能以自己的知识、想法去解释的证人，容易改变他们掌握的事实而去附和别人；④证人会因为记不住、不自信或自认为不重要等原因忘却某些信息，如一个人可能10年后才讲出他看到的事情，因为当时他认为没有价值；⑤问询开始的时间越晚，细节就越少；⑥问询开始的时间越晚，内容越可能改变；⑦最好画出草图，结合草图讲解其所闻所见。

2）确定证人。证人的确定工作是人证保护与问询工作的第一步。因为没有证人的事故现场几乎没有，因此，事故调查人员应尽快赶到现场，为确定目击者创造良好的机遇。在收集证据时首先要收集证人的信息如姓名、地址及电话号码等，以便与证人保持联系。

在一些特殊情况下也可采用广告、电视、报纸等形式征集有关事故信息，获得证人的支持。

3）证词可信度。由于证人背景的差异及其在事件中所处的地位都可能产生证词可信度上的差异。而不同可信度的证词其重要性是有很大差异的。例如，熟悉发生事故的系统或环境的人能提供更可信的信息，但也有可能把自己的经验与事实相混淆，加上了自己主观臆断的猜测。而与肇事者或受害者有特殊关系的人或与事故有某种特定关系的人，其证词的可信度与事故及其工作的关系、个人的卷入程度、与肇事者或受害者的关系等密切相关。可信度最高的证人是那些与事故发生没有关联且可以根据其经验与水平做出准确判断者，一般称之为专家证人。我国各级政府聘请的安全专家组的专家们，实际上就属于这类人，他们的经验和判断对于事故结论的认定具有极其重要的意义。

4）问询证人。证人问询一般有审讯式和问讯式两种方式。

① 审讯式。调查者与证人之间是一种类似于警察与疑犯之间的对手关系，问询过程高度严谨、逻辑性强，且刨根问底，不放过任何细节。

② 问询式。首先认为证人在大多数情况下没有义务描述事故和做证，而主要依赖于自愿，因而应创造轻松的环境，让证人感到调查需要他的帮助。这种方式花费时间较多但可使证人更愿意讲话。

12.2.4　物证收集与保护

物证收集与保护是现场调查的另一重要工作，前面提到的4P技术中有3P即部件（Part）、位置（Position）、文件（Paper）属于物证的范畴。保护现场工作主要的一个目的也是保护物证。几乎每个物证在加以分析后都能用以确定其与事故的关系，而在有些情况下确认某物与事故无关也一样非常重要。

由于相当一部分物证存留时间比较短，有些甚至稍纵即逝，所以必须事先制订好计划，按次序有目标地选择那些应尽快收集的物证并为收集这类物证做好物质上的准备，如液体会随时间逐渐渗入地下，应用袋、瓶等取样装入；如已渗入地下，则应连土取样，以供分析。物体表面的漆皮也是很重要的物证，因其与其他物质相接触后一般会带走一些其他物质，有时肉眼看不见但借助于专门的仪器就可发现。有关文件资料、各类票据及记录等也是一类很重要的物证，即使不在事故现场，也应注意及时封存。

数据记录装置是另一类物证。它是为满足事故调查的需要而事先设置的记录事故前后有关数据的仪器装置。其主要目的是在缺乏目击者和可调查的硬件（如已损坏）的条件下，保证调查者能准确地找出事故的原因。设备上的运行记录仪、公交道口、公共设施、金融机构的摄像装置是比较简单的数据记录装置；而飞机上的“黑匣子”是较高档次的数据记录装置。前者不断录制最后某段时间的情景；后者则是由于空难事故中大部分物证破坏极为严重而成为空难事故调查的最主要的物证。“黑匣子”实为桔红色，分为飞行数据记录仪（FDR）和座舱语音记录仪（CVR）两大部分，始用于1957年，当时的飞行数据记录仪只能记录45s的有关爬升率、下降率、速度、离地面高度、方向5个飞机飞行参数，现在的FDR已可记录25h内的100多个飞行参数，且整个装置均置于一个耐冲击、耐高温和耐腐蚀的封闭容器之中，因而在事故发生后成为调查人员搜寻的第一目标。

当然，包括FDR在内的各种数据记录装置不仅可用于事故调查，也可应用于事故预防之中。通过对已收集数据的处理，及时发现系统中的缺陷和驾驶人员的失误，就可采取相应措施，防止事故的发生。

遥测技术的应用也为数据记录分析开辟了新的道路，如美国一航天飞行器发射后就失去了地面对它的控制，为查出事故原因，技术人员利用遥测的方式测量飞行器中的有关参数并进行相应的模拟试验，最终判断出是因为一位工程师装错了一个管子所致，为避免类似事故的发生发挥了重要作用。

12.2.5　事故现场照相

事故现场照相的主要目的是获取和固定证据，为事故分析和处理提供可视性证据。其原理与刑事现场的照相完全相同，只是工作对象不同。两者都要求及时、完整与客观。事故现场照相是现场勘察的重要组成部分。它是使用照相、摄像器材，运用照相技巧，按照现场勘察的规定及调查和审理工作的要求，拍摄发生事故的现场与事故有关的人与物、遗留的痕迹、物证以及其他一些现象，真实准确、客观实际、完整全面、鲜明突出、系统连贯地表达现场的全部状况。

1. 现场照相的内容

现场照相应包括记录事故发生时间、空间及各自的特点，事故活动的现场客观情况以及造成事故事实的客观条件和产生的结果，形成事故现场主体的各种迹象。

1）现场方位照相。现场方位照相即拍照现场所处的位置及现场周围环境。凡是与事故有关的场所、景物都是拍照的范围，用以说明案件场所、环境特点、气氛、季节、气候、地点、方向、位置以及现场与周围环境的联系。

2）现场概貌照相。现场概貌照相，即拍照除了现场周围环境以外的整个现场状况。它表达现场内部情景，即拍照事故现场内部的空间、地势、范围，事故全过程在现场所触及的一切现象和物体。现场概貌照相反映事故现场内部各个物体之间的联系和特点，表明现场的全部状况和各个具体细节，说明现场的基本特征，使人们看到后能对现场的范围、整个状况、特点等有一个比较完整的概念。

3）现场重点部位照相。现场重点部位照相是指拍摄与事故有关的现场重要地段，对审理、证实事故情况有重要意义的现场物体的状况、特点、现场遗留的与事故有关的物证的位置和物证与物证之间的特点等，以反映它们与现场以及现场有关物体的关系。

4）现场细目照相。现场细目照相是拍摄在现场存在的具有检验鉴定价值和证据作用的各种痕迹、物证，以反映其形状、大小和特征。由于细目照片多用于技术检验、鉴定工作，所以必须按照技术检验和鉴定工作的要求进行拍照。

2. 现场照相的步骤

为避免拍照的盲目性，达到现场照相的预期目的，现场照相应按照次序有计划地一步一步进行。

1）酝酿阶段。现场照相人员到达现场后应先了解事故信息，对现场有个概括的了解，勾画出现场的轮廓。

2）提炼阶段。即通过对现场的观察了解，确定表现现场的中心思想和本质特征。

3）选择题材阶段。即根据事故发生过程、手段、方法以及重点部位和现场状况的特点，确定拍照的范围和具体对象。

4）现场照片布局结构的确定阶段。主要是依据现场具体对象的特点和现场照片布局结构的要求，采取相应的表达形式，从而确定画面构图形式和拍摄位置。

5）在弄清上述情况的前提下，确定拍照现场的具体顺序和拍照方法，即制订出大体的拍照计划，使现场拍照有条不紊地进行。

为使现场不遭受人为的或者其他外界因素的影响和破坏，一般应先拍原始的，后拍已移动的；先拍地面的，后拍高处的；先拍容易破坏的或容易消失的，后拍不容易破坏或消失的。在多数情况下，首先拍摄整个原始现场的概貌。如果有几处现场时，应先拍中心现场，再分别拍各个关联的现场，然后用一两个镜头把各个现场的位置反映出来。之后，应拍照比较明显的或已确定的现场重点部位、重点物品和遗留痕迹、物证的原始状况及其所在位置。对那些不明显的重点部位，要随着勘察工作的进展，及时发现及时拍照。现场概貌照相和现场重点部位照相完成之后，可拍照现场方位。最后根据现场勘察人员的要求，拍照在现场发现的痕迹、物证。

3. 现场照相的方法

1）单向拍照法。照相机镜头从某一方向对着事故现场进行拍照，该方法只能表现现场的某一个侧面，多用于拍照范围不大、比较简单的现场。

2）相向拍照法。相向拍照是照相机从相对的两个方向对现场中心部分进行拍照，如图

12-4 所示。

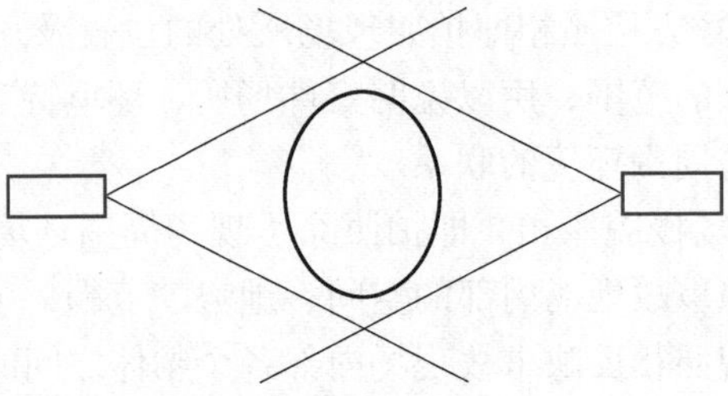

图 12-4 相向拍照法

3）多向拍照法。多向拍照是以现场拍照的主要对象为目标，从几个不同的方向对主要对象进行拍照，反映被拍照的主要对象及其前景、后景和背景，表现它们的状况、位置及其相互之间的关系，如图 12-5 所示。这种方法通常是从四个方向对主要对象进行拍照，类似两组相向拍照法。

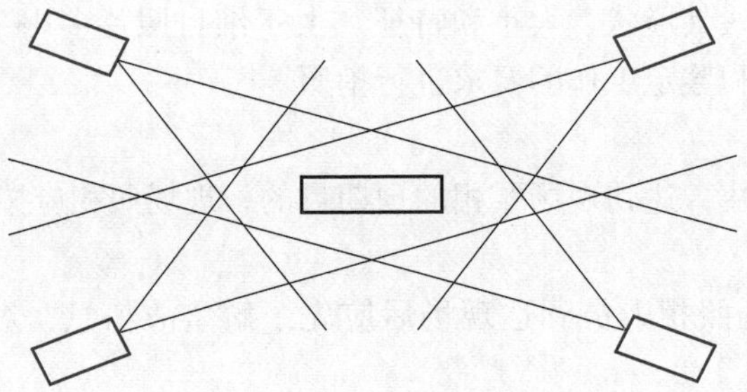

图 12-5 多向拍照法

4）回转分段连续拍照法。回转分段连续拍照是将照相机固定在某一点上，只转动镜头改变角度，不改变照相机的位置，将现场分段连续进行拍照，如图 12-6 所示。这种拍照方法适用于现场范围较大、没有或者不宜采用广角镜头、拍照点没有后退余地及在一张照片上很难把现场情况全部反映出来的情况。

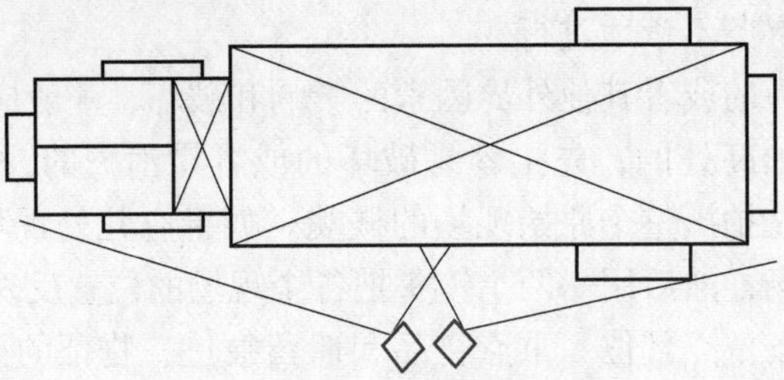

图 12-6 回转分段连续拍照法

5）直线分段连续拍照法。直线分段连续拍照是将照相机沿着被拍物体的平面移动进行分段拍照，然后把分段拍得的照片拼成一张完整的现场照片，如图 12-7 所示。

6）测量拍照法。这种方法是在被拍现场和物体的适当位置或痕迹的同一平面放上测量尺进行拍照。在现场照相中最常用的是厘米比例尺拍照法，这种照相方法常常用于固定现场所发现的痕迹、物证、碎片以及伤痕等情况。

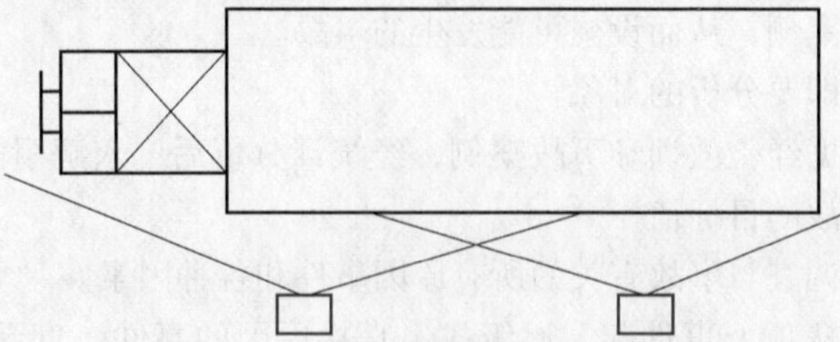

图 12-7 直线分段连续拍照法

此外，还有除去阴影的脱影照相法，利用物面和痕迹对光反射的能力的差异显示痕迹的反射拍照法，利用光的透过特性、利用物体本身的透光程度和在实物面存在痕迹的阻光程度来显示痕迹的透射拍照法及空中拍照法等方法。

12.2.6 事故现场图与表格

现场绘图可以用简明的线条、图形，把人无法直接看到或无法一次看到的整体情况、位置、周围环境及内部结构状态清楚地反映出来；把与事故有关的物证、痕迹的位置、形状、大小及其相互关系形象地反映出来；对现场必须专门固定反映的情况，如有关物证、痕迹等的地面与空间位置，事故前后现场的状态，事故中人流、物流的运动轨迹等，可通过各种事故现场图显示出来。

1）事故现场图的种类。①现场位置图是反映事故现场在周围环境中的位置的图形；②现场全貌图是反映事故现场全面情况的示意图；③现场中心图是专门反映现场某个重要部分的图形；④专项图也称专业图。

以上四种事故现场图，可根据不同的需要，采用比例图、示意图、平面图、立体图及投影图的绘制方式来表现，也可根据需要绘制出分析图、结构图以及地貌图等。

2）现场绘图的重点。①图中应标明方向；②图中应标明天气、高度、距离、时间及绘制者等有关信息；③图中应标明主要残骸及关键物证的位置；④图中应标明受伤害者的原始存息地；⑤图中应标明关键的照片拍摄的位置和距离。

3）数据表格。表格也是一种特殊形式的现场绘图，包含的主要信息包括统计数据和测量数据。这类数据以表格的形式加以记录，既便于取用，又便于比较，对调查者也有很大的帮助。

12.2.7 调查的方法

1. 事故树分析方法

事故树分析（Fault Tree Analysis，简称 FTA）方法，是对既定的生产系统或作业活动中可能出现的事故条件及可能导致的灾害后果，按工艺流程、先后次序和因果关系绘制程序方框图，表示导致灾害、伤害事故的各种因素之间的逻辑关系。它由输入符号或关系符号组成，用以分析系统的安全问题或系统的运行功能问题，为判明灾害、伤害的途径及事故因素之间的关系，及事故分析提供了一种最形象、最简捷的表达形式。事故树分析方法的程序如下：

1）熟悉系统，详细了解系统状态及各种参数，绘制工艺流程图或布置图。

2）分析相关的事故案例，从而设想可能发生的事故。

3）确定顶上事件，即要分析的对象。

4）确定目标值，根据经验教训和事故案例，经统计分析后，求解事故发生的概率（或频率），以此作为控制事故的目标值。

5）调查原因事件，调查与事故有关的所有原因事件和各种因素。

6）画出事故树图，从顶上事件起，逐级找出直接原因的事件，直至所要分析的深度，按逻辑关系，画出事故树。

7）分析，按事故树结构进行简化，确定基本事件的结构重要度。

8）确定事故发生的概率，确定所有基本事件发生的概率，标在事故树上，并进而求出顶上事件发生的概率。

2. 故障类型和影响分析方法

故障类型和影响分析（Fault Mode Effect Analysis，简称FMEA）方法是美国在20世纪50年代为分析确定飞机发动机故障而开发的一种方法，许多国家在核电站、石油化工、机械、电子、电气仪表等工业中都有广泛的应用，是系统安全工程中重要的分析方法之一，是一种系统故障的事前考察技术。故障类型和影响分析方法是按照预定的程序和分析表进行的，步骤如下：

1）明确分析的对象及范围，并分析系统的功能、特性及运行条件，按照功能划分为若干子系统，找出各个子系统的功能、结构与动作上的相互关系。需要收集有关的资料，如设计任务书、设计说明、有关标准、规范、工艺流程、设备图以及同类系统和设备的事故案例等，并了解故障的机理。

2）确定分析的基本要求，应做到：分清系统主要功能和次要功能在不同阶段的任务；逐个分析易发生故障的零部件；关键部分要深入的分析，次要部分可简捷；要有可靠的检测方法和处理措施。

3）详细说明要分析的系统，包括两部分内容：系统的功能说明，包含各个子系统及其构成要素的功能叙述；系统功能框图，通过分解方式形象地表示出各个子系统在故障状态时对整个系统的影响。

4）分析故障类型及影响，这是实施故障类型和影响分析方法的中心环节。通过对系统功能框图所列的全部项目进行分析，判明系统中所有实际可能出现的故障类型。为了使所有的故障类型不会产生遗漏，应按照故障类型及影响分析表逐项填写。

5）根据分析结果填入故障类型等级。

3. 变更分析方法

该技术方法重点在于变更。为了完成事故调查，查找原因，调查人员必须寻找与标准、规范相背离的东西。调查有关预期变更所导致的所有问题。对每一项变更进行分析，以便确定其发生的原因。这种技术方法应遵循以下步骤：①确定问题，即发生了什么；②相关标准、规范的确立；③辨明发生什么变更、变更的位置以及对变更的描述，即发生什么变更、什么时间发生的以及变更的程度如何；④影响变更的因素具体化的描述和不影响变更的因素描述；⑤辨明变更的特点、特征及具体情况；⑥对发生变更的可能原因做详细的列表；⑦从中选择最可能的变更原因；⑧找出相关变更带来的危险因素的防范措施。

12.3 事故分析与验证

事故分析是根据事故调查所取得的证据，进行事故的原因分析和责任分析。事故的原因分析包括事故的直接原因、间接原因和主要原因；事故责任分析包括事故的直接责任者、领导责任者和主要责任者。

12.3.1 现场分析

现场分析在事故现场勘察中具有重要作用，现场分析是对全部勘察材料的汇总和对勘察工作的检查。由于现场勘察是一项综合性较强的工作，现场各有关人员各自掌握的材料都是分散的、局部的，只有将这些材料汇总到一起，才能为全面查清事故发生的全部事实打下基础；现场分析是对已收集材料从现象上升到本质的认识过程。虽然通过对现场的勘察获得的材料相当丰富，但是这些材料只能反映事故事实的表面现象或某一方面，只有将获取的材料进行综合分析、相互补充，才能得出较为客观、正确的结论；现场分析能够充分发挥所有现场勘察人员的智慧，调动他们的工作积极性，有利于正确认识现场，全面查清事故发生的原因，保证事故处理工作的进一步开展。

1. 基本任务

1）分析事故性质，决定如何开展下一步工作。

2）分析事故原因，包括确定事故的直接原因和间接原因。

3）分析与事故发生有关的其他情况，包括分析事故发生的时间、分析事故发生的过程及分析事故发生造成的后果等。

2. 基本原则

1）必须把现场勘察中收集的材料作为分析的基础。同时，在分析前应对已收集材料甄别真伪。

2）既要以同类现场的一般规律作为指导，又要从个别案件的实际出发。

3）充分发扬民主，综合各方面的意见，得出科学的结论。

3. 基本步骤

1）汇集材料。汇集材料一般采用分门别类的方法进行。

2）个别分析。对全部材料逐一分析、单独考虑，从而查明事故发生的全部情况，包括对各访问材料的分析和对痕迹、物证的分析等。

3）综合分析。在对各方面情况已有了初步了解的基础上，将所有材料集中起来，找出能共同证明某一问题的材料，从而判断事故的直接原因。

4. 基本方法

1）比较。即将分别收集的两种以上的现场勘察材料加以对比，以确定其真实性和相互补充、印证的一种方法。比较的内容通常有比较现场实地勘验所见现场情况和现场目击者、操作者等所述、不同被访问人所述材料；提取痕迹、物证与尸体或伤情检验材料、收集的有关规章制度与实地勘验所见执行情况等。

2）综合。即将现场勘察材料汇集起来，然后就事故事实的各个方面加以分析，由局部到整体、由个别到全面的认识过程。

3）假设。即根据现场有关情况推测某一事实的存在，然后用汇总的现场材料和有关科学知识加以证实或否定。

4）推理。即从已知的现场材料推断未知的事故发生的有关情况的思维活动。这要求现场分析人员运用逻辑推理方法，对事故发生的原因、过程及直接责任人等进行推论，这也是揭示事故案件本质的必经途径。

12.3.2　事后深入分析

对于较为严重或复杂的事故，特别是重特大伤亡或损失事故，仅仅依赖现场分析是远远不够的。大多数事故都应在现场分析及所收集材料的基础上进行进一步的去粗取精、去伪存真、由此及彼和由表及里的深入分析，只有这样才有可能找出事故的根本原因和预防与控制事故的最佳手段。而且由于这类分析相对于现场分析来说时间性不是很强，因而，可以更多、更全面地分析相关资料，聘请一些水平较高但受各种因素限制不能参与现场分析的专家，进行更为深入、全面的分析。

这类事故分析方法可分为综合分析法、个别案例技术分析法和系统安全分析法三大类。

1. 综合分析法

综合分析法是针对大量事故案例进行事故分析的一种方法。通过它总结事故发生、发展的规律，有针对性地提出普遍适用的预防措施。该类方法大体上分为统计分析法和按专业分析法。

统计分析法是以某一地区或某个单位历来发生的事故为对象，综合进行统计分析。而按专业分析法则是将大量同类事故的资料进行加工、整理、提出预防事故措施的方法。按专业分析法对不同事故类型如爆破、煤气、厂内运输、机械及电气等事故进行分析，得出结论。

2. 个别案例技术分析法

这是针对某个事故案例特别是重大事故，从技术方面进行的事故分析方法。即应用工程技术知识、生产工艺原理及社会学等多学科的知识，对个别案例进行旨在研究事故的影响因素及其组合关系或根据某些现象推断事故过程的事故分析方法。

这种分析法一般分为以下四种类型：

1）根据基本技术原理进行分析。即根据生产工艺原理、工程力学原理、矿山岩体力学原理、燃烧爆炸机理和静电理论等分析事故。例如，某锌厂以粉煤和浸漆罐爆炸为对象，重点从爆炸的条件，即空气、可燃物与空气以特定比例进行混合及具有火源或超限量能量入手进行分析，提出了防范爆炸事故的具体措施。

2）以基本计算进行分析。例如，某氧气厂氧气管道与阀门发生的造成3人死亡的燃烧事故，通过计算管道流量流速，找出了管道内积存的可燃性杂质是导致事故的根本原因，并提出了有效措施。

3）从中毒机理进行分析。例如，某冶炼厂电炉检修时，因在炉内洒水降温，产生有毒气体砷化氢，导致3人死亡。该厂从中毒机理、产生砷化氢的化学反应及根源上分析事故原因，提出了防范措施。

4）以责任分析法进行分析。该方法着重从作业者和肇事者、生产指挥者及企业领导者及事故涉及的有关人员的个人表现进行分析，重点分析人的不安全行为在管理上和操作上的违章、违纪行为等。

3. 系统安全分析方法

系统安全分析是运用逻辑学和数学方法，结合自然科学和社会科学的有关理论，分析系统的安全性能，揭示其潜在的危险性和发生的概率以及可能产生的伤害和损失的严重程度。

系统安全分析是系统安全的重要内容之一，是进行安全评价和进行危险控制以及安全防护的前提和依据。只有准确地分析，才能正确地评价，也才有可能采取相应的安全措施，消除或控制事故的发生。

系统安全分析当然也适用于在事故调查中进行事故原因的分析。常用的系统安全分析方法，如事故树分析、事件树分析、变化分析等，都可以应用于事故分析中，只是需要在应用时根据具体情况，适当地选用有关方法。

此外，各种事故致因理论也可用于进行事故分析之中，也是系统安全分析方法中的一个重要组成部分。

12.3.3 事故技术分析

1. 事故原因分析

我国事故调查原因分析主要依据《企业职工伤亡事故调查分析规则》，标准中对事故的直接原因、间接原因的分析都有明确的规定。

在分析事故时，应从直接原因入手，逐步深入到间接原因，从而掌握事故的全部原因。再分清主次，进行责任分析。在事故原因分析时通常要明确以下内容：①在事故发生之前存在什么样的征兆；②不正常的状态是在哪儿发生的；③在什么时候首先注意到不正常状态；④不正常状态是如何发生的；⑤事故为什么会发生；⑥事件发生的可能顺序以及可能的原因（直接原因、间接原因）；⑦分析可选择事件的发生顺序。

在进行事故调查原因分析时，通常按照以下步骤进行分析：

1）整理和阅读调查材料。

2）分析伤害方式。受伤部位，受伤性质，起因物，致害物，伤害方式，不安全状态，不安全行为。

3）确定事故的直接原因。在《企业职工伤亡事故调查分析规则》中规定，机械、物质或环境的不安全状态和人的不安全行为，属于事故的直接原因。

4）确定事故的间接原因。在《企业职工伤亡事故调查分析规则》中规定，以下情况属间接原因：①技术和设计上有缺陷——工业构件、建筑物、机械设备、仪器仪表、工艺过程、操作方法、维修检验等的设计，施工和材料使用存在问题；②教育培训不够，未经培训，缺乏或不懂安全操作技术知识；③劳动组织不合理；④对现场工作缺乏检查或指导错误；⑤没有安全操作规程或安全操作规程不健全；⑥没有或不认真实施事故防范措施，对事故隐患整改不力；⑦其他。

2. 事故统计分析

关于伤亡事故经济损失统计标准、事故伤害损失工作日标准，在国家标准中有明确的规定。调查事故不仅仅要注意职工的伤亡情况、事故经过、原因分析和责任划分等，对事故所造成的经济损失也应当认真统计，这样才能比较全面、正确地评价伤亡事故和反映事故对企业经济效益的影响。

1）伤亡事故的统计。伤亡事故统计工作是安全生产工作的重要组成部分，是安全生产科学决策的基础，为了进一步搞好伤亡事故统计工作，国家安全监管总局、国家煤矿安全监察局对原有《伤亡事故统计报表制度》进行补充、完善，形成了新的《生产安全事故统计报表制度》，以安监总统计〔2016〕116号文件批准执行。

伤亡事故统计的范围：中华人民共和国领域内从事生产经营活动的单位。

统计内容：伤亡事故统计，主要包括企业的基本情况、各类事故发生的起数、伤亡人数、伤亡程度、事故类别、事故原因、直接经济损失。具体伤亡事故统计报表的报送单位及报送时间见第11章的相关内容。

事故统计方法和主要统计指标见第11章的相关内容。

2）伤亡事故经济损失统计标准。安监总统计〔2016〕116号文件《生产安全事故统计报表制度》规定了企业职工伤亡事故经济损失的统计范围、计算方法和评价指标。

伤亡事故经济损失是指企业职工在劳动生产过程中发生伤亡事故所引起的一切经济损失，包括直接经济损失和间接经济损失。直接经济损失是指因事故造成人身伤亡及善后处理支出的费用和毁坏财产的价值。间接经济损失是指因事故导致产值减少、资源破坏和受事故影响而造成其他损失的价值。

直接经济损失的统计范围包括人身伤亡后所支出的费用、善后处理费用、财产损失价值。间接经济损失的统计范围包括停产及减产损失价值、工作损失价值、资源损失价值、处理环境污染的费用、补充新职工的培训费用和其他损失费用。

3. 事故损失分析

伤亡事故经济损失计算方法、经济损失的评价指标与经济损失程度分级、事故伤害损失工作日标准等有关事故损失分析的内容详见第11章的相关内容。此处不再赘述。

12.4 事故处理与调查报告

12.4.1 事故处理

伤亡事故发生后应按照“四不放过”的原则进行调查处理，对于事故责任者的处理，应坚持思想教育从严、行政处理从宽的原则。但是对于情节特别恶劣、后果特别严重及构成犯罪的责任者，要坚决依法惩处。

1. 事故批复及其执行

重大事故、较大事故、一般事故，负责事故调查的人民政府应当自收到事故调查报告之日起15日内做出批复；特别重大事故，30日内做出批复，特殊情况下，批复时间可以适当延长，但延长的时间最长不超过30日。

有关机关应当按照人民政府的批复，依照法律、行政法规规定的权限和程序，对事故发生单位和有关人员进行行政处罚，对负有事故责任的国家工作人员进行处分。

事故发生单位应当按照负责事故调查的人民政府的批复，对本单位负有事故责任的人员进行处理。

负有事故责任的人员涉嫌犯罪的，依法追究刑事责任。

2. 结案类型

在事故处理过程中，无论事故大小都要查清责任，严肃处理，并注意区分责任事故、非责任事故和破坏事故。

1）责任事故。因有关人员的过失而造成的事故为责任事故。

2）非责任事故。由于自然界的因素而造成的不可抗拒的事故，或由于未知领域的技术问题而造成的事故为非责任事故。

3）破坏事故。为达到一定目的而蓄意制造的事故为破坏事故。

3. 事故责任

对于责任事故，应区分事故的直接责任者、领导责任者和主要责任者。其行为与事故的发生有直接因果关系的，为直接责任者；对事故的发生负有领导责任的，为领导责任者；在直接责任者和领导责任者中，对事故的发生起主要作用的为主要责任者。

（1）领导者的责任

有下列情形之一时，应当追究有关领导者的责任：

1）由于安全生产规章制度和操作规程不健全，职工无章可循，造成伤亡事故的。

2）对职工不按规定进行安全技术教育或职工未经考试合格就上岗操作，造成伤亡事故的。

3）由于设备超过检修期限运行或设备有缺陷，又不采取措施，造成伤亡事故的。

4）作业环境不安全，又不采取措施，造成伤亡事故的。

5）由于挪用安全技术措施经费，造成伤亡事故的。

（2）肇事者和有关人员责任

有下列情况之一时，应追究肇事者或有关人员的责任：

1）由于违章指挥或违章作业及冒险作业，造成伤亡事故的。

2）由于玩忽职守、违反安全生产责任制和操作规程，造成伤亡事故的。

3）发现有发生事故危险的紧急情况，不立即报告且不积极采取措施，因而未能避免事故或减轻伤亡的。

4）由于不服从管理、违反劳动纪律、擅离职守或擅自开动机器设备，造成伤亡事故的。

（3）重罚的条件

有下列情形之一时，应当对有关人员从重处罚：

1）对发生的重伤或死亡事故隐瞒不报、虚报或故意拖延报告的。

2）在事故调查中，隐瞒事故真相、弄虚作假甚至嫁祸于人的。

3）事故发生后，由于不负责任、不积极组织抢救或抢救不力，造成更大伤亡的。

4）事故发生后，不认真吸取教训和采取防范措施，致使同类事故重复发生的。

5）滥用职权，擅自处理或袒护、包庇事故责任者的。

12.4.2 事故调查报告

事故调查报告是事故调查分析研究成果的文字归纳和总结，其结论对事故处理及事故预防都有非常重要的作用。因此，调查报告的撰写一定要在掌握大量实际调查材料并对其进行研究的基础上完成。

1. 写作要求

事故调查报告的撰写应注意满足以下要求：

1）深入调查，掌握大量的具体材料。这是写作调查报告的基础。调查报告主要靠实际材料反映内容，所以要凭事实说话，这是衡量事故调查报告写得是否成功的关键要求。从写作方法上来讲，要以客观叙述为主，分析议论要少而精，点到为止。能否做到这一点，取决于调查工作是否深入、了解情况是否全面及掌握材料是否充分。

2）反映全面、揭示本质且不做表面或片面文章。事故调查报告不能满足于罗列情况及列举事实，而要对情况和事实加以分析，得出令人信服、给人启示的相应结论。为此，要对调查材料认真鉴别分析，力求去粗取精、去伪存真、由此及彼、由表及里，从中归纳出若干规律性的东西。

3）善于选用和安排材料，力求内容精练且富有吸引力。只有选用最关键、最能说明问题、最能揭示事故本质的典型材料，才能使报告内容精练、富有说服力。写作调查报告要以客观叙述为主，不能对事实和情况进行文学加工不等于不能运用对比、衬托等修辞方法，关键要看作者如何运用。某一事实、某个数据放在哪里叙述、从什么角度叙述、何处详叙及何处略叙，都是需要仔细考虑的。

2. 报告格式

事故调查报告与一般文章相同，有标题、正文和附件三大部分。

（1）标题

作为事故调查报告，其标题一般都采用公文式，即“关于×××事故的调查报告”或“×××事故的调查报告”，如“深圳市清水河化学危险品仓库‘8·5’特大爆炸火灾事故调查报告”“关于我省阜新市‘11·27’特大火灾伤亡事故的调查处理报告”等。

（2）正文

正文一般可分为前言、主体和结尾三部分。

1）前言。前言部分一般要写明调查简况包括调查对象、问题、时间、地点、方法、目的和调查结果等，一般不设子标题或以“事故概况”等为子标题，例如，“1994年11月13日12:05，某矿务局某矿四井发生一起特别重大煤尘爆炸事故，死亡79人、伤129人，直接经济损失320万元”。

2）主体。主体是调查报告的主要部分。这一部分应详细介绍调查中的情况和事实，以及对这些情况和事实所做的分析。

事故调查报告的主体一般应采用纵式结构，即按事故发生的过程和事实、事故或问题的原因、事故的性质和责任、处理意见、建议的整改措施的顺序写。这种写法使阅读人员对事故的发展过程有清楚的了解后再阅读和领会所得出的相应结论，感到顺畅自然。正文部分典型的子标题，如“事故发生发展过程及原因分析，事故性质和责任、结论，教训与改进措施”。

3）结尾。调查报告的结尾也有多种写法。一般是在写完主体部分之后，总结全文，得出结论。这种写法能够深化主题，加深人们对全篇内容的印象。当然，也有的事故调查报告没有单独的结尾，主体部分写完，就自然地结束。

（3）附件

事故调查报告的最后一部分内容是附件。在事故调查报告中，为了保证正文叙述的完整性和连贯性及有关证明材料的完整性，一般采用附件的形式将有关照片、鉴定报告、各种图表附在事故调查报告之后；也有的将事故调查组成员名单，或在特大事故中的死亡人员名单等作为附件列于正文之后，供有关人员查阅。

12.4.3 事故资料归档

事故资料归档是伤亡事故处理的最后一个环节。事故档案是记载事故的发生、调查、登记及处理全过程的全部文字材料的总和。一般情况下，事故处理结案后，应归档的事故资料如下：

1）职工伤亡事故登记表。

2）职工死亡、重伤事故调查报告书及批复。

3）现场调查记录、工程图和照片。

4）技术鉴定和试验报告。

5）物证、人证材料。

6）直接经济损失和间接经济损失材料。

7）事故责任者的自述材料。

8）医疗部门对伤亡人员的诊断书。

9）发生事故时的工艺条件、操作情况和设计资料。

10）处分决定和受处分人员的检查材料。

11）有关事故的通报、简报及文件。

12）调查组成员的姓名、单位及职务。

复习思考题

1. 事故现场调查前的主要准备工作有哪些？
2. 询问证人是获得事故信息的重要途径，一般情况下需要哪些人做证？
3. 现场拍照后，如何对照片进行分析和处理？
4. 事故现场分析方法和技术分析方法有哪些区别？
5. 事故调查报告的要求、格式有哪些？

第13章

事故预防与控制

本章概要·学习要求

本章主要讲述了重大危险源的辨识方法与程序，从安全管理、安全技术和安全教育等方面探讨事故预防与控制的主要方法，并从事故预防的角度论述了保险在事故控制中的重要作用。通过本章学习，要求学生能够掌握重大危险源的概念，理解解国内外一直以来的辨识方法等，掌握事故预防与控制的原则、方法，并熟悉保险在事故控制中所起的重要作用。

避免事故发生的根本方法是消除危险，而要消除危险，需要进行重大危险源的辨识与管理，进行事故预防与控制，即采用技术和管理手段，通过危险预防与控制措施，在现有的技术水平上，以最少的成本达到最优的安全水平。

13.1 重大危险源辨识与管理

13.1.1 重大危险源

1. 重大危险源的定义

根据新修订的《安全生产法》（2014年12月1日起施行）的规定，重大危险源是指长期或临时生产、加工、搬运、使用或储存危险物品，且危险物品的数量等于或超过临界量的单元。其中，危险物品是指易燃易爆物品、危险化学品、放射性物品等能够危及人身安全和财产安全的物品。

2. 重大危险源的指标体系

重大危险源普查指标体系应能全面反映重大危险源的客观状况以及影响事故发生的主要因素，包括以下三方面的内容：

1）重大危险源所在地的基本情况。重大危险源所在地的基本情况包括法人单位名称、单位代码、单位名称、经济类型、占地面积、行业代码、主管机关、通信地址、邮政编码、所属委办、隶属关系及主要产品等有关重大危险源所在地基本情况信息等指标。

2）重大危险源的基本情况。依据重大危险源分类，分别制定各类重大危险源的普查指标。各类重大危险源的普查指标如表 13-1 所示。

表 13-1 各类重大危险源的普查指标

序号	重大危险源类别		普查指标/项
1	储罐区（包括储罐区名称、面积及储罐个数等）		9
2	库区（库）	库区基本情况（包括名称、面积等）	4
		库房情况（包括名称、形式和结构等）	7
		储存物品（包括名称、状态、最大存储量、包装形式等）	4
3	生产场所	危险单元（包括名称、面积和正常当班人数等）	3
		危险物质（包括名称、工艺过程中的物质量、存储的物质量和废弃物量等）	4
4	压力管道	压力管道概况（包括名称、编号、类别和输送介质等）	23
		调压站（箱）概况（包括名称、类别、位置和数量等）	14
		安全状况（包括与压力管道安全状况相关的指标）	29
5	锅炉	设备概况（包括型号、名称、编号和介质出口温度等）	14
		移装记录（包括日期、验收报告摘要和经办人等）	3
		事故记录（包括日期、原因及损坏情况摘要和经办人等）	3
		检修、改造记录（包括日期、检修、改造内容摘要、经办人和定期检验日期等）	4
6	压力容器（包括名称、编号、容积、介质、安全状况等级等）		32
7	煤矿（井工开采）（包括矿井基本情况、开拓方式、灾害类型、主要设备、人员配置等）		66
8	金属和非金属地下矿山（包括矿井基本情况、开拓方式、灾害类型、围岩稳定性、主要设备型号等）		47
9	尾矿库（包括基本情况、危害程度分类、堆坝方法、观测项目等）		38

3）重大危险源周围环境的基本情况。重大危险源周围环境的基本情况包括危险源周边环境情况和周边情况对危险源的影响两大项，主要考虑危险源一旦发生事故对周围环境的影响以及周边环境中危险源的影响。

3. 国内外重大危险源研究现状

英国是最早系统地研究重大危险源控制技术的国家。1974 年 6 月，佛利克斯巴勒（Flixborough）爆炸事故发生后，英国卫生与安全委员会设立了重大危险咨询委员会（Advisory Committee on Major Hazards，以下简称 ACMH）负责研究重大危险源的辨识、评价技术和控制措施。随后，英国卫生与安全监察局（HSE）专门设立了重大危险管理处。ACMH 分别于 1976 年、1979 年和 1984 年向英国卫生与安全监察局提交了三份重大危险源控制技术研究报告。由于 ACMH 极富成效的开创性工作，使英国政府于 1982 年颁布了《关于报告处理危害物质设施的报告规程》，1984 年颁布了《重大工业事故控制规程》，同时，促使原欧共体在 1982 年 6 月颁布了《工业活动中重大事故危险法令》（ECC Directive 82/501，以下简称《塞韦索法令》）。为实施《塞韦索法令》，英国、荷兰、德国、法国、意大利、比利时等欧共体成员国都颁布了有关重大危险源控制规程，要求对工厂的重大危害设施进行辨识、评价，提出相应的事故预防和应急计划措施，并向主管当局提交详细描述重大危险源状况的安全报告。

1985年6月，国际劳工大会通过了关于危险物质应用和工业过程中事故预防措施的决定。1985年10月，国际劳工组织组织召开了重大工业危险源控制方法的三方讨论会。1988年国际劳工组织出版了《重大危险源控制手册》；1991年国际劳工组织出版了《预防重大工业事故实施细则》；1992年国际劳工大会第79届会议对预防重大工业灾害的问题进行了讨论；1993年通过了第174号公约《预防重大工业事故》和建议书，该公约和建议书为建立国家重大危险源控制系统奠定了基础。

为促进亚太地区的国家建立重大危险源控制系统，国际劳工组织于1991年1月在曼谷召开了重大危险源控制区域性讨论会。在国际劳工组织的支持下，1992年10月，韩国召开了预防重大工业事故研讨会，印度、印度尼西亚、泰国、马来西亚和巴基斯坦等国建立了国家重大危险源控制系统。

我国重大危险源控制的研究工作开始于20世纪90年代，并列入了国家的“八五”发展计划。1997年，在我国的北京、上海、天津、青岛、深圳和成都六大城市进行了重大危险源的普查试点工作，2000年为了与国外相关标准接轨颁布了GB 18218—2000《重大危险源辨识》，为我国重大危险源的辨识提供了基本的法律依据。之后，我国相继发布了《关于开展重大危险源监督管理工作的指导意见》（安监管协调字〔2004〕56号）等相关配套文件。2009年进一步颁布了《重大危险源辨识》的修订版GB 18218—2009《危险化学品重大危险源辨识》。

13.1.2 危险源辨识

危险源辨识是控制和降低危险发生的有效手段，本节简要介绍危险源辨识的目的、程序、结果。

1. 危险源辨识的目的

危险源辨识原理是依据辨识区域内存在危险物料、物料的性质、危险物料可导致的危险性三个方面进行危险危害因素的辨识。危险源辨识的目的有：识别与系统相关的主要危险危害因素；鉴别产生危害的原因；估计和鉴别危害对系统的影响；将危险/危害分级，为安全管理、预防和控制事故提供依据。

2. 危险源辨识的程序

危险源辨识的程序分为辨识方法及辨识单元的划分、辨识和危害后果分析两个步骤。危险源辨识的工作程序包括以下几个方面：

1）对辨识对象应有全面和较为深入的了解。

2）找出辨识区域存在的危险物质、危险场所。

3）对辨识对象的全过程进行危险/危害因素辨识。

4）根据相关标准对辨识对象是否构成重大危险源进行辨识。

5）对辨识对象可能发生事故的危害后果进行分析。

6）对构成重大危险源的场所进行重大危险源的参考分级，为各级安全生产监管部门的危险源分级管理提供参考依据。

7）划分辨识单元，并对所划分的辨识单元中的细节进行详尽分析。

8）为应急预案的制定，控制和预防事故发生，降低事故损失率提供基础依据。

3. 危险源辨识的结果

危险源辨识的结果通常是可能引起危险情况的材料或生产条件清单，如表13-2所示。

表13-2 危险源辨识结果

序号	结 果	序号	结 果
1	可燃材料清单	5	系统危险清单，如毒性、可燃性
2	毒物材料和副产品清单	6	污染物和导致失控反应的生产条件清单
3	危险反应清单	7	重大危险源（因素）清单
4	化学品及释放到环境中可监测量清单		

分析人员可利用这些结果确定适当的范围和选择适当的方法开展安全评价或风险评估。评价的范围与复杂程度直接取决于识别出危险的数量与类型以及对它们的了解程度。如果有些危险的范围不清楚，则在开展评价之前需要开展另外的研究或试验。

13.1.3 国际上采用的重大危险源辨识依据

危险源的辨识工作是工业发展的伴生物，各个国家由于各自的工业发展的阶段不同，进行重大危险源研究的进展存在较大差异。

1. 英国ACMH重大危险源辨识标准

1976年，英国ACMH首次提出重大危险设施标准的建议书，建议的重大危险源标准有：可能发生相当于10t氯气泄漏事故效应的有毒物质储存或加工设施；可能发生相当于15t可燃气体或蒸气火灾爆炸事故效应的可燃物质储存或加工设施；储存或加工5t以上性质不稳定、放热反应性高的设施；具有高压能量的设施，如10MPa（100bar）以上压力的气相反应工艺过程；储存或加工闪点低于22.8℃，总量超过10000t的易燃物质的设施；储存或加工总量超过135t液氧的设施；储存或加工总量超过5000t硝酸铵的设施；储存或加工的物质若发生火灾事故，其效应相当于10t氯气危险性的设施。

1979年，ACMH提出了辨识重大危险源的修改标准如表13-3所示。

表13-3 辨识重大危险源的修改标准

重大危险源类别	物质种类	数量/t
第1类为毒物	光气（phosgene）	2
	氯气（chlorine）	10
	丙烯腈（acrylonitrile）	20
	氰化氢（hydrogencyanide）	20
	二硫化碳（carbon disulfide）	20
	二氧化硫（sulfur dioxide）	20
	溴（bromine）	40
	氨（ammonia）	100
第2类为极毒物质	1mg以内能将人致死的极毒液体、气体及固体物质	10^{-4}

（续）

重大危险源类别	物质种类	数量/t
第3类为高反应性物质	氢气（hydrogon）	2
	环氧乙烷（ethylene oxide）	5
	环氧丙烯（propylene oxide）	5
	无机过氧化物（inorganic peroxides）	5
	硝化火药（nitrocellulose compounds）	50
	硝酸铵（ammonium nitrate）	500
	氯酸钠（sodium chlorate）	500
	液氧（liquid oxygen）	1000
第4类为其他物质和工艺过程	上述1~3类未包括的易燃气体	15
	上述1~3类未包括的易燃液体	20
	液化石油气（如民用煤气、丙烷、丁烷）	30
	1atm下沸点低于0℃，未包括在上述1~3类的液化易燃气体	50
	闪点低于21℃，未包括在1~3类的易燃液体	10000
	复合化肥	500
	泡沫塑料	500
	具有5MPa以上的压力且容积超过$200m^3$的高压能量设施	

2. 其他的重大危险源辨识标准

1982年6月，原欧共体颁布了《塞韦索法令》，该法令列出了180种（类）物质及其临界量标准。1996年12月，原欧共体通过了82/501/EEC的修正件“Council Directive96/82/EC”，其中修正件的第一部分列出了29种（类）物质及临界量，第二部分列出了10类物质及临界量，临界量从极毒物质甲基异氰酸盐150kg到极易燃液体50000t。如果工厂内某一设施或相互关联的一系列设施中聚集了超过临界量的上述物质，则将这一设施或一系列设施定义为一个重大危险源，如表13-4所示。

表13-4 原欧共体用于重大危险源辨识的重点控制危险物质

类　别	物质名称	临界量/t	物质名称	临界量/t
一般性易燃物质	易燃气体	200	极易燃液体	50000
特殊易燃物质	氢气	50	环氧乙烷	50
特殊爆炸性物质	硝铵	2500	硝化甘油	10
	TNT	10	氨气	500
特殊毒性物质	丙烯腈	200	二氧化硫	250
	硫化氢	50	氰化物	20
	二氧化碳	200	氟化氢	50
	氯化氢	250	三氧化硫	75
极毒物质	甲基异氰酸盐	0.15	光气	0.75

国际经济合作与发展组织（OECD）在 OECD Council Act（88）84 中列出了 20 种重点控制的危险物质如表 13-5 所示。

表 13-5 OECD 用于重大危险源辨识的重点控制危险物质

类别	物质名称	临界量/t	物质名称	临界量/t
易燃、易爆或易氧化物质	易燃气体	200	极易燃液体	50000
	环氧乙烷	50	氯酸钠	250
	硝酸铵	2500		
毒物	氨气	500	氯气	25
	氰化物	20	氟化物	50
	甲基异氰酸盐	0.15	二氧化硫	250
	丙烯腈	200	光气	0.75
	甲基溴化物	200	四乙铅	50
	乙拌磷	0.1	硝苯硫磷脂	0.1
	杀鼠灵	0.1	涕天威	0.1

国际劳工组织 1988 年编写的《重大事故控制实用手册》和 1991 年出版的《重大工业事故的预防》，均对重大危险源的辨识方法及控制措施提出了建议；1993 年通过第 174 号公约《预防重大工业事故》，临界量从极毒物质甲基异氰酸盐 150kg 到极易燃液体 50000t。

1992 年，美国 OSHA 颁布《高度危险化学品处理过程的安全管理》（PSM）标准，在标准中提出了 138 种化学物质及其临界量。随后，美国环境保护署（EPA）颁布了《预防化学泄漏事故的风险管理程序》（RMP）标准，对重大危险源的辨识提出了规定。

1996 年 9 月，澳大利亚国家职业安全卫生委员会颁布重大危险源控制的国家标准。定义重大危险源为制造、加工、储存或处理超过临界量的特定物质的设备或设施。特定物质是指被确认可能引发重大事故的物质，重大危险设备或设施包括危险物质制造厂、加工厂、永久性或暂时性储库、排列放置场、仓库、运输管路、浮坞结构、码头等。

13.1.4 我国重大危险源辨识依据

依据 GB 18218—2009《危险化学品重大危险源辨识》，危险化学品的辨识依据是危险化学品的危险特性及其数量，具体如表 13-6 和表 13-7 所示。

表 13-6 危险化学品名称及临界量

序 号	类 别	危险化学品名称和说明	临界量/t
1	爆炸品	叠氮化钡	0.5
2		叠氮化铅	0.5
3		雷酸汞	0.5
4		三硝基苯甲醚	5
5		三硝基甲苯	5
6		硝化甘油	1
7		硝化纤维素	10
8		硝酸铵（含可燃物 >0.2%）	5

（续）

序号	类别	危险化学品名称和说明	临界量/t
9	易燃气体	丁二烯	5
10		二甲醚	50
11		甲烷，天然气	50
12		氯乙烯	50
13		氢	5
14		液化石油气（含丙烷、丁烷及其混合物）	50
15		一甲胺	5
16		乙炔	1
17		乙烯	50
18	毒性气体	氨	10
19		二氟化氧	1
20		二氧化氮	1
21		二氧化硫	20
22		氟	1
23		光气	0.3
24		环氧乙烷	10
25		甲醛（含量>90%）	5
26		磷化氢	1
27		硫化氢	5
28		氯化氢	20
29		氯	5
30		煤气（一氧化碳、一氧化碳和氢气、甲烷的混合物）	20
31		砷化三氢（胂）	1
32		锑化氢	1
33		硒化氢	1
34		溴甲烷	10
35	易燃液体	苯	50
36		苯乙烯	500
37		丙酮	500
38		丙烯腈	50
39		二硫化碳	50
40		环已烷	500
41		环氧丙烷	10
42		甲苯	500
43		甲醇	500
44		汽油	200
45		乙醇	500
46		乙醚	10
47		乙酸乙酯	500
48		正已烷	500

（续）

序号	类别	危险化学品名称和说明	临界量/t
49	易于自燃的物质	黄磷	50
50		烷基铝	1
51		戊硼烷	1
52	遇水放出易燃气体的物质	电石	100
53		钾	1
54		钠	10
55	氧化性物质	发烟硫酸	100
56		过氧化钾	20
57		过氧化钠	20
58		氯酸钾	100
59		氯酸钠	100
60		硝酸（发红烟的）	20
61		硝酸（发红烟的除外，含硝酸＞70%）	100
62		硝酸铵（含可燃物≤0.2%）	300
63		硝酸铵基化肥	1000
64	有机过氧化物	过氧乙酸（含量≥60%）	10
65		过氧化甲乙酮（含量≥60%）	10
66	毒性物质	丙酮合氰化氢	20
67		丙烯醛	20
68		氟化氢	1
69		环氧氯丙烷（3-氯-1，2-环氧丙烷）	20
70		环氧溴丙烷（表溴醇）	20
71		甲苯二异氰酸酯	100
72		氯化硫	1
73		氰化氢	1
74		三氧化硫	75
75		烯丙胺	20
76		溴	20
77		乙撑亚胺	20
78		异氰酸甲酯	0.75

表 13-7　未在表 13-6 中列举的危险化学品类别及其临界量

类别	危险性分类及说明	临界量/t
爆炸品	1.1A 项爆炸品	1
	除 1.1A 项外的其他 1.1 项爆炸品	10
	除 1.1 项外的其他爆炸品	50
气体	易燃气体：危险性属于 2.1 项的气体	10
	氧化性气体：危险性属于 2.2 项非易燃无毒气体且次要危险性为 5 类的气体	200
	剧毒气体：危险性属于 2.3 项且在非易燃无毒气体且次要危险性为 5 类的气体	5
	有毒气体：危险性属于 2.3 项且急性毒性为类别 1 的毒性气体	50

（续）

类别	危险性分类及说明	临界量/t
易燃液体	极易燃液体：沸点≤35℃且闪点<0℃的液体；或保存温度一直在其沸点以上的易燃液体	10
	高度易燃液体：闪点<23℃的液体（不包括极易燃液体）；液态退敏爆炸物	1000
	易燃液体：23℃≤闪点<61℃的液体	5000
易燃固体	危险性属于4.1项且包装为Ⅰ类的物质	200
易于自燃的物质	危险性属于4.2项且包装为Ⅰ或Ⅱ类的物质	200
遇水放出易燃气体的物质	危险性属于4.3项且包装为Ⅰ或Ⅱ类的物质	200
氧化性物质	危险性属于5.1项且包装为Ⅰ类的物质	50
	危险性属于5.1项且包装为Ⅱ或Ⅲ类的物质	200
有机过氧化物	危险性属于5.2项的物质	50
毒性物质	危险性属于6.1项且急性毒性为类别1的物质	50
	危险性属于6.1项且急性毒性为类别2的物质	500

注：以上危险化学品危险性类别及包装类别依据GB 12268确定，急性毒性类别依据GB 20592确定。

实际应用时，参考表13-6和表13-7所示的危险化学品及其临界量，作为判定重大危险源的依据。

标准中规定，当单元内存在危险化学品的数量等于或超过上述表格中规定的临界量，该单元即被定为重大危险源。辨识单元内存在危险化学品的数量是否超过临界量，需根据处理危险化学品种类的多少区分。

1）单元内存在的危险化学品为单一品种，则该危险化学品的数量即为单元内危险物质的总量，若等于或超过相应的临界量，则定为重大危险源。

2）单元内存在的危险化学品为多品种时，按下式计算，若满足下式，则定为重大危险源：

$$\frac{q_1}{Q_1}+\frac{q_2}{Q_2}+\cdots+\frac{q_n}{Q_n}\geqslant 1$$

式中　q_1，q_2，…，q_n——每种危险化学品实际存在量（t）；

Q_1，Q_2，…，Q_n——与各危险化学品相对应的临界量（t）。

13.1.5　重大危险源的分类和分级

1. 重大危险源的分类

综合考虑多种因素，重大危险源分类遵循以下原则：①从可操作性出发，以重大危险源所处的场所或设备、设施对重大危险源进行分类；②按相似相容性原则，依据各大类重大危险源各自的特性有层次地展开。按上述原则重大危险源分为九大类，分别是储罐区（储罐）、库区（库）、生产场所、压力管道、锅炉、压力容器、煤矿（井工开采）、金属和非金属地下矿山、尾矿库。具体分类如图13-1所示。

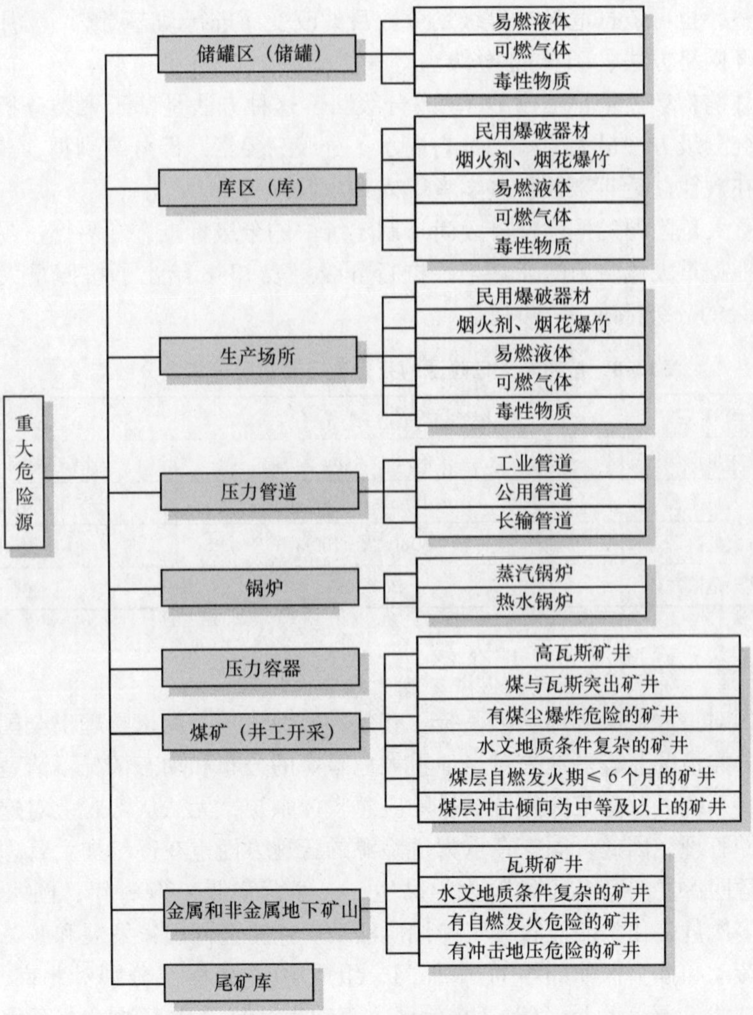

图 13-1 重大危险源的分类

2. 重大危险源的危险性分级

目前，国际和国内的通用做法是以辨识单元固有危险性大小作为重大危险源危险性分级的依据，决定固有危险性大小的因素由辨识单元的生产属性决定。

危险源分级的方法主要有两种：一种是分级的标准不变或分级结果不随参加分级危险源数目的多少而变化，即危险源静态分级方法；另一种是危险源数目发生变化或分级的标准是可变的或两者皆可变，即危险源动态分级方法。

危险源静态分级的方法主要是以打分方式进行的，如美国道化学公司的火灾、爆炸指数法、ICI 蒙德法、六阶段评价法、我国的机械工厂危险程度分级法、化工厂危险程度分级法、冶金工厂危险程度分级法以及工厂危险程度分级法等。这些危险源分级方法虽然操作简便，但受主观因素的影响大，危险性等级划分的尺度很难把握，影响危险分析的准确性。

危险源的动态分级是按某种原则反复进行分级和修改，直到分级满足某种规则为止。分级的研究对象是全体同类危险源，根据抽样的部分建立分级的标准。分级的标准可随样本数目进行动态调整，也可依据危险源等级划分数目的改变而进行动态调整。常用的危险源动态分级方法有神经网络方法、DT动态分级法等。

我国学者林韵梅教授最早提出DT动态分级法，这种方法是基于聚类分析原理进行的分级方法，与传统分级方法最大的区别是它揭示了分级三要素，即分级判据、分级档数和分级界限之间的内在规律。近年来被一些学者引入到危险评价中。

目前我国重大危险源的危险性分级尚未制定统一的分级标准，在易燃、易爆、有毒的生产场所主要是根据重大危险源的死亡半径进行分级。表13-8给出了按照重大危险源的死亡半径 R 进行分级的分级标准。

表13-8 按照重大危险源的死亡半径 R 进行分级的分级标准

重大危险源等级	死亡半径	控制部门
一级重大危险源	$R \geqslant 200\text{m}$	国家主管部门直接控制
二级重大危险源	$100\text{m} \leqslant R < 200\text{m}$	省和直辖市政府控制
三级重大危险源	$50\text{m} \leqslant R < 100\text{m}$	县、市政府控制
四级重大危险源	$R < 50\text{m}$	企业重点管理控制

13.1.6 我国重大危险源的管理介绍

目前，我国对重大危险源还缺乏系统、有效的监控管理，尚未整理出全国范围内重大危险源的分布、分类情况，许多地方对当地重大危险源的分布和动态情况不清楚，没有建立监测、控制、预警系统以及防范突发性事故的应急救援系统，无法从宏观上对这些重大危险源进行有效的监控管理。因此，国家在重大危险源的管理方面也在逐年加大管理力度。

根据重大危险源主要存在于危险化学品生产、经营企业，2003年，国家安全生产监督管理局开展了多次危险化学品监管督察和调研活动。同时会同国家发展和改革委员会、公安部、财政部、劳动和社会保障部等17个部门，组成10个督察组分别对北京、天津、浙江、江西、山东、湖北、云南等18个省（自治区、直辖市）以及中石油、中石化、中海油三个中央管理企业，检查了对《危险化学品安全管理条例》的执行情况。

近年来，各种专项整治和检查工作也在有序和稳妥地积极进行，各地对危险化学品和重大危险源进行了登记管理，为我国重大危险源的分级分类安全管理进行基础性的工作。

根据《安全生产法》的规定，在重大危险源管理方面，进行了以下四个方面的工作：

1）生产经营单位对重大危险源进行登记建档。依据GB 18218—2009《危险化学品重大危险源辨识》，生产经营单位必须对重大危险源逐一登记建档，这是做好重大危险源安全管理的基础。

2）生产经营单位对重大危险源定期进行检测、评估、监控。重大危险源是变化的，应当定期对其进行检测，掌握危险源的动态变化情况。同时，根据重大危险源的分析、辨识情况，选择合适的评估方法，对危险源导致事故发生的可能性和严重程度进行定性和定量评价，在此基础上进行危险等级划分，以确定管理的重点。

3）生产经营单位要制定应急救援预案，并告知从业人员和相关人员在紧急情况下应当采取的应急措施。生产经营单位必须制定应急救援预案，并定期检验和评估其有效程度，及时进行修改。同时，要把有关应急救援知识通过安全教育和培训，及时告知从业人员和相关人员，以便在紧急情况下采取应急措施。

4）生产经营单位要将本单位重大危险源及有关安全措施、应急措施报告有关地方人民政府的安全生产监督管理部门和有关部门备案。这样能使政府及其有关部门能够及时掌握有关情况。一旦发生事故，政府及其有关部门可以调动有关方面的力量进行救援，以减少事故损失。

13.2 事故预防与控制的主要方法

避免事故发生的根本方法是消除危险，而消除危险的两个重要方面是事故的预防与控制，即采用技术和管理手段，通过危险预防与控制措施，在现有的技术水平上，以最少的成本达到最优的安全水平。本节将从安全管理、安全技术和安全教育等方面探讨事故预防与控制的主要方法。

13.2.1 事故预防与控制的基本原则

事故预防是通过采用工程技术、管理和教育等手段使事故发生的可能性降到最低；事故控制是通过采用工程技术、管理和教育等手段使事故发生后不造成严重后果或使损害尽可能减少。例如，火灾的预防与控制，通过规章制度的建立和完善，或者采用不可燃、不易燃的材料可以预防火灾的发生；采用火灾报警装置、喷淋装置、阻燃装置、应急疏散措施等可以控制火灾发生的后果，减少火灾带来的损失。

从安全目标的实现出发，事故预防与控制体现在以下三个方面：

1）消除事故原因，形成“本质安全”系统。即消除危险源、控制危险源、防护和隔离危险源、保留和转移危险源。

2）降低事故发生频率。

3）减少事故的严重程度和事故的经济损失。

从采用的手段出发，事故预防与控制以危险源为对象，运用系统工程的原理，对危险进行控制。其技术手段主要有工程技术措施和管理措施，按措施等级可以分为六种方法，即消除危险、预防危险、减弱危险、隔离危险、危险连锁和危险警告等。同时，还可以采用法制手段（政策、法令、规章）、经济手段（奖、罚）和教育手段（长期的、短期的、学校的、社会的）等。

从现代安全管理的观点出发，安全管理不仅要预防和控制事故，而且要为劳动者提供安全的工作环境和安全文化。因此，事故预防与控制不仅应遵循安全技术（Engineering）、安全教育（Education）和安全管理（Enforcement）（即老3E对策），还应该借鉴安全授权（Empowerment）、安全评估（Evaluation）、安全人机工效学（Ergonomics）（即新3E对策）等方法。下面将从老3E对策三方面进行详细阐述。

13.2.2 安全技术对策

安全技术对策是采用工程技术手段解决安全问题，预防事故发生，减少事故造成的伤害和损失，是事故预防和控制的最佳安全措施。安全技术对策涉及系统设计各个阶段，通过设计来消除和控制各种危险，防止所设计的系统在研制、生产、使用、运输和储存等过程中发生可能导致人员伤亡和设备损坏的各种意外事故。安全技术分为预防事故发生的安全技术和减少或遏制事故损失的安全技术。

1. 预防事故发生的安全技术

根据系统寿命阶段的特点，为满足规定的安全要求，可采用以下几种安全设计方法。

（1）能量控制方法

任何事故影响的程度都是所需能量的直接函数，也就是说，事故发生后果的严重程度与事故中所涉及的能量大小紧密相关。没有能量就没有事故，没有能量就不会产生伤害。能量引起的伤害主要分为以下两类：

1）转移到人体的能量超过了局部或全身性损坏阈值而造成伤害，例如，安全电压在人体所承受的阈值之内，不会造成伤害或伤害极其轻微；而220V电压大大超过了人体的阈值，与其接触会对人体造成伤害。

2）局部或全身性能量交换引起伤害，如因物理或化学因素引起的窒息、中毒等事件。

从能量控制的观点出发，事故的预防和控制实际上就是防止能量或危险物质的意外释放，防止人体与过量的能量或危险物质接触。常用的能量控制方法如表13-9所示。

表13-9 常用的能量控制方法

能量控制方法	举　例
限制能量	降低车辆的速度，减小爆破作业的装药量
用较安全的能源代替危险能源	用水力采煤代替爆破采煤，用煤油代替汽油作溶剂
防止能量积聚	保证矿井通风，防止瓦斯气体积聚
控制能量释放	将放射源放入重水中避免辐射危害
延缓能量释放	车辆座椅上设置安全带
开辟能量释放渠道	电器安装地线
设置屏障	佩戴安全帽、防护服、口罩
从时间上和空间上将人与能量隔离	道路交通的信号灯

（2）内在安全设计方法

避免事故发生的有效方法是消除危险或将危险限制在没有危害的程度内，使系统达到内在安全（也称本质安全）。内在安全技术是指不依靠外部附加的安全装置和设备，只依靠自身的安全设计，即使发生故障或错误操作，设备和系统仍能保证安全。在内在安全系统中，可以认为不存在导致事故发生的危险状况，任何差错，甚至一个人为差错也不会导致事故发生。

在内在安全设计中，达到绝对的安全是很难的，但可以通过设计使系统发生事故的风险降至最小，或将风险降低到可接受的水平。常用的方法有以下两种：

1）通过设计消除风险。这类方法通过选择恰当的设计方案、工艺过程和合适的原材料来实现。例如，可以通过排除粗糙的毛边、锐角、尖角，防止皮肤割破、擦伤或刺破。

2）降低危险的严重性。完全消除危险有时受实际条件的限制难以实现。在这种情况下，可以限制潜在危险的等级，使其不至于导致伤害或损伤，或将伤害和损伤降至可接受的范围内。例如，对电钻引起的致命电击，可以采用低电压蓄电池作为动力，消除电击的危险。

（3）隔离方法

隔离是物理分离的方法，用隔挡板和栅栏等将已确定的危险同人员和设备隔离，以防止危险发生或将危险降到最低水平，同时控制危险的影响。隔离技术常用在以下几个方面：

1）隔离接触在一起将导致危险的不相容材料。例如，氧化物和还原物分开放置可以避免发生氧化还原反应而引发事故；将装在容器中的某些易燃液体的上面“覆盖”氮气或其他惰性气体，以避免这些液体与空气中的氧气接触而发生危险。

2）限制失控能量释放的影响。例如，在炸药的爆炸试验中，为了防止爆炸产生的冲击波对人或周围物体造成伤害和影响，当药量较大时，一般是在坚固的爆炸塔中进行爆炸试验；当药量较小时，才可放置在具有一定强度的密封的爆炸罐内进行试验。

3）防止有毒、有害物质或放射源、噪声等对人体的危害。例如，铸造车间清毛坯时，为了防止铁屑伤人而穿戴的全密封防护服；隔离高噪声和振动的机械装置所采用的振动固定机构、屏蔽、消声器等。

4）隔离危险的工业设备，如将护板和外壳安装在旋转部件、热表面和电气装置上面，以防止人员接触发生危险。

5）时间上的隔离。例如，限定从事有害工种人员的工作时间，防止工作人员受到超量有毒、有害物质的危害，保障人员的安全。

（4）闭锁、锁定和连锁

闭锁、锁定和连锁的功能是防止不相容事件的发生，防止事件在错误的时间发生或以错误的顺序发生。

1）闭锁和锁定。闭锁是防止某事件发生或防止人、物、力或因素进入危险的区域；锁定是保持某事件或状况，或避免人、物、力或因素离开安全、限定的区域。例如，弹药的保险和解除保险装置，螺母和螺栓上的保险丝和其他锁定装置，防止车辆移动的挡块，电源开关的锁定装置等。

2）连锁。连锁保证在特定的情况下某事件不发生。常用的连锁技术如表13-10所示。

表13-10 常用的连锁技术

序号	连锁技术
1	在意外情况下，连锁可尽量降低事件B意外出现的可能性。它要求操作人员在执行事件B之前，先执行事件A
2	在某种危险状况下，可用连锁确保操作人员的安全。例如，打开家用洗衣机的盖板时，连锁装置自动使洗衣机滚筒停止运转，避免衣物缠手造成伤害
3	在预定的事件发生前，连锁可控制操作顺序和时间。即当操作的顺序是重要的或必要的，而错误的顺序将导致事故的发生时，最好采用连锁

连锁既可用于直接防止错误操作或错误动作，又可通过输出信号，间接地防止错误操作或错误动作。例如，限制电门、信号编码、运动连锁、位置连锁、顺序控制等。

（5）故障—安全设计

当系统、设备的一部分发生故障或失效时，在一定时间内能够保证整个系统或设备安全的技术性设计称为故障—安全设计。故障—安全设计确保一个故障不会影响整个系统或使整个系统处于可能导致伤害或损伤的工作模式。其设计的基本原则是首先保护人员安全；其次保护环境，避免污染；再次防止设备损伤；最后防止设备降低等级使用或功能丧失。

按照系统、设备发生故障后所处的状态，故障—安全设计分为三种类型。三种故障—安全设计的类型如表13-11所示。

表13-11 故障—安全设计的类型

类 型	特 点	举 例
故障—安全消极设计	当系统发生故障时，能够使系统停止工作，并将其能量降低到最低值直至系统采取纠正措施，不会由于导致系统不工作的危险产生更大的损伤	电路保险，当系统出现短路时，电路保险断开，系统断电，正在工作的系统会立即停止工作，保证安全
故障—安全积极设计	故障发生后，在系统采取纠正或补偿措施前，或启动备用系统前，保持系统以一种安全的形式带有正常能量，直至采取措施，以消除事故发生的可能性	交通信号灯发生信号系统故障，信号将转为红灯或黄色闪烁灯，以避免发生事故，达到控制交通的目的
故障—安全可工作设计	保证在采取纠正措施前，设备、系统能正常发挥其功能。它是故障—安全设计中最可取的类型	锅炉的缺水补水设计，即使阀瓣从阀杆上脱落，也能保证锅炉正常进水，安全运行

值得注意的是，由于故障—安全装置本身也可能发生故障，因此，不能将其与“本质”安全技术混为一谈。

(6) 故障最小化设计

采用故障—安全设计使故障不会导致事故，但这样的设计在有些情况下并不总是最佳选择。故障—安全设计可能会频繁地中断系统的运行，当系统需要连续运行时，这种设计对系统的运行是相当不利的。因此，在故障—安全设计不可行的情况下，故障最小化可作为设计的主要方法。故障最小化设计有以下三种方法：

1）降低故障率。这种方法是可靠性工程中用于延长元件和整个系统的期望寿命或故障间隔时间的一种技术。利用高可靠性的元件和设计降低使用中的故障概率，使整个系统的期望使用寿命大于所提出的使用期限，降低可能导致事故的故障发生率，从而减少事故发生的可能性，起到预防和控制事故的作用。这种方法的核心是通过提高可靠性来提高系统的安全性。

安全系数和余量是降低故障率的典型方法。例如，飞机和压力容器结构静强度设计的安全系数分别为1.5和3.5，基本上保证了飞机和压力容器的安全性。

2）监控。监控是利用监控系统对某些参数进行检测，保证这些参数无法达到导致意外事件的危险水平。监控系统分为检知、判断和响应三部分。

检知部分由传感元件构成，用以感知特定物理量的变化。判断部分把检知部分感知的参数值与预先规定的参数值进行比较，判断被检测对象的状态是否正常。响应部分在判明存在异常时，采取适当的措施，如停止设备运行、停止装置运转、启动安全装置、向有关人员发出警告等。

3）报废和修复。这种技术是针对意外事故设计的。在一个故障、错误或其他不利的状况已发展成危险状态，但还未导致伤害或损伤时，应采取纠正措施，以限制危险状态的恶化。

（7）告警装置

告警用于向危险范围内人员通告危险、设备问题和其他值得注意的状态，使有关人员采取纠正措施，避免事故的发生。告警可按人的感觉方式分为视觉告警、听觉告警、嗅觉告警、触觉告警和味觉告警等。

1）视觉告警。视觉告警是一种通过视觉传递危险信息的告警方式，包括以下几种方法：

① 亮度。使存在危险的地点周围比无危险的区域更明亮，以至于人们能把注意力集中在该危险区域。

② 颜色。在建筑物、移动设备或可能被碰撞的固定物体上涂上鲜明的、易辨别的颜色，或亮暗交替的颜色，引起人们的注意，发出告警信息。GB 2893—2008《安全色》中规定了安全色、对比色的意义及其使用方法。

安全色分为红、黄、蓝、绿四种颜色，其含义如表 13-12 所示。

表 13-12　安全色颜色的含义

颜色	含　义	举　例
红色	禁止、停止、消防和危险	交通禁令标志、消防设备、停止按钮、危险信号旗
黄色	提醒人们注意	各种警告标志和警戒标记
蓝色	要求人们必须遵守的规定	指令标志涂以蓝色的标记
绿色	提供允许、安全的信息	表示通行、机器起动按钮、安全信号旗

对比色是使安全色更加醒目的反衬色，包括黑、白两种颜色。安全色和对比色的相间条纹为等宽条纹，倾斜约 45°。表 13-13 给出了安全色的对比色。

表 13-13　安全色的对比色

安　全　色	对　比　色	含　义
红色	白色	禁止或提示消防设备、设施位置
蓝色	白色	指令的安全标记，传递必须遵守规定
黄色	黑色	危险位置
绿色	白色	安全环境

黑色用于安全标志的文字、图形符号和警告标志的几何边框，为黄色的对比色，如黄色与黑色相间隔的条纹，表示特别注意的意思，用于各种机械在工作或移动时容易碰撞的部位。白色用于安全标志中红、蓝、绿安全色的背景色，也可用于安全标志的文字和图形符号，如红色和白色相间隔的条纹，表示禁止通行、禁止跨越的意思，用于公路交通等方面所用的防护栏杆及隔离墩等。蓝色与白色相间隔的条纹，表示指示方向，用于交通上的指导性标志等。

③ 信号灯。指示灯可以是固定的也可以是移动的，可以连续发光也可以闪光。信号灯的颜色代表不同的含义，信号灯颜色的含义如表 13-14 所示。

表 13-14　信号灯颜色的含义

颜色	含　义
红色	存在危险、紧急情况、故障、错误、中断等
黄色	接近危险、临界状态、注意、缓慢地发展等
绿色	良好状态、继续进行、准备好的状态、正确起动、参数正处在规定的限度内
白色	表示系统可用或正在使用中

④ 旗子和飘带。旗子用于表示危险状态；飘带用于提醒、注意。例如，仪表插上小旗时表示该仪表已有故障，不能使用。汽车超过规定的宽度时在两边均系有飘带，提醒对面的驾驶人注意。

⑤ 标志。利用事先规定了含义的符号表示警告危险因素的存在或应采取的措施。例如，指出具有放射性危险的设备及处理方法，道路急转弯处的标志等。

⑥ 标记。在设备上或有危险的地方可以贴上标记以示警告。

⑦ 符号。常用的符号为固定符号。例如，指出弯道、交叉路口、陡坡、狭窄桥或有毒、有放射源等其他危险的路标。

⑧ 书面告警。书面告警包括操作和维修规程、指令、手册、说明书、细则和检查表中的告警及注意事项。

⑨ 告警词语。告警词语是提醒人们注意的一种手段，它应该通俗易懂、醒目，容易引起人们的注意。告警词语要求尽可能标准、规范。例如，“注意”用于需要正确的操作或维修程序，防止设备损坏或人员受伤的告警；“警告”用于需要正确的操作或维修程序，防止可能的（但非邻近的）危险造成人员伤害的告警；“危险”用于对可能导致人员伤害的危险告警。

2）听觉告警。常用的听觉告警有报警器、蜂鸣器、铃、定时声响装置等，有时也用扬声器来传递录下的声音信息，或一个人直接用喊声告警另一个人。当所传递的信息是简短的、简单的、瞬时的，并要求马上做出响应；视觉告警方式受到限制；信号十分重要，需要多种告警信号相结合；需要告警、提醒或提示操作人员注意后续的附加信息或做后续的附加响应；习惯或惯例采用听觉信号的场合；进行必要的声音通信时，使用听觉告警的效果更好。

3）嗅觉告警。当气体分子影响到鼻腔中约 $645mm^2$ 的微小敏感区域时，人就能闻到气味。利用气味可成功告警的场合如表 13-15 所示。

表 13-15　利用气味可成功告警的场合

告警的场合	举　例
某些毒气的告警	芥子气可给出告警并据此确定气体的类型
无味气体中加入有气味气体	加入微量的气味很强的气体，如硫醇，可以使人迅速发觉易燃和易爆气体的泄漏
设备过热产生告警性的气味	轴承过热，气化温度较低的润滑剂就会使操作人员闻到气味
燃烧后所产生气体的气味的探测可以发现火灾的部位	塑料和橡胶材料具有特殊的气味，可表明其接近燃烧或发生燃烧以及燃烧物质可能的位置

4）触觉告警。振动感知是触觉告警的主要方法，设备过度振动给人们发出了设备运行不正常并正在发展成故障的告警。

温度感知是另一种通过触觉或感知进行告警的方法。维修人员可以通过手、身体的其他部位或设备的感觉确定设备是否工作正常。

5）味觉告警。味觉告警通常用以确定或指示放入口中的食物、饮料或其他物质是否存在危险。味觉作为一种告警手段，对设备设施来说可能是最不重要的，在工业生产中极少用到味觉告警的方式。

2. 减少或遏制事故损失的安全技术

采用了预防事故的安全技术措施，并不等于就完全控制住了事故。在实际工作中，只要有危险存在，尽管其可能性很小，就存在导致事故发生的可能，而且没有任何方法准确确定事故将何时发生。事故发生后如果没有相应的措施迅速控制局面，则事故的规模和损失可能会进一步扩大，甚至引起连锁反应，造成更大、更严重的后果。因此，必须研究尽量减少可能的伤害和损伤的方法，采取相应的应急措施，减少或遏制事故损失。

（1）实物隔离

隔离除了作为一种广泛应用的事故预防方法之外，还常用作减少事故中能量猛烈释放而造成损伤的一种方法，可限制始发的不希望事件的后果对邻近人员的伤害和对设备、设施的损伤。常用的方法有以下三种：

1）距离。涉及爆炸性物质的物理隔离方法，将可能发生事故、释放出大量能量或危险物质的工艺、设备或设施布置在远离人员、建筑物和其他被保护物的地方。例如，将炸药隔离，则即使炸药意外爆炸也不会导致邻近储存区和加工制造区炸药的殉爆。

2）偏向装置。采用偏向装置作为危险物与被保护物之间的隔离墙，其作用是把大部分剧烈释放的能量导引到损失最小的方向。例如，在爆炸物质生产和装配工房，设置坚实的防护墙并用轻质材料构筑顶部，当爆炸发生时，防护墙承受一部分能量，而其余能量则偏转向上，减小了对周围环境的损伤。

3）遏制。遏制技术是控制损伤常用的隔离方法，主要功能有：遏制事故造成更多的危险；遏制事故的影响；为人员提供防护；对材料、物资和设备予以保护。

（2）人员防护装备

人员防护装备由人们身上的外套或戴在身上的器械组成，以防止事故或不利的环境对人的伤害。其应用范围和使用方式很广，可以从一副简单的防噪声耳塞到一套完整带有生命保障设备的宇航员太空服。

人员防护装备的应用方式主要有以下三种：

1）用于计划的危险性操作。某些操作所涉及的环境中，危险因素不能根除，但又必须进行相关作业，采用人员防护装备可以防止特定的危险对人员的伤害，如在危险的区域进行检查、计划和预防性维修等工作。必须指出的是，在条件可行的情况下，不应以人员防护装备代替根除或控制危险因素的设计或安全规程。例如，在含有毒气体的封闭空间中工作的人员，在采取了通风措施，排除有毒、有害气体或降低其浓度于危险水平以下的条件下，操作人员就没有必要使用防毒面具。

2）用于调查和纠正。为调查研究、探明危险源、采取纠正措施或因其他原因进入极有可能存在危险的区域或环境时，应佩戴相应的人员防护装备。例如，有毒的、腐蚀性的或易燃液体泄漏或溢出的中和或净化过程。

3）用于应急情况。应急情况对防护装备的要求最严格。由于意外事故或事件即将发生或已经发生，开始的几分钟可能是事故被控制或导致灾难发生的关键时刻，排除或控制危险和尽量减少危险伤害和损伤的反应时间是极为重要的。因此，为了快速有效地实施应急计划，人员的防护装置起着关键的作用。

（3）能量缓冲装置

能量缓冲装置在事故发生后能够吸收部分能量，保护有关人员和设备的安全。例如，座椅安全带、缓冲器和车内衬垫、安全气囊等可缓解人员在事故发生时所受到的冲击，在事故中降低车内人员的伤害。

（4）薄弱环节

薄弱环节是指系统中人为设置的容易出故障的部分。其作用是使系统中积蓄的部分能量通过薄弱环节得到释放，以小的代价避免严重事故的发生，达到保护人员和设备安全的目的。主要有：电薄弱环节，如电路中的保险丝；热薄弱环节，如压力锅上的易熔塞；机械薄弱环节，如压力灭火器中的安全隔膜；结构薄弱环节，如主动联轴节上的剪切销。

（5）逃逸和营救

当事故发生到不可控制的程度时，应采取措施逃离事故影响区域，采取自我保护措施并为救援创造一个可行的条件。

逃逸和求生是指人们使用本身携带的资源进行自身救护所做的努力。营救是指其他人员在紧急情况下救护受到危险人员所做的努力。

逃逸、求生和营救设备对于保障人的生命安全极为重要，但只能作为最后依靠的手段来考虑。当采用安全装置、建立安全规程等方法都不能完全消除某种危险或系统存在发生重大事故的可能性时，应考虑应用逃逸、求生和营救等设备。

13.2.3 安全教育对策

安全教育是通过各种形式的学习和培养，努力提高人的安全意识和素质，学会从安全的角度观察和理解所从事的活动和面临的形势，用安全的观点解释和处理自己遇到的新问题。

从事故致因理论中的瑟利事故模型可以看到，要达到控制事故的目的，首先，要通过技术手段，用某种信息交流方式告知人们危险的存在或发生；其次，要求人们感知到有关信息后，能够正确理解信息的意义，例如，能否正确判断何种危险发生或存在，该危险对人、设备或环境会产生何种伤害，是否有必要采取措施，应采取何种应对措施等。而这些有关人对信息的理解认识和反应的部分均需要通过安全教育的手段来实现。

安全教育可以分为安全教育和安全培训两大部分。安全教育是一种意识的培养，是长时期的甚至贯穿于人的一生，并在人的所有行为中体现出来，与人们所从事的职业没有直接关系；安全培训虽然也包含有关教育的内容，但其内容相对于安全教育要具体得多，范围要小得多，主要是一种技能的培训。安全培训的主要目的是使人掌握在某种特定的作业或环境下准确并安全地完成其应完成的任务，故也称生产领域的安全培训为安全生产教育。在这个层面上，安全培训主要是指企业为提高职工的安全技术水平和防范事故能力而进行的教育培训工作，也是企业安全管理的主要内容，在消除和控制事故措施中有重要的作用。

1. 安全教育的内容

（1）安全思想教育

安全思想教育是从人们的思想意识方面进行培养和学习，包括安全意识教育、安全生产方针教育和法纪教育。

1）安全意识是人们在长期生产、生活等各项活动中逐渐形成的对安全问题的认识程度，安全意识的高低直接影响着安全效果。因此，在生产和社会活动中，要通过实践活动加强对安全问题的认识并使其逐步深化，形成科学的安全观，这也是安全意识教育的根本目的。

2）安全生产方针教育是对企业的各级领导者和广大职工进行有关安全生产的方针、政策和制度的宣传教育。我国的安全生产方针是“安全第一，预防为主，综合治理”。只有充分认识和理解其深刻含义，才能在实践中处理好安全与生产的关系。特别是当安全与生产发生矛盾时，应首先解决好安全问题，切实把安全工作提高到关系全局及稳定的高度来认识，把安全视作企业的头等大事，从而提高企业安全生产的责任感与自觉性。

3）法纪教育是安全法规、规章制度、劳动纪律等方面的教育。安全生产法律、法规是方针、政策的具体化和法律化。通过法纪教育，使人们懂得安全法规和安全规章制度是实践经验的总结，它们反映出安全生产的客观规律。自觉地遵守法律法规，安全生产就有了基本保证。同时，通过法纪教育还要使人们懂得，法律带有强制的性质，如果违章违法，造成了严重的事故后果，就要受到法律的制裁。

（2）安全技术知识教育

安全技术知识教育包括一般生产技术知识教育、一般安全技术知识教育和专业安全技术知识教育。

1）一般生产技术知识教育，主要包括企业的基本生产概况、生产技术过程、作业方式或工艺流程，与生产技术过程和作业方法相适应的各种机器设备的性能和相关知识，工人在生产中积累的生产操作技能和经验，以及产品的构造、性能、质量和规格等。

2）一般安全技术知识是企业所有职工都必须具备的安全技术知识。它主要包括企业内的危险设备的区域及其安全防护的基本知识和注意事项，有关电器设备（动力及照明）的基本安全知识，生产中使用的有毒有害原材料或可能散发的有毒有害物质的安全防护基本知识，企业中一般消防制度和规划，个人防护装备的正确使用，事故应急方法以及伤亡事故报告等。

3）专业安全技术知识是指某一作业的职工必须具备的专业安全技术知识。它主要包括安全技术知识、工业卫生技术知识和根据这些技术知识和经验制定的各种安全操作技术规程等。

（3）典型经验和事故教训教育

先进的典型经验具有现实的指导意义，通过学习使职工受到启发，对照先进找出差距，促进安全生产工作的进一步发展。

（4）现代安全管理知识教育

“安全学”“安全科学原理”“安全系统工程”“安全人机工程”“安全心理学”及“劳动生理学”等知识随着安全管理的深入开展而被广泛应用。这些理论为辨识危险、预防事故发生、提出有效的对策措施提供了系统的理论和方法，并能够设计系统使其达到最优。

2. 安全培训的内容

安全培训的实质是安全技能的教育。在现代化企业生产中，仅有安全技术知识，并不等于能够安全地从事生产操作，还必须把安全技术知识变成进行安全操作的本领，才能取得预期的安全效果。要实现从“知道”到“会做”的过程，就要借助于安全技能培训。

安全技能培训包括正常作业的安全技能培训和异常情况的处理技能培训。安全技能培训应按照标准化作业要求来进行，有计划、有步骤地进行培训。安全技能的形成分为三个阶段，即掌握局部动作的阶段、初步掌握完整动作阶段、动作的协调和完善阶段。这三个阶段的变化表现在行为结构的改变、行为速度和品质的提高以及行为协调能力的增强等三个方面。三个阶段的表现如表13-16所示。

表13-16　安全技能形成的三个阶段的表现

阶段	动作技能表现	智力技能表现
行为结构的改变	许多局部动作联系为完整的动作系统，动作之间的互相干扰和多余动作逐渐减少	智力活动由多个环节联系成一个整体，概念之间的混淆现象逐渐减少以至消失，解决问题时由开展性的推理转化为“简缩推理”
行为速度和品质的提高	动作速度加快，动作的准确性、协调性、稳定性、灵活性提高	思维敏捷性与灵活性、思维广度与深度、思维独立性等品质提高
行为协调能力的增强	视觉控制减弱，动觉控制增强，动作的紧张性消失	智力活动的熟练化，大脑劳动的消耗减少

为加强和规范生产经营单位安全培训工作，提高从业人员安全素质，防范伤亡事故，减轻职业危害，根据《安全生产法》和有关法律、行政法规，2005年12月28日国家安全监管总局局长办公会议审议通过《生产经营单位安全培训规定》，自2006年3月1日起施行。2013年8月19日国家安全监管总局局长办公会议审议通过《国家安全监管总局关于修改〈生产经营单位安全培训规定〉等11件规章的决定》，自公布之日起施行。《生产经营单位安全培训规定》指出，生产经营单位主要负责人和安全生产管理人员应当接受安全培训，具备与所从事的生产经营活动相适应的安全生产知识和管理能力。煤矿、非煤矿山、危险化学品、烟花爆竹等生产经营单位主要负责人和安全生产管理人员，必须接受专门的安全培训，经安全生产监管监察部门对其安全生产知识和管理能力考核合格，取得安全资格证书后，方可任职。

生产经营单位主要负责人安全培训应当包括下列内容：

1）国家安全生产方针、政策和有关安全生产的法律、法规、规章及标准。

2）安全生产管理基本知识、安全生产技术、安全生产专业知识。

3）重大危险源管理、重大事故防范、应急管理和救援组织以及事故调查处理的有关规定。

4）职业危害及其预防措施。

5）国内外先进的安全生产管理经验。

6）典型事故和应急救援案例分析。

7）其他需要培训的内容。

生产经营单位安全生产管理人员安全培训应当包括下列内容：

1）国家安全生产方针、政策和有关安全生产的法律、法规、规章及标准。

2）安全生产管理、安全生产技术、职业卫生等知识。

3）伤亡事故统计、报告及职业危害的调查处理方法。

4）应急管理、应急救援预案编制以及应急处置的内容和要求。

5）国内外先进的安全生产管理经验。

6）典型事故和应急救援案例分析。

7）其他需要培训的内容。

《生产经营单位安全培训规定》规定了生产经营单位主要负责人和安全生产管理人员初次安全培训时间不得少于32学时，每年再培训时间不得少于14学时。煤矿、非煤矿山、危险化学品、烟花爆竹等生产经营单位主要负责人和安全生产管理人员安全资格培训时间不得少于48学时，每年再培训时间不得少于16学时。

对于其他从业人员的安全培训，《生产经营单位安全培训规定》指出，煤矿、非煤矿山、危险化学品、烟花爆竹等生产经营单位必须对新上岗的临时工、合同工、劳务工、轮换工、协议工等进行强制性安全培训，保证其具备本岗位安全操作、自救互救以及应急处置所需的知识和技能后，方能安排上岗作业。加工、制造业等生产单位的其他从业人员，在上岗前必须经过厂（矿）、车间（工段、区、队）、班组三级安全培训教育。生产经营单位可以根据工作性质对其他从业人员进行安全培训，保证其具备本岗位安全操作、应急处置等知识和技能。

生产经营单位新上岗的从业人员，岗前培训时间不得少于24学时。煤矿、非煤矿山、危险化学品、烟花爆竹等生产经营单位新上岗的从业人员安全培训时间不得少于72学时，每年接受再培训的时间不得少于20学时。厂（矿）级岗前安全培训内容应当包括：

1）本单位安全生产情况及安全生产基本知识。

2）本单位安全生产规章制度和劳动纪律。

3）从业人员安全生产权利和义务。

4）有关事故案例等。

煤矿、非煤矿山、危险化学品、烟花爆竹等生产经营单位厂（矿）级安全培训除包括上述内容外，应当增加事故应急救援、事故应急救援预案演练及防范措施等内容。

车间（工段、区、队）级岗前安全培训内容应当包括：

1）工作环境及危险因素。

2）所从事工种可能遭受的职业伤害和伤亡事故。

3）所从事工种的安全职责、操作技能及强制性标准。

4）自救互救、急救方法、疏散和现场紧急情况的处理。

5）安全设备设施、个人防护用品的使用和维护。

6）本车间（工段、区、队）安全生产状况及规章制度。

7）预防事故和职业危害的措施及应注意的安全事项。

8）有关事故案例。

9）其他需要培训的内容。

班组级岗前安全培训内容应当包括：

1）岗位安全操作规程。

2）岗位之间工作衔接配合的安全与职业卫生事项。

3）有关事故案例。

4）其他需要培训的内容。

从业人员在本生产经营单位内调整工作岗位或离岗一年以上重新上岗时，应当重新接受车间（工段、区、队）和班组级的安全培训。生产经营单位实施新工艺、新技术或者使用新设备、新材料时，应当对有关从业人员重新进行有针对性的安全培训。生产经营单位的特种作业人员，必须按照国家有关法律、法规的规定接受专门的安全培训，经考核合格，取得特种作业操作资格证书后，方可上岗作业。特种作业人员的范围和培训考核管理办法，另行规定。

3. 安全教育的类型

按照教育对象的不同，安全教育的类型也不同，可以分为各级管理人员安全教育和生产岗位职工的安全教育两种类型。

（1）各级管理人员的安全教育

1）厂长（经理）的安全教育。1990年，劳动部颁布的《厂长、经理职业安全卫生管理资格认证规定》《厂长、经理职业安全卫生管理知识培训教学大纲》，对企业厂长、经理安全教育的内容、目标、考核等做了详细、法律性的规定。厂长、经理是本单位安全生产的第一责任者，对本单位的安全生产负全面领导责任。厂长、经理的安全教育实行资格认证制度，只有通过相应安全生产监督管理部门培训，获得资格认证，才可对企业实施劳动安全卫生管理。厂长、经理取得安全管理资格证书后每隔4年进行一次培训考核，考核情况记入证书中，调动工作时，到新单位仍任厂长、经理职务者，应在到任10天内（遇特殊情况最迟不超过30天），持发证部门的培训、考核、认证登记表到调入地区的考核发证部门验证。

培训教材应采用由安全生产监督管理部门制定的统编教材，授课时间不少于42学时，应聘请经劳动部门培训考核具有授课资格的人员作为培训教师。

2）安全卫生管理人员的安全教育管理。企业安全卫生管理人员必须经过安全教育，并经考核合格后才能任职，安全教育时间不得少于120学时。安全教育由地市级以上安全生产监督管理部门认可的单位或组织进行，安全教育考核合格者由安全生产监督管理部门发给任职资格证书。

安全教育内容包括国家有关的劳动安全卫生方针政策、法律法规和标准，企业安全生产管理、安全技术、劳动卫生、安全文化、工伤保险等方面的知识，职工伤亡事故和职业病统计报告及事故调查处理程序，有关事故案例及事故应急处理措施等。

3）企业职能部门、车间负责人、专业工程技术人员的安全教育。企业职能部门、车间负责人、专业工程技术人员的安全教育由企业安全管理部门负责实施，安全教育时间不少于24学时。安全教育内容包括劳动安全卫生法律法规及本部门、本岗位安全生产职责，安全技术、劳动卫生和安全文化的知识，有关事故案例及事故应急处理措施等。

（2）生产岗位职工的安全教育

1）三级安全教育。三级安全教育是指企业新职工上岗前必须进行的厂级、车间级、班组级安全教育。

厂级安全教育由企业主管厂长负责，企业安全生产管理部门会同有关部门共同组织实施，教育包括劳动卫生法律法规、通用安全技术、劳动卫生和安全文化的基本知识、本企业劳动安全卫生规章制度及状况、劳动纪律和有关事故案例等各项内容。

车间级安全教育是新工人或调动工作的工人被分配到车间后所进行的车间一级安全教育，由车间负责人组织实施。车间级安全教育内容包括车间劳动安全卫生状况和规章制度、主要危险和危害因素及其注意事项、预防工伤和职业病的主要措施、典型事故案例、事故应急处理措施等。

班组级安全教育是新工作或调动工作的人员到达生产班组之前的安全教育。由班组长组织实施。班组级安全教育内容包括遵章守纪、岗位安全操作规程、岗位间工作衔接配合的安全卫生注意事项、典型事故案例、劳动防护用品的性能及正确使用方法等。

2）特种作业人员的安全教育。特种作业是指在劳动过程中容易发生伤亡事故，对操作者本人、他人和周围设施的安全有重大危害的作业。直接从事特种作业的人员就是特种作业人员。

特种作业人员在独立作业前，必须进行安全技术培训。培训的内容和要求按《特种作业人员安全技术培训大纲及考核标准：通用部分》执行，培训教材由省级安全生产监督管理部门统一制定。特种作业人员的考核与发证工作，由特种作业所在单位负责遵章申报，安全生产监督管理部门负责组织实施，安全生产监督管理部门对特种作业人员的安全技术考核与发证实施国家监察。取得特种作业人员操作证者，每两年进行一次复审，未按期复审或复审不合格者，其操作证自行失效。离开特种作业岗位一年以上的特种作业人员，须重新进行技术考核，合格者才可从事原工作。

3）经常性安全教育。由于人们生产的条件、环境、机械设备的使用状态以及人的心理状态都是处于变化之中的，因此一次性安全教育不能达到一劳永逸的效果，必须开展经常性的安全教育，不断强化人的安全意识和知识技能。经常性安全教育的形式多种多样，如班前班后会、安全活动月、安全会议、安全技术交流、安全考试、安全知识竞赛、安全演讲等。不论采取什么形式都应该紧密结合企业安全、生产状况，有的放矢，内容丰富，真正收到教育效果。

4）“五新”作业安全教育。“五新”作业安全教育指凡是采用新技术、新工艺、新材料、使用新设备、试制新产品的单位，必须事先提出具体的安全要求，由使用单位对从事该作业的工人进行安全技术知识教育，在未掌握基本技能、安全知识前不准单独操作。“五新”作业安全教育包括安全操作知识和技能培训、应急措施的应用等内容。

5）复工和调岗安全教育。复工安全教育是针对离开操作岗位较长时间的工人进行的安全教育。离岗一年以上重新上岗的工人，必须进行相应的车间级或班组级安全教育。调岗安全教育是指工人在本车间临时调动工种和调往其他单位临时帮助工作的，由接受单位进行所担任工种的安全教育。

13.2.4 安全强制管理对策

工业生产中事故的发生，从表面上看是由于生产空间、设备、设施和人为差错等不安全因素所造成的。但是如果从事故原因和深层分析中进行研究，其根源还是管理上的缺陷，只不过表现的形式不同。

安全强制管理对策是用各项规章制度、奖惩条例约束人的行为和自由，达到控制人的不安全行为，减少事故的目的。除了建立健全我国的安全生产法律法规体系之外，安全管理工作中控制事故的安全管理措施主要表现在以下四个方面。

1）建立国家相关职能部门的“管理和监督协调制度”。即安全生产综合监管部门与专项监管部门如经委、安监、煤炭、煤监、监委、公安、国土、工商、劳动、电力、检察、法院等部门定期的工作联席会议制度、企业安全监察情报通报制度、事故处罚协商制度、生产事故案件协查制度等。部门间的“监管协调制度”有效实施，能够大大减少职能部门的“错位”、“缺位”与“越位”现象，避免由于制度上的不严密、管理松懈、约束力不强等引起的公职人员互相推诿、钻政策空子、寻租设租行为，对各部门职能的发挥创造良好的行政环境。

2）推行负责企业安全的有关领导进行安全生产述职制度。对企业生产事故超标的地区各级政府，政府分管领导年底进行安全生产专项安全生产述职，同时，该制度要与年终考核、晋级以及职位升迁挂钩。作为理性经济人的政府官员同样具有获得经济利益最大化的愿望，如果能够将国家利益与自身利益有机结合起来，不仅可以有效抑制官企勾结现象，还可以有效重视企业安全问题，使安全工作落到实处，达到事半功倍的效果。

3）公布省市企业安全生产状况并进行评比与惩处。国家政府运用“企业安全生产指数”或“企业重大典型事故案例”，对各省市进行安全生产状况水平排行。并且配合运用“企业事故罚投机制”和“企业安全生产先进奖励机制”，在公平、公正、公开的基础上，及时总结煤矿产业中的缺失和不足，促进各级政府对煤矿安全管理的积极作用。

4）对政府施行“企业安全生产管理评估标准”。这一评估标准主要是指国家对企业颁布“企业安全生产管理评估标准”，该标准应采用评分制度对煤矿企业安全生产管理每年进行切实调查，根据企业规模、种类、操作规程、管理方式等各方面，进行分类评估，以促使企业改善安全生产管理。

此外，安全检查、安全审查、安全评价等方式也是安全管理工作中控制事故的重要安全管理措施，对保证安全管理的效果，落实危险源的排查、监控，减少人的不安全行为等起到积极作用。

1. 安全检查

安全检查是我国最早建立的基本安全生产制度之一，新中国成立初期国家就根据我国的安全生产状况提出了开展安全检查的要求和规定。1963年，国务院发布的《国务院关于加强企业生产中安全工作的几项规定》，将安全检查列入企业的主要任务，并对安全检查的内容加以规定。

安全检查是根据企业生产特点，对生产过程中的危险因素进行经常性的、突击性的或者专业性的检查。安全检查的类型分为以下几种形式。

（1）经常性安全检查

经常性安全检查是企业内部进行的自我安全检查，是一种经常性的、普遍性的检查，其目的是对安全管理、安全技术和工业卫生情况做一般性的了解。经常性安全检查主要包括企业安全管理人员进行的日常检查、生产领导人员进行的巡视检查、操作人员对本岗位设备和设施以及工具的检查。检查人员是本企业的管理人员或生产操作工人，对生产过程和设备情况熟悉，了解情况全面、深入细致，能及时发现问题、解决问题。经常性安全检查，企业每年进行2~4次，车间、科室每月进行一次，班组每周进行一次，每班次每日均应进行。

(2) 安全生产大检查

安全生产大检查是由上级主管部门或安全生产监督管理部门对企业的各种安全生产进行的检查。检查人员主要来自有经验的上级领导或本行业或相关行业高级技术人员和管理人员。他们具有丰富的经验，使检查具有调查性、针对性、综合性和权威性。这种检查一般集中在一段时间，有目的、有计划、有组织地进行，规模较大，揭露问题深刻、判断准确，能发现一般管理人员和技术人员不易发现的问题，有利于推动企业安全生产工作，促进安全生产中老大难问题的解决。

(3) 专业性检查

专业性检查是针对特种作业、特种设备、特殊作业场所开展的安全检查，调查了解某个专业性安全问题的技术状况。专业性检查除了由企业有关部门进行外，上级有关部门也指定专业安全技术人员进行定期检查，国家对这类检查也有专门的规定。不经有关部门检查许可，设备不得使用。

(4) 季节性检查

季节性检查是根据季节变化的特点，为保障安全生产的特殊要求所进行的检查。自然环境的季节性变化，对某些建筑、设备、材料或生产过程及运输、储存等环节会产生某些影响。因此，为了消除因季节变化而产生的事故隐患，必须进行季节性检查。例如，春季风大，应着重防火、防爆；夏季高温、多雨、多雷电，应做好防暑、降温、防汛、检查防雷电设备；冬季注意防寒、防冻、防滑等。

(5) 特种检查

这是一种对采用的新设备、新工艺、新建或改建的工程项目以及出现的新危险因素进行的安全检查。这种检查包括工业卫生调查、防止物体坠落的检查、事故调查和其他特种检查等。

(6) 定期检查

定期检查是指列入计划，每隔一定时间进行的检查。这种检查可以是全厂性的，也可以是针对某种操作、某类设备的检查。检查间隔时间可以是一个月、半年、一年或者任何适当的间隔期。

(7) 不定期检查

这是一种无一定间隔时间的检查。它是针对某个特殊部门、特殊设备或某一工作区域进行的，而且事先未曾宣布的一种检查。这种检查比较灵活，其检查对象和时间的选择往往通过事故统计分析方法确定。

无论采取什么方式的安全检查，其目的都是通过安全检查及时了解和掌握安全工作情况，发现问题并采取措施加以整顿和改进，同时又可总结经验，吸取教训，进行宣传和推广。

2. 安全审查

安全审查是依据有关安全法规和标准，对工程项目的初步设计、施工方案以及竣工投产进行综合的安全审查、评价与检验，目的是查明系统在安全方面存在的缺陷，按照系统安全的要求，优先采取消除或控制危险的有效措施，切实保障系统的安全。

我国在安全审查工作中已形成了一套“三同时”安全审查验收制度，即一切生产性的基本建设工程项目、技术改造和引进的工程项目（包括港口、车站、仓库），都须符合国家有关职业安全与卫生法规、标准的规定。建设项目中职业安全与卫生技术措施和设施，应与主体工程同时设计、同时施工、同时投产使用。“三同时”安全审查验收包括可行性研究审查、初步设计审查和竣工验收审查。

（1）可行性研究审查

建设项目从计划建设到建成投产，一般要经过确定项目、设计、施工和竣工验收四个阶段，以及项目建议书、可行性研究报告、设计任务、初步设计和开工报告审批五道审批手续。可行性研究审查是对可行性研究报告中的劳动安全卫生部分的内容，运用科学的评价方法，依据国家法律、法规及行业标准，分析、预测该建设项目存在的危险、有害因素的种类和危险/危害程度，提出科学、合理及可行的劳动安全卫生技术措施和管理对策，作为该建设项目初步设计中劳动安全卫生设计和建设项目劳动安全卫生管理的主要依据，供国家安全生产监管部门进行监察时参考。表13-17给出了必须进行可行性研究审查的建设项目。

表13-17 必须进行可行性研究审查的建设项目

序号	建设项目名称
1	火灾危险性生产类别为甲类的建设项目
2	投资规模为大中型和限额以上的建设项目
3	爆炸危险场所等级为特别危险场所和高度危险场所的建设项目
4	大量生产或使用Ⅰ级、O级危害程度的职业性接触毒物的建设项目
5	大量生产或使用石棉粉料或含有10%以上的游离二氧化硅粉料的建设项目
6	安全监察部门确认的其他危险、危害因素大的建设项目

审查的内容包括生产过程中可能产生的主要职业危害，预计的危害程度，造成危害的因素及其所在部位或区域，可能接触职业危害的职工人数，使用和生产的主要有毒、有害物质，易燃、易爆物质的名称、数量，职业危害治理的方案及其可行性论证，职业安全卫生措施专项投资估算，实现治理措施的预期效果，技术投资方面存在的问题和解决方案等。

（2）初步设计审查

初步设计审查是在可行性研究报告的基础上，按照建设项目初步设计《安全专篇》的内容和要求，根据有关标准、规范对其进行全面深入地分析，提出建设项目中职业安全卫生方面的结论性意见。初步设计审查涉及九个方面的内容，即设计依据、工程概述、建筑及场地布置、生产过程中职业危害因素的分析、职业安全卫生设计中采用的主要防范措施、预期效果评价、安全卫生机构设置及人员配备、专用投资概算、存在的问题和建议等。

（3）竣工验收审查

竣工验收审查是按照《安全专篇》规定的内容和要求对职业安全卫生工程质量及其方案的实施进行全面系统的分析和审查，并对建设项目作出职业安全卫生措施的效果评价。竣工验收审查是强制性的。

3. 安全评价

安全评价是对系统存在的不安全因素进行定性和定量分析，通过与评价标准的比较，得出系统的危险程度，提出改进措施，达到系统安全的目的。安全评价从明确的目标值开始，对工程、产品、工艺的功能特性和效果进行科学测定。根据测定结果用一定的方法综合、分析、判断，并作为决策的参考。

安全评价是对系统危险程度的客观评价。它通过对系统中存在的危险源和控制措施的评价，客观描述系统的危险程度，指导人们预先采取措施降低系统的危险性。安全评价包括确认危险性（辨别危险源，定量来自危险源的危险性）和评价危险性（控制危险源，评价采取措施后危险源存在的危险性是否能被接受）两部分，如图13-2所示。

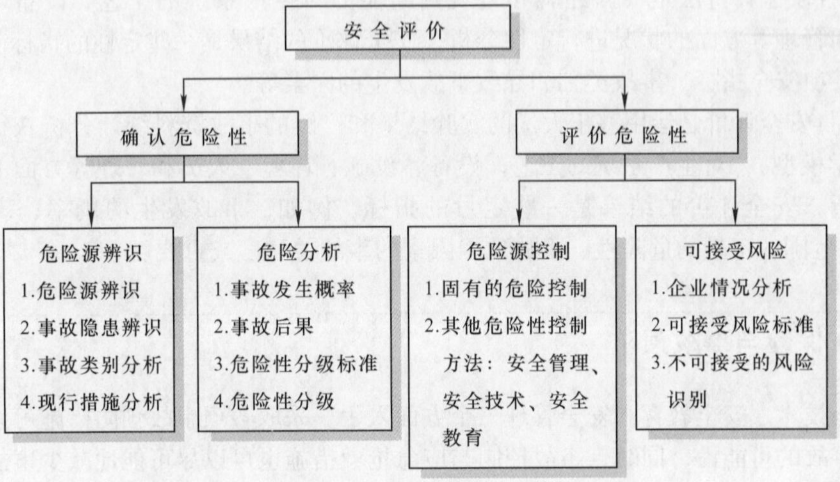

图13-2 安全评价的内容

安全评价方法的分类很多，常用的主要有以下几种方法。

（1）按照工程、系统寿命周期和安全评价目的分类

根据工程、系统寿命周期和评价的目的进行安全评价，方法有四种。

1）安全预评价。安全预评价是根据建设项目可行性研究报告的内容，分析和预测该建设项目可能存在的危险有害因素的种类和程度，提出合理可行的安全对策措施及建议。其核心是对系统存在的危险有害因素进行定性、定量分析，针对特定的系统范围，对发生事故、危害的可能性及其危险、危害的严重程度进行评价。最终的目的是确定采取哪些安全技术、管理措施，使各子系统及建设项目整体达到可接受风险的要求。最终成果是安全预评价报告。

2）安全验收评价。安全验收评价是在建设项目竣工验收前、试生产运行正常之后，通过对建设项目的设施、设备、装置实际运行状况及管理状况的安全评价，查找该建设项目投产后存在的危险有害因素以及导致事故发生的可能性和严重程度，提出确保建设项目正式运行后安全生产的安全对策措施。

3）安全现状评价。安全现状评价是针对一个生产经营单位总体或局部的生产经营活动的安全现状进行的安全评价，识别和分析其生产经营过程中存在的危险有害因素，评价危险有害因素导致事故的可能性和严重程度，提出合理可行的安全对策措施。这种安全评价不仅包括生产过程的安全设施，而且包括生产经营单位整体的安全管理模式、制度和方法等安全管理体系的内容。

4）专项安全评价。专项安全评价是根据政府有关管理部门、生产经营单位、建设单位或设施单位的某项（个）专门要求进行的安全评价。专项安全评价需要解决专门的安全问题，评价时往往需要专门的仪器和设备。专项安全评价针对的可以是一项活动或一个场所，也可以是一个生产工艺、一件产品、一种生产方式或一套生产装置等。

（2）按评价结果的量化程度分类

按照安全评价结果的量化程度，安全评价方法可以分为定性安全评价法和定量安全评价法。

1）定性安全评价法是根据经验和直观判断能力对生产系统的工艺、设备、设施、环境、人员和管理等方面的状况进行定性分析，安全评价的结果是一些定性的指标。例如，是否达到了某项安全指标、事故类别和导致事故发生的因素等。

2）定量安全评价是运用基于大量的实验结果和广泛的事故资料统计分析获得的指标或规律（数学模型），对生产系统的工艺、设备、设施、环境、人员和管理等方面的状况进行定量的分析，安全评价的结果是一些定量的指标。例如，事故发生的概率、事故的伤害（或破坏）范围、定量的危险性、事故致因因素的事故关联度或重要度。

13.3 保险与事故预防

从安全技术、安全教育和安全管理三个方面入手，采取各项事故预防措施可以尽可能地减少发生事故的可能性，同时，事故控制与应急抢救措施也可以尽可能地减少事故发生的严重性。但从事故特性可知，无论采取了怎样先进的技术措施和严密的管理措施，都不可能达到本质安全，事故是不可能完全避免的，仍有可能发生其损失大大超过人类承受能力的事故。此外，除了由于人为因素以及环境、设备等因素引发的事故外，自然灾害，如地震、飓风、雷击、洪水等更难以控制和承受。即使到了科学技术更为发达的明天，人们掌握了更多更好的控制事故发生或控制事故损失的技术，也要面临不可能完全控制的现状。因此，采取保险的方法，用经济补偿的方式减少因事故或灾害所造成的经济损失，使企业具有重新恢复生产的能力，使家庭得以休养生息，已经成为事故损失控制的重要手段之一。

13.3.1 保险的基本概念

日常生活中常把“保险”一词理解为稳妥或有把握的意思。但在保险学中保险有其特定、深刻和复杂的含义。

从经济角度上来说，保险是分摊意外损失的一种财务安排，即把损失风险转移给保险组织，由于保险组织集中了大量同质的风险，所以能借助大数法则来正确预见损失发生的金额，并据此指定保险费率，通过向所有成员收取保险费来补偿少数成员遭受的意外损失。

从法律意义上来讲，保险是一方同意补偿另一方损失的合同安排，同意赔偿损失的一方是保险人，被赔偿损失的另一方是被保险人。保险合同主要是保险单，被保险人通过购买保险单把损失风险转移到保险人。

我国《保险法》中把保险的定义表述为：“本法所称保险，是指投保人根据合同约定，向保险人支付保险费，保险人对于合同约定的可能发生的事故因其发生所造成的财产损失承担赔偿保险金责任，或者当被保险人死亡、伤残、疾病或者达到合同约定的年龄、期限等条件时承担给付保险金责任的商业保险行为”。

保险的分类标准多种多样，分类的方法来自保险公司内部业务工作的实践，也来自保险进行财务控制的立法影响。

1. 按保险的实施形式分类

按保险的实施形式分类，可以把保险分为自愿保险和法定保险。自愿保险是投保人和保险人在平等互利、等价有偿和协商一致的基础上，通过签订保险合同而建立的保险关系。法定保险又称强制保险，它是通过法律规定强制实行的保险。社会保险属于法定保险，但法定保险并不局限于社会保险，如新中国成立初期曾实行过国营企业财产强制保险。

2. 按保险的对象分类

按保险的对象分类，可以把保险分为财产保险、责任保险和人身保险。财产保险的对象是被保险人的财产，是以灾害事故造成的财产损失为保险标的。被保险的财产分为有形财产和无形财产两种。前者如厂房、设备、运输工具和货物；后者如专利、版权、预期利润等。责任保险是以被保险人的民事损害赔偿责任为保险标的的保险，这种赔偿责任包括对他人的人身和财产损害，是由被保险人的过失造成的。人身保险是以人的寿命和身体为保险标的的保险，一旦被保险人遭受人身伤害或死亡，或者生存到保险期满之后，保险人就应承担给付保险金的责任。

3. 按保障的范围分类

按保障的范围分类，可以把保险分为财产保险、责任保险、信用保险和人身保险四大类。这里的责任保险是以被保险人对第三者依法应负的赔偿责任为保险标的的保险。信用保险实际上是保险人为被保险人向权利人提供的一种信用担保业务。它分为两种，凡投保人投保自己的信用的叫保证保险；凡投保人投保他人的信用的叫信用保险。

4. 按经营方式分类

按经营方式分类，可以把保险分为国营保险和私营保险。这是按经营主体的所有权分类，在社会主义国家，国营保险占主导地位。在经济发达的资本主义国家，保险主要由私营保险组织经营。

5. 按业务承保方式分类

按业务承保方式分类，可以把保险分为原保险、再保险、重复保险、共同保险。原保险是保险人与投保人最初达成的保险。再保险是一个保险人把原承保的部分或全部保险转让给另外一个保险人。最初承保业务的公司称作分出公司或原保险人；接受分出公司保险的公司称作再保险人。重复保险是数家保险公司承保了被保险人的相同保险利益，即一个保险标的有几份保险单或被保险人的几份保险单有同一保险责任。共同保险是指保险人和被保险人共同分担损失。

13.3.2 保险与风险管理

风险管理起源于美国。在20世纪50年代早期和中期，美国大公司发生的重大损失促使高层决策者认识到风险管理的重要性。经过半个多世纪的发展，已经逐渐形成了一门新的管理科学，风险管理已被公认为管理领域内的一项特殊职能。风险管理是指面临风险者进行风险识别、风险估测、风险评价、风险控制以减少风险负面影响的决策及行动过程。从本质上讲，风险管理是应用一般的管理原理去管理一个组织的资源和活动，并以合理的成本尽可能减少意外事故损失和对组织及其环境的不利影响。

风险管理的范围包括以下几方面的内容：

1）识别和衡量风险，决定是否投保。如果决定投保，则拟定免赔额、保险限额，办理投保和安排索赔事务。如果决定自担风险，则设计自保管理方案。

2）损失管理工程。设计安全的操作程序，以防止或减轻灾害事故造成的财产损失。

3）安全保卫和防止员工工伤事故。

4）员工福利计划，包括安排和管理员工团体人身保险。

5）损失统计资料的记录和分析。

从这些活动可以看出，风险管理是企业管理重要的一个方面。风险管理与保险不同，风险管理着重识别和衡量纯粹风险，而保险只是对付纯粹风险的一种方法。风险管理中的保险主要从企业或家庭的角度讲怎样购买保险。风险管理也不等同于安全管理，虽然安全管理或损失管理是风险管理的重要组成部分，但风险管理的过程包括在识别和衡量风险后对风险管理方法进行选择和决策，因此，在这个意义上，风险管理的范围大于保险和安全管理。尽管如此，风险管理和保险无论在理论上还是在实际操作中，都有着密切的联系。在实践中，一方面保险是风险管理中最重要、最常用的方法之一；另一方面，通过提高风险识别水平，可更加准确地评估风险，同时风险管理的发展对促进保险技术水平的提高起到了重要作用。

风险管理主要有四种形式，即避免风险、预防风险、自担风险、转移风险。

1. 避免风险

避免风险有两种方式，一种是完全拒绝承担风险，另一种是放弃原先承担的风险。这是指主动避开损失发生的可能性，这种方法的适用性有限，它适用于对付那些损失发生概率高且损失程度大的风险。一方面，避免风险会使企业丧失从风险中可以取得的收益。另一方面，避免风险方法有时并不可行，如避免一切责任风险的唯一办法是取消责任。另外，避免某一种风险可能会产生另一种风险，如以铁路运输代替航空运输。

2. 预防风险

预防风险是指采取预防措施，以减少损失发生的可能性及损失的严重程度。对于安全管理来说，就是指事故预防与应急措施两种手段。例如，建造防火建筑物、检查通风设备、产品设计改进、颁布安全条例、提供劳动保护用品等均是减少损失频率的措施。

3. 自担风险

自担风险是指企业以自有资金或借入资金补偿灾害事故损失。自担风险是指自己非理性或理性地主动承担风险。“非理性”是指对损失发生存在侥幸心理或对潜在损失程度估计不足从而暴露于风险中；“理性”是指经正确分析，认为潜在损失在承受范围之内，而且自己承担全部或部分风险比购买保险更经济合算，适用于对付发生概率小且损失程度低的风险。

4. 转移风险

转移风险是指通过某种安排，把自己面临的风险全部或部分转移给另一方，通过转移风险而得到保障。转移方式有合同、租赁和转移责任条款等。保险就是转移风险的风险管理手段之一，风险管理人员经常使用保险这一重要工具。企业的保险计划主要有选择保险范围、选择保险人、保险合同条件谈判、定期检查保险计划。

任何一种保险形式都包括三个要点：保险人、保险基金、保险事故。其中，保险人为承担保险责任范围内的风险事故所致损失的赔付责任的组织。保险基金是通过商业保险形式建立起来的后备基金，它是仅用于补偿或给付的。保险事故是指保险合同约定的保险责任范围内的事故，包括死亡、疾病、伤残、年老、失业等。

目前我国事故预防方面常用的两种保险是企业职工工伤保险和安全生产责任保险。

13.3.3　企业职工工伤保险

2014 年新修订的《安全生产法》第四十八条第一款规定，生产经营单位必须依法参加工伤保险，为从业人员缴纳保险费。工伤保险也称职业伤害赔偿保险，是对在劳动过程中遭受人身伤害（包括事故伤残和职业病以及因这两种情况造成的死亡）的职工、遗属提供经济补偿的一种社会保险制度。它通过对工伤职工及其家庭提供医疗照顾、生活保障和经济赔偿，减轻工伤职工所受经济上的损害，并减轻用人单位的负担。实行工伤保险的目的，在于预防工伤事故，补偿职业伤害的经济损失，保障工伤职工及其家属的基本生活水准，减轻企业负担，同时保证社会经济秩序的稳定。

1. 国内外工伤保险发展历程概述

目前，国外安全生产保险的主要形态是工伤保险制度。工伤保险制度是最早立法的一项社会保障制度。相对于其他社会保障项目，工伤保险制度的发展已经比较成熟和完善。但由于它特殊的保障对象和保障功能，各国的工伤保险制度也处于不断发展变化之中。工伤保险制度的确立，经历了从雇主责任保险向社会保险发展的过程。

雇主责任保险有自保和向商业保险公司投保两种情况：第一种是受伤害者或遗属直接向雇主要求索赔；第二种是雇主为雇员的职业伤害风险购买保险。在第一种情况下，雇主对职业伤害的赔偿，有些国家是由雇主个人履行的，也有些国家是由雇主群体（如雇主协会或雇主联合会等）履行的；如果工伤还涉及其他方面损失，则法院或国家有关机构将出面解决。在第二种情况下，雇主只能通过向私人保险公司投保而得到保险。这类保险公司收取的保险费，通常是根据各企业或各产业部门的工伤事故发生的情况或根据工作风险程度确定的，保险费可能差别很大。当工伤事故发生时，对劳动者会造成极大的身心伤害。尽管实施雇主责任保险后，采取了“补偿不究过失”的原则，雇主需要及时对受伤害者及其家属给予补偿（赔偿），但当遇到大额赔偿时，雇主责任保险难以满足巨额赔偿，因而雇主往往难以履行他们应负的法律责任。另外，不论是自保还是商业保险赔偿，保险赔偿金多为一次性支付，而支付的数额一般都低于受伤害者的需要。然而，对于那些永久完全丧失劳动能力的人或对其所供养的遗属来说，他们的赔偿需要是较为长期的。工伤事故具有严重性、不可避免性和非个人性的特征，所以单纯追究“个人”的责任是不合理的，因而需要根据社会公正原则，让全体社会成员分担损失，保证事故的受害人获得赔偿。

现代国家的社会职能加强，已经承担起保障社会成员免受意外损失的义务。社会保险已突破了侵权责任的调整范围，在更广的范围内给受害人以补偿。它着眼于补偿受害人的损害，不考虑损害的原因和侵权责任。由此，对工伤职工的赔偿必然从工伤索赔、雇主责任制发展到工伤社会保险。目前，世界上实行工伤社会保险的国家大体可分为三种类型，即使用集中公共基金的社会保险类型、雇主责任保险类型及混合型。

随着社会文明程度的提高，不论发达国家，还是发展中国家，工伤保险都越来越被政府和社会所重视。多数国家注重修订完善工伤保险立法，有的通过立法规定，扩大了工伤保险的覆盖范围，有的调整和完善了工伤保险待遇标准。工伤保险制度经过 100 多年时间的完善与发展，到目前为止，还在随着经济社会的发展而进行改革和完善。

我国的工伤保险立法始于20世纪50年代初，即1951年颁布实行，1953年、1956年修改的《中华人民共和国劳动保险条例》。这部综合法规对于工伤保险制度的构成做了原则性的规定。同期还颁布了该条例的实施细则、主管机关的有关管理章程、《劳动保险问答》、卫生部制定的职业病名单和管理规定等一系列配套法规、政策。国务院、劳动部、卫生部等主管部门又多次就我国工伤保险的实施做了补充规定。

1995年1月开始实施的《中华人民共和国劳动法》中再次明确规定我国所有企业、机关、事业单位中的劳动者，都实行统一的工伤保险制度，在其因工负伤、致残、患职业病、因工死亡时，均依法享受工伤保险待遇。

1996年8月12日劳动部发布了《企业职工工伤保险试行办法》，更加明确了企业员工工伤保险的管理办法。

2002年，为适应经济体制改革的需要，国务院将《工伤保险条例》列入立法工作计划，在多次征求各部门、地方、企业的意见，广泛听取专家和各方面建议的基础上，形成《工伤保险条例（草案）》，对工伤保险待遇的项目和标准、工伤认定、鉴定制度等经过实践证明可行的做法予以肯定，同时，针对《企业职工工伤保险试行办法》执行中存在的问题，对工伤保险的各项制度做了全面的补充和规范。

2003年4月27日，国务院颁布了《工伤保险条例》，并于2010年进行修订，2011年1月1日实施新的修订版。这是我国政府在改革开放形势下完善我国社会保障制度，进一步维护劳动者权益的重要举措之一。

2. 工伤保险的主要内容

1）享受工伤保险待遇的资格条件。主要是指因工负伤、残疾和死亡事故的确认标准、法定的职业病名单及鉴定标准，以及因工伤、残、丧失劳动能力等级的标准等。

2）工伤保险基金的筹集及费率的确定。主要包括基金筹集的模式、统筹的地域范围、缴费的对象、费用的主要来源、计提基数、费率种类等。

3）工伤保险待遇的给付。主要有给付项目、给付标准、给付期限、计算方法、给付途径及待遇的正常调整机制等。

4）工伤保险的管理与监督。主要包括工商管理的行政机关、业务机构及监察、仲裁机构的设置，各管理与监察机构的权限划分、人员的配置等。

5）工伤保险制度的实施原则。具体如下：

① 无过失责任原则。劳动者在各种伤害事故中只要不是受害者本人故意行为所致，无论责任在谁，都应该按照规定标准对其进行伤害赔偿。

② 损害补偿原则。不仅要考虑劳动者维持原来本人及其家庭基本生活，进行劳动力生产和再生产的最直接、最重要的费用来源的损失，同时还要就伤害程度、伤害性质及职业康复和激励等因素进行适当经济补偿。工伤事故不同于一般民事责任事故，对于既有工伤，又有民事责任的工伤事故，受害者除享有工伤补偿外，还依法享有民事索赔权。

③ 严格区别工伤和非工伤原则。因工伤事故发生的费用，由工伤保险基金来承担，而且，医疗康复待遇、伤残待遇和死亡抚恤待遇均比因疾病和非因工伤亡社会保险待遇优厚。

④ 预防、补偿和康复相结合的原则。为保障工伤员工的合法权益，维护、增进和恢复劳动者的身体健康，必须把单纯的经济补偿和医疗康复以及工伤预防有机结合起来。从长远

来看，预防、补偿、康复三者结合起来，形成一条龙的社会化服务体系，是我国工伤保险发展的必然趋势。

3. 工伤保险费率的确定

工伤保险基金的提缴，绝大多数国家都是以企业员工的工资总额为基数，按照规定的比例缴费，在费率的确定上，主要有三种方式，即统一费率制、差别费率制、浮动费率制。目前在世界上 110 多个施行工伤保险的国家中，约有 37% 的国家采用统一费率制，约有 41% 的国家采用差别费率制。我国采用差别费率制。

差别费率制，即对单个企业或某一行业单独确定工伤保险费的提缴比例。差别费率的确定，主要是根据各个行业或企业单位时间上的伤亡事故和职业病统计数据，以及工伤费用需求的预测而定。这种方式的目的是要在工伤保险基金的分担上，体现对不同工伤事故发生率的企业、行业实行差别性的负担，保证该行业、企业工伤保险基金的收付平衡，促使其改进劳动安全统一保护设施，降低工伤赔付成本。

差别费率是当今工伤保险基金社会统筹中费率确定上应用广泛、效果明显的方式，它依靠每年对工伤事故发生次数、因工负伤总人数、因工伤残/死亡总人次数、工伤事故频率、工伤死亡率等指标变动的分析，结合统筹费用的预测，对各行业、企业的费率做出规定并据此进行调整。

13.3.4　安全生产责任保险

安全生产责任保险是生产经营单位在发生生产安全事故以后对死亡、伤残履行赔偿责任的保险，对维护社会安定和谐具有重要作用。对于高危行业分布广泛，伤亡事故时有发生的地区，发展安全生产责任保险，用责任保险等经济手段加强和改善安全生产管理，是强化安全事故风险管控的重要措施，有利于增强安全生产意识，防范事故发生，促进地区安全生产形势稳定好转；有利于预防和化解社会矛盾，减轻各级政府在事故发生后的救助负担；有利于维护人民群众根本利益，促进经济健康运行，保持社会稳定。

2014 年新修订的《安全生产法》第四十八条第二款规定了“国家鼓励生产经营单位投保安全生产责任保险”。

1. 安全生产责任保险的保障范围

安全生产责任保险保障范围广，不仅可承保因企业在生产经营过程中，发生生产安全事故所造成的伤亡或者下落不明，还可对应附加医疗费用、第三者责任及事故应急救援和善后处理费用。赔偿限额包括人身伤害累计赔偿限额、医疗费用累计赔偿限额、第三者责任累计赔偿限额、附加施救及事故善后处理费用累计赔偿限额。保险费根据被保险人营业性质及参保人数对应所选择的不同的赔偿限额计收。

（1）主险责任

在保险期间内，被保险人的工作人员在中华人民共和国境内因下列情形导致伤残或死亡，依法应由被保险人承担的经济赔偿责任，保险人按照保险合同的约定负责赔偿：

1）工作时间在工作场所内，因工作原因受到安全生产事故伤害。

2）工作时间前后在工作场所内，从事与履行其工作职责有关的预备性或者收尾性工作受到安全生产事故伤害。

3）在工作时间和工作场所内，因履行工作职责受到暴力等意外伤害。

4）因工外出期间，由于工作原因受到伤害或者发生事故下落不明。

5）在上下班途中，受到交通及意外事故伤害。

6）在工作时间和工作岗位，突发疾病死亡或者在48小时之内经抢救无效死亡。

7）根据法律、行政法规规定应当认定为安全生产事故的其他情形。

（2）附加第三者责任

在保险期间内，被保险人合法聘用的工作人员在被保险人的工作场所内，受雇从事保险单明细表所载明的被保险人的业务过程中，发生安全生产事故，造成第三者死亡，依法应由被保险人承担的经济赔偿责任，保险人按照附加险合同和主险合同的约定负责赔偿。

（3）附加施救及事故善后处理费用保险责任

在保险期间内，被保险人的工作人员因前述主险条款第4）条所列情形导致的伤残或死亡，被保险人因采取必要、合理的施救及事故善后处理措施而支出的下列费用，保险人按照附加险合同和主险合同的约定负责赔偿：

1）现场施救费用。

2）参与事故处理人员的加班费、住宿费、交通费、餐费以及生活补助费。

（4）附加医疗费用保险责任

在保险期间内，被保险人的工作人员因前述主险条款第4）条所列情形导致的伤残或死亡，依照中华人民共和国法律应由被保险人承担的医疗费用，保险人按照附加险合同和主险合同的约定负责赔偿。

2. 安全生产责任保险与工伤保险的差异

1）保险标的不同。工伤保险的保险标的是生命和人身，安全生产责任保险是企业经济赔偿责任。工伤保险的赔付，不能够免除企业生产安全事故的赔偿责任。

2）保险赔偿的条件不同。工伤保险需要三个前提条件，即存在劳动合同关系、获得有关部门的工伤认定、必须发生伤亡事故。安全生产责任保险赔付的前提条件是由安全生产监督管理部门认定安全生产伤亡事故。

3）法律依据不同。工伤保险的依据是《工伤保险条例》；安全生产责任保险的依据是《安全生产法》《中华人民共和国民法通则》《最高人民法院关于审理人身损害赔偿案件适用法律若干问题的解释》。

4）保障范围和额度不同。工伤保险的保障范围主要是一次性伤亡补偿金、抚恤费、医药费、停工费、护理费和供养亲属抚恤金等。保障额度以城镇或农村上年的平均工资为依据，其中死亡补偿金为48~60个月的统筹地区上年度职工月平均工资。安全生产责任保险的保障范围是以企业的经济赔偿责任确定的，还包括救援费用；可以解决工伤保险一般不能纳入的停工赔偿、伤残安家补助费、一次性伤残就业补助金和工伤医疗补助金等费用的赔偿问题，甚至可以包括企业可能发生的诉讼费用等。保障额度可以根据保险合同进行约定。

5）事故赔偿对象或受益个体不同。工伤保险只有企业的雇员。安全生产责任保险包括企业雇员、社会公众。

6）缴费方式不同。工伤保险按工资总额取费。安全生产责任保险按照产值和产量取费。

3. 安全生产责任保险的事故预防以及社会功能

（1）经济补偿功能

高危行业安全生产责任保险的本质功能在于分散企业面临的责任风险、及时补偿受害人损失。通过推行安全生产责任保险，保险公司可以直接介入责任事故的事后救助和善后处理，受害人可以迅速获得赔偿，尽快恢复正常的生活秩序；同时，企业通过购买安全生产责任保险，把民事赔偿责任转嫁给保险公司，使企业不会因经济损害赔偿而使其生产秩序受到影响。

（2）促进防灾防损功能

首先，企业在投保时，保险人要将企业的风险类别、职业伤害频率、企业安全生产基础、近几年的事故和赔付情况与保险费率挂钩，对不同企业采取差别、浮动费率，这种做法有利于鼓励企业主动做好各项预防工作，降低风险发生的概率，实现对风险的控制与管理；其次，为了减少赔偿支出，降低保险成本，保险公司将对投保企业进行安全监督检查，对隐患严重的企业，提出改进安全生产的措施，从而减少事故，降低赔付；最后，保险公司在事故发生后所进行的事故调查可以发现企业安全生产工作中的差距和问题，促使企业加强和改进安全管理，防止同类事故的再次发生。

（3）社会管理功能

在发达国家，责任保险的普遍使用已经成为高危行业事故危机处理的一种重要方式，是政府履行社会管理职能的重要手段之一。在我国，高危行业发生突发事件后，由于企业尚未投保安全生产责任保险，加之责任企业经济能力有限，或者责任企业相关人员有意逃避责任，造成其应急救援处理基本上是以政府为主导完成的，这就给各级政府日常工作及财政负担造成很大的压力。通过推行安全生产责任保险，由保险公司介入事故处理的全过程，参与到社会关系的管理之中，可以使各方面利益得到充分的保障，有效化解社会纠纷，节约政府行政资源，转变政府职能，提高政府管理的运行效率，减轻政府的财政压力。

复习思考题

1. 怎样理解事故预防与控制在安全管理中的地位和作用？
2. 在事故预防与控制的三种安全对策中，为什么说安全技术对策是首选安全措施？
3. 试述保险与事故预防的关系和保险补偿在事故控制中的作用。
4. 我国应从哪些方面加强对各级人员的安全教育？
5. 在重大危险源的管理措施方面，你有什么想法和建议？
6. 我国应从哪些方面加强重大危险源的管理？

第14章

现代安全管理方法的新发展

本章概要·学习要求

本章主要讲述了现代安全管理的几个新方法，包括6σ安全管理、9S安全管理、安全标杆管理及管理方法应用的具体案例。通过本章学习，要求学生能够了解这些管理方法，并能掌握理论，将其运用到具体的案例中进行分析和处理，为更好地指导企业的安全工作提供帮助。

安全生产是人类进行生产活动的客观需要，是企业管理的永恒主题。目前，市场竞争已呈现出全方位、全球化的态势。运用现代安全管理方法指导安全生产工作，可以减少和杜绝事故发生，逐步提高企业本质安全水平。因此，探索一些先进的管理方法，研究这些管理方法与安全管理的结合已成为人们关注的焦点。在现代众多管理方法中，6σ、9S、标杆管理具有广泛的适用性，本章将针对这三种管理方法进行重点阐述。

14.1 6σ安全管理

14.1.1 6σ管理方法的产生

1. 6σ的定义

6σ是一项以数据为基础，追求几乎完美的管理方法。在统计学中，6σ用来表示标准偏差，即数据的分散程度。对连续可计量的质量特性：用“σ”度量质量特性总体上对目标值的偏离程度。几个σ是一种表示质量的统计尺度。任何一个工作程序或工艺过程都可以用几个σ表示。6σ表示每一百万个机会中有3.4个出错的几率，即质量的合格率是99.99966%。而3σ的合格率只有93.32%。

6σ管理方法的重点是将所有工作作为一种流程，采用量化的方法分析流程中影响质量的因素，找出最关键的因素加以改进从而达到更高的客户满意度。

6σ是在20世纪90年代中期从一种全面质量管理方法演变成为一个高度有效的企业流程设计、改善和优化技术，并提供了一系列同等适用于设计、生产和服务的新产品开发工具，继而与全球化、产品服务、电子商务等战略齐头并进，成为全世界追求管理卓越性的企业最为重要的战略举措。6σ逐步发展成为以顾客为主体来确定企业战略目标和产品开发设计的标尺，追求持续进步的一种质量管理哲学。

2. 6σ的发展史

6σ最早作为一种突破性的质量管理战略于20世纪80年代末在摩托罗拉公司（Motorola）成形并付诸实践，三年后该公司的6σ质量战略取得了空前的成功：产品的不合格率从百万分之6210（大约4σ）减少到百万分之32（5.5σ），在此过程中节约成本超过20亿美元，平均每年提高生产率12.3%，因质量缺陷造成的损失减少了84%，摩托罗拉公司因此取得了巨大成功，成为世界著名的跨国公司，并于1998年获得美国鲍德里奇国家质量管理奖。

真正把6σ的质量战略变成管理哲学和实践，从而形成一种企业文化的是杰克·韦尔奇领导的通用电气公司（GE）。该公司在1996年开始把6σ作为一种管理战略列为其三大公司战略举措之首（另外两个是全球化和服务业），在公司全面推行6σ的流程变革方法。而6σ也逐渐成为世界上追求管理卓越性的企业最为重要的战略举措。GE由此所产生的效益每年加速度递增：每年节省的成本为：1997年3亿美元、1998年7.5亿美元、1999年15亿美元；利润率从1995年的13.6%提升到1998年的16.7%。GE的总裁杰克·韦尔奇因此说："6σ是GE公司历史上最重要、最有价值、最盈利的事业。我们的目标是成为一个6σ公司，这将意味着公司的产品、服务、交易零缺陷。"6σ管理模式在摩托罗拉和通用电气两大公司推行并取得立竿见影的效果后，立即引起了世界各国的高度关注，各大企业也纷纷效仿、引进并推行6σ管理，从而在全球掀起了一场"6σ管理"浪潮。

14.1.2 6σ安全管理的执行成员

6σ安全管理的一大特色是要创建一个实施组织，以确保企业提高绩效活动具备必需的资源。一般情况下，6σ安全管理的执行成员组成如下：

1）倡导者（Champion）。倡导者由企业内的高级管理层人员组成，通常由总裁、副总裁组成，他们大多数为兼职。一般会设1~2位副总裁全面负责6σ推行，主要职责为调动公司各项资源，支持和确认6σ全面推行，决定"该做什么"，确保按时、按质完成既定的安全目标，倡导者管理、领导黑带大师和黑带。

2）黑带大师（Master Black Belt）。黑带大师与倡导者一起协调6σ项目的选择和培训，该职位为全职6σ人员。其主要工作为培训黑带和绿带、理顺人员，组织和协调项目、会议、培训，收集和整理信息，执行和实现由倡导者提出的"该做什么"的工作。

3）黑带（Black Belt）。黑带为企业全面推行6σ的中坚力量，负责具体执行和推广6σ。同时负责培训绿带。一般情况下一名黑带一年要培训100名绿带。该职位也为全职6σ人员。

4）绿带（Green Belt）。绿带为6σ兼职人员，是公司内部推行6σ众多底线安全项目的执行者。他们侧重于6σ在每日工作中的应用，通常为公司各基层部门的负责人。6σ占其工作的比例可视实际情况而定。

以上各类人员的比例一般为：每1000名员工，应配备黑带大师1名，黑带10名，绿带50~70名。

14.1.3　6σ安全管理方法的实施原则

1. 真正以顾客为关注焦点

尽管许多公司十分强调以顾客为关注焦点，声称“满足并超越顾客的期望和需求”，但是许多公司在推行6σ时经常惊骇地发现，他们对顾客的真正理解少得可怜。

在6σ中，以顾客为关注的焦点是最重要的事情。举例来说，对6σ业绩的测量首先从顾客开始，通过对SIPOC（供方、输入、过程、输出、顾客）模型的分析来确定6σ对象。6σ管理方法的改进程度是由其对顾客满意度和价值的影响来定义的。因此，6σ改进和设计是以对顾客满意所产生的影响来确定的，6σ管理比其他管理方法更能真正地关注顾客。

2. 以数据和事实驱动管理

6σ把“以数据和事实为管理依据”的概念提升到一个新的、更有力的水平。虽然许多公司在改进安全信息系统、安全知识管理等方面投入了很多注意力，但很多经营决策仍然是以主观观念和假设为基础的。6σ原理则从分辨什么指标是测量业绩的关键开始，然后收集数据并分析关键变量。这时问题能够更有效地被发现、分析和解决——永久地解决。

说得更实际一些，6σ帮助管理者回答两个重要问题，来支持以数据为基础的决策和解决方案：①真正需要什么安全数据/信息？②如何利用这些安全数据/信息以使安全最大化？

3. 对过程的关注、管理、提高

在6σ中，无论把重点放在安全设施、设备和服务的设计、安全的测量、效率和顾客满意度的提升上还是业务经营上，6σ都把过程视为成功的关键载体。6σ活动最显著的突破之一是使领导者和管理者（特别是服务部门和服务行业中的）确信过程是构建向顾客传递价值的途径。

4. 主动管理

主动即意味着在事件发生之前采取行动，而不是事后做出反应。在6σ管理中，主动性的管理意味着对那些常常被忽略的安全活动养成习惯：制定有雄心的目标并经常进行评审，设定清楚的优先级，重视问题的预防而非事后补救，询问做事的理由而不是因为惯例就盲目地遵循。真正做到主动性的管理是创造性和有效变革的起点，而绝不会令人厌烦或认为分析过度。6σ将综合利用工具和方法，以动态的、积极的、预防性的管理风格取代被动的管理习惯。

5. 无边界的合作

“无边界”是GE公司的经营成功的秘诀之一。在推行6σ之前，GE公司一直致力于打破障碍，但是效果仍没有让首席执行官杰克·韦尔奇满意。6σ的推行，加强了自上而下、自下而上和跨部门的团队工作，改进公司内部的协作以及与供方和顾客的合作。

6. 对完美的渴望，对失败的容忍

怎样能在力求完美的同时还能够容忍失败？从本质上讲，这两方面是互补的。虽然每个以6σ为目标的公司都必须力求使结果趋于完美，但同时也应该能够接受并管理偶然的挫折。这些理论和实践使全面质量管理一直追求的零缺陷和最佳效益目标得以实现。

6σ安全管理是一个渐进的过程，它从一个远景开始，接近完美的本质安全和服务以及极高的顾客满意目标。这给传统的全面安全管理注入新的动力，也使依靠安全取得效益成为现实。

14.1.4 6σ安全管理方法的实施步骤

6σ的安全实质是“零缺点计划”理论和实践，即在安全生产上要求“零事故”。为了达到6σ，首先要制定标准，在安全管理中随时跟踪考核操作与标准的偏差，不断改进，最终达到6σ。现已形成一套使每个环节不断改进的、简单的流程模式——定义、测量、分析、改进、控制。

1. 定义（d）

定义即陈述问题。需要黑带大师以市场为导向，以企业现有资源为依据，利用顾客反馈的数据及从与机器直接打交道的员工处获得的信息做出相应的曲线，进行数据比较，从而确定改进目标，如零事故目标等。

2. 测量（m）

测量的目的是识别并记录那些对顾客关键的过程业绩及对安全（即输出变量）有影响的过程参数，量化客户需求，对从顾客中获取的数据进行分类、归组，以便分析时用。了解现有的安全水平，确认顾客、用户，对改进后的预期安全进行评估，此阶段是数据的收集阶段。一旦决定该测量什么，其组成人员就必须制订相应的“数据收集计划”，并计算和量化实际业务中的各种事件。通过过程流程图、因果图、散布图、排列图等方法来整理数据。

3. 分析（a）

分析即对数据分析，找出问题的关键因素。在此阶段中，团队成员要分析过去和当前的安全数据并明确将来应该取得的安全目标，通过分析回答测量阶段的问题所在，确定关键问题的置信区间，进行方差分析，及通过假设检验的方法来获取其需求价值。还可以通过头脑风暴法、直方图、排列图等方法对所采集的数据进行分析，找到准确的因果关系。在此阶段，必须准确分析数据，建立输入与输出数据的数学模型，并追踪和核查解决方案的有效性。

4. 改进（i）

改进是基于分析之上的，针对关键因素确立最佳改进方案。在此阶段，可通过功能展开、策划试验设计、进行正交试验等来对关键问题进行调整、改善，此阶段需注意，应从小入手，找到关键问题逐一解决。所有这些工作都要建立在安全绩效的数学模型基础上，以确定输入的操作范围及设定过程参数，并对输入的改进进行优化。

5. 控制（c）

控制主要对关键因素进行长期控制并采取措施以维持改进结果。定期监测可能影响数据的变量和因素、制订计划时所未曾预料的事情。在此阶段，要应用适当的安全原则和技术方法，关注改进对象数据，对关键变量进行控制，制订过程控制计划，修订标准操作程序和作业指导书，建立测量体系，监控安全工作流程，并制定一些对突发事件的应对措施。

14.2 9S安全管理法

一个良好的工作现场、操作现场有利于企业吸引人才、创建企业文化、降低损耗和提高工作效率，同时可以大幅度提高全体人员的素质和敬业爱岗精神。9S安全管理法作为一种科学的管理思想、管理方式，目前在发达国家应用广泛，被认为是一种最基本、最有效的现场管理方法，9S安全管理法是企业提高生产效率、降低成本，树立竞争优势的关键，也是防止事故的基础。

14.2.1　概述

1. 9S管理方法的产生和发展

9S管理方法是由5S管理方法演化而来的，9S是5S的深入拓展和升华。5S管理方法起源于日本，是整理（SEIRI）、整顿（SEITON）、清扫（SEISO）、清洁（SEIKETSU）、素养（SHITSUKE）五个项目的整合，因日语的拼音均以“S”开头，简称5S管理方法。5S管理方法是指对生产现场的各种要素进行合理配置和优化组合的动态过程，即令所使用的人、财、物等资源处于良好的、平衡的状态。1955年，日本5S的宣传口号为“安全始于整理，终于整理整顿”。当时只推行了前两个S，其目的仅仅为了确保作业空间的安全。后因生产和品质控制的需要又逐步提出了3S，也就是清扫、清洁、素养，进一步拓展了其应用空间及适用范围。

日本企业将5S运动作为管理工作的基础，推行各种品质管理手法，使其产品品质得以迅速提升，奠定了日本经济大国的地位。到了1986年，日本企业的5S著作逐渐问世，这对整个现场管理模式起到了冲击作用，并由此掀起了5S管理方法热潮。同时，在日本丰田公司的倡导推行下，5S管理方法对于塑造企业的形象、降低成本、准时交货、安全生产、高度的标准化、创造令人心旷神怡的工作场所、现场改善等方面发挥了巨大作用，逐渐被各国的管理界所认可。随着世界经济的发展，5S管理方法已经成为企业管理的一股新潮流。近年来，人们对这一活动的认识不断深入，对5S中的素养进行分解与扩展，增加了4个S，称其为9S。9S不仅包含了5S的全部内容，而且还通过增加4个S，即节约（SAVING）、安全（SAFETY）、服务（SERVICE）和满意（SATISFACTION），使得5S的核心思想发生了升华。9S既讲究个体素养的培养和提高，又强调相互间的团结协作，促进组织方方面面的满意。

9S运动在我国也甚为流行。9S的精神在我国很早就有体现，从古人对修身养性的教诲中便能看出，如“千里之行始于足下”“一屋不扫何以扫天下”“勿以善小而不为，勿以恶小而为之”“愚公移山，锲而不舍”等。9S运动就是对这些思想的继承和演绎，使其理论化、系统化，并用于企业经营活动，进而上升为企业的管理理念。因此，9S管理方法在我国的应用将会有光明的前景。

2. 9S的内涵

（1）整理

整理是彻底把需要与不需要的人、事、物分开，再将不需要的人、事、物加以处理，这是改善生产现场的第一步。整理的关键是对“留之无用，弃之可惜”的观念予以突破，必须摒弃“好不容易才做出来的”“丢了好浪费”“可能以后还有机会用到”等传统观念。整理的要点如下：

1）对每件物品都要经过这样的思考：“看看是必要的吗？”“非这样放置不可吗？”

2）如果是必需品，也要适量，将必需品的数量要降低到最低程度。

3）如果是在哪儿都可有可无的物品，则不管是谁买的，有多昂贵，都应坚决处理掉。

4）如果是非必需品，即在这个地方不需要的东西但在别的地方或许有用，并不是“完全无用”，则应寻找它合适的位置。

5）要区分对待马上要用的、暂时不用的、长期不用的。

6）当场地不够时，不要先考虑增加场所，要先整理现有的场地。

整理的目的有：改善和增加作业面积；现场无杂物，行道通畅，提高工作效率；减少磕碰的机会，保障安全，提高质量；消除管理上的混放、混料等差错事故；有利于减少库存，节约资金；改变作风，提高工作情绪。

（2）整顿

整顿是把需要的人、事、物加以定量和定位，对生产现场需要留下的物品进行科学合理地布置和摆放，以便在最快速的情况下取得所要之物，在最简洁有效的规章、制度、流程下完成事务。简言之，整顿就是人和物放置方法的标准化。

整顿是研究提高效率方面的科学，它研究怎样才可以立即取得物品，以及如何能立即放回原位。整顿可以将寻找的时间减少为零，使异常（如丢失、损坏）马上被发现，能让其他人员明白要求和做法，即其他人员也能迅速找到物品并能将其放回原处，使其标准化。

整顿的目的包括：工作场所一目了然；整齐的工作环境；消除找寻物品的时间；消除过多的积压物品；有利于提高工作效率，提高产品质量，保障生产安全。

（3）清扫

清扫是将工作场所、环境、仪器设备、材料、工具等上的灰尘、污垢、碎屑、泥砂等脏东西清扫、擦拭干净，创造一个一尘不染的环境。

清扫过程是根据整理、整顿的结果，将不需要的部分清除掉，或者标示出来放在仓库之中。清扫活动的关键是按照企业的具体情况确定清扫对象、清扫人员、清扫方法、准备清扫器具、实施清扫的步骤，做到自己使用的物品，如设备、工具等，要自己清扫，而不要依赖他人，不增加专门的清扫工，而且设备的清扫要着眼于设备的维护保养。

清扫的目的包括：改善环境质量，消除脏污，保持职场内干净、明亮；稳定品质；排除异常情况的发生，减少工业伤害。

（4）清洁

清洁是在整理、整顿、清扫之后，认真维护、保持环境的最佳状态，即形成制度和习惯。清洁是对前三项活动的坚持和深入，以消除安全事故根源、创造一个良好的工作环境为目的，使员工能愉快地工作，有利于企业提高生产效率，改善管理的绩效。

清洁活动实施时，需要秉持三个观念：①只有在清洁的工作场所才能生产出高效率、高品质的产品；②清洁是一种用心的行动；③清洁是一种随时随地的工作。清洁活动的要点有：坚持“3不要”的原则——“不要放置不用的东西，不要弄乱，不要弄脏”；不仅物品需要清洁，现场工人同样需要清洁，工人不仅要做到形体上的清洁，而且要做到精神上的清洁。

在产品的生产过程中，永远会伴随着无用物品的产生，这就需要不断加以区分，随时将其清除，这就是清洁的目的。

（5）节约

节约是指减少企业的人力、成本、空间、时间、库存、物料消耗等因素。就是对时间、空间、能源等方面合理利用，以发挥其最大效能，从而创造一个高效率的、物尽其用的工作场所。

节约的目的包括：避免场地浪费，提高利用率；减少物品的库存量；减少不良的产品；减少动作浪费，提高作业效率；减少故障发生，提高设备运行效率等。

（6）安全

安全是指为了使劳动过程在符合安全要求的物质条件和工作秩序下进行，防止伤亡事故、设备事故及各种灾害的发生，保障劳动者的安全健康和生产、劳动过程的正常进行而采取的各种措施和从事的一切活动。

在作业现场彻底推行安全活动，即制定正确的作业流程，配置适当的工作人员监督；对不合安全规定的因素及时举报消除；重视员工安全教育，培养员工的安全意识。让员工对安全用电、确保消防通道畅通、佩戴安全帽、遵守搬用物品的要点养成习惯，建立有规律的作业现场，那么安全事故次数必定大大降低。

安全的目的是清除隐患，排除险情，预防事故的发生。同时还有对员工的培养，员工建立了自律的心态，养成认真对待工作的态度，必能极大地减少由于工作马虎而引起的安全事故。

（7）服务

服务是指要经常站在客户（外部客户、内部客户）的立场思考问题，并努力满足客户要求。作为一个企业，服务意识必须作为对其员工的基本素质要求来加以重视，每一个员工也必须树立自己的服务意识。企业的品牌和形象来源于产品的质量、服务。员工要通过各项专业技术知识学习，从实践中获取本职技能，同时不断地向同事及上级学习，提升自己的综合素质，爱企如爱家，完善产品，服务生产，有职业奉献精神。

许多企业都非常重视外部客户的服务意识，却忽视对内部客户（后道工序）的服务，甚至认为都是同事，谈什么服务。而在9S活动中，尤其是工厂管理中，需注意内部客户（后道工序）的服务。

服务的目的要深入企业的方方面面，让员工从内心接受“客户就是上帝”的观念并身体力行，而不是停留在口头上。

（8）满意

满意是指客户（外部客户、内部客户）接受有形产品和无形服务后感到需求得到满足的状态。满意活动是指企业开展一系列活动以使各有关方满意。

1）投资者的满意。通过9S，使企业达到更高的生产及管理境界，投资者可以获得更大的利润和回报。

2）客户满意。客户满意表现为高质量、低成本、交货期准、技术水平高、生产弹性高等特点。

3）员工满意。效益好，员工生活富裕，人性化管理使每个员工可获得安全、尊重和成就感；一目了然的工作场所，没有浪费、勉强、不均衡等弊端；明亮、干净、无灰尘、无垃圾的工作场所让人心情愉快，不会让人疲倦和烦恼；人人都亲自动手进行改善，在有活力的一流环境工作，员工都会感到自豪和骄傲。

4）社会满意。企业对社会有杰出的贡献，热心公众事业，支持环境保护，这样的企业会有良好的社会形象。

（9）素养

素养就是培养全体员工良好的工作习惯、组织纪律和敬业精神，提高人员的素质，营造团队精神。这是9S管理方法的核心，也是各项活动顺利开展、持续进行的关键。在开展9S活动中，要贯彻自我管理的原则，具体应做到：①学习、理解并努力遵守规章制度，使它成为每个人应具备的一种修养；②领导者的热情帮助与被领导者的努力自律相结合；③有较高的合作奉献精神和职业道德；④互相信任，管理公开化、透明化；⑤勇于自我检讨、反省，为他人着想，为他人服务。

9S的具体含义如表14-1所示。9S现场管理方法记忆口诀如图14-1所示。

表14-1 9S的具体含义

中　文	日文/英文	含　义
整理	SEIRI	移走不必要的物件，腾出现场的空间
整顿	SEITON	对现场必要的物件，进行有序摆放
清扫	SEISO	对工作现场进行彻底的清扫
清洁	SEIKETSU	巩固前三项成果，持续维护现场整洁
节约	SAVING	排除一切浪费的活动
安全	SAFETY	排除一切安全隐患
服务	SERVICE	为企业外部客户、内部客户服务
满意	SATISFACTION	检视各方不满意来源，提高满意程度
素养	SHITSUKE	员工养成良好的职业习惯

整理：要与不要，一留一弃；整顿：科学布局，取用快捷；清洁：清洁环境，贯彻到底；
清扫：清除垃圾，美化环境；节约：减少浪费，降低成本；安全：安全操作，以人为本；
服务：换位思考，考虑全面；满意：客户满意，社会满意；素养：形成制度，养成习惯。

图14-1 9S现场管理方法记忆口诀

3. 9S活动的目的

9S活动可以改善提高企业形象；促进工作效率的提高；减少直至消除故障，保障品质；保障企业安全生产；降低生产成本；改善员工的精神面貌，增强组织活力；革除马虎之心，养成凡事认真、遵章守纪的习惯；养成文明礼貌的习惯，形成良好企业文化等。总之，推行9S的根本目的就是通过规范现场、现物，营造一目了然的工作环境，培养员工良好的工作习惯，最终提高人的品质，达到提高企业效率的目的。9S活动的目的如图14-2所示。

综上所述，9S管理方法一个重要的目的是实现安全生产，安全是一切工作的前提。以实现安全为最终目的的9S管理方法称为9S安全管理法，它主要针对危险行业，例如，煤矿行业、化工行业等。目前，有部分企业正在接受这一管理方法，但实施的广泛性和效果有待增强，所以9S安全管理法的知识有待普及和推广。

14.2.2 9S的效用

成功的管理模式必须得到全体员工的充分理解，并亲自参与进去，使之成为该系统中的一员，管理模式才能奏效。9S管理方法简单明了，每一位员工都能理解，为安全、效率、品质以及减少故障提出了简单可行的解决方法。9S的效用可以归纳为5个S，即Sales、Sav-

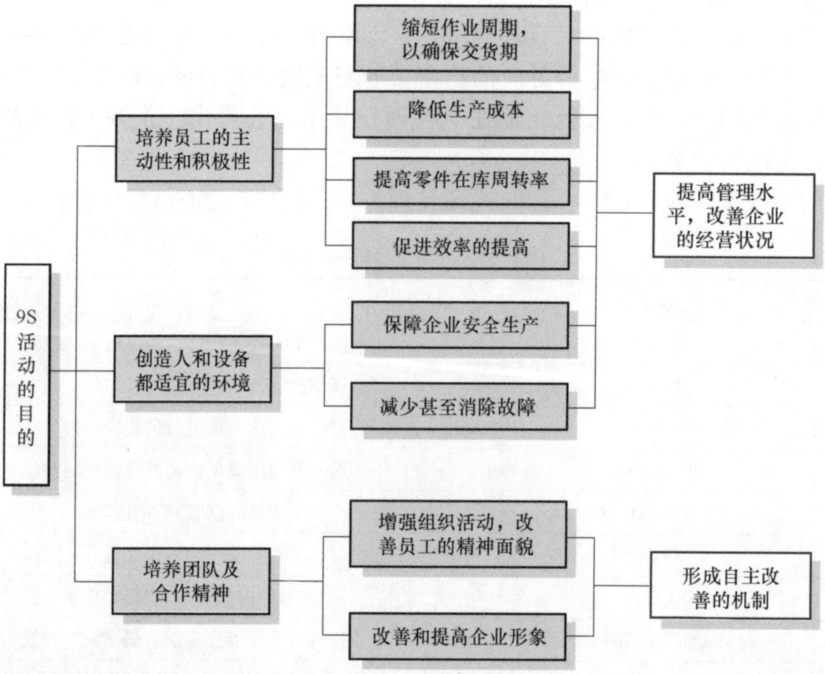

图 14-2　9S 活动的目的

ing、Safety、Standardization、Satisfaction。

1. 9S 是最佳推销员（Sales）

9S 管理方法可以提高企业的管理水平，是一种基础的管理方法，是企业其他管理方法运用和实现的根本。它使企业具有干净整洁的环境，这样一方面使顾客对企业更有信心，乐于下订单，而且能不断提高企业的知名度和口碑，扩大企业的声誉和产品的销路；另一方面，一个良好的工作现场、操作现场有利于企业吸引人才，使企业具有广阔的发展空间。

2. 9S 是节约家（Saving）

1）9S 活动大大降低了很多材料及工具的浪费，在进行“整理”活动时，要区分需要和不需要的东西，不需要的东西要及时清除掉，而对于需要的东西要保存。同时还必须进行调查，主要调查其使用频率，以此来决定其日常使用量，避免了无谓的浪费。

2）9S 节省了工作场所，在区分出不要的东西之后，对其进行清理，这样腾出了更多空间用于存放其他必需的东西。

3）减少工件的寻找时间和等待时间，降低了成本，提高了工作效率，缩短了加工周期。例如，仓库中存放了很多规格的螺母，混乱放在一起，逐个查找会浪费很多时间。在对其进行“整理”之后，对每个规格的螺母进行分类表示，节省了寻找时间，提高了效率。

3. 9S 对安全有保障（Safety）

1）在推行 9S 的场所，要宽广明亮、视野开阔，可降低设备的故障发生率，减少意外的发生。

2）全体员工根据 9S 的要求，自觉遵守作业标准，就不易发生工作伤害。

3）有些设备和操作本身就带有危险性，这是无法避免的。运用 9S 管理方法，养成良好的习惯，采取必要的防护措施，在容易发生危险的地方设置安全警告牌或提前采取安全措施，可以大大降低事故的发生几率。例如，在生产企业会经常出现高空作业现象，其危险性不言而喻。按照9S管理方法的规范管理，佩戴安全帽，系好安全带，地面再增加人员进行保护，就会大大减少事故的发生。

4. 9S是标准化的推动者（Standardization）

9S管理强调作业标准的重要性，规范了现场作业，使员工都正确地按照规定执行任务，养成良好的习惯，促进企业标准化的进程，从而增强了产品品质的稳定性。同时由于在制定标准时，经过了管理者与作业人员的反复思考，结合现场操作中可能存在的问题及如何在操作中加以解决来制定，这就最大限度地减少了操作过程中问题的发生。

5. 9S可以形成令人满意的职场（Satisfaction）

1）“人造环境，环境育人”，员工对明亮、清洁的工作场所动手改善，有成就感，能造就现场全体人员进行改善的气氛，整个企业的环境面貌也随之改善。

2）明朗的环境可使人工作时的心情愉快，员工有被尊重的感觉，工作更加有精神，效率也会提高，工作质量也会得到提升。

3）员工的归属感增强，使员工真正积极地完成每一份工作，人与人之间、主管和部属之间均有良好的互动关系，促进工作顺利开展。

4）通过全员参与9S活动，使环境更加整洁有序，使员工素质提高，为塑造企业文化形象奠定了基础。

14.2.3　9S的推行步骤

掌握了9S的基础知识，尚不具备推行9S活动的能力。因推行步骤、方法不当导致事倍功半，甚至中途夭折的事例并不少见。因此，掌握正确的步骤、方法是非常重要的。9S活动的推行有如下十个步骤。

1. 成立推行组织

开展如下工作：①成立推行委员会及推行办公室；②组织职能确定；③委员的主要工作；④编组及责任区划分。

建议由企业主要领导者出任9S活动推行委员会主任职务，以视对此活动的支持。具体安排可由副主任负责。

2. 拟定推行方针及目标

方针制定：推行9S管理时，制定方针做为导入的指导原则。方针的制定要结合企业具体情况，要有号召力，一旦制定，就要广为宣传。例如，“推行9S管理、塑一流形象”“告别昨日，挑战自我，塑造企业新形象”“于细微处着手，塑造公司新形象”“规范现场、现物，提升人的品质”等。

目标制定：先预设期望目标，作为活动努力的方向以及便于活动过程中进行成果检查。例如，“第4个月各部门考核90分以上”等。

3. 拟订工作计划及实施方法

①拟订日程计划做为推行及控制的依据；②收集资料，借鉴其他企业的做法；③制定9S活动实施办法；④制定要与不要的物品区分方法；⑤制定9S活动评比的方法；⑥制定9S活动奖惩办法；⑦其他相关规定（9S时间等）。

大的工作一定要有计划，以便大家对整个过程有一个整体的了解。项目责任人应清楚自己及其他担当者的工作是什么及要何时完成，相互配合，造就一种团队作战精神。

4. 教育

每个部门对全员进行教育，包括：9S 的内容及目的；9S 的实施方法；9S 的评比方法；新进员工的 9S 训练。

教育非常重要，让员工了解 9S 活动能给工作及自身带来好处从而主动地去做，这与强迫员工去做的效果是完全不同的。教育形式要多样化，如讲课、放录像、观摩其他厂案例等。

5. 活动前的宣传造势

9S 活动要全员重视并参与才能取得良好的效果：最高主管发表宣言（晨会、内部报刊等）；海报、内部报刊宣传；宣传栏。

6. 实施

①前期作业准备，包括方法说明、道具准备等；②工厂“洗澡”运动（全员上下彻底大扫除）；③建立地面画线及物品标识标准；④定点摄影；⑤做成“9S 日常确认表”，并将其实施等。

7. 查核

查核包括：现场查核；9S 问题点质疑、解答；举办各种活动及比赛（如征文活动等）。

8. 评比及奖惩

依照 9S 活动竞赛办法进行评比，公布成绩，实施奖惩。

9. 检讨与修正

各责任部门依据缺点项目进行改善，不断提高。适当地导入一些实用的方法，使 9S 活动推行得更加顺利、有成效。

10. 纳入定期管理活动中

①标准化、制度化的完善；②实施各种 9S 强化月活动。

需要强调的一点是，企业因其背景、架构、企业文化、人员素质的不同，推行时可能会有各种不同的问题出现，推行办公室要根据实施过程中所遇到的具体问题，采取可行的对策，才能取得满意的效果。

14.2.4 9S 管理实施时应注意的地方

9S 管理的成功应用将给企业的各方面绩效带来显著改善，包括塑造企业的形象、降低成本、准时交货、安全生产、高度标准化，以及创造令人赏心悦目的工作场所等方面。一些企业在实施 9S 管理方法时，常会出现“虎头蛇尾”甚至“不了了之”的情况，最终以失败告终。因此，在实施 9S 管理方法的过程中，要对 9S 管理有全面的认识，其中要注意如下几个方面的问题：

1）9S 管理活动是一种品性提高、道德提升的“人性教育”运动，其最终目的在于修身，在于提高员工素质。9S 管理强调细节，并不代表它是小事。摒弃“9S 管理是大扫除”的观念，从树立形象的高度宣传和推动 9S 管理比较有效，把 9S 管理提升到企业形象的高度有利于全员彻底地展开活动，也更有利于检验效果。

2）大家都是工作现场的管理者，每个人都要和自己头脑中的习惯势力做斗争。现场的好坏是自己工作的一部分，并且要做到相互提醒、相互配合、相互促进。尽快完成变被动为主动、从“要我做”向“我要做”的转变。

3）9S管理源于素养，始自内心而形之于表，由外在表现至塑造内心。9S管理贵在坚持，一时做好不难，长期做好不容易，而长期坚持依靠的是全体员工素养的提高，9S活动需要不断地创新和强化。

4）要充分调动员工的积极性，做到全员参与。9S管理是一种管理活动，需要各个环节相互配合，缺一不可。因此，必须全员发动，才能使活动得到推行，进而不断改善，真正提高企业各项工作的管理水平。

5）推行9S管理不能急于求成，必须建立正确的、可达到的目标。目标的设定要结合本企业的9S管理基础，切合实际，遵从循序渐进、定期、定量的原则，逐步提高和完善。

14.2.5 9S安全管理法案例

9S安全管理法作为一个先进的安全管理方法，经过国内外的一些著名企业十几年的应用，已经得到广泛的认可。某煤矿企业在安全理念的定位和引导下，积极创新工作方法，将先进的管理方法应用于实际，开展9S现场管理后，构建了科学严密的企业安全管理制度，形成了规范高效的安全行为文化。以“我要好好干，并且干得好”的人本管理规范员工的个体行为，为创建本质安全型矿井打下了坚实基础，提供了有力保证。实行9S现场管理后，该煤矿有了以下几个方面的提高。

1. 促成了员工守章作业的好习惯

该煤矿开展9S现场管理的内涵是要推行集团员工9S行为规范，促成员工9S行为的养成。推行9S的主要方式是实行A、B、C三卡考核和优秀员工、合格员工、试用员工“三工转换”。每名员工每班都要填写A卡，员工填写自评分，班组长对本班每名员工进行考评打分，打分时要填写相应的问题点。9S考核其中重要一项就是安全，它占全部考核分值的30%以上。

2. 清洁和整理为安全生产提供了保障

工作现场干净整齐，不仅能够起到提高工作效率的作用，还能保证安全生产。通过清洁整理，现场的物品就比较清楚，现场就会秩序井然，不容易发生意外。并且通过整理会发现现场存在的隐患，从而做到及时处理，避免事故的发生。该煤矿在现场开展清洁整理工作中，一项创新工作就是广泛实行了定置管理图，即现场所有的物品都按定置图摆放，都在标识指定位置摆放，工具用完后要及时放回原位。通过广泛地开展清洁整理、定置管理工作，员工们养成了现场工作的良好习惯，使工作现场面貌为之一新，特别是井上工库房的现场管理发生了翻天覆地的变化。

3. 为员工规范自身行为提供了平台

9S岗前仪式是开展9S现场管理的一个重要载体和重要的表现形式。它包括讲评、司训、诵读、唱歌、列队上岗五部分，其中讲评是最重要的一环。讲评是指让上一班9S考核的第一名员工上台讲讲自己是如何干好工作的，最后一名员工讲讲自己为什么没有干好工作。在开展9S讲评中，广大员工从中得到了警示和教育，从而为井下遵章作业和安全生产打下了良好基础。司训也是“岗前仪式五部曲”中重要的一环，它主要是指安排当班工作，指出和强调安全要点，另外要对9S讲评进行点评。司训一般是由队长、书记、副队长或班组长负责。根据上一班9S考核的结果对下一班进行提示，指出安全工作的要点，对不放心的人、不放心的地点、不放心的工作进行严密布控，确保井下安全生产工作的顺利进行。

4. 夯实了该煤矿五环安全管理基础

五环安全管理是该煤矿提出的一项重大安全管理工程。五环分别是指井下生产安全、地面生产安全、治安安全、交通安全、居家安全。该煤矿近年来推行的9S现场管理在所有的基层科队得到实施。9S现场管理是一项精细管理，通过实行9S考核，全矿广大员工的安全行为得到进一步的规范，员工们争干标准活、放心活。通过开展9S讲评，员工们普遍取得了进步，更加胜任本职工作，变过去的“要我好好干”到现在的“我要好好干，并且干得好”的人本管理。开展9S考核和9S岗前仪式为规范员工个体行为、创建本质安全型矿井打下了坚实的基础，提供了有力的保证。

综上所述，该煤矿的9S安全管理推进工作中，员工由最初的怀疑，被动接受，到主动认可配合。在潜移默化的工作中，员工素质得到了很大的提高，充分说明9S管理非常适合煤矿企业的安全管理。

14.2.6 9S管理的延伸和升华

9S管理在推行和实际运用中得到了进一步的延伸和升华，具体体现在以下几方面：

1）个人素质的提升。9S活动的最终目的是个人的素质的提升，同时也是企业加固根基、永续经营的根本。随着社会的进步和发展，作为企业领导者应考虑如何培养年轻员工、如何形成良好的管理氛围及行为模式；作为年轻员工也应从我做起，点点滴滴养成良好的行为习惯。

2）9S管理是一种思维方式。一般谈到9S，多指工作现场方面，但9S管理也是一种思维方式，可以拓展到多个方面。例如，在沟通的时候，可以从9S管理的角度来训练员工的语言沟通能力，语言简洁；把要谈的重点内容按层次先后来谈，便于他人理解。

14.3 安全标杆管理

我国有句古训，“以铜为鉴，可以正衣冠；以史为鉴，可以知兴替；以人为鉴，可以明得失”。在管理企业的过程中，只有明得失、找差距，才能进步。这就说明了比较参照的作用。在现代企业管理中，这种思想体现于西方管理学界三大管理方法之一的标杆管理。

标杆管理的实质是模仿创新，是一个有目的、有目标的学习过程。企业要生存，要获得竞争能力，就要全面实施标杆管理。随着我国社会主义市场经济体制的不断发展和完善，标杆管理必将成为企业管理活动的日常工作。在安全领域内，以安全为主要目标的标杆管理就是安全标杆管理。

14.3.1 概述

1. 标杆管理的产生与发展

标杆管理是20世纪70年代末由施乐公司首创的，随后，美国生产力与质量中心将其系统化和规范化。1976年以后，一直保持着世界复印机市场实际垄断地位的施乐公司遇到了来自国内外，特别是日本竞争者的全方位挑战。施乐公司最先发起向日本企业学习的活动，开展了广泛、深入的标杆管理。通过全方位的集中分析、比较，施乐公司弄清了这些公司的运作机理，找出了与佳能等主要竞争对手的差距，全面调整了经营战略、战术，改进了业务流程，很快收到了成效，把失去的市场份额重新夺了回来。成功之后，施乐公司开始大范围地推广标杆管理，并选择14个经营同类产品的公司逐一考查，找出了问题的症结并采取措施。

但是对于分销、行政、服务部门，很难直接模仿产品管理分析的做法，于是这些非生产部门开始在公司内部开展标杆管理活动。例如，公司在不同地区的分销中心和后勤部门就地区间生产率、生产存货管理、仓储管理进行比较。而后推广到公司外部，包括对于同行竞争者的管理和跨行业的非竞争对手的管理。

随后，摩托罗拉、IBM、杜邦、GE等公司纷纷仿效，实施标杆管理，在全球范围内寻找业内经营实践最好的公司进行标杆比较和超越，成功地获取了竞争优势。因此，西方企业开始把标杆管理作为获得竞争优势的重要工具，通过标杆管理来优化企业实践，提高企业经营管理水平和市场竞争力。

由于标杆管理的广泛适用性，人们不断地开发新的应用领域。例如，安全领域。安全是与人的生命直接相关的，是继人温饱需要之后的第二需要。因此，认识并在企业广泛开展安全标杆管理对企业的持续发展具有重要的意义。

2. 标杆管理的定义和内涵

标杆管理的英文是Benchmarking。它的名词形式Benchmark的意思是水准、基准。作为一种新的管理技术，汉语有许多不同的翻译，诸如“标杆制度”“竞争基准”“标杆瞄准”“定点超越”等。本书认同翻译为“标杆管理”，它是一项通过衡量比较来提升企业竞争地位的过程。

“标杆”最早是指工匠或测量员在测量时作为参考的标记，弗里德里克·泰勒（Frederick Taylor）在他的科学管理实践中采用了这个词，其含义是衡量一项工作的效率标准，后来这个词渐渐衍生为基准或参考点。标杆管理方法产生于企业的管理实践，目前对于标杆管理还没有统一的定义。下面是一些权威学者和机构对标杆管理的诠释。

施乐公司的罗伯特·开普是标杆管理的先驱和最著名的倡导者，他将标杆管理定义为：“一个将产品、服务和实践与最强大的竞争对手或是行业领导者相比较的持续流程。”

坎普（Camp R. C.，1989）提出“标杆管理是组织寻求导致卓越绩效的行业最佳实践的过程”。这个定义涵盖如此广泛以至于包括所有不同水平和类型的标杆管理活动，应用于跨国度、跨行业的产品、服务以及相关生产过程的可能领域。该定义简单、易于理解，可运用于任何层次以获取卓越绩效。此定义被国际标杆管理中心采用。

美国生产力与质量中心（American Productivity and Quality Center，简称APQC）对标杆管理给出了如下定义：“标杆管理是一项系统的、持续性的评估过程，通过持续不断地将组织流程与全球行业领导者相比较以获得协助改善营运绩效的信息。”该定义得到了100余家大型公司的认可。

瓦兹里（Vaziri，1992）对标杆管理给了如下的定义：“标杆管理是将公司关于关键顾客要求与行业最优（直接竞争者）或一流实践（被确认在某一特定功能领域有卓越绩效的公司）持续比较的过程以决定需要改善的项目。”该定义强调标杆管理与内部顾客和外部顾客的满意相关。

综合以上各个定义的精髓，本书认为，标杆管理是企业将自己的产品、服务、生产流程、管理模式等同行业内或行业外的优秀企业做比较，借鉴、学习他人的先进经验，改善自身的不足，从而提高竞争力，追赶或超越标杆企业的一种良性循环的管理方法。

标杆管理的内涵可归纳为四个要点：①对比；②分析和改进；③提高效率；④成为最好的。标杆管理是一种模仿，但不是一般意义上的模仿，它是一种创造性的模仿。它以他人的成功经验或实践为基础，通过定点超越获得最有价值的观念，并将其付诸于自己企业的实践。它是一种“站在别人的肩上再向上走一步”的创造性活动。

标杆管理本质上是一种面向实践、面向过程、以方法为主的管理方式，它的基本思想是系统优化、不断完善和持续改进。标杆管理可以突破企业的职能分工界限和企业性质与行业局限，它重视实际经验，强调具体的环节、界面和流程。同时，标杆管理也是一种直接的、中断式的、渐进的管理方法，其思想是企业的业务、流程、环节都可以解剖、分解和细化。企业可以根据需要，或者寻找整体最佳实践，或者发掘优秀“片断”进行标杆比较，或者先学习“片断”再学习“整体”，或者先从“整体”把握方向，再从“片断”具体分步实施。通过标杆管理，企业能够明确产品、服务或流程方面的最高标准，然后做必要的改进以达到这些标准。

14.3.2　标杆管理的类型与作用

1. 标杆管理的类型

标杆管理的应用范围极其广泛，从原则上讲，凡是带有竞争性的活动都可以应用标杆管理方法，而且新的管理方法仍然被不断创造出来。根据标杆管理应用的层次和范围，可以将其分为以下四类：

1）内部标杆管理（Internal Benchmarking）。内部标杆管理是以企业内部操作为基准的标杆管理，是最简单且易操作的标杆管理方式之一。辨识内部绩效标杆的标准，即确立内部标杆管理的主要目标，可以做到企业内信息共享。辨识企业内部最佳职能或流程及其实践，然后推广到组织的其他部门，是企业提高绩效最便捷的方法之一。但是单独执行内部标杆管理的企业往往持有内向视野，容易产生封闭思想。因此，在实践中，内部标杆管理应该与外部标杆管理结合起来共同使用。

2）竞争标杆管理（Competitive Benchmarking）。竞争标杆管理是以直接竞争对手为基准的标杆管理。它的目标是与有相同市场的企业在产品、服务和工作流程等方面的绩效与实践进行比较，直接面对竞争者。这类标杆管理的实施比较困难，原因在于除了公共领域的信息容易接近外，其他关于竞争企业的信息不易获得。

3）职能标杆管理（Functional Benchmarking）。职能标杆管理是以行业领先者或某些企业的优秀职能操作为基准进行的标杆管理。这类标杆管理的合作者常常能相互分享一些技术和市场信息，标杆的基准是外部企业（非竞争者）及其职能或业务实践。由于没有直接的竞争者，所以合作者往往比较愿意提供和分享技术与市场资讯。不足之处是费用高，有时难以安排。

4）流程标杆管理（Procedural Benchmarking）。流程标杆管理是以最佳工作流程为基准进行的标杆管理，其对象是类似的工作流程，而不是某项业务与操作职能或实践活动。这类标杆管理可以在不同类型的组织中进行。虽然这类标杆管理被认为有效，但进行有一定的难度。它一般要求企业对整个工作流程和操作有详细的了解。

2. 标杆管理的作用

标杆管理为企业提供了一种可行、可信的奋斗目标以及追求不断改进的思路，企业可以通过实施标杆管理不断发现自身同目标企业的差距，寻找缩小差距的工具和手段。标杆管理的重要特征是它具有合理性和可操作性。首先，它会让企业形成一种持续学习的文化，让企业认识到“赶”“学”“超”的重要性。企业的运作业绩永远是动态变化的，只有持续追求最好，才能获得持续的竞争力，才能始终立于不败之地。其次，标杆管理为企业提供了优秀的管理方法和管理工具。

国外企业特别是众多的全球知名企业，如IBM、摩托罗拉、杜邦等，已将标杆管理这一管理工具充分运用，认为标杆管理是一种形成创造性压力的最佳途经，也是真正创新的先决条件。标杆管理的作用及影响具体表现在以下几个方面：

1）标杆管理是企业绩效评估的工具。标杆管理是一种辨识世界上最好的企业实践并进行学习的过程。通过辨识最佳绩效及其实践途径，企业可以明确自身所处的地位、管理运作以及需要改进的地方，从而制定适合的、有效的发展战略。标杆管理通过设定可达到的目标来改进和提高企业的经营绩效。目标有明确含义，有达到的途径，使企业坚信绩效可以提高到最佳。研究表明，标杆管理可以帮助企业节省30%～40%的开支，为企业建立一种动态测量各部门投入和产出现状及目标的方法，达到持续改进薄弱环节的目的。

2）标杆管理是企业增长潜力的工具。企业通过标杆管理能克服不足，增进学习，使企业成为学习型团队。树立基准，经过一段时间的运作，任何企业都有可能将注意力集中于寻求增长的内在潜力，形成固定的企业文化。通过对各类标杆企业的比较，不断追踪把握外部环境的发展变化，从而能更好地满足最终用户的需要。

3）标杆管理是衡量企业工作好坏的工具。标杆管理已经在世界范围内展开且变化迅速，不同企业的标杆管理者已经或正在结为一体，形成知识网络，相互体验标杆管理的方法以及成功与失败的经验教训。标杆管理通过对企业产品、服务及工作流程的系统而严格的检验，达到工作的高度满意，进而产生巨大成就感。企业要想知道其他企业为什么或者是怎样做得比自己好，就必然要遵循标杆管理的概念和方法。

14.3.3 标杆管理的应用

标杆管理的具体实施内容要区别行业、企业的差异，因为不同行业、企业有不同的衡量标准。企业要根据自身所处行业的发展前景，结合企业发展战略，考虑成本、时间和收益，来确定企业标杆管理的计划，一定要注重实施的可操作性。但标杆管理的基本思路大致一样，企业应用标杆管理方法的过程大致可分为四个阶段，即规划阶段、数据收集及分析阶段、实践阶段和提升阶段。

1. 规划阶段

规划阶段的工作包括成立标杆管理小组确定标杆管理的内容选择标杆管理的“基准”目标、建立企业竞争力评价指标体系，并收集相关的情报信息。

1）确定标杆管理的内容。标杆管理的内容是指企业需要改善或希望改善的方面，标杆管理的内容有产品标杆管理、过程标杆管理、管理标杆管理和战略标杆管理四种。标杆管理是一个将自身情况和本组织内部比较的最佳部门、竞争对手或者行业内外的最佳组织进行比较，并向它们学习，吸收它们的成功经验和做法的过程。因此，标杆管理的前提是了解企业自身的情况，确定需要改进、能够改进的产品、流程、管理或者战略。一般来说，要选择那些对利益至关重要的环节进行标杆管理。不同企业由于其性质不同，因此盈利的关键环节也有所不同，如影响制造类企业的首要环节是产品质量，而影响服务类企业的首要环节则是客户满意度等。因此，一个组织需要根据自己的实际情况选择标杆管理的内容。

2）选择标杆管理的“基准”目标。企业确定了标杆管理的内容后就要选择标杆管理的“基准”目标。标杆管理的“基准”目标，即标杆管理的“杆”，是企业想要模仿和超越的对象，它可以是本企业内部的最佳组织，也可以是竞争对手或者行业内外的最佳组织。产品标杆管理中，“基准”目标多为竞争对手，在某些情况下，为本行业的领袖企业。过程、管理、战略标杆管理的“基准”目标可以是竞争对手，也可以是行业内外部的企业。

3）建立企业竞争力评价指标体系。企业竞争力评价指标体系是标杆管理之“标”，是竞争产品（服务）和企业竞争力量比较的基础。在确定指标体系内容时，应在力求反映影响企业及产品（服务）竞争力要素全貌的基础上突出重点，尽量精减，以减少工作量和复杂程度，但选择保留的指标至少应涵盖该产品（服务）的所有关键成功因素。例如，我国某家电企业在进行标杆管理的过程中，确定数字高清晰度电视为竞争产品，建立了一个包含10个大类指标、68项子指标的企业竞争力评价指标体系。

2. 数据收集及分析阶段

在完成规划阶段的工作后，企业的标杆管理工作就进入了数据收集及分析阶段，通过这个阶段的工作，寻找企业标杆管理项目与“基准”目标之间的差距，提出企业标杆管理所要达到的目标以及未来工作的标准。本阶段的具体工作包括收集数据、数据处理及信息分析。

1）收集数据。在完成规划阶段指标体系内容后，需要开展调研，以收集支持指标体系内容的数据。收集数据是标杆管理的重要环节，是进行信息分析的重要基础。收集数据之前，必须明确几个问题。首先，必须确定收集哪方面的信息以及所需信息的具体程度，从而在众多的数据中识别有用信息。其次，必须确定信息源，这样才能快速、有效地收集到所需数据。通常信息来源至少有三个渠道，即企业内部信息、公开披露的信息和企业外部非公开信息。再次，要根据具体情况确定收集数据的途径。收集数据一般可通过实地调查、文献资料检索、网络检索等途径进行。数据收集之后，应该以合理的格式和易于处理的方式进行保存。

2）数据处理。收集完数据后，需要进行数据处理。数据处理的具体工作包括对所收集数据的鉴别、分类、整理、计算、排序等，还包括利用收集到的数据对各项指标的计分工作。在整体计分的情况下，需要按照调查表中的计分原则，将数据转化成无权重状态下相应的分值。由于各指标对产品竞争力影响程度不同，所以还需要对各大类指标和各项子指标加权重，以准确评判各指标分值对竞争力的影响。数据处理是信息分析的前期工作。

3）信息分析。信息分析是标杆管理的关键环节，只有通过对收集到的信息进行全面深入地分析，才能真正认识“基准”目标的运作为什么比本企业更好，好到何种程度，现在或预期以后采用何种最优实践，企业应如何学习或创新才能达到或超过“基准”目标的水平。信息分析的工作包括利用数据处理的结果确定标杆管理项目与“基准”目标绩效的差距，找出产生差距的原因以及“基准”目标取得最佳绩效的关键成功因素，识别本企业的优势及劣势，从而达到标杆管理预期的目标。信息分析的方法有比较分析、SWOT 分析和关键成功因素分析等。

3. 实践阶段

标杆管理实践阶段包括制订计划、实施计划和监控及调整计划。

1）制订计划。标杆管理小组应根据本企业现阶段的具体情况，包括企业文化因素、资金因素、技术因素、人员因素等，结合信息分析的结果，形成可操作的计划方案，有针对性地确定行动。计划内容应包括标杆管理所要达到的发展目标、具体的改进对策、详细的工作计划和具体的措施、计划实施的重点和难点、可能出现的困难和偏差、计划实施的检查和考核标准等。

2）实施计划和监控及调整计划。计划制订出之后，接下来就是对计划的实施。标杆管理项目的进行需要企业领导者和员工的积极参与和配合。因此，标杆管理小组应利用各种途径，将信息分析的结果、拟订的方案、所要达到的目标前景告知企业内的各个管理层及有关员工，争取他们的理解和支持，使其在计划实施过程中保持目标一致、行动一致。

在实施标杆管理计划的过程中，需要不停地对这种实施进行监控和评价。监控是为了保证实施按计划进行，并随时按照环境的变化，对计划进行必要的调整。而评价则是为了评价标杆管理实施的效果。如果无法取得满意的效果，就需要返回以上环节进行检查，找到原因并重新进行新的标杆管理项目。

4. 提升阶段

企业通过实施某一标杆管理项目在一定时期及范围内提高了竞争力，取得了竞争优势，并不意味着企业标杆管理工作的彻底结束。一方面，企业应及时总结经验、吸取教训；另一方面，企业应针对环境的新变化或新的管理需求，持续进行标杆管理活动，确保对“最佳实践”的跟踪。此时，标杆管理工作就进入了提升阶段，这一阶段的工作通常包括总结经验和再标杆两项。这一阶段的工作有利于企业保持持续的竞争优势，本节开始介绍的施乐公司就是一个典型的例子。

14.3.4 标杆管理实施中应该注意的问题

1）提高标杆对象选择范围的广泛性。标杆的选择应站在全行业，甚至更广阔的全球视野上，打破传统的职能分工界限和企业性质与行业局限，重视实际经验，强调具体的环节、界面和流程，可以寻找整体最佳实践，也可以发掘优秀“片断”进行标杆比较。

例如，美孚石油公司在选择标杆对象时，首先通过调查分析，确定了三种顾客需求，简称为“速度”“微笑”和“安抚”。接着选择了潘斯克（Penske）公司、丽嘉-卡尔顿酒店、“家庭仓库”公司这三个企业性质截然不同的公司。Penske 公司为印地 500 大赛提供加油服务，以速度见长；丽嘉－卡尔顿酒店号称全美国最温馨的酒店，每位员工都将招牌般的微笑带入工作；美国公认的回头客大王“家庭仓库”公司，一贯奉行支持一线员工，强调对直接与客户打交道的员工的培训。美孚石油公司在此次标杆管理活动中，整体绩效有了长足的提升。

2）注重数据的收集。标杆管理是一种面向实践、面向过程以方法为主的管理方式。数据只是实践结果的反映，因此对于企业及标杆对象的实践、流程的分析应放在重要的位置。

3）树立瓶颈思想。复旦大学华宏鸣教授指出，“标杆”来源于水利工作中水位的标记，代表的是整个水域中水平面的高度。标杆管理原意是不断地找出最低水坝的位置，并将它提高到所需要高度的过程或方法。企业的运作水平虽然与多种因素相关，但其中必然有几个因素是影响企业整体水平的关键因素，只有找到这些关键因素并将它提高，才能提高整体水平。这类似于约束理论中的瓶颈思想。任何企业要想有效地发展，在现有资源环境条件限制下，必须找出关键因素，将有限的资源用于消除薄弱环节才能有效地提高自己的经营水平。

4）要将标杆管理同市场分析结合起来使用。随着产品寿命周期的缩短，标杆管理的一些缺陷就暴露出来，其中最大的缺陷就是缺乏市场预测能力。为了解决这一问题，企业必须将标杆管理方法同市场分析方法结合起来，从而达到不断地满足顾客需求的目的。

5）意识和观念的提升。首先，要有系统优化和持之以恒的思想。标杆管理的成功很大程度上取决于持续改进的企业文化和追求“更好”的价值观，而我国的企业，特别是中小民营企业公司大多持有安于现状、小富即安的价值观，这是企业文化中存在的较大问题此外，企业需要在不同的发展阶段、发展水平下，选择最适合的标杆。标杆目标的实现很少能一步到位，而是一个多次反复的循环过程。其次，要培养学习创新的精神。标杆管理的本质是学习和创新，各个企业要不断结合本企业的实际情况，在分析优秀企业或优秀片断的同时适时调整策略，进行永续标杆的循环，走一条不断发展、持续提升绩效的路。因此必须树立两大观念：“重在潜学，贵在渐变”。

14.3.5　安全标杆管理案例

安全标杆管理即以事故预防、确保生产生活安全为目标的标杆管理。安全标杆管理遵循标杆管理的原理，是该管理方法在安全领域中的应用。在工业生产中，可以某行业整体安全效益最佳的企业为标杆，也可以同类竞争对手中安全目标实现较好的作为标杆进行比较。

许多国内集团公司、企业选择行业内国际先进企业，有些则选择国内业内安全绩效最好的分公司甚至部门等作为安全标杆，在各自的范围内开展以持续保证安全、改善环境等为目标的标杆学习、评比活动。以安全绩效好的部门带动和提高整体事故预防、安全健康的水平。

1）以石油行业为例，BP公司是一家由英国石油、阿莫科、阿科等多家“老牌”石油公司组合而成的大型跨国石油公司，集团总资产市值约2000亿美元，生产经营活动遍布全球100多个国家，在世界财富500强中排名第二，在全球石油行业举足轻重，并有显著的安全业绩。BP公司安全管理的最大特点之一，就是牢固树立HSE管理体系为主线的管理方针，并全力推行落实。虽然在当今世界石油石化企业中，建立和推行HSE管理体系已经十分普遍。但在这“十分普遍”的管理方式之中，BP公司有着与众不同做法，这就是他们能够取得“与众不同”管理业绩的根本所在。

2）有着200多年历史的杜邦公司一直保持着骄人的安全记录。超过60%的工厂实现了“0”伤害率，杜邦每年因此而减少了数百万美元支出。成绩的背后是杜邦200多年来形成的安全文化、理念和管理体系。杜邦要求每一位员工都要严守十大安全信念：一切事故都可以防治；管理层要抓安全工作，同时对安全负有责任；所有危害因素都可以控制；安全地工作是雇佣的一个条件；所有员工都必须经过安全培训；管理层“必须”进行安全检查；所有不良因素都必须马上纠正；工作之外的安全也很重要；良好的安全创造良好的业务；员工是安全工作的关键。

3）中国电网公司某年发布的12个标杆单位，年年实现三个百日安全无事故记录，未发生员工人身死亡和重伤事故，未发生主要设备严重损坏事故，未发生五类电气误操作事故，未发生重大交通事故，未发生重大火灾事故，未发生农村触电死亡事故。

4）南方航空集团出台了一部安全“法典”——《安全审计手册》，它用“以过程为导向”的先进模式取代了过去以“结果为导向”的安全检查模式，体现“安全第一、预防为主”的指导思想，在国内同行中率先应用IOSA安全标杆。

5）宝钢引入实施标杆管理作为技术创新管理工具，选定了包括安全指标在内的164项生产经营指标作为标杆定位的具体内容，选择了45家世界先进钢铁企业作为标杆企业。

确定了实施标杆管理之后，宝钢在企业内广泛宣传将世界最先进钢铁企业作为标杆的意义，统一思想。紧接着，从技术创新专利、技术创新研发基地建设、未来科技前沿性战略发展研究项目、装备技术、信息技术建设等方面实施了多层次的标杆管理，从各个领域确立了具体先进的榜样，解剖其各个指标，不断向其学习。宝钢发现并解决了企业自身的问题，取得了非常好的管理成效。

将安全绩效较好的企业、部门等作为安全标杆，企业可以通过对安全标杆的学习、模仿，从安全组织管理、安全设施改进、科学制定安全管理制度、优化员工不安全行为、提升安全文化等方面着手，不断创新，持续改进，结合本企业自身的情况进行事故预防与控制、提高其职业安全健康水平。

14.3.6 标杆管理案例——白国周班组管理法

白国周同志是中平能化集团七星公司（原平煤集团七矿）的一名掘进班班组长。他在长期的工作实践中，不断探索煤矿安全生产的经验和班组管理方法，创造出了一套行之有效的班组管理方法，得到了中央领导同志的高度评价，要求在煤炭系统推广。白国周班组管理法的主要内容可以概括为“六个三”，即“三勤”“三细”“三到位”“三不少”“三必谈”和“三提高”。

1.“三勤”——跑现场

勤，是一种知识、一种方法、一种能力。善于运用“勤”，在生活、学习及工作中将会获益匪浅。白国周在工作中坚持勤动脑、勤沟通、勤汇报的三勤原则，圆满解决了班组中的诸多问题，在班组管理中实现零事故的收获。

（1）勤动脑

主要针对生产现场的情况，养成勤于分析、善于思考的习惯，总结其中的规律，寻找解决问题的办法，以便在出现突发情况时，能够迅速处理，避免事态进一步发展。白国周根据多年实践经验，总结出了勤动脑的三个方面：勤于思考、勤于学习和勤于分析。

1）勤于思考。具体如下：

① 把握规律勤思考，针对井下生产现场实际，勤于观察、分析、思考，总结其中的规律，思考解决问题的办法。

② 遇到问题勤思考，生产或安全上遇到问题时，不是简单地凭经验、凭感觉办事，而是通过深入思考，找到最科学的解决办法。

③ 注重积累勤思考，白国周坚持把思考的结果及时记载下来，一方面自己温故而知新，另一方面和工友一起共同交流和提高，起到知识和经验共享的效果。

2）勤于学习。学习是提高工作能力、管理能力的基础。白国周通过学习，掌握了大量的基础知识，所以能对生产中经常出现的一些共性、可预见性问题，提早形成处理预案，一旦出现，迅速处理。

3）勤于分析。在生产现场，开工之前勤于分析，多想隐患多的地方，提前预知预防；生产过程中勤于分析，不断分析现场的动态变化，科学解决生产中出现的问题；下班之后勤于分析，认真总结生产和管理经验，从中探索实现安全生产规律的途径，从而保证自己的管理技能和生产技能处于一种持续的提升状态。

（2）勤沟通

在现场管理中，经常与队领导沟通，了解队里的措施要求；与上一班和下一班的班长沟通，了解施工进度和施工过程中出现的问题；与工友沟通，了解掌握工友工作和生活情况；及时化解可能对生产安全构成危险的影响因素。

1）班组成员勤沟通。具体如下：

① 在生产中大家意见不一致时，经常沟通，使班组员工达成一致意见。

② 分配工作任务时进行双向沟通，避免生硬的行政“命令”，防止员工产生逆反心理，消极怠工。

③ 注重观察勤沟通，经常观察员工的情绪，主动与班里员工进行沟通，了解其工作和生活情况。

④ 分配工资时，与员工进行沟通，该奖的奖、该罚的罚，讲清原因，争取理解。

⑤ 建立班组员工主动沟通制度。

2）班组之间勤沟通。具体如下：

① 手指口述交接班。与上、下班的班长进行手指口述交接班，将当班任务完成情况、工作中存在的问题和需要注意的事项，详细交接清楚，待对方同意并接班后，方可随当班人员一起集体离岗。

② 业余时间勤交流。利用业余时间就井下情况、生产进度、隐患处理、管理方法等与其他班组进行交流，随时掌握井下生产情况。

3）与上级领导勤沟通。经常与队领导和技术人员进行沟通，从中获取更多的生产信息、政策信息、措施要求、安全信息和技术知识。对生产过程中遇到的问题，不管是已处理的，还是没有处理的，都与上级领导进行沟通，研究解决问题的办法。

（3）勤汇报

对生产过程中发现的隐患和问题，及时向领导汇报，以便领导及时了解情况，迅速采取应对处置办法。

白国周坚持无论小事、大事，解决了的事还是未解决的事，都要经常汇报。通过勤汇报，一方面使现场安全生产信息实现了充分地共享，使队领导全面掌握现场情况，以便在安全工作时能够做到统筹兼顾，合理科学；另一方面，通过汇报从领导层获得更多的政策信息、管理信息，从而使班组工作能够顺应整体工作的需求，避免工作上的被动。

2. “三细”——保质量

细节决定成败。认真细致是班组管理和现场生产必须具备的作风和态度，也是保证工作质量的关键。白国周班组管理从班组的每一个细节入手，做到心细、安排工作细、抓工程质量细，从而保证安全并高效地完成生产任务。

（1）心细

从开班前会开始，针对当班出勤情况，分析岗位人员配置，做到心中有数，尤其是一些特殊岗位，班前会上要仔细观察这些岗位人员的精神状态，合理调配人员。

1）细心观察。具体如下：

① 细心观察工友状态，班前会上细心观察班组成员的身体状况、精神状态及言行举止等，发现身体状态不好、精神萎靡不振或班前喝酒、情绪不稳者，严禁上岗作业。

② 细心观察作业环境，排查现场隐患，确认上班遗留问题，指定专人整改，在不具备安全生产条件或自身无力解决时，拒绝开工，真正做到“不安全绝对不生产”。

③ 细心观察作业情况，观察工程质量及工友作业行为，不找借口、不讲情面地排查安全隐患和纠正不安全行为，做到文明生产，规范操作。

2）细心准备。具体如下：

① 作业准备，白国周总是提前半小时到区队报到，接受任务，了解当班作业任务的安全条件，清楚作业现场的各种变化，并对可能发生的潜在安全问题进行预测，并在班前会上，对当班生产任务进行安排，明确工作计划。

② 工具准备，白国周指定专人负责准备工具，并要求对当班所需的各种工具，从品种、规格、数量等方面进行逐一核实，确保工具准备到位。

3）细心确认。具体如下：

① 确认各岗位操作要领，班前会上抽查班组成员的操作要领和安全知识，确认其操作要领是否规范、娴熟，并要求工友在作业过程中，每一次操作之前必须进行安全确认。

② 确认作业准备，在生产之前，组织人员对设备、环境状况等进行逐一确认，确认无误后，才能组织生产。

③ 确认隐患排查处理，将隐患排查治理的范围和责任细分到每个班组成员，对作业环境、生产设备、检测仪器等进行检查、测试，确认无安全隐患。

（2）安排工作细

认真考虑什么性格的人适合干什么性质的工作，量才使用，发挥产出，提高效率，减少个人因素可能带来的隐患。

1）人员分工细。白国周对每项具体的工作都是指定专人负责，使每名成员都明白自身职责；并根据人员分工，把工作点的安全、任务、质量和卫生等明确到人；同时要求各工作点人员要注意相互协作，确保每个工作点都有放心人，全班组形成“一盘棋”。

2）安全责任划分细。每项工作，白国周都会向班组成员进行事前“两交底”（即交任务、质量、进度，交安全措施和设备情况）和事后“两检查”（即检查任务完成情况，检查安全质量情况），明确每个班组成员的安全责任和义务，加强自保、互保和联保工作，强化监督检查，严厉查处“三违”现象。

3）安全措施贯彻细。每次开工前，白国周都会根据工作现场的作业环境和工作任务量，认真检查核实相关安全技术措施，并向班组成员认真贯彻安全技术措施，并按照措施要求和预定的安排，对人员的作业位置、作业方法、指挥联络形式以及作业中出现异常情况时的对策等进行确认，经检查措施落实后，才放心组织生产。

（3）抓工程质量细

严格按照施工要求、操作规程和安全技术措施施工，从每个环节抓起，严把工程质量关。

1）严细作业。白国周严格要求班组成员认真执行各种安全技术措施，每道工序、每个环节都按照上级制定的各项标准化规范和精细化标准进行落实，并随时根据现场作业环境和条件的变化及生产动态，科学合理调配人员，组织生产做到分工与协作相结合。

2）精细管理。具体如下：

① 人员管理。白国周要求班组人员持证上岗，严格执行安全纪律、工艺要求，注重细节。坚持无论何种困难，工程质量必须达标，并在每天结束后，记录每名成员当天的具体工作，完成情况等。

② 机器设备管理。白国周班组建立了设备管理、使用台账，详细记录了各种设备数量、技术参数、检修情况等。

③ 物料管理。白国周坚持“按需投入”原则，对每件物品的使用情况都建立了档案。

3. “三到位”——抓落实

班组管理是生产管理的基石，现场管理是安全管理的重心，落实到位是班组管理的关键。长期以来，白国周班组始终坚持布置工作到位、检查工作到位、处理隐患到位，保证了每一项工作落实的质量和效果。

（1）布置工作到位

班前布置工作必须详细、清楚，工作任务、安全措施等必须向工友交代明白，上一班遗留的问题，提请工友注意，及时解决。

1）落实任务到人。每班作业前，分解当班生产任务，加强对现场精细化管理的指导，确保按时完成任务。对班组成员量才使用，充分发挥其长处，以提高工作效率。

2）落实责任到人。对于每项工作，白国周事前向班组成员交代任务、质量、进度、安全措施和设备情况，事后检查任务完成情况、安全质量情况，做到任务具体、责任明确。

3）落实安全到人。白国周坚持在班前会上进行安全交底和安全教育，明确班组成员的安全责任和义务；作业现场加强自保、互保及联保工作，并强化监督检查，对发现有不按规程作业的行为或出现隐患、险情等立即停止作业，保证各岗位、各环节现场安全管理到位，做到按章作业，人人安全。

4）落实考核到人。按照考核力度，白国周对当班每名员工的工作情况进行考核，重点考核组员的出勤、生产工作任务完成情况、安全状况、工程质量、材料消耗、文明生产、应知应会等。

5）落实工作点到人。每班作业前，白国周根据人员分工，把工作点的安全、任务、质量和文明生产等明确到人，同时要求各工作点人员相互协作配合，确保每一个工作点上都有能够胜任工作的放心人。

（2）检查工作到位

对自己所管的范围，不厌其烦地巡回检查，每个环节、每个设施设备都及时检查，不放过任何一个隐患点。

1）检查设备和工具完好情况。在工作面上，重点排查设备是否完好，机械有无故障，电器电缆有无破损，生产工具是否牢固、安全性是否良好等方面的问题，督促员工正确使用劳动保护用品，保障人身和设备安全。

2）检查工程和工作质量情况。具体如下：

① 检查工友是否按照作业规程、技术措施和质量标准施工，并及时制止“三违”行为。

② 各项质量检查资料记录、验收标识是否与工程进度同步，检查工程施工质量是否符合质量验收标准。

（3）处理隐患到位

无论何处，发现隐患和问题，都要及时处理，不能处理的做上标记，指令相关人员处理。

1）指令。班组人员集体到达工作面手指口述接班后，先进行隐患排查，发现问题，做上标记，给此处工作的工友以指令留言。

2）处理。工友到岗后，依据指令留言，按要求进行处理。

3）督查。白国周坚持在工作中巡回检查，逐一检查“指令留言”执行情况，发现新的隐患，指定专人及时处理。

4. “三不少”——查隐患

及时处理现场隐患是保证安全生产的重要组成部分，也是班组安全管理的一项重要工作。白国周班组管理法把查处隐患作为重点，坚持班前检查不能少、班中排查不能少、班后复查不能少，在工作的同时，不断查找、处理和排除隐患，遏制隐患苗头的产生。

（1）班前检查不能少

接班前对工作环境及各个环节、设备依次认真检查，排查现场隐患，确认上一班遗留问题，指定专人整改。

1）检查不安全的人。主要有以下十种：精神不集中；麻痹大意；不佩戴或不正确佩戴劳动防护用品；使用不安全的工具；不按规定的速度进行作业；拆除安全装置；在不安全处逗留；不合理的配置、装载、混装等；在狭窄或狭小的场所进行作业；违反劳动纪律的行为。白国周在工作中总是有重点地检查工友是否存在以上十种不安全行为，并有针对性地加以提醒和防范。

2）检查不安全的设备。日常工作中，白国周总是给工友讲解设备的完好标准及保持设备完好的重要意义，提醒班组成员重视设备的管理维护工作，并在交接班后重点询问上一班设备是否完好运行，如有问题立即处理，然后进行现场检查，确认设备的正常运行。

3）检查不安全的环境。班前会上，首先明确当班作业任务的安全条件，使大家清楚作业现场环境的各种变化。入井后，对井下工作环境及各个环节依次认真检查，重点排查措施是否到位、设备是否完好、工具是否牢靠，发现隐患，立即指定专人整改。

（2）班中排查不能少

坚持每班对各个工作点进行巡回排查，重点排查在岗员工精神状况、班前隐患整改情况和生产过程中的动态隐患。

1）排查安全隐患。工作中，白国周班组管理法突出了安全制度落实情况巡查、现场环境变化情况巡查和人员自保互保情况巡查三个重点。在巡查中，要经常分析现场环境变化可能带来的危险因素，有针对性地采取控制对策，确保班组安全生产。

2）排查工程质量。重点巡查质量保证措施是否到位，班组成员是否依照作业规程、技术措施和质量标准施工。同时，检查各项工程施工质量是否符合质量验收标准，不合格工程及时整改，不留隐患。

3）排查工作质量。重点巡查班组成员履行岗位责任制和对现场作业情况，检查每名工友的工作态度是否端正，操作规程是否严谨、规范。

4）排查文明生产。重点巡查施工现场的环境卫生、材料码放、设备养护及作业流程等是否合乎文明生产标准，现场整理工作是否落实到位，班组成员是否按规定着装并佩戴证件，是否正确使用劳动保护用品并文明施工，确保员工文明上岗、规范作业。

(3) 班后复查不能少

当班结束后，对安排的工作进行详细复查，重点复查工程质量和隐患整改情况，发现问题及时处理，处理不了的现场交接清楚，并及时汇报。

1）复查隐患处理情况。具体如下：

① 复查班前检查、班中巡查中发现的安全隐患处理情况，确保落实到位。

② 检查当班生产过程结束后是否存在遗留的安全隐患。

2）复查质量达标情况。根据施工进度和作业标准，对当班工程质量进行复查验收，严格质量验收和评估，确保实现动态达标。

3）复查问题处理情况。每班结束后，进一步复查当班安排的安全隐患处理工作是否全面落实，同时分析当班存在的问题，特别是安全隐患、环境变化以及需要下一班特别注意并解决的问题，及时向队领导汇报并在交接班中重点提示，以便下一班提前采取措施解决问题。

5. "三必谈"——聚亲情

班组的和谐氛围是提高工作效率和保障生产进度的重要动力。白国周班组管理法注重亲情凝聚，注重和谐构建，坚持做到发现情绪不正常的人必谈、对受到批评的人必谈、每月必须召开一次谈心会，从而实现班组的和谐统一，为确保安全生产打下基础。

(1) 发现情绪不正常的人必谈

注重观察工友在工作中的思想情绪，发现情绪不正常、心情急躁、精力不集中或神情恍惚等问题，及时谈心交流，消除消极情绪等，使其保持良好的心态投入工作，提高安全生产注意力。

1）班前排查。利用班前会，主动观察、了解工友身体状况、精神状态、情绪变化、言行举止等，重点做好休息不好的疲劳人、思想波动的情绪人、变换工种的改行人、家庭变故的恍惚人和准备结婚的幸福人等不放心人的排查工作，发现异常，及时提醒，避免因情绪异常给安全生产造成隐患。

2）班中调适。员工在岗位作业中，可能会因工作临时变动、配合不协调等问题，造成情绪上的变化，影响安全生产。针对情绪波动的人员要善于观察，把握时机，进行谈心交流，及时做好员工心理调适。

3）班后跟访。现实中，有些员工的思想问题不是谈几次心就可以解决的，必须依靠班后的跟访。白国周的做法主要有以下三点：一是经常接触，直接观察了解；二是依靠骨干，侧面掌握情况；三是创造条件，促进谈心效果。

4）日常帮扶。白国周班组管理法坚持把思想引导、人文关怀与解决实际问题结合起来，日常生活中相互帮扶，凝聚了人心，增添了力量，提高了工作积极性，增强了安全保障。

(2) 对受到批评的人必谈

对受到批评或处罚的人，单独与其谈心，讲明原因，消除抵触情绪。

1）讲清原因，因势利导。对事不对人，对犯错尤其是违章的工友，当面严厉批评，并严格按制度进行处罚，事后及时找当事人谈心，讲明安全生产的重要性和因违章所导致的事故案例，以对当事人生命高度负责的态度，让当事人认识到自己的过错。

2）尊重人格，以理服人。不以盛气凌人和简单粗暴的方法对待当事人，要以理服人、以诚相待，使当事人认识到违章等既害人又害己，从内心接受批评和处罚。

3）因人因事，讲究方法。因事就理，采取灵活的谈心方法，及时准确地指出其问题的性质和根源。

4）平等相待，注重效果。班组长和受批评员工谈心，并非都正襟危坐，要采用灵活多变的谈心方式促进效果，如亲情聚会、娱乐等。

（3）每月必须召开一次谈心会

工友聚在一起，谈安全工作经验，反思存在的问题和不足，互学互帮、共同提高。

1）充分准备。召开一次谈心会，一定要起到相应的效果。白国周的做法有下几点：

① 根据班组本月安全生产任务完成情况、员工思想变化情况，有针对性地选择谈心会主题。

② 把握员工的思想脉搏，通过各种途径了解班组成员的思想状况。

③ 选好切入点，采取适当的方法开展谈心活动。

④ 加强学习，致力于知识积累，不断增大知识面。

2）注重方法。谈心会不拘泥于固定的时间和模式，经常利用工作的间隙或业余时间、值班时间等一切可利用的时间。在谈心会中，边谈边学，互相总结提高，加深政策理论、职业道德、业务技能等方面的理解，共同推动工作深入开展。

3）多种形式。白国周在谈心会中经常采取询问式、讲评式、讨论式、说理式、征求式等方式，在肯定成绩、指出问题的同时，发动班组成员共同探讨、研究，发表对安全生产、工程质量、作业措施、家庭生活等方面的认识和看法，认真开展批评和自我批评，以利于大家交流共享、相互促进、共同提高。

6. “三提高”——塑团队

班组作为企业中最基本的团队，在企业发展壮大的过程中起着重要作用。白国周班组管理法把提高团队素质作为打造高效团队的基础和前提，从提高安全意识、岗位技能、团队凝聚力和战斗力入手，着力塑造一支优秀的团队。

（1）提高安全意识

引导员工牢固树立“安全第一”的理念，通过各种方式教导工友时刻把安全放在心上，做到不安全不生产。

1）遵守制度。制度是大家必须共同遵守的办事规程或行动准则，特别是安全方面的各项规章制度，关系着员工的身心健康，更应该严格遵守，不容触犯。

2）正面引导。注重提升班组成员的安全意识，即对“三违”行为严格处罚的同时注意方式方法，运用正面引导的方式，通过和风细雨式的引导，帮助工友改掉一些小毛病。

3）反面警示。即利用身边或同行业的事故案例，教育员工提高安全意识，用惨痛的事例警示员工，使其明白安全关乎自身健康、家庭幸福、企业发展，提升其安全意识。

4）持之以恒。从细节入手、小事抓起，通过言传身教，艰苦努力，长期坚持，从而使全班组成员都能牢牢树立安全至上的理念。

（2）提高岗位技能

经常和工友一起学习，组织工友针对生产和现场管理中出现的问题进行讨论，共同寻找解决的办法，着力提高班组每一名员工的综合素质。

1）勤学苦练。煤矿生产的复杂性，决定了班组员工需掌握丰富的理论知识和过硬的技术，在注重学习的同时，深入实践，提高操作技能，做到一专多能。

2）学以致用。从实际应用出发，在工作中发现自己欠缺的知识，要及时弥补；通过学习掌握的新技能，要及时运用到生产中。

3）活学活用。学习是为了运用，学习煤矿知识也是如此，不仅要会学，更要会运用。通过活学活用，保证自己技术水平迅速提高。

4）共同提高。班组成员之间做好“传、帮、带”，组织全体成员共同提高技术水平，带动班组整体技能水平和综合素质的全面提高。

(3) 提高团队凝聚力和战斗力

想方设法调动每一个工友的积极性，不让一名班组成员掉队，争取使大家都学会本事，针对员工中存在的一些不文明现象，要求大家做文明人、行文明事。工友偶犯错误，不乱发脾气，而是因人施教，耐心指出问题根源并解决。

1）用模范行动凝聚员工。煤矿工作的特殊性使得班组长必须带头到最艰苦的地方，干最艰苦的活，工作中身先士卒，以吃苦在前、享乐在后的精神，为班组员工树立标杆行为。

2）用有效交流凝聚员工。人与人之间的情感交流是相互理解与支持的关键。特别是班组，经常交流个人感情，是增强工友凝聚力的有效方法。

3）用亲情管理凝聚员工。所谓亲情管理就是将严格标准与情感投资相结合，努力做到以法服人，以情感人，把“家”的概念推行到企业班组中去。在班组中创造一种家庭式气氛，相互理解、相互支持、相互帮助、相互尊重。

复习思考题

1. 简述 6σ 安全管理方法的实施原则和步骤。
2. 谈谈 9S 安全管理法的含义及其在实际中的应用。
3. 安全标杆管理的内涵是什么？你如何理解安全标杆管理的应用？

参考文献

[1] 吴穹，许开立．安全管理学［M］．北京：煤炭工业出版社，2002.
[2] 崔克清，张礼敬，陶刚．安全工程与科学导论［M］．北京：化学工业出版社，2004.
[3] 樊耘，李随成，齐捧虎．管理学［M］．西安：陕西人民出版社，2001.
[4] 何学秋，等．安全工程学［M］．徐州：中国矿业大学出版社，2000.
[5] 陈宝智．安全原理［M］．北京：化学工业出版社，2013.
[6] 毛海峰．现代安全管理理论与实务［M］．北京：首都经济贸易大学出版社，2000.
[7] 王生武．安全工程师事务手册［M］．北京：机械工业出版社，2006.
[8] 李红霞，田水承，常心坦．安全之经济学分析［J］．西安矿业学院学报，1997．17（3）：225-228.
[9] 田水承，柴建设，王莉，等．安全经济学［M］．徐州：中国矿业大学出版社，2014.
[10] 田水承，等．现代安全经济理论与实务［M］．徐州：中国矿业大学出版社，2004.
[11] 田水承，李红霞，冯长根，等．对安全科学体系及其与相关学科关系的探讨［J］．煤炭学报，1999，24（6）：663-668.
[12] 李红霞，田水承，等．企业安全经济分析与决策［M］．北京：化学工业出版社，2006.
[13] 田水承．对煤矿班组安全管理建设的几点浅见［J］．煤矿安全，1996，（9）：46-49.
[14] 徐德蜀．安全文化、安全科技与科学安全生产观［J］．中国安全科学学报，2006，16（3）：71-82.
[15] 田水承，李红霞，王莉，等．3类危险源与煤矿事故防治［J］．煤炭学报，2006，31（6）：706-710.
[16] 李红霞，田水承，冯长根．从现代企业理论看煤矿安全管理问题［J］．中国安全科学学报，1999，9（5）：32-36.
[17] 田水承，等．煤矿人因事故关系因素的动态灰色关联分析［J］．矿业安全与环保，2005，32（4）：69-72.
[18] 罗云，黄毅．中国安全生产发展战略——论安全生产保障五要素［M］．北京：化学工业出版社，2005.
[19] 罗云，程五一．现代安全管理［M］．北京：化学工业出版社，2004.
[20] 刘潜．安全科学与学科的创立与实践［M］．北京：化学工业出版社，2010.
[21] 吴超．安全科学方法学［M］．北京：中国劳动社会保障出版社，2011.
[22] 陈森尧．安全管理学原理［M］．北京：航空工业出版社，1996.
[23] 姜真，袁博，姜培生．安全管理［M］．北京：化学工业出版社，2004.
[24] 李志宪，刘咸卫．现代企业安全管理全书［M］．北京：中国石化出版社，2000.
[25] 陈红．中国煤矿重大事故中的不安全行为研究［M］．北京：科学出版社，2006.
[26] 詹宏昌，陈国华．安全管理信息系统发展探讨［J］．工业安全与环保，2003，29（3）：38-41.
[27] 曹庆仁．煤矿员工不安全行为管理理论与方法［M］．北京：经济管理出版社，2011.
[28] 国家安全生产监督管理局政策法规司．安全文化新论［M］．北京：煤炭工业出版社，2002.

[29]　张力. 核安全文化的由来与内容 [J]. 劳动保护, 1995. (9): 15.
[30]　徐德蜀, 邱成. 安全文化通论 [M]. 北京: 化学工业出版社, 2004.
[31]　徐德蜀, 邱成. 企业安全文化简论 [M]. 北京: 化学工业出版社, 2005.
[32]　田水承. 从安全科学看煤矿事故频发原因及防治 [J]. 西安科技大学学报, 2003, 23 (2): 135-138.
[33]　武铁轩. 推行现代系统安全管理建立安全生产长效机制 [J]. 煤矿安全, 2003, 34 (7): 17-18.
[34]　曹黎明. 构建中国特色的企业安全文化——兼论杜邦公司的安全文化理念 [J]. 成都大学学报, 2005. (4): 22-24.
[35]　薛成华. 管理信息系统 [M]. 3版. 北京: 清华大学出版社, 2003.
[36]　斯蒂芬·哈格, 梅夫卡明斯, 詹姆斯·道金斯. 信息时代的管理信息系统 [M]. 严建援, 等译. 北京: 机械工业出版社, 2000.
[37]　Raiph M Stair, Ceorge W Reynoids. 信息系统原理 [M]. 张靖, 蒋传海, 等译. 北京: 机械工业出版社, 2000.
[38]　Kinnith C Laudon, Jane P Laudon. Management Information System [M]. 北京: 清华大学出版社, 1998.
[39]　Efrem G Mallach. 决策支持与数据仓库系统 [M]. 李昭智, 李昭勇, 等译. 北京: 电子工业出版社, 2001.
[40]　《应急救援系列丛书》编委会. 煤矿应急救援必读 [M]. 北京: 中国石化出版社, 2008.
[41]　董安邦. 管理信息系统 [M]. 西安: 陕西人民出版社, 2001.
[42]　陈国华. 安全管理信息系统 [M]. 北京: 国防工业出版社, 2007.
[43]　刘国财, 钟忻. 安全信息的探索与应用 [J]. 劳动保护科学技术, 1997, 17 (6): 23-25.
[44]　谢旭阳, 杜红兵, 周心权, 等. 基于internet的煤矿安全信息管理系统 [J]. 矿业安全与环保, 2001, 28 (3): 1-4.
[45]　田水承, 李红霞. 关于危险源及第三类危险源的几点浅见 [C] //全国高校安全工程学术年会委员会. 安全科学理论与实践. 北京: 北京理工大学出版社, 2005.
[46]　金星, 等. 可靠性数据计算及应用 [M]. 北京: 国防工业出版社, 2003.
[47]　罗云, 田水承. 安全经济学 [M]. 北京: 中国社会劳动保障出版社, 2007.
[48]　宋大成. 安全生产标准化 [M]. 北京: 煤炭工业出版社, 2009.
[49]　蒋军成. 事故调查与分析技术 [M]. 北京: 化学工业出版社, 2004.
[50]　陈宝智, 王金波. 安全管理 [M]. 天津: 天津大学出版社, 1999.
[51]　毛海峰, 郭晓宏. 企业安全文化建设体系及其多维结构研究 [J]. 中国安全科学学报, 2013, 23 (12): 3-8.
[52]　王亦虹. 企业安全文化评价体系研究 [M]. 天津: 天津大学出版社, 2011.
[53]　范维唐. 我国安全生产形势、差距和对策 [M]. 北京: 煤炭工业出版社, 2003.
[54]　霍然, 杨振宏, 柳静献. 火灾爆炸预防控制工程学 [M]. 北京: 机械工业出版社, 2007.
[55]　孙华山. 安全生产风险管理 [M]. 北京: 化学工业出版社, 2006.
[56]　隋鹏程, 陈宝智. 安全原理和事故预测 [M]. 北京: 冶金工业出版社, 1988.
[57]　北京达飞安全科技有限公司. 事故应急处理 (救援) 预案编制指南 [M]. 北京: 中国石化出版社, 2002.
[58]　杨振宏. 重大危险源挖掘诊断系统研究 [J]. 辽宁工程技术大学学报, 2003, 22 (4): 509-511.
[59]　李泰国. 安全工程技术与管理基础 [M]. 北京: 机械工业出版社, 2003.
[60]　王孝元. 工业危险消除与控制 [M]. 北京: 中国标准出版社, 2004.
[61]　李新东, 田水承, 等. 矿业安全安全系统工程 [M]. 北京: 煤炭工业出版社, 1995.

[62] Eric Maiwald, William Sieglein. 安全计划与灾难恢复［M］. 北京：人民邮电出版社，2003.
[63] 王盛东. 事故处理与工伤保险［M］. 北京：中国石化出版社，2002.
[64] 金龙哲，宋存义. 安全科学技术［M］. 北京：化学工业出版社，2004.
[65] Scott E Harrington, Gregory R Niehaus. 风险管理与保险［M］. 陈秉正，王珺，周伏平，译. 北京：清华大学出版社，2005.
[66] 许谨良. 保险学［M］. 北京：高等教育出版社，2004.
[67] 吕保和，朱建军. 工业安全工程［M］. 北京：化学工业出版社，2004.
[68] 邵辉. 安全行为管理［M］. 北京：化学工业出版社，2011.
[69] 邢娟娟，郑双忠，郝秀清. 企业重大事故应急管理与预案编制［M］. 北京：航空工业出版社，2005.
[70] "常见事故分析与防范对策丛书" 编委会. 危险化学品常见事故与防范对策［M］. 北京：中国劳动社会保障出版社，2004.
[71] 蔡凤英. 化工安全工程［M］. 北京：科学出版社，2001.
[72] 许文. 化工安全工程概论［M］. 北京：化学工业出版社，2002.
[73] 刘荣海，陈网桦，胡毅亭. 安全原理与危险化学品测评技术［M］. 北京：化学工业出版社，2004.
[74] 栗继祖. 安全行为学［M］. 北京：机械工业出版社，2009.
[75] 周长江，王同义. 危险化学品安全技术管理［M］. 北京：中国石化出版社，2004.
[76] 李广利. 煤矿班组长胜任特征模型研究［D］. 西安：西安科技大学，2013.
[77] 冯俊文. 现代企业标杆管理［J］. 现代企业管理，2001.（5）：63-64.
[78] 田芳. 标杆管理及其在绩效评估中的应用［D］. 大连：大连海事大学，2004.
[79] 施良星. 标杆管理的内容及应用［J］. 现代情报，2006.（3）：182-184.
[80] 邹明信，徐学军. 企业标杆管理的应用探讨［J］. 价值工程，2005.（6）：63-65.
[81] 王勇毅，姜亢，钮英建，等. 注册安全工程师执业资格考试指南［M］. 北京：中国石化出版社，2005.
[82] 《煤矿安全基础管理培训丛书》编委会. 煤矿班组安全基础管理［M］. 徐州：中国矿业大学出版社，2007.
[83] 傅贵. 安全管理学［M］. 北京：科学出版社，2013.
[84] 罗云. 现代安全管理［M］. 北京：化学工业出版社，2010.
[85] 田水承，孙曙英，等. 煤矿险兆事件主动上报意愿影响因素研究［J］. 西安科技大学学报，2014，34（5）：517-522.
[86] 李红霞，袁晓芳，田水承. 非常规突发事件系统动力学模型［J］. 西安科技大学学报，2011，31（4）：476-481.
[87] 国家安监总局宣教中心. 安全生产应急管理人员培训教材［M］. 北京：团结出版社，2012.
[88] 田水承，吴兵，黄定国. 煤矿主要负责人安全培训教材［M］. 徐州：中国矿业大学出版社，2014.
[89] 国家煤矿安全监察局行管司，等. 白国周班组管理六法十八解［M］. 2 版. 北京：中国工人出版社，2012.

天工讲堂小程序

微信扫码直接进入小程序 》

平台介绍：

"天工讲堂"是机械工业出版社打造的官方知识学习平台，以数字产品为核心，以技能学习为特色，以提升学生专业知识水平和技能专长为目标；以云服务的方式构建的专属在线教学云平台；可用于开展线上线下混合教学。

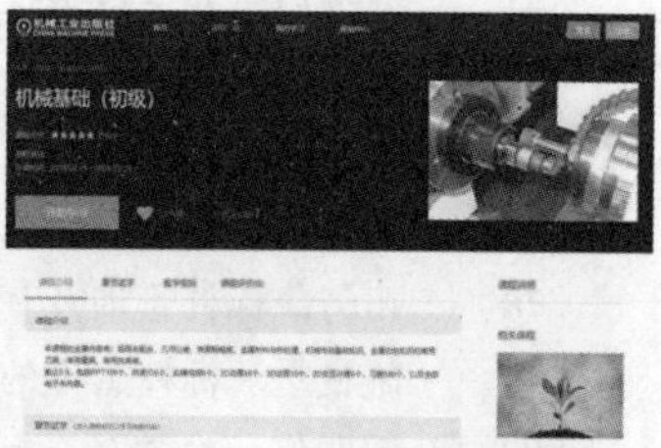

荣誉与认证：

国家新闻出版署2019年度数字出版精品遴选推荐计划

中国出版协会2020年出版融合创新优秀案例暨出版智库推优

教育部移动教育APP备案

软件著作权登记证书

信息网络安全二级认证

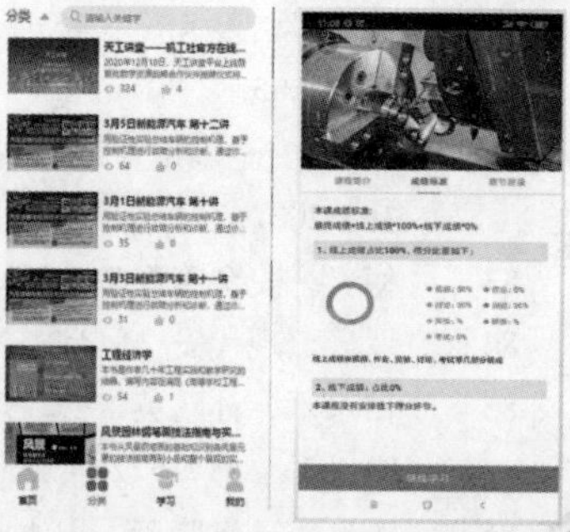

平台功能特点：

微信小程序端可搜索并直接打开"天工讲堂"，方便用户浏览、搜索、学习。一书一空间的设计理念，涵盖了图书所有数字化资源，方便教师或学生检索或获取。学生可在微信小程序中随时随地利用碎片化时间学习。